工程测量读本

GONGCHENG
CELIANG
DUBEN

周建郑　等编著

化学工业出版社
·北京·

全书共分 17 章。内容主要包括：水准测量，角度测量，距离测量与直线定向，全站仪测量，GNSS 全球卫星定位系统简介，测量误差的基本知识，控制测量，大比例尺地形图测绘，地形图的应用，施工测量的基本知识，建筑施工测量，水利工程测量，公路工程测量曲线测设，桥梁隧道施工测量等。

本书具有较强的实用性和通用性，突出"以能力为本位"的指导思想，在体系安排上，介绍了工程测量中常用的仪器设备，包括水准仪、经纬仪、测距仪、全站仪和 GPS 系统等的工作原理、功能、操作方法、维护和检验校正等方面的知识和技能。基本概念准确，各部分内容紧扣培养目标，文字简练、相互协调、通顺易懂。全书在内容上力求结合各种工程测量的生产实际，同时也力求将现代测量领域的最新科技成果、技术方法反映出来。本书力求满足技术应用的要求，突出应用、加强实践。按"必需、够用"的原则安排。

本书主要作为测绘和地理信息工程技术人员的培训教材与自修读本，也可作为相关院校水利类、土建类、道路与桥梁、资源勘查、地质类等专业的教材，同时可供有关部门测绘人员在工作中参考和使用。

图书在版编目（CIP）数据

工程测量读本/周建郑等编著. —北京：化学工业出版社，2018.1（2023.5 重印）
ISBN 978-7-122-31115-3

Ⅰ.①工… Ⅱ.①周… Ⅲ.①工程测量 Ⅳ.①TB22

中国版本图书馆 CIP 数据核字（2017）第 297870 号

责任编辑：王文峡　　　　　　　　　　装帧设计：王晓宇
责任校对：王　静

出版发行：化学工业出版社
　　　　　（北京市东城区青年湖南街 13 号　邮政编码 100011）
印　　装：北京科印技术咨询服务有限公司数码印刷分部
850mm×1168mm　1/32　印张 18¼　字数 518 千字
2023 年 5 月北京第 1 版第 3 次印刷

购书咨询：010-64518888　　　　　　　售后服务：010-64518899
网　　址：http://www.cip.com.cn
凡购买本书，如有缺损质量问题，本社销售中心负责调换。

定　　价：69.00 元　　　　　　　　　　版权所有　违者必究

科学的成就和测绘科学的进步为测量技术提供了新的方法和手段，先进的全站仪和GPS系统等仪器设备，在测量中得到了广泛的应用。工程控制测量、数字地形图测绘、公路测设以及各种工程施工放样等朝着自动化、数字化迈进，跨入了现代化。

　　工程建设的规划、设计、施工和运营管理各个阶段都离不开测量工作，测量工作贯穿于工程建设的始终。作为一名工程技术人员，既要熟练掌握传统的测绘理论与方法，也要学习和掌握成熟的测绘新技术，例如，数字测图、全站仪和GNSS测量及计算机数据处理等，并能将它们应用到工程建设的生产实践中，只有这样，才能担负起工程规划设计、施工建筑和运营管理等各个阶段的任务，才能使自己在激烈的市场竞争中立于不败之地。

　　本书主要讲述普通测量学和工程测量学的部分内容。着重介绍水利工程、道路与桥梁工程、隧道工程、给水排水工程、村镇建设、城乡规划中常用测量仪器的构造与使用、大比例尺地形图的测绘与应用以及一般工程的施工测量。

　　本书具有较强的实用性和通用性，突出"以能力为本位"的指导思想，在体系安排上，介绍了工程测量中常用的仪器设备，包括水准仪、经纬仪、测距仪、全站仪和GPS系统等的工作原理、功能、操作方法、维护和检验校正等方面的知识和技能。基本概念准确，各部分内容紧扣培养目标，文字简练、相互协调、通顺易懂。全书在内容上力求结合各种工程测量的生产实际，同时也力求将现代测量领域的最新科技成果、技术方法反映出来。本书力求满足技术应用的要求，突出应用、加强实践。按"必需、够用"的原则安排。

　　本书力求文字简洁，通俗易懂，适合工程技术人员和职业院校学生用于自学或培训。

本书由周建郑等编著。第一、二、四、十、十四章由周建郑编写；第三、十三章由李峰编写；第五、十六章由汪绯编写；第六、十二章由李会青编写；第七、八章由聂欢编写；第九、十七章由赵雪云编写；第十一、十五章由任伟编写。全书由周建郑教授统稿，宋新龙高级工程师主审。在此致以诚挚的谢意。

在本书编写过程中，得到了蔡丽朋、何世玲、李九宏、吕宣照、苏炜、孙海粟、孙加保、汪菁、王付全、吴大炜、张保善等，以及化学工业出版社和编写者所在单位的大力支持，在此一并致谢。

限于编者的水平、经验及时间所限，书中定有欠妥之处，敬请专家和广大读者批评指正。

编著者

2017 年 9 月

CONTENTS

第六章　GNSS 全球卫星定位系统简介 ……………… 166

第七章　测量误差的基本知识 …………………………… 194

第九章　大比例尺地形图的基本知识 ·············· 272

第 十一 章　地形图的应用 ┄┄┄┄┄┄┄ 340

第 十二 章　施工测量的基本知识 ┄┄┄┄┄ 359

第 十四 章　水利工程测量 ················ 408

第一章

绪论

导读
- **了解** 测量学的任务及内容。 在不同的工程领域，测量工作的内容和步骤也不相同。
- **理解** 地面点位的确定方法。
- **掌握** 高斯-克吕格正形投影的分带计算。

第一节　测量学的任务及内容

一、测量学概述

测量学（surveying）是一门历史悠久的学科，是研究如何测定地面点的点位，将地球表面的各种地物、地貌及其他信息测绘成图，以及确定地球形状和大小的一门学科。

早在几千年前，中国、埃及、希腊等古代国家的人民就开始创造和运用测量工具进行测量。公元前 21 世纪，在夏禹治水时，中国就发明和应用了"准、绳、规、矩"等测量工具和方法；春秋战国时期发明的指南针，于中世纪由阿拉伯人传到欧洲，在全世界得到了广泛的应用；以后又发明创造了浑天仪等测量仪器，并绘制了相当精确的全国地图。

20 世纪 60 年代开始，随着社会经济的发展，世界科技进入高速发展时期，同时也促进了测绘科学技术的发展，产生了将电磁波测距与电子测角融为一体的全站仪，它具有自动计算测点的三维坐标、自动保存观测数据和将观测数据传输到计算机中实现自动绘制地形图的功能，可以实现数字化测绘地形图。全球导航卫星系统（GNSS——global navigation satellite system）的出现彻底改变了传统的通过测角、量边计算地面点位坐标的方法，测量人员只需将 GNSS 接收机安置在测点上，通过接收卫星信号，使用专门的数据处理软件，就可以快速计算出测点的三维坐标。随着航天遥感技术的不断完善，利用航天遥感相片及扫描信息测绘地形图，不仅覆盖面积大，而且不受地理及气候条件的限制，能全天候作业，极大地提高了测绘工作效率。地理信息系统（GIS——geographic information system）是传统学科（测量学、地理学和地图学等）与现代科学技术（遥感技术、计算机科学等）相结合的产物，是一定格式的数字地图与地面有关资源信息的集成并实现有关空间数据管理、空间信息分析及其传播的计算机系统。经过五十多年的发展历程，地理信息系统已经取得了巨大的成就，被广泛应用于土地利用、资源管理、环境监测、交通运输、城市规划、经济建设以及政府各职能部门。

随着社会生产和科学技术的不断发展，根据研究对象和应用范围的不同，测量学又分为普通测量学、大地测量学、摄影测量学、工程测量学、制图学等学科。

普通测量学是研究地球表面较小区域（不顾及地球曲率的影响，把该小区域内的投影球面直接作为平面对待）内测绘工作的基本理论、技术和方法的学科。主要是指用地面作业的方法，将地球表面局部地区的地物和地貌等测绘成大比例尺地形图。

大地测量学是研究测定地球的形状、大小和研究地球重力场的理论，在地球表面广大区域内建立国家大地控制网等方面的测量理论、技术和方法的学科，为测量学的其他分支学科提供最基础的测量数据和资料。

摄影测量学是研究如何利用摄影或遥感技术来测定物体的形状、大小、位置和获取其他信息的学科，是我国测绘国家基本地形图的主要方法，目前多用于测绘城市基本地形图和大规模地形复杂地区的地形图。

工程测量学是研究各种工程建设中测量方法和理论的一门学科。主要研究在工程、工业和城市建设以及资源开发各个阶段进行地形和有关信息的采集、处理、施工放样、变形监测、分析与预报的理论和技术，以及与研究对象有关的信息管理和使用，为工程建设提供测绘保障。

制图学是研究地图及其制作理论、工艺和应用的学科。是将地球表面的点、线经过投影变换后绘制成满足不同要求的地图。

本书主要讲述普通测量学和工程测量学的部分内容。着重介绍水利水电工程、道路与桥梁工程、隧道工程、工业与民用建筑、给水排水工程、村镇建设、城乡规划中常用测量仪器的构造与使用、大比例尺地形图的测绘与应用以及一般工程的施工测量。

二、工程测量在水利水电工程建设中的应用

测量工作在水利水电建设中起着十分重要的作用。为了合理开发和利用水资源，治理水旱灾害，必须兴建水利工程。但是，水利工程的规划、设计、施工和运营管理各个阶段都离不开测量工作。水利工程测量的主要任务如下。

（1）规划设计阶段：运用各种测量仪器和工具，通过实地测量和计算，把小范围内地面上的地物、地貌按一定的比例尺测绘出工程建设区域的地形图；为规划设计提供各种比例尺的地形图和测绘资料。

（2）施工阶段：将图纸上设计好的建筑物的平面位置和高程，按设计要求在实地上标定出来，作为施工的依据；在施工过程中，要进行各种施工测量工作，以保证所建工程符合设计要求。

（3）运营管理阶段：工程完工后，对重要建筑物或构筑物，在建设中和建成以后都需要定期进行变形观测，监测建筑物的水平位移和垂直沉降，了解建筑物的变形规律，以便采取措施，保证建筑物的安全。

三、工程测量在道路与桥梁工程、隧道工程中的应用

为了确定一条最经济合理的路线，首先要进行路线勘测，绘制路线附近的带状地形图和纵、横断面图，在地形图上进行路线设计，然后将设计路线的平面位置、纵坡和路基边坡标定在地面上以指导施工。当路线跨越河流时，必须建造桥梁。在建桥之前，要测绘河流两岸的地形图，测定河流的水位、流速、流量、比降和河床地形图以及桥梁轴线长度等，为桥梁设计提供必要的资料，最后将

设计桥台、桥墩的位置用测量的方法在实地标定。当路线穿过山岭需要开挖隧道时，开挖之前必须在地形图上确定隧道轴线、洞口和竖井的位置，根据测量数据计算隧道的长度和方向。隧道施工通常是从隧道两端相向开挖，这就需要根据测量成果指示开挖方向，在施工过程中还需要不断地进行贯通测量，以保证其平面位置和高程正确贯通。工程竣工后，要编制竣工图，供验收、维修、加固之用。在运营管理阶段要定期进行变形观测，确保道路、桥梁、隧道构造物的安全使用。

由此可见，各种工程建设以及工程建设的各个阶段都离不开测量工作，测量工作贯穿于工程建设的始终。作为一名工程技术人员，既要熟练掌握传统的测绘理论与方法，也要努力学习和掌握成熟的测绘新技术。例如，数字测图、全站仪和 GNSS 测量及计算机数据处理等，并能将它们应用到工程建设的生产实践中，只有这样，才能担负起工程规划设计、施工建筑和运营管理等各个阶段的任务，才能使自己在激烈的市场竞争中立于不败之地。

第二节　地面点位的确定

一、地球的形状和大小

测量工作的主要研究对象是地球的自然表面。众所周知，地球的表面是极不规则的，研究表明，地球近似于椭球，其长短半轴之差约为 21.3km。地球北极高出椭球面 19m 左右，地球南极凹下椭球面约 26m，如图 1-1 所示。

由于地球的自转，其表面的质点除受万有引力的作用外，还受到离心力的影响。该质点所受的万有引力与离心力的合力称为重力，重力的方向称为铅垂线方向。如图 1-2(a) 所示。

由地表任一点向参考椭球面所作的垂线称法线，除了大地原点，地表任一点的铅垂线和法线一般不重合，其夹角 δ 称为垂线偏差。如图 1-2(b) 所示。

我国西藏与尼泊尔交界处的珠穆朗玛峰高达 8844.43m，而在太平洋西部的马里亚纳海沟则深达 11022.00m。两者相比，起伏

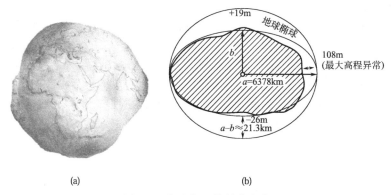

(a)   (b)

图 1-1　北凸南凹的梨形地球

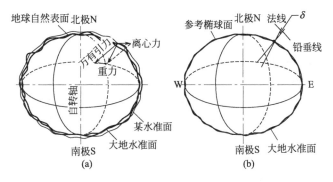

(a)   (b)

图 1-2　地球上各种面、线之间的关系

变化非常大。虽然如此，这种起伏变化和庞大的地球（平均半径约
6371km）比较起来是微不足道的。此外，地球表面约 71% 的面积
被海洋覆盖，陆地面积仅占约 29%，因此人们就把地球总的形状
看作是被海水包围的球体。于是设想有一个静止的、没有潮汐风浪
等影响的海洋表面，向陆地延伸并处处保持与铅垂线方向正交的封
闭曲面，称为大地水准面。大地水准面所包围的形体称为大地体，
大地体就代表了地球的形状和大小。

　　地球上任何自由静止的水面都是水准面，水准面有无数多个，
水准面的特性是处处与铅垂线（重力作用线）垂直，与水准面相切
的平面称为水平面。大地水准面、水平面和铅垂线分别是测量的基

准面和基准线。

【**例1-1**】 过水准面上任何一点所作的铅垂线，在该点处与水准面正交。 （正确）

【**例1-2**】 水准面有无数个，大地水准面只有一个。（正确）

由于地球内部质量分布不均匀，导致地面上各点的铅垂线方向产生不规则变化，所以大地水准面实际上是一个有微小起伏、不规则的、很难用数学方程表示的复杂曲面。如图 1-3 所示。

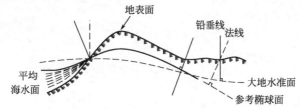

图 1-3 大地水准面

如果把地球表面的形状投影到这个不规则的曲面上，将无法进行测量的计算工作。为了解决投影计算问题，人们选择了一个与大地体形状和大小较为接近的、能用数学方程表示的旋转椭球来代替大地体，通过定位使旋转椭球与大地体的相对位置固定下来，这个旋转椭球称为参考椭球。参考椭球的表面是一个规则的数学曲面，它是测量计算和投影制图所依据的面。可以用数学公式表示为

$$\frac{X^2}{a^2}+\frac{Y^2}{a^2}+\frac{Z^2}{b^2}=1 \tag{1-1}$$

参考椭球面是由椭圆 NESW 绕短轴 NS 旋转而成，参考椭球的元素有长半径 a，短半径 b。此外，根据 a 和 b 还可以定义出扁率 α、第一偏心率 e 和第二偏心率 e'，其公式如下。

$$\alpha=\frac{a-b}{a} \tag{1-2}$$

$$e^2=\frac{a^2-b^2}{a^2} \tag{1-3}$$

$$e'^2=\frac{a^2-b^2}{b^2} \tag{1-4}$$

在 20 世纪 50 年代，鉴于当时的历史条件，我国采用的是苏联

选定的克拉索夫斯基椭球，通过与苏联 1942 年普尔科沃坐标系联测，经我国东北传算过来的坐标系称"1954 北京坐标系"，后来根据大量的测量数据表明，该坐标系所选的参考椭球与我国实际情况相差较大，与我国大地水准面情况不相适应，故自 1980 年以后，我国采用 1975 年第 16 届国际大地测量与地球物理联合会（IUGG）推荐的椭球，大地原点设在我国中部的陕西省泾阳县永乐镇，通过对椭球定位，建立了我国自己的大地坐标系，称为"1980 西安坐标系"。近年来，由于 GNSS 定位技术的大力发展，我国各行各业引进了许多种型号的 GNSS 接收机，用于大地测量、工程测量以及导航定位等工作，其采用的坐标系是 WGS-84 世界大地坐标系，采用 1979 年 17 届国际大地测量与地球物理联合会（IUGG）推荐的椭球。

20 世纪 80 年代中后期，日臻成熟的卫星大地测量技术尤其是全球卫星导航定位技术几乎取代了传统的测量手段，成为便捷和高效地获取地面点高精度地心坐标的重要手段，为国家采用地心坐标系提供了现实的技术和方法。同时，全球卫星导航定位技术的广泛推广和应用，使各行业和部门对采用地心坐标系提出了迫切的需求，为了适应国民经济和科学技术发展的需要，我国于 2008 年 7 月开始启用新的国家大地坐标系——2000 国家大地坐标系，英文名称为 China Geodetic Coordinate System 2000，英文缩写为 CGCS 2000。国务院要求用8～10 年的时间，完成现行国家大地坐标系向 2000 国家大地坐标系的过渡和转换。现有各类测绘成果，在过渡期内可沿用现行国家大地坐标系；2008 年 7 月 1 日后新生产的各类测绘成果应采用 2000 国家大地坐标系。图 1-4 为中华人民共和

图 1-4　中华人民共和国大地原点

国大地原点图示。

我国采用过的两个参考椭球以及 GPS 测量定位使用的地球椭球元素值列于表 1-1 中。表中 1954 北京坐标系和 1980 西安坐标系属于参心坐标系，WGS-84 世界大地坐标系、CGCS 2000 国家大地坐标系属于地心坐标系。

表 1-1　我国采用的参考椭球和地球椭球元素值

坐标系名称	长半轴 a /m	扁率 α	第一偏心率 平方 e^2	第二偏心率 平方 e'^2
1954 北京坐标系	6378245	1：298.3	0.006693421622966	0.006738525414684
1980 西安坐标系	6378140	1：298.257	0.006694384999588	0.006739501819473
WGS-84 坐标系	6378137	1：298.257 223 563	0.00669437999013	0.00673949674227
2000 国家大地坐标系	6378137	1：298.257222101	0.00669438002290	0.00673949677548

由于参考椭球的扁率很小，而普通测量中所研究的对象仅局限于很小的范围，故一般可将地球近似地看成是一个圆球，其半径为

$$R = \frac{a + a + b}{3} \approx 6371 \text{（km）}$$

二、确定地面点位的方法

地面点的空间位置都与一定的坐标系统相对应。在高低起伏的地球自然表面上，地面点的位置通常以坐标和高程来表示，在测量上常用的坐标系有大地坐标系和高斯平面直角坐标系以及平面直角坐标系等。

1. 地面点的坐标

（1）大地坐标　用大地经度 L 和大地纬度 B 表示地面点在参考椭球面上投影位置的坐标，称为大地坐标。

如图 1-5(a) 所示，O 为参考椭球的球心，NS 为椭球的旋转轴，通过该轴的平面称为子午面（如图中的 $NPMS$ 面）。子午面与椭球面的交线称为子午线，又称为经线，其中通过英国伦敦原格林尼治天文台的子午面和子午线分别称为起始子午面和起始子午线。通过球心 O 且垂直于 NS 轴的平面称为赤道面［如图 1-5(a) 中的

WM_0ME]，赤道面与参考椭球面的交线称为赤道。通过椭球面上任一点 P 且与过 P 点切平面垂直的直线 PK，称为 P 点的法线。地面上任一点都可以向参考椭球面作一条法线。地面点在参考椭球面上的投影，即通过该点的法线与参考椭球面的交点。

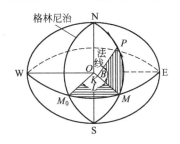

(a) 大地坐标　　　　　　　(b) 起始子午线（本初子午线）

图 1-5　大地坐标示意

大地经度 L，即通过参考椭球面上某点的子午面与起始子午面的夹角。由起始子午面起，向东 $0°\sim180°$ 称为东经；向西 $0°\sim180°$ 称为西经。同一子午线上各点的大地经度相同。

大地纬度 B，即参考椭球面上某点的法线与赤道面的夹角。从赤道面起，向北 $0°\sim90°$ 称为北纬；向南 $0°\sim90°$ 称为南纬。纬度相同的点的连线称为纬线，它平行于赤道。地面点的大地经度和大地纬度可以通过大地测量的方法确定。

我国位于地球的东北半球，因此所有地面点的经度和纬度均为东经和北纬，例如某点的大地坐标为东经 $114°19'$，北纬 $34°48'$。

（2）高斯平面直角坐标　大地坐标是球面坐标，用它表示地面点的位置形象直观，但其观测和计算都比较复杂。但地球是一个不可展的曲面，在局部工程建设的规划、设计与施工中，更多的则是需要把它投影到某个平面上来，使测量计算与绘图变得容易。

地图投影有多种方法，在大面积的地形测绘中，我国采用的是高斯-克吕格正形投影，高斯正形投影是将地球按经线划分成带，称为投影带。投影带是从起始子午线开始，每隔经度 $6°$ 划分为一带，如图 1-6 所示，自西向东将整个地球划分为 60 个带。

带号从起始子午线开始，用阿拉伯数字 1、2、3、…、60 表

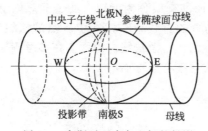

图 1-6 高斯平面直角坐标的投影

示，东经 $0°\sim6°$ 为第 1 带，$6°\sim12°$ 为第 2 带，依此类推，直到第 60 带。位于各带中央的子午线称为该带的中央子午线，第 1 带的中央子午线的经度为 3°，第 2 带的中央子午线的经度为 9°，任意带的中央子午线的经度为 L_0 与投影带号 N 的关系为

$$L_0 = 6N - 3 \tag{1-5}$$

式中　N——6°带的带号。

反之，若已知地面某点的大地经度 L，可按下式计算该点所属的 6°带的带号。

$$N = \text{Int}\left(\frac{L+3}{6} + 0.5\right) \tag{1-6}$$

式中　Int——取整函数。

高斯投影是设想用一个平面卷成一个空心椭圆柱横着套在地球参考椭球体的外面，使空心椭圆柱的中心轴线位于赤道面内并且通过球心，使地球椭球体上某一中央子午线与椭圆柱面相切。在图形保持等角的条件下，将整个带投影到椭圆柱面上。然后将此椭圆柱沿着南北极的母线剪切并展开抚平，并在该平面上定义平面直角坐标系。

在由高斯投影而成的平面上，中央子午线和赤道均为直线，两者互相垂直。以中央子午线为坐标系纵轴 x，以赤道为横轴 y，其交点为 O，便构成此带的高斯平面直角坐标系，如图 1-7(a) 所示。在这个投影面上 P、Q 点的位置，都可用直角坐标 x、y 确

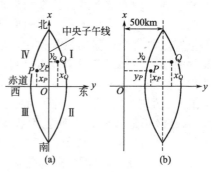

图 1-7　高斯平面直角坐标系

定。此坐标与地理坐标的经度 L、纬度 B 是对应的，它们之间有严密的数学关系，可以互相换算。

我国位于北半球，x 坐标均为正值，而 y 坐标则有正有负，图 1-7(a) 中的 P 点位于中央子午线以西，其 y 坐标值为负值。对于 6°带高斯平面直角坐标系，最大的 y 坐标负值为 -365km。为避免 y 坐标出现负值，规定把 x 轴向西平移 500km，如图 1-7(b) 所示。此外，为表明某点位于哪一个 6°带的高斯平面直角坐标系，又规定 y 坐标值前加上带号。例如，某点坐标为 $x=3263245\text{m}$，$y=21534357\text{m}$，表示该点位于第 21 个 6°带上，距赤道 3263245m，距中央子午线 34357m（去掉带号后的 y 坐标减 500000m，结果为正表示该点在中央子午线东侧，若结果为负表示该点在中央子午线西侧）。

高斯投影的特性有以下三点。

① 中央子午线是直线，其长度不变形，其他子午线是弧形，凹向中央子午线。离开中央子午线越远，变形越大；

② 投影后的赤道是一条直线，并与中央子午线正交；

③ 离开赤道的纬线是弧线，凸向赤道。

【例 1-3】　在 6°带高斯投影中，我国为了避免横坐标出现负值，故规定将坐标纵轴向西平移（　　）。　　　　（500 公里）

【例 1-4】　高斯投影的规律是：除了中央子午线没有距离变形以外，其余位置的距离均存在变形。　　　　　（正确）

地面某直线的水平距离投影到高斯平面上需要两次投影。第一次是从地面投影到参考椭球面上，第二次则是从参考椭球面投影到高斯平面上。

在投影精度要求较高时，可以把投影带划分再小一些，例如采用 3°分带，共分为 120 带，第 n 带的中央子午线经度为

$$L'_0 = 3n \tag{1-7}$$

式中　n——3°带的带号。

反之，若已知地面某点的大地经度 L，可按下式计算该点所属的 3°带的带号。

$$n = \text{Int}\left(\frac{L}{3} + 0.5\right) \tag{1-8}$$

式中　Int——取整函数。

【例1-5】　在高斯6°投影带中，带号为 N 的投影带的中央子午线的经度 L_0 的计算公式是？　　　　　　　（$L_0=6N-3$）

【例1-6】　某城市的大地经度是113°，其在高斯投影3°带中位于第（　　）带。　　　　　　　　　　　　　　　　（38）

如果投影精度要求更高，还可以采用1.5°分带。1.5°分带不必全球统一划分，可以将中央子午线的经度设置在测区的中心，因此也称为任意带。

我国幅员辽阔，所处的概略经度范围是东经 $73°27'\sim135°09'$，含有 11 个6°带，即从13~23 带（中央子午线从 $75°\sim135°$），21 个3°带，从 25~45 带。可见，在我国的6°带和3°带的投影带号是不重复的，如图1-8所示。

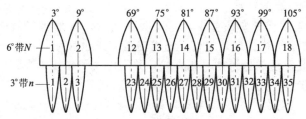

图1-8　6°带和3°带投影

（3）平面直角坐标　《城市测量规范》（CJJ/T 8—2011）规定，面积小于 25km^2 的城镇，可以将水平面作为投影面，地面点在水平面上的投影位置可以用平面直角坐标表示。

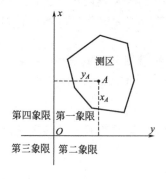

图1-9　平面直角坐标系

如图1-9表示，在水平面上选定一点 O 作为坐标原点，建立平面直角坐标系。纵轴为 x 轴，与南北方向一致，向北为正，向南为负；横轴为 y 轴，与东西方向一致，向东为正，向西为负。则地面点 A 沿着铅垂线方向投影到该水平面上，则平面直角坐标系 x_A、y_A 就表示了 A 点在该水平面上的投影位置。如果坐标系的原点是任意假设的，则称为独立的平面直角坐标系。为了不使坐标出现负值，对于独立测区，往往把坐标原点选在西南角以外适当位置。

【例1-7】 在建立独立的直角平面坐标系时，一般将坐标原点选在测区（　　　）以外的适当位置。　　　　　　　　（西南角）

地面点的平面直角坐标，可以通过观测有关的角度和距离，通过计算的方法确定。

应当指出，测量上采用的平面直角坐标系与数学中的平面直角坐标系从形式上看是不同的。这是由于我国在测量上所用的方向是从北方向（纵轴方向）起按顺时针方向以角度计值，同时它的象限划分也是按顺时针方向编号的，因此它与数学上的平面直角坐标系（角值从横轴正方向起按逆时针方向记值，象限按逆时针方向编号）没有本质区别，所以数学上的三角函数计算公式可不加任何改变地直接应用在测量的计算中。

【例1-8】 测量上所选用的平面直角坐标系，规定 x 轴正向指向（　　　）。　　　　　　　　　　　　　　　　（北方向）

2. 地面点的高程

（1）绝对高程 地面点沿铅垂线方向至大地水准面的距离称为绝对高程，也称为海拔。在图 1-10 中，地面点 A 和 B 的绝对高程分别为 H_A 和 H_B。

我国规定以黄海平均海水面作为大地水准面。黄海平均海水面的位置，是由青岛验潮站对潮汐观测井的水位进行长期观测确定的。由于平均海水面不便随时联测使用，故在青岛观象山上建立了"中华人民共和国水准原点"，作为全国推算高程的依据。1956 年，验潮站根据连续 7 年（1950～1956 年）的潮汐水位观测资料，第一次确定黄海平均海水面的位置，测得水准原点的高程为72.289m；按这个原点高程为基准去推算全国的高程，称为"1956年黄海高程系"，由于该高程系存在验潮时间过短、准确性较差的问题，后来验潮站又根据连续 28 年（1952～1979 年）的潮汐水位观测资料，进一步确定了黄海平均海水面的精确位置，再次测得水准原点的高程为 72.2604m；1985 年决定启用这一新的原点高程作

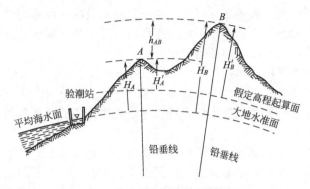

图 1-10 高程和高差之间的相互关系

为全国推算高程的基础，并命名为"1985 国家高程基准"。中华人民共和国水准原点如图 1-11 所示。

图 1-11 中华人民共和国水准原点

（2）相对高程 地面点沿铅垂线方向至任意假定水准面的距离称为该点的相对高程，亦称为假定高程。在图 1-10 中，地面点 A 和 B 的相对高程分别为 H'_A 和 H'_B。

两点高程之差称为高差，以符号 h 表示。图 1-10 中，A、B 两点的高差

$$h_{AB} = H_B - H_A = H'_B - H'_A \qquad (1\text{-}9)$$

当 h_{AB} 为正时，B 点高于 A 点；当 h_{AB} 为负时，B 点低于 A 点。同时不难证明，高差的方向相反时，其绝对值相等而符号相反，即

$$h_{AB} = -h_{BA} \tag{1-10}$$

测量工作中，一般采用绝对高程，只有在偏僻地区，没有已知的绝对高程点可以引测时，才采用相对高程。

综上所述，确定地面点的位置必须进行三项基本测量工作，即角度测量、距离测量和高程测量。在以后的有关章节中，将详细介绍进行这三项工作的基本方法。

【例 1-9】 高差和高程与水准面的关系是（ ）。

（高差与水准面无关，高程与水准面有关）

【例 1-10】 我国目前采用的高程系统是（ ）。

（1985 国家高程基准）

第三节 用水平面代替水准面的限度

当测区范围较小，可以用水平面代替水准面，即以平面代替曲面。这样的替代可使测量的计算和绘图工作大为简化。但当测区范围较大时，就必须顾及地球曲率的影响。那么多大范围内才允许用水平面代替水准面呢？下面就来讨论这个问题。

一、用水平面代替水准面对水平距离的影响

如图 1-12 所示，设地球是半径为 R 的圆球。地面上 A、B 两点投影到大地水准面上的距离为弧长 D，投影到水平面上的距离为 D'，显然两者之差即为用水平面代替水准面所产生的距离误差，设其为 ΔD，则

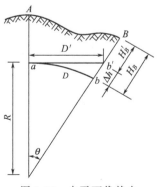

$$\Delta D = D' - D = R\tan\theta - R\theta$$
$$= R(\tan\theta - \theta) \tag{1-11}$$

式中 θ——弧长 D 所对应的圆心角。

将 $\tan\theta$ 用级数展开并略去高次项得

图 1-12 水平面代替水准面的影响

$$\tan\theta = \theta + \frac{1}{3}\theta^3 + \cdots = \theta + \frac{1}{3}\theta^3$$

又因

$$\theta = \frac{D}{R}$$

则有距离误差

$$\Delta D = \frac{D^3}{3R^2}$$

距离相对误差

$$\frac{\Delta D}{D} = \frac{D^2}{3R^2} \tag{1-12}$$

以 $R = 6371 \text{km}$ 和不同的 D 值代入式(1-12)，求出距离误差和距离相对误差，结果见表 1-2。

表 1-2　地球曲率对水平距离的影响

距离 D/km	距离误差 $\Delta D/\text{m}$	距离相对误差 $\Delta D/D$
10	0.008	1：1220000
25	0.128	1：200000
50	1.027	1：49000
100	8.212	1：12000

由表 1-2 可以看出，距离为 10km 时，产生的相对误差为 1：1220000，小于目前最精密测距的允许误差 1：1000000。因此可以认为，在半径为 10km 的区域，地球曲率对水平距离的影响可以忽略不计。

二、用水平面代替水准面对水平角的影响

从球面三角学可知，球面上三角形内角之和比平面上相应的三角形内角之和多出一个球面角超 ε，如图 1-13 所示。其值可根据多边形面积求得，即

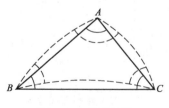

$$\varepsilon = \frac{P}{R^2}\rho \tag{1-13}$$

图 1-13　球面角超

式中　ε——球面角超，以秒为单位；

P——球面多边形面积；

ρ——206265″；

R——地球半径。

把不同的球面多边形面积代入式(1-13)，求出球面角超，如表 1-3 所示。

表 1-3 水平面代替水准面对水平角的影响

球面多边形面积/km²	$\varepsilon/(″)$	球面多边形面积/km²	$\varepsilon/(″)$
10	0.05	100	0.51
50	0.25	500	2.54

计算结果表明，当测区范围在 100km² 时，用水平面代替水准面对角度的影响仅为 0.51″，在普通测量工作中可以忽略不计。

三、用水平面代替水准面对高程的影响

如图 1-12 所示，地面点 B 的绝对高程为该点沿铅垂线到大地水准面的距离 H_B，当用过 a 点与大地水准面相切的水平面代替大地水准面时，B 点的高程为 H'_B，两者的差值为 bb'，此即为用水平面代替大地水准面所产生的高程误差，用 Δh 表示。由图 1-12 可得

$$(R+\Delta h)^2 = R^2 + D'^2$$

即

$$\Delta h = \frac{D'^2}{2R+\Delta h}$$

因为水平距离 D' 与弧长 D 很接近，取 $D'=D$；又因 Δh 远小于 R，取 $2R+\Delta h$ 为 $2R$，代入上式得

$$\Delta h = \frac{D^2}{2R} \tag{1-14}$$

以 $R=6371$km 和不同的 D 值代入上式，算得相应的 Δh 值列于表 1-4 中。

表 1-4 水平面代替水准面对高程的影响

距离 D/km	0.1	0.2	0.3	0.4	0.5	0.6	0.7	0.8	0.9
高程误差 Δh/m	0.0008	0.003	0.007	0.013	0.02	0.028	0.038	0.050	0.064

由表 1-4 可知，用平面代替曲面作为高程的起算面，对高程的影响是很大的，例如距离 200m 时，就有 3mm 的误差，超过了允许的精度要求。因此，即便是距离很短，也不能忽视地球曲率对高程的影响。

第四节　测量工作的基本原则

测量学的主要任务是测绘地形图和施工放样。地形测图通常是在选定的点位上安置仪器，测绘地物、地貌。若只是在一个选定的点位上施测整个测区所有的地物、地貌，则是十分困难甚至是不可能的。如图 1-14 所示，在 A 点只能测绘 A 点附近的房屋、道路、地面起伏等地物地貌，对于山的另一面或较远的地方就观测不到，因此必须连续地逐个设站观测。也就是说测量工作必须按照"先整体后局部""先控制后碎部"的原则进行。

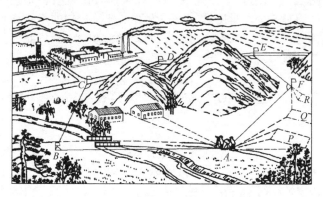

图 1-14　控制测量与碎部测量

在图 1-14 中，先在整个测区范围内均匀选定若干数量的控制点，如图中的 A、B、C、D、E、F 点，以控制整个测区。将选定的控制点按照一定方式联结成网形，称为控制网。以较精密的测量方法测定网中各个控制点的平面位置和高程，这项工作称为控制测量。然后分别以这些控制点为依据，测定点位附近地物、地貌的特征点（碎部点），并勾绘成图，如图 1-15 所示，这项工作称为碎

部测量。在布局上应先考虑整体，再考虑局部；工作步骤是先进行
控制测量，再进行碎部测量。

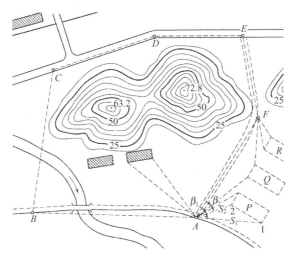

图 1-15 某测区地形图

　　按照"先整体后局部"，"先控制后碎部"的原则实施测图，由
于建立了统一的控制系统，使整个测区各个局部都具有相同的误差
分布和精度，尤其对于大面积的分幅测图，不但为各图幅的同步作
业提供了便利，同时也有效地保证了各个相邻图幅的拼接和使用。

　　在图 1-15 中，控制点 A、F 附近的建筑物 P、Q、R（图中虚
线）就是根据控制点 A、F 及建筑物 P、Q、R 的设计坐标求出水
平角和水平距离，在实地进行测定。建筑物施工放样也必须遵循
"先整体后局部"，"先控制后碎部"的原则。先在施工地区布设施
工控制网，然后根据控制点和放样数据来测设建筑物的细部点，把
图上设计的建筑物位置在实地标定出来。

　　本章主要介绍了测量学的发展和研究对象。工程测量是测量

学的一个组成部分。它包括工程在规划设计、施工建筑和运营管理阶段所进行的各种测量工作。在不同的领域中，测量工作的内容和步骤也不相同。

地球的表面极不规则，为了在地球的表面进行测量和计算，人们想了许多办法，比如把地球总的形状看作是被海水包围的球体。于是设想有一个静止的、没有潮汐风浪等影响的海洋表面，向陆地延伸并处处保持与铅垂线方向正交的封闭曲面，称为大地水准面。大地水准面所包围的形体称为大地体，大地体就代表了地球的形状和大小。

由于地球内部质量分布不均匀，导致地面上各点的铅垂线方向产生不规则变化，所以大地水准面实际上是一个有微小起伏、不规则的、很难用数学方程表示的复杂曲面。如果把地球表面的形状投影到这个不规则的曲面上，将无法进行测量的计算工作。为了解决投影计算问题，人们选择了一个与大地体形状和大小较为接近的、能用数学方程表示的旋转椭球来代替大地体，通过定位使旋转椭球与大地体的相对位置固定下来，这个旋转椭球称为参考椭球。参考椭球的表面是一个规则的数学曲面，它是测量计算和投影制图所依据的面。

从 20 世纪 50 年代到现在，我国分别采用了前苏联选定的克拉索夫斯基椭球，建立了"1954 北京坐标系"；采用 1975 年 16届国际大地测量与地球物理联合会（IUGG）推荐的椭球，建立了我国自己的"1980 西安坐标系"；近年来，由于 GNSS 定位技术的大力发展，采用 1979 年 17 届国际大地测量与地球物理联合会（IUGG）推荐的椭球，使用了 WGS-84 世界大地坐标系。随着社会的进步，国民经济建设、国防建设和社会发展、科学研究等对国家大地坐标系提出了新的要求，迫切需要采用原点位于地球质量中心的坐标系统作为国家大地坐标系，有利于采用现代空间技术对坐标系进行维护和快速更新，测定高精度大地控制点三维坐标，并提高测图工作效率。使用新的地心坐标系，实现我国陆海空统一的、高精度的、具有一定密度的、与世界坐标系接轨的新的大地坐标系。最终将成为我国数字地球坐标框架的基础。

国务院批准自 2008 年 7 月 1 日启用我国的地心坐标系——2000 国家大地坐标系，英文名称为 China Geodetic Coordinate System 2000，英文缩写为 CGCS 2000。

地面点的空间位置都与一定的坐标系统相对应。在高低起伏的地球自然表面上，地面点的位置通常以坐标和高程来表示。用大地经度 L 和大地纬度 B 表示地面点在参考椭球面上投影位置的坐标，称为大地坐标。大地坐标是球面坐标，用它表示地面点的位置形象直观，但其观测和计算都比较复杂。但地球是一个不可展的曲面，在局部工程建设的规划、设计与施工中，更多的则是需要把它投影到某个平面上来，使测量计算与绘图变得容易。

我国采用的是高斯-克吕格正形投影，高斯正形投影是将地球按经线划分成带，称为投影带。投影带是从起始子午线开始，每隔经度 6°划分为一带，自西向东将整个地球划分为 60 个带。在由高斯投影而成的平面上，中央子午线和赤道均为直线，两者互相垂直。以中央子午线为坐标系纵轴 x，以赤道为横轴 y，其交点为 o，便构成此带的高斯平面直角坐标系。我国位于北半球，x 坐标均为正值，而 y 坐标则有正有负，对于 6°带高斯平面直角坐标系，最大的 y 坐标负值为 $-365km$。为避免 y 坐标出现负值，规定把 x 轴向西平移 500km。

地面某直线的水平距离投影到高斯平面上需要两次投影。第一次是从地面投影到参考椭球面上，第二次则是从参考椭球面投影到高斯平面上。

在投影精度要求较高时，可以把投影带划分再小一些，例如采用 3°分带，如果投影精度要求更高，还可以采用 1.5°分带。1.5°带也称为任意带。我国所处的概略经度范围是东经 73°27′～135°09′，含有 11 个 6°带，即从 13～23 带；21 个 3°带，从 25～45 带。可见，在我国的 6°带和 3°带的投影带号是不重复的。

《城市测量规范》（CJJ/T 8—2011）规定，面积小于 25km² 的城镇，可以将水平面作为投影面，地面点在水平面上的投影位置可以用平面直角坐标表示。如果坐标系的原点是任意假设的，则称为独立的平面直角坐标系。为了不使坐标出现负值，对于独立测区，往往把坐标原点选在西南角以外适当位置。

地面点在水平面上的投影位置可以用平面直角坐标表示。如果坐标系的原点是任意假设的，则称为独立的平面直角坐标系。为了不使坐标出现负值，对于独立测区，往往把坐标原点选在西南角以外适当位置。

地面点沿铅垂线方向至大地水准面的距离称为绝对高程，亦称为海拔。地面点沿铅垂线方向至任意假定水准面的距离称为该点的相对高程，亦称为假定高程。两点高程之差称为高差，测量工作中，一般采用绝对高程，只有在偏僻地区，没有已知的绝对高程点可以引测时，才采用相对高程。

我国规定以黄海平均海水面作为大地水准面。在青岛观象山上建立了"中华人民共和国水准原点"，作为全国推算高程的依据。并分别于 1956 年确定水准原点的高程为 72.289m，按这个原点高程为基准去推算全国的高程，称为"1956 年黄海高程系"；后又经过多年的潮汐水位观测资料，进一步确定了黄海平均海水面的精确位置，再次测得水准原点的高程为 72.2604m，并命名为"1985 国家高程基准"。

综上所述，确定地面点的位置必须进行三项基本测量工作，即角度测量、距离测量和高程测量。

当测区范围较小，可以用水平面代替水准面，即以平面代替曲面。这样的替代可使测量的计算和绘图工作大为简化。经研究表明，在半径为 10km 的区域，地球曲率对水平距离的影响可以忽略不计。当测区范围在 100km² 时，水平面代替水准面对角度的影响仅为 0.51″，在普通测量工作中可以忽略不计。用平面代替曲面作为高程的起算面，对高程的影响是很大的，因此，即便是距离很短，也不能忽视地球曲率对高程的影响。

在测量工作中，必须按照"先整体后局部""先控制后碎部"的原则进行。建筑物施工放样也必须遵循"先整体后局部""先控制后碎部"的原则。先在施工地区布设施工控制网，然后根据控制点和放样数据来测设建筑物的细部点，把图上设计的建筑物位置在实地标定出来。

思考题与习题

1. 测量学的基本任务是什么？对你所从事工作起什么作用？

2. 什么是大地水准面？

3. 确定地面点的位置必须进行的三项基本测量工作是什么？

4. 什么是水准面、大地水准面和参考椭球面？

5. 测量工作的基准面和基准线是什么？

6. 测量中的平面直角坐标系和数学上的平面直角坐标系有哪些不同？

7. 设某地面点的经度为东经 $80°15'$，请问该点位于 $6°$ 投影带的第几带？其中央子午线的经度为多少？

8. 什么是绝对高程（海拔）、相对高程和高差？

9. 确定地面点位的基本测量工作是什么？

10. 若我国某处地面点 A 的高斯平面直角坐标值为 $x=2520179.89m$，$y=18432109.47m$，则 A 点位于第几带？该带中央子午线的经度是多少？A 点在该带中央子午线的哪一侧？距离中央子午线和赤道各为多少米？

11. 已知 A 点的高程为 $72.334m$，B 点到 A 点的高差为 $-23.118m$，问 B 点高程为多少？

12. 某地面点的相对高程为 $-15.46m$，其对应的假定水准面的绝对高程为 $72.55m$，则该点的绝对高程是多少？绘出示意图。

第二章

水准测量

导读

- **了解** 测定地面点高程的几种方法和原理，水准仪精度指标的划分，DS3型微倾式水准仪的组成部分。精密光学水准仪的水准尺和读数方法，电子水准仪的特点、优点和其广阔的应用前景。
- **理解** 在各种工程测量中被广泛应用的视线高测量方法，转点和测站的意义。管水准器和圆水准器的作用，微倾式水准仪和自动安平水准仪的基本操作程序，视差及消除视差的方法。水准路线的几种形式和作业时的注意事项。
- **掌握** 微倾式水准仪和自动安平水准仪的操作方法、读数方法、记录计算和各项检验校正。

第一节 水准测量原理

测定地面点高程的方法有几何水准测量（简称水准测量）、三角高程测量（间接高程测量）、GNSS高程测量和气压高程测量（物理高程测量）。其中水准测量的精度最高，是测定地面点高程的主要方法，它广泛应用于国家等级的高程控制测量、各种工程测量和施工测量中。本章主要介绍水准测量的原理、仪器、操作方法、计算和检验校正。

一、水准测量原理

水准测量的原理是利用水准仪提供的水平视线，读取竖立在两个点上的水准尺的读数，通过计算求出地面上两点间的高差，然后根据已知点的高程计算出待定点的高程。

如图 2-1 所示，已知 A 点高程为 H_A，欲测定 B 点的高程 H_B，则可在 A、B 两点的中间安置一台水准仪，并分别在 A、B 两点上各竖立一根水准尺，通过水准仪的望远镜分别读取水平视线在 A、B 两点上的水准尺读数。若前进方向是由 A 点到 B 点，则规定 A 为后视点，其标尺读数 a 称为后视读数；B 为前视点，其标尺读数 b 称为前视读数。根据几何学中平行线的性质可知，A 点到 B 点的高差或 B 点相对于 A 点的高差为

$$h = a - b \tag{2-1}$$

由式（2-1）知，地面上两点间的高差等于后视读数减去前视读数。当后视读数 a 大于前视读数 b 时，h_{AB} 值为正，说明 B 点高于 A 点；反之，则 A 点高于 B 点，h_{AB} 为负值。

待定点 B 的高程为

$$H_B = H_A + h_{AB} \tag{2-2}$$

【例 2-1】　水准测量的原理是利用仪器提供的水平视线，直接测定出地面点的高程。　　　　　　　　　　　　　　　　　　（错误）

由视线高计算 B 点高程的方法，在各种工程测量中被广泛应用。由图 2-1 可知，A 点的高程加上后视读数等于水准仪的视线高程，简称视线高，设为 H_i，即

$$H_i = H_A + a \tag{2-3}$$

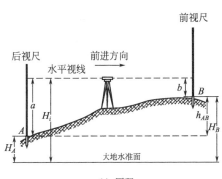

(a) 原理

(b) 场景

图 2-1　水准测量

则 B 点的高程等于视线高减去前视读数，即

$$H_B = H_i - b = (H_A + a) - b \qquad (2\text{-}4)$$

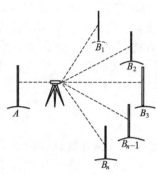

图 2-2　用视线高法
计算 B_i 点高程

式(2-4)特别适用于根据一个后视点的高程同时测定多个前视点的高程的工作。如图 2-2 所示，当架设一次水准仪要测量多个前视点 B_1，B_2，…，B_n 点的高程时，则将水准仪架设在适当的位置，对准后视点 A，读取中丝读数 a，按式(2-3)计算出视线高 $H_i = H_A + a$，然后用水准仪照准竖立在 B_1，B_2，…，B_n 点上的水准尺，并分别读取中丝读数为 b_1，b_2，…，b_n，则可按式(2-4)分别计算 B_1，B_2，…，B_n 点的高程。

【**例 2-2**】　在水准测量中，如水准尺竖立不直则造成实际读数比其正确读数偏大。　　　　　　　　　　　　　（正确）

二、转点、测站

在水准测量工作中，若已知水准点到待定水准点之间距离较远或高差较大，仅安置一次仪器无法测得两点之间的高差。

如图 2-3 所示，设已知点 A 的高程为 H_A，要测定 B 点的高程，必须在 A、B 两点之间连续设置若干个测站。进行观测时，每安置一次仪器观测两点间的高差，称为一个测站；作为传递高程的临时立尺点 1，2，…，$n-1$ 称为转点（TP）。各测站的高差为

$$h_1 = a_1 - b_1$$
$$h_2 = a_2 - b_2$$
$$\cdots$$
$$h_n = a_n - b_n$$

因此 A、B 两点间的高差为

$$h_{AB} = h_1 + h_2 + \cdots + h_n = \sum_{i=1}^{n} h_i \qquad (2\text{-}5)$$

或写成

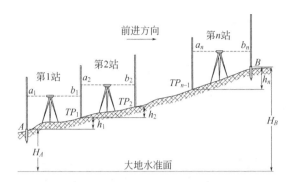

图 2-3　连续设置若干个测站的水准测量

$$h_{AB} = (a_1 - b_1) + (a_2 - b_2) + \cdots + (a_n - b_n) = \sum_{i=1}^{n} a_i - \sum_{i=1}^{n} b_i$$

$$(2-6)$$

在实际水准测量作业中，可先计算出每一站的高差，然后按式 (2-5) 求和得出 A、B 两点的高差 h_{AB}，再用式 (2-6) 检核高差 h_{AB} 计算是否正确。

【例 2-3】　转点是用来传递高程的，在转点上不应放尺垫。

（错误）

【例 2-4】　在水准测量成果计算时，不但要计算水准点的高程，而且也要计算转点高程。

（错误）

第二节　水准测量的仪器和工具

水准仪的类型很多，我国按其精度指标划分为 DS05、DS1、DS3 和 DS10 四个等级，D 和 S 分别为"大地测量"和"水准仪"汉语拼音的第一个字母，字母后的数字 05、1、3、10 等指用该类型水准仪进行水准测量时每千米往、返测高差中数的偶然中误差值，分别不超过 $\pm 0.5mm$、$\pm 1mm$、$\pm 3mm$、$\pm 10mm$。一般可省略"D"只写"S"。DS05、DS1 为精密水准仪，主要用于国家一、二等精密水准测量和精密工程测量，DS3 主要用于国家三、四等水准测量和常规工程测量，工程测量中常用的是 DS3 型水准仪，常称为 DS3 微倾式水准仪。

一、DS3型微倾式水准仪

如图2-4所示是我国生产的DS3型微倾式水准仪。它是通过调整水准仪的微倾螺旋使管水准气泡居中而获得水平视线的一种仪器设备。DS3型微倾式水准仪主要由望远镜、水准器和基座三个部分组成，现分述如下。

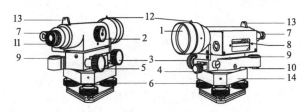

图2-4　DS3型微倾式水准仪

1—物镜；2—物镜调焦螺旋；3—微动螺旋；4—制动螺旋；
5—微倾螺旋；6—脚螺旋；7—管水准气泡观察窗；
8—管水准器；9—圆水准器；10—圆水准器校正螺钉；
11—目镜；12—准星；13—照门；14—基座

1. 望远镜

望远镜是构成水平视线、瞄准目标并对水准尺进行读数的主要部件。根据在目镜端观察到的物体成像情况，望远镜可分为正像望远镜和倒像望远镜。如图2-5所示为倒像望远镜的结构图，它由物镜、物镜调焦透镜、十字丝分划板、目镜等组成。物镜光心与十字丝交点的连线称为望远镜的视准轴，视准轴是瞄准目标和读数的依据。

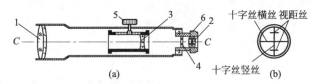

图2-5　望远镜的结构

1—物镜；2—目镜；3—物镜调焦透镜；4—十字丝分划板；
5—物镜调焦螺旋；6—目镜调焦螺旋

目前微倾式水准仪上的望远镜多采用内对光式的倒像望远镜，其成像原理如图 2-6 所示。目标 AB 发出的光线经过物镜和物镜调焦透镜的作用在镜筒内构成倒立的小实像 ab，转动物镜调焦螺旋时，物镜调焦透镜随之前后移动，使远近不同的目标清晰地成像在十字丝分划板上；再经过目镜放大，使倒立的小实像放大成为倒立的大虚像 $a'b'$，同时十字丝分划板也被放大。

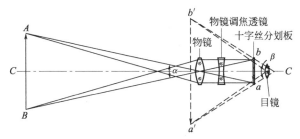

图 2-6　望远镜的成像原理

经望远镜放大的虚像与眼睛直接看到的目标大小的比值，称为望远镜的放大率，通常用 $V=\beta/\alpha$ 表示。《城市测量规范》（CJJ/T 8—2011）规定，DS3 型水准仪的望远镜放大率一般不低于 28 倍。

十字丝分划板是一块圆形平板玻璃，上面刻有相互正交的十字丝，如图 2-5(b) 和图 2-7 所示为十字丝分划板的几种形式。纵丝（也叫竖丝）用来照准水准尺，横丝（又叫中丝）的中间用来读取读数。与横丝平行而

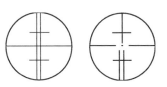

图 2-7　十字丝分划板

等距的上下两根短细线，称为视距丝，用于测量距离。调节目镜调焦螺旋，可使十字丝成像清晰。

【例 2-5】　水准仪照准水准尺后，在目镜中看到的物像不清晰，应该调节（　　）。　　　　　　　　　　　　　（物镜调焦螺旋）

【例 2-6】　望远镜十字丝交点和物镜光心的连线，称为（　　）。

（视准轴）

2. 水准器

水准器是用来判断望远镜的视准轴是否水平及仪器竖轴是否竖

直的装置。通常分为管水准器和圆水准器两种。

(1) 管水准器 管水准器是一个两端封闭的玻璃管，外形如图 2-8(a) 所示。管的内壁研磨成 7～20m 半径的圆弧，管内装满黏滞性小、易流动的液体（酒精或乙醚），加热封闭冷却后便形成气泡。由于气体比液体轻，因此，无论水准管处于水平或是倾斜位置，气泡总处在管内圆弧的最高位置。

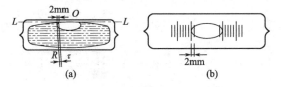

图 2-8 管水准器

水准管壁的两端各刻有数条间隔为 2mm 的分划线，用来判断气泡居中位置，如图 2-8(b) 所示。分划线的对称中心 O 即为水准管圆弧的中点，也称为水准管零点。过零点与水准管内圆弧相切的直线 LL 称为水准管轴。当气泡中点与水准管零点重合时称为气泡居中，这时水准管轴 LL 一定处于水平位置。

水准管上 2mm 间隔的弧长所对的圆心角称为水准管分划值，一般用 τ 表示，即

$$\tau = \frac{2}{R}\rho \tag{2-7}$$

式中 τ——水准管分划值，($''$)；

R——水准管内圆弧半径，mm；

ρ——弧度的秒值，$\rho = 206265''$。

水准管分划值与内圆弧半径成反比，半径越大，分划值越小，整平的精度越高，气泡移动也越灵活。所以一般把水准气泡移动至最高点的能力，称为水准器的灵敏度。另外灵敏度还与水准管内壁面的研磨质量、气泡长度、液体性质和温度有关。灵敏度越高，使气泡居中也越费时间。因此，仪器上的水准管灵敏度要与仪器的精度相匹配。DS3 型水准仪水准管分划值一般为 $20''$。

为了提高水准管气泡居中的精度，DS3 型水准仪在水准管上方

安置一组符合棱镜，当气泡两端的半边影像经过三次反射后，其影像反映在望远镜的符合水准器的放大镜内，若气泡不居中，气泡两端半边影像错开，当转动微倾螺旋使气泡两端半边的影像吻合时，气泡完全居中，如图2-9所示。

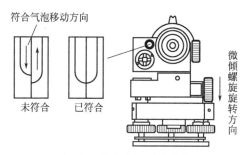

图 2-9 符合水准器及操作

【**例 2-7**】 甲水准仪管水准器分划值为 $30''$，乙水准仪管水准器分划值为 $20''$，则两台仪器的整平精度乙（   ）甲。（高于）

【**例 2-8**】 在水准仪上，调节水准仪符合水准器的螺旋是（   ）。 （微倾螺旋）

【**例 2-9**】 水准测量中，管水准气泡居中的目的是（   ）。 （使视准轴水平）

（2）圆水准器 圆水准器是一个密封的顶面内壁磨成球面的玻璃圆盒，如图2-10所示。球面中央刻有小圆圈，圆圈中心为零点，零点与球心的连线为圆水准器轴。当气泡中心与圆水准器零点重合时，气泡居中，圆水准器轴处于铅垂位置。当圆水准器轴偏离零点 2mm 时，其轴线所倾斜的角值称为圆水准器分划值。τ 一般为 $8'\sim10'$，因其灵敏度较低，整平精度较差，所以，圆水准器只能用于粗略整平仪器。

【**例 2-10**】 圆水准器轴与仪器竖轴的几何关系为（   ）。 （互相平行）

3. 基座

基座起支撑仪器和连接仪器与三脚架的作用，由轴座、底板、三角压板及三个脚螺旋组成。转动三个脚螺旋可使水准器气泡居中。

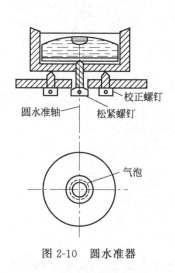

校正螺钉

圆水准轴　松紧螺钉

气泡

图 2-10　圆水准器

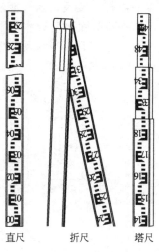

直尺　　折尺　　塔尺

图 2-11　水准标尺

二、水准尺及附件

　　水准尺是与水准仪配合进行水准测量的重要工具。常用优质木材或玻璃钢、金属材料制成，长度从 2~5m 不等，根据构造可以分为直尺（双面水准尺）、折尺和塔尺三种，如图2-11所示。

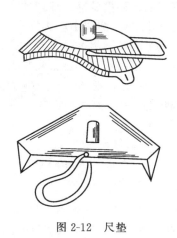

图 2-12　尺垫

　　直尺（双面水准尺）多用于三、四等水准测量，一般尺长为 3m，如图 2-11 所示，尺面每隔 1cm 涂以黑白或红白相间的分格，每分米处皆注有数字。尺子底面钉有铁片，以防磨损。涂黑白相间分格的一面称为黑面尺，另一面为红白相间，称为红面尺。在水准测量中，水准尺必须成对使用。每对双面水准尺其黑面尺底部的起始数均为零，而红面尺底部的起始数分别为 4687mm 和 4787mm。两把尺红面注记的零点差为 0.1m，为使水准尺更精确地处于竖直位置，多数水准尺的侧面装有圆水准器。

折尺长一般为 3m，折叠处为 1.5m，尺面分划值为 1cm 或 0.5cm。因连接处稳定性较差，仅适用于普通水准测量和地形测量。

塔尺长一般为 5m，分 3 节套接而成，可以伸缩，尺底从零起算，尺面分划值为 1cm 或 0.5cm。因塔尺连接处稳定性较差，仅适用于普通水准测量。

尺垫如图 2-12 所示，用生铁铸成，一般为三角形，中央有一突出的半圆球，水准尺立于半圆球顶部；下有三个尖脚可以插入土中，尺垫通常用于转点上，使用时应踩稳固。

第三节　微倾式水准仪的基本操作程序

一、使用微倾式水准仪的方法

微倾式水准仪的基本操作程序包括安置水准仪、粗略整平、照准和调焦、精确整平及读数。

1. 安置水准仪

将水准仪架设在两根水准尺中间，首先松开三脚架架腿的固定螺旋，按观测者的身高调节好三个架腿的高度，目估脚架顶面大致水平，用脚踩实三脚架腿，使脚架稳定、牢固，再拧紧固定螺旋。三脚架安置好后，从仪器箱中取出仪器，旋紧中心连接螺旋将水准仪固定在三脚架头上，以防止仪器从三脚架头上摔下来。

2. 粗略整平（粗平）

松开水平制动螺旋，转动仪器，将圆水准器置于两个脚螺旋之间，当气泡中心偏离零点位于 m 处时，如图 2-13（a）所示，用两手同时相对（向内或向外）转动 1、2 两个脚螺旋（此时气泡移动方向与左手拇指移动方向相同），使气泡沿 1、2 两螺旋连线的平行方向移至中间 n 处，如图 2-13（b）所示。然后转动第三个脚螺旋，使气泡居中，如图 2-13（c）所示。初学者一般先练习用一只手操作，熟练后再用双手操作。

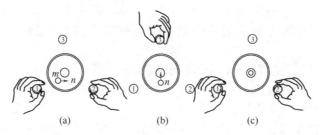

图 2-13　粗略整平的过程

3. 照准和调焦

（1）将望远镜对准明亮的背景，旋转目镜调焦螺旋，使十字丝成像清晰。

（2）转动望远镜，利用望远镜镜筒上的缺口和准星的连线，粗略瞄准水准尺，拧紧水平制动螺旋。

（3）旋转物镜调焦螺旋，并从望远镜内观察至水准尺影像清晰，然后转动水平微动螺旋，使十字丝竖丝照准水准尺中央稍偏一点，以便读数，如图 2-14 所示。

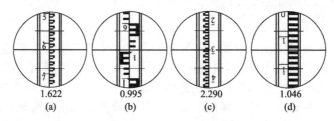

| 1.622 | 0.995 | 2.290 | 1.046 |
| (a) | (b) | (c) | (d) |

图 2-14　水准尺上的读数

（4）消除视差　当尺像与十字丝分划板平面不重合时，眼睛靠近目镜微微上下移动，发现十字丝和目镜影像有相对运动，这种现象称为视差，如图 2-15（a）、（b）所示，图 2-15（c）是没有视差的情况。视差会带来读数误差，所以观测中必须消除视差。

消除视差的方法是反复仔细地调节物镜调焦螺旋、目镜调焦螺旋，直到眼睛上下移动时读数不变为止。

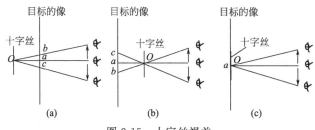

图 2-15　十字丝视差

4. 精确整平

先从望远镜的一侧观察水准管气泡偏离零点的方向，右手缓慢而均匀地转动微倾螺旋，使符合水准器两半边气泡严密吻合，此时视线水平，可以读数。

【例 2-11】　使用水准仪进行水准测量时，其精确整平的目的是（　　）。　　　　　　　　　　　（使视准轴平行于管水准轴）

【例 2-12】　用水准仪望远镜在标尺上读数时，应首先消除视差，产生视差的原因是（　　）。

（标尺成像面与十字丝平面不重合）

5. 读数

当确认水准管气泡居中时，应立即读取十字丝中丝在水准尺上的读数，对于倒像望远镜，所用水准尺的注记数字是倒写的，但从望远镜中看到的尺像是正立的，水准标尺的注记是从标尺底部向上增加的，故在望远镜中读数应该从上往下读。读数时，先默估出毫米数，再依次将米、分米、厘米、毫米四位数全部报出。如图 2-14(b)所示，读数为 0.995，读数后应检查气泡是否符合，若不符合再精确整平，重新读数；完成黑面尺的读数后，将水准标尺纵转 180°，立即读取红面尺的读数，若两读数之差等于该尺红面注记的零点常数，说明读数正确。

【例 2-13】　水准仪照准水准尺后，十字丝不清晰，应（　　）。　　　　　　　　　　　　　　　（调节目镜调焦螺旋）

二、注意事项

（1）每次作业时，必须检查仪器箱是否扣好或锁好，提手和背带是否牢固。

（2）取出仪器时，应先看清楚仪器在箱内的安放位置，以便使用完毕照原样装箱，仪器取出后，要盖好仪器箱。

（3）安置仪器时，注意拧紧架腿螺旋和中心连接螺旋；作业员在测量过程中不得离开仪器，特别是在建筑工地等处工作时，更要防止意外事故发生。

（4）操作仪器时，制动螺旋不要拧得过紧，仪器制动后，不得用力转动仪器，转动仪器时必须先松开制动螺旋。

（5）仪器在工作时，应撑伞遮住仪器，以避免仪器被暴晒或雨淋，影响观测精度。

（6）迁站时，若距离较近，可将仪器各制动螺旋固紧，收拢三脚架，一手持脚架，一手托住仪器搬移。若距离较远，应装箱搬运。

（7）仪器装箱前，先清除仪器外部灰尘，松开制动螺旋，将其他螺旋旋至中部位置。按仪器在箱内的原安放位置装箱。

（8）仪器装箱后，应放在干燥通风处保存，注意防盗、防潮、防霉和防碰撞。

第四节　水准测量的方法

我国国家水准测量按精度要求不同分为一、二、三、四等。一、二等水准测量称为精密水准测量，三、四等水准测量称为普通水准测量，采用某等级水准测量的方法测出的高程点称为该等级水准点。不属于国家规定等级的水准测量一般称为普通（或等外）水准测量。普通水准测量的精度比国家等级水准测量低，水准路线的布设及水准点的密度可根据实际要求有较大的灵活性，等级水准测量和普通水准测量的作业原理相同。

一、水准点和水准路线

1. 水准点

用水准测量方法测定高程的控制点称为水准点，一般用 *BM* 表示。国家等级的水准点应按要求埋设永久性固定标志，不需永久保存的水准点，可在地面上打入木桩，或在坚硬岩石、建筑物上设置固定标志，并用红色油漆标注记号和编号。地面水准点应按一定规格埋设，水准点标石的类型可分为基岩水准标石、基本水准标石、普通水准标石和墙角水准标志四种。标石顶部设置有不易腐蚀的材料制成的半球状标志，如图 2-16(a) 所示；墙角水准点应按规格要求设置在永久性建筑物上，如图 2-16(b) 所示。水准点埋设后，为便于以后使用时查找，需绘制说明点位的平面图，称为点之记，图 2-17 所示为水准点 BM_1 点之记的示例。

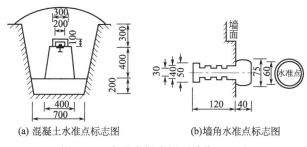

(a) 混凝土水准点标志图　　　　　(b)墙角水准点标志图

图 2-16　水准点标志图（单位：mm）

2. 水准路线

水准路线是水准测量施测时所经过的路线。水准路线应尽量沿公路、大道等平坦地面布设。以保证测量精度，水准路线上两相邻水准点之间称为一个测段。

【例 2-14】 水准测量中的"测段"是指（　　　）。

　　　　　　　　（水准路线上两相邻水准点之间的水准测线）

水准路线的布设形式分单一水准路线和水准网。单一水准路线有以下三种布设形式。

（1）附合水准路线　从一个已知高级水准点 BM_1 出发，沿各待测高程的点 1，2 进行水准测量，最后附合到另一个已知高级水准点 BM_2 上，这种水准路线称为附合水准路线。如图 2-18(a) 所示。

（2）闭合水准路线　从一个已知高级水准点 BM_3 出发，沿环线上各待测高程的点 1，2，3 进行水准测量，最后仍回到原已知高

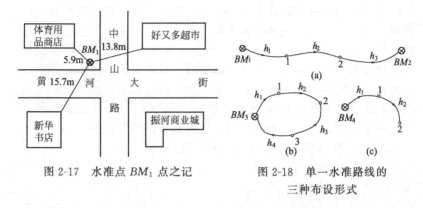

图 2-17　水准点 BM_1 点之记

图 2-18　单一水准路线的
三种布设形式

级水准点 BM_3 上，这种水准路线称为闭合水准路线。如图 2-18(b)
所示。

（3）支水准路线　从一已知高级水准点 BM_4 出发，沿各待测
高程的点 1，2 进行水准测量，既不附合到另一高级水准点上，也
不自行闭合，这种水准路线称为支水准路线。如图 2-18(c) 所示。

附合水准路线和闭合水准路线因为有检核条件，一般采用单程
观测；支水准路线没有检核条件，必须进行往、返观测或单程双线
观测，来检核观测数据的正确性。

二、水准测量的方法、记录计算及注意事项

1. 普通水准测量的观测程序

从一个已知高级水准点出发，一般要用连续水准测量的方法，
才能测量并计算出待定水准点的高程，其具体步骤如下。

（1）竖立后视标尺　在已知高程的水准点上立水准标尺，作为
后视尺。

（2）竖立前视标尺　在路线的前进方向上的适当位置放置尺
垫，在尺垫上竖立水准标尺作为前视尺。

（3）安置水准仪　仪器到两水准尺间的距离应大致相等，仪器
到水准尺的最大视距不大于 150m。先使圆水准器气泡居中。

（4）照准后视标尺　照准后视标尺并消除视差后，用微倾螺旋
调节水准管气泡并使其精确居中，用中丝读取后视读数，并记入手

簿（如表 2-1）。

表 2-1　水准测量记录手簿

测自 BM_1 点至 BM_2 点　　　　天气：多云　　　　呈像：清晰

日期：2018 年 5 月 23 日

仪器号码：DS3 99233　　　　观测者：张立波　　　　记录者：闫晓刚

测站	测点	后视读数 /m	前视读数 /m	高差/m		高程 /m	备注
				+	—		
1	BM_1	1.631		0.208		70.535	
	TP_1		1.423				
2	TP_1	1.687			0.132		
	TP_2		1.819				
3	TP_2	1.435			0.304		
	TP_3		1.739				
4	TP_3	1.756		0.323			
	BM_2		1.433			70.440	
Σ		6.509	6.414	0.531	0.436		
校核计算		$\Sigma a - \Sigma b = -0.095$　　　$\Sigma h = -0.095$					

（5）照准前视标尺　照准前视标尺后使水准管气泡居中，用中丝读取前视读数，并记入手簿（表 2-1）。

（6）迁站　将仪器按前进方向迁至第二站，此时，第一站的前视尺不动，变成第二站的后视尺，第一站的后视尺移至前面适当位置成为第二站的前视尺，按第一站相同的观测程序进行第二站测量。

（7）顺序沿水准路线的前进方向观测、记录，直至终点。

2. 水准测量应注意的事项

（1）在已知高程点和待测高程点上立水准尺时，应直接放在标石中心（或木桩）上。

（2）水准仪到前、后视水准尺的距离要大致相等，可步量确定。

（3）水准尺要扶直，不能前后、左右倾斜。

（4）尺垫仅用于转点，仪器迁站前，后视点的尺垫不能动。

（5）不得涂改原始读数，读错或记错的数据应划去，再将正确数据写在上方，并在相应的备注栏内注明原因，记录簿要保持干净、整齐。

三、水准测量的成果处理与计算

在外业水准测量中，无论采用哪种测量方法和测站检核都不能保证整条水准路线的观测高差计算没有错误。故在内业计算前，必须对外业手簿进行检查，检查无误方可进行水准路线闭合差的检验和成果计算。

1. 高差闭合差及其允许值的计算

（1）**附合水准路线**　附合水准路线是由一个已知高程的水准点测量到另一个已知高程的水准点，各段测得的高差总和 $\sum h_{测}$ 应等于两水准点的高程之差 $\sum h_{理}$。但由于测量误差的影响，使得实测高差总和与其理论值之间有一个差值，这个差值称为附合水准路线的高差闭合差。

$$f_h = \sum h_{测} - \sum h_{理} = \sum h_{测} - (H_{终} - H_{始}) \qquad (2\text{-}8)$$

式中　f_h——高差闭合差，m；

　　$\sum h_{测}$——实测高差总和，m；

　　$\sum h_{理}$——高差总和理论值，m；

　　$H_{终}$——路线终点已知高程，m；

　　$H_{始}$——路线起点已知高程，m。

（2）**闭合水准路线**　由于路线起闭于同一个水准点，因此，高差总和的理论值应等于零，但因测量误差的存在使得实测高差的总和往往不等于零，其差值称为闭合水准路线的高差闭合差。

$$f_h = \sum h_{测} \qquad (2\text{-}9)$$

（3）**支水准路线**　通过往、返观测，得到往、返高差的总和 $\sum h_{往}$ 和 $\sum h_{返}$，理论上应大小相等，符号相反，但由于测量误差的影响，两者之间产生一个差值，这个差值称为支水准路线的高差闭合差。

$$f_h = \sum h_{往} + \sum h_{返} \tag{2-10}$$

闭合差产生的原因很多，如仪器的精密程度、观测者的分辨能力、外界条件的影响等，但其数值必须限定在一定范围内。

在平坦地区，图根水准测量路线的高差闭合差的容许值（mm）一般规定为

$$f_{h容} = \pm 40\sqrt{L} \tag{2-11}$$

式中　L——水准路线长度，km。

在山地，每千米水准测量的测站数超过 16 站时，高差闭合差的容许值（mm）一般规定为

$$f_{h容} = \pm 12\sqrt{n} \tag{2-12}$$

式中　n——水准路线的测站总数。

附合水准路线或闭合水准路线长度不得大于 8km，结点间水准路线长度不得大于 6km，支水准路线长度不得大于 4km。在这个长度范围内，若高差闭合差小于容许值，则成果符合要求，否则应查明原因，重新观测。

2. 高差闭合差的调整和高程计算

（1）高差闭合差的调整　当高差闭合差 f_h 在容许值范围之内时，可调整闭合差。附合或闭合水准路线高差闭合差分配的原则是将闭合差按距离或测站数成正比例反号改正到各测段的观测高差上。高差改正数按式(2-13) 或式(2-14)计算

$$V_i = -\frac{f_h}{\sum L} L_i \tag{2-13}$$

或

$$V_i = -\frac{f_h}{\sum n} n_i \tag{2-14}$$

式中　V_i——测段高差的改正数，m；

　　　f_h——高差闭合差，m；

　　　$\sum L$——水准路线总长度，m；

　　　L_i——测段长度，m；

　　　$\sum n$——水准路线测站数总和；

　　　n_i——测段测站数。

高差改正数的总和应与高差闭合差大小相等，符号相反，即

$$\Sigma V_i = -f_h \tag{2-15}$$

用上式检核计算的正确性。

（2）计算改正后的高差 将各段高差观测值加上相应的高差改正数，求出各段改正后的高差，即

$$h_i = h_{i测} + V_i \tag{2-16}$$

对于支水准路线，当闭合差符合要求时，可按下式计算各段平均高差

$$h = \frac{h_{往} - h_{返}}{2} \tag{2-17}$$

式中　h——平均高差，m；

$h_{往}$——往测高差，m；

$h_{返}$——返测高差，m。

3. 计算各点高程

根据改正后的高差，由起点高程逐一推算出其他各点的高程。最后一个已知点的推算高程应等于它的已知高程，以此检查计算是否正确。

【**例 2-15**】 如图 2-19 所示，一附合水准路线，IV_1 和 IV_2 为已知水准点。用普通水准测量的方法，测定 BM_1、BM_2、BM_3 三个水准点的高程，各水准点间的测站数及高差均注明在图 2-19 中。

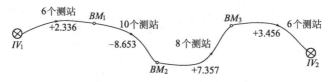

图 2-19　附合水准路线简图

（1）已知数据和观测数据的填写 在表 2-2 中，先将点号 IV_1、BM_1、BM_2、BM_3、IV_2 按顺序由上至下填入第一列点号一栏中，再将起始点高程 72.536 填入第六列高程一栏中，然后将测站数和测得高差分别填入相应的栏中。

高差闭合差的调整与高差计算见表 2-2。

表 2-2 附合水准路线高差闭合差的调整与高差计算

点号	测站数 /个	测得高差 /m	高差改正数 /m	改正后高差 /m	高程/m	备注
IV_1					72.536(已知)	
	6	+2.336	+0.006	+2.342		
BM_1					74.878	
	10	−8.653	+0.010	−8.643		
BM_2					66.235	
	8	+7.357	+0.008	+7.365		
BM_3					73.600	
	6	+3.456	+0.006	+3.462		
IV_2					77.062(已知)	
$\sum$	30	+4.496	+0.030	+4.526		
辅助计算	$f_h = -30\text{mm}$ $\qquad \sum n = 30 \qquad -f_h/\sum n = 1\text{mm}$ $f_{h容} = \pm 12\sqrt{30}\,\text{mm} \approx \pm 66\text{mm}$					

（2）高差闭合差的计算　由高差闭合差计算公式式（2-8）得

$$f_h = \sum h_测 - (H_终 - H_始) = 4.496 - (77.062 - 72.536)$$
$$= -0.030(\text{m}) = -30\text{mm}$$

按式（2-12）计算高差闭合差的容许值

$$f_{h容} = \pm 12\sqrt{30} \approx \pm 66(\text{mm})$$

$|f_h| < |f_{h容}|$，符合图根水准测量的技术要求，闭合差可以进行分配。

（3）闭合差的调整　闭合差的调整和分配的原则是将闭合差按距离或测站数成正比例反号改正到各测段的观测高差上，得到改正后的高差。

本例是按测站数进行分配，各测段改正数为

$$V_1 = -\frac{f_h}{\sum n} n_1 = -\frac{-0.030}{30} \times 6 = +0.006(\text{m})$$

$$V_2 = -\frac{f_h}{\sum n} n_2 = -\frac{-0.030}{30} \times 10 = +0.010(\text{m})$$

$$V_3 = -\frac{f_h}{\sum n} n_3 = -\frac{-0.030}{30} \times 8 = +0.008(\text{m})$$

$$V_4 = -\frac{f_h}{\sum n} n_4 = -\frac{-0.030}{30} \times 6 = +0.006(\text{m})$$

检核 $\sum V = -f_h = +0.030(\mathrm{m})$

将各测段改正数分别写入高差改正数一栏内。

各测段改正后的高差为

$h_1 = h_{1测} + V_1 = +2.336 + 0.006 = +2.342(\mathrm{m})$

$h_2 = h_{2测} + V_2 = -8.653 + 0.010 = -8.643(\mathrm{m})$

$h_3 = h_{3测} + V_3 = +7.357 + 0.008 = +7.365(\mathrm{m})$

$h_4 = h_{4测} + V_4 = +3.456 + 0.006 = +3.462(\mathrm{m})$

检核 $\sum h = H_终 - H_始 = +4.526(\mathrm{m})$

(4) 高程的计算 用每段改正后的高差，由已知水准点 IV_1 开始，逐点算出各点高程，即

$H_{BM_1} = H_{IV_1} + h_1 = 72.536 + 2.342 = 74.878(\mathrm{m})$

$H_{BM_2} = H_{BM_1} + h_2 = 74.878 - 8.643 = 66.235(\mathrm{m})$

$H_{BM_3} = H_{BM_2} + h_3 = 66.235 + 7.365 = 73.600(\mathrm{m})$

$H_{IV_2算} = H_{BM_3} + h_4 = 73.600 + 3.462 = 77.062(\mathrm{m})$

最后算得的 IV_2 点的高程应与 IV_2 点的已知高程相等，是正确的，否则说明高程计算有误。

第五节　水准仪的检验与校正

一、水准仪应满足的几何条件

如图 2-20 所示，水准仪有四条主要轴线，它们是水准管轴（LL）、望远镜的视准轴（CC）、圆水准器轴（$L'L'$）和仪器竖轴（VV）。

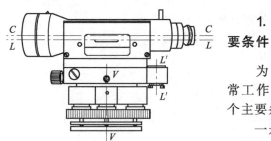

图 2-20　水准仪的主要轴线

1. 水准仪应满足的主要条件

为了使水准仪能够正常工作，水准仪应满足两个主要条件。

一是水准管轴应与望远镜的视准轴平行。若条件不满足，那么当水准管

气泡居中后，水准管轴已经水平而视准轴却未水平，则不符合水准测量的基本原理。

二是望远镜的视准轴不因调焦而变动位置。此条件是为满足第一个条件而提出的。如果望远镜在调焦时视准轴位置发生变动，就不能设想在不同位置的许多条视线都能够与一条固定不变的水准管轴平行。望远镜调焦在水准测量中是不可避免的，因此必须提出此项要求。

2. 水准仪应满足的次要条件

水准仪应满足两个次要条件。

一是圆水准器轴应与水准仪的竖轴平行。该条件的满足在于能迅速地调整好仪器，提高作业速度；也就是当圆水准器的气泡居中时，仪器的竖轴已基本处于竖直状态，使仪器旋转至任何位置都易于使水准管的气泡居中。

二是十字丝的横丝应垂直于仪器的竖轴。此条件的满足是当仪器竖轴已经竖直，在读取水准尺上的读数时就不必严格用十字丝的交点，可以用交点附近的横丝读数。

虽然在水准仪出厂时已经过检验满足上述条件，但由于运输中的震动和长期使用的影响，各轴线的关系可能发生变化，因此作业之前，必须对仪器进行检验与校正。

二、水准仪的检验与校正

1. 圆水准器的检验与校正

（1）检验目的　使圆水准器轴平行于仪器竖轴。

（2）检验原理　假设仪器竖轴与圆水准器轴不平行，那么当气泡居中时，圆水准器轴竖直，仪器竖轴则偏离竖直位置α角，如图2-21(a)所示。将仪器旋转$180°$，如图2-21(b)所示，此时圆水准器轴从仪器竖轴右侧移至左侧，与铅垂线的夹角为2α，此时圆水准器气泡偏离中心位置，气泡偏离的弧长所对的圆心角等于2α。

（3）检验方法　转动脚螺旋，使圆水准器气泡居中，然后将仪器绕其竖轴旋转$180°$，若气泡仍居中，说明此项条件满足；若气泡偏离圆水准器气泡中心位置，说明此条件不满足，需要校正。

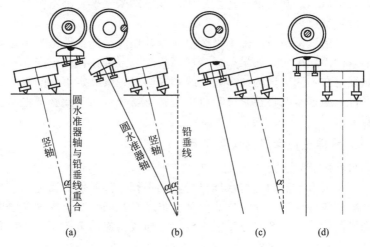

图 2-21　圆水准器的检验与校正

（4）校正方法　　如图 2-22 所示，用校正针拨动圆水准器下面的三个校正螺钉，使气泡退回偏离中心距离的一半，此时圆水准器

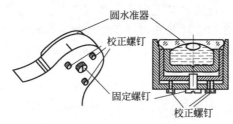

图 2-22　圆水准器的校正螺钉

轴与仪器竖轴平行，如图 2-21（c）所示；再旋转脚螺旋使气泡居中，此时仪器竖轴处于竖直位置，如图 2-21（d）所示。此项工作须反复进行，直到仪器绕其竖轴旋转至任何位置圆水准器气泡皆居中为止。

【**例 2-16**】　圆水准器轴与仪器竖轴的几何关系为（　　　）。

（互相平行）

2. 十字丝的检验校正

（1）检验目的　　使十字丝横丝垂直于仪器竖轴。

（2）检验原理　　如果十字丝横丝不垂直于仪器竖轴，当竖轴处于竖直位置时，十字丝横丝是不水平的，用横丝的不同部位在水准尺上的读数也不相同。

（3）检验方法　仪器整平后，从望远镜视场内选择一清晰目标点，用十字丝交点照准目标点，拧紧制动螺旋。转动水平微动螺旋，若目标点始终沿横丝做相对移动，如图 2-23 中的（a）、（b）所示，说明十字丝横丝垂直于竖轴；如果目标偏离开横丝，如图 2-23 中的（c）、（d）所示，则表明十字丝横丝不垂直于竖轴，需要校正。

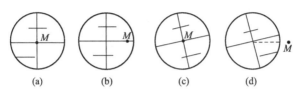

图 2-23　十字丝横丝的检验校正

（4）校正方法　松开目镜座上的三个十字丝环固定螺钉（有的仪器必须卸下十字丝环护罩），松开四个十字丝环压环螺钉，如图 2-24 所示。转动十字丝环，使横丝与目标点重合，再进行检验，直至目标点始终在横丝上相对移动为止，最后拧紧固定螺钉，盖好护罩。

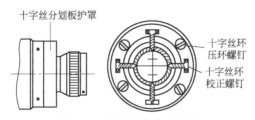

图 2-24　十字丝的校正装置

【例 2-17】　水准仪上十字丝检验校正的目的是（　　　）。

（十字丝的横丝垂直于仪器的竖轴）

3. 水准管轴的检验与校正

（1）检验目的　使水准管轴平行于望远镜的视准轴。

（2）检验原理　若水准管轴与视准轴不平行，会出现一个交角 i，由于 i 角的影响产生的读数误差称为 i 角误差。此项检验也称 i

角检验。在地面上选定两点 A、B，将仪器安置在 A、B 两点中间，测出正确高差 h，然后将仪器移至 A 点（或 B 点）附近，再测高差 h'，若 $h=h'$，则水准管轴平行于视准轴，即 i 角为零，若 $h \neq h'$，则两轴不平行。

（3）检验方法　在一平坦地面上选择相距 80～100m 的两点 A、B，分别在 A、B 两点打入木桩或放置尺垫，并在其上竖立水准标尺，将水准仪安置在 A、B 两点的中间，使前、后视距离相等，如图 2-25（a）所示，精确整平仪器后，依次照准 A、B 两点上的水准标尺并读数，设读数分别为 a_1 和 b_1，因前、后视距离相等，所以，i 角对前、后视读数的影响相等均为 x，则 A、B 两点的高差为

$$h_1 = (a_1 + x) - (b_1 + x) = a_1 - b_1$$

因抵消了 i 角误差的影响，所以由 a_1、b_1 计算出的高差 h_1 是正确高差。

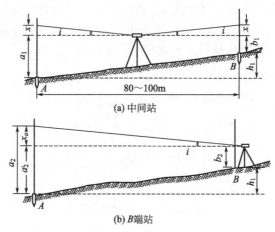

(a) 中间站

(b) B 端站

图 2-25　水准管轴的检验

将水准仪移至离 B 点约 3m 处，如图 2-25（b）所示。精确整平仪器后，读取 B 点上水准标尺的读数 b_2，由于仪器离 B 点很近，i 角对 b_2 的影响很小，可以认为 b_2 是正确读数。根据正确高差 h_1 可求出 A 点上水准标尺的正确读数为 $a'_2 = h_1 + b_2$；设 A 点

上水准标尺的实际读数为 a_2，若 $a'_2 = a_2$，说明满足条件。当 $a_2 > a'_2$ 时，说明视准轴向上倾斜；$a_2 < a'_2$，则视准轴向下倾斜。若 $|a'_2 - a_2| > 3mm$ 时，需要校正。

由图 2-25 写出 i 角的计算公式为

$$i = \frac{(a_2 - b_2) - (a_1 - b_1)}{S_{AB}} \rho \qquad (2-18)$$

式中 $\quad \rho$——弧度的秒值，$\rho = 206265''$；

$\quad S_{AB}$——A 点到 B 点的距离，m。

规范规定，用于三、四等水准测量的水准仪，其 i 角不得大于 $20''$。否则需要校正。

(4) 校正方法　如图 2-26 所示，转动微倾螺旋，使十字丝的横丝切于 A 点上水准标尺的正确读数 a'_2 处，此时视准轴水平，但水准管气泡偏离中心。如图 2-26 所示，用校正针先松开水准管的左、右校正螺钉，然后拨动上、下校正螺钉，一松一紧，升降水准管的一端，使气泡居中。此项检验需反复进行，符合要求后，将校正螺钉旋紧。

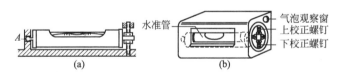

图 2-26　水准管轴的校正

当 i 角误差不大时，也可用升降十字丝的方法进行校正，具体做法是：水准仪照准 A 点上水准标尺不动，旋下十字丝环护罩，松动左右两个十字丝环校正螺钉（图 2-24），用校正针拨动上下两个十字丝环校正螺钉，一松一紧，直至十字丝横丝照准正确读数 a'_2 为止。

规范规定，在水准测量作业开始的第一周内应每天测定一次 i 角，待 i 角稳定后，可每隔 15 天测定一次。

【例 2-18】　水准仪上圆水准器的作用是粗略整平，水准管的作用是精确整平。　　　　　　　　　　　　　　　　　　　（正确）

【例 2-19】　水准测量中，管水准气泡居中的目的是（　　　）。

（使视准轴水平）

第六节　水准测量误差来源及其影响

为了提高水准测量的精度，必须分析和研究误差的来源及其影响规律，找出消除或减弱这些误差影响的措施。水准测量误差的来源主要有仪器本身误差、观测误差及外界条件影响产生的误差三个方面。

一、仪器误差

仪器误差的主要来源是望远镜的视准轴与水准管轴不平行而产生的 i 角误差。规范规定，S3 水准仪的 i 角大于 $20''$ 才需要校正，水准仪虽经检验校正，但不可能彻底消除 i 角，要消除或减弱 i 角对高差的影响必须在观测时使仪器至前、后视水准尺的距离相等。在水准测量的每一站观测中，前、后视水准尺的距离相等不容易做到，故规范规定，对于四等水准测量，一站的前、后视距差应不大于 5m，前、后视距累积差应不大于 10m。

二、水准标尺的误差

由于标尺本身的原因和使用不当所引起的读数误差称为标尺误差。水准标尺本身的误差包括分划误差、尺面弯曲误差、尺长误差等，规范规定，对于区格式木制水准标尺，米间隔平均真长与名义长之差不应大于 0.5mm，所以在使用前必须对水准标尺进行检验，符合要求方可使用。

1. 水准标尺零点差

由于使用、磨损等原因，水准标尺的底面与其分划零点不完全一致，其差值称为标尺零点差。对于一个测段的测站数为偶数段的水准路线，标尺零点差的影响可自行抵消；若为奇数站，所测高差中将含有该误差的影响。

2. 水准标尺倾斜误差

如图 2-27 所示，水准测量时，若水准标尺前、后倾斜，从水准仪的望远镜视场中不会察觉。在倾斜标尺上的读数总是比正确的标尺读数大，且视线高度越大，误差就越大。为减少水准标尺竖立不直产生的读数误差，可使用安装有圆水准器的水准标尺，并注意在测量工作中认真扶尺，使标尺竖直。

三、整平误差

水准测量是利用水平视线测定高差的，如果仪器没有精确整平，则倾斜的视线将使标尺读数产生误差。

$$\Delta = \frac{i}{\rho}D \qquad (2-19)$$

由图 2-28 知，设水准管的分划值为 $20''$，如果气泡偏离半格（即 $i = 10''$），则当距离为 50m 时，$\Delta = 2.4$mm；当距离为 100m 时，$\Delta = 4.8$mm；误差随距离的增大而增大。因此，在读数前，必须使附合水准气泡精确吻合。

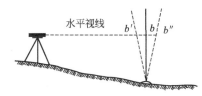

图 2-27 标尺倾斜对读数的影响

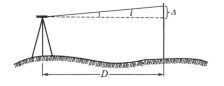

图 2-28 整平误差对读数的影响

四、读数误差的影响

读数误差产生的原因有两个：一是十字丝视差；二是估读毫米数不准确（估读误差）。十字丝视差可通过重新调节目镜和物镜调焦螺旋加以消除；估读误差与望远镜的放大率和视距长度有关，因此各等级水准测量所用仪器的望远镜放大率和最大视距都有相应规定，视距越长，读数误差越大普通水准测量中，要求望远镜放大率在 20 倍以上，视线长不超过 150m。

五、仪器和标尺升沉误差

如图 2-29 所示，在水准测量时，仪器、水准尺的重量和土壤

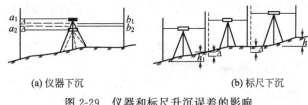

(a) 仪器下沉　　　　　　　　　　(b) 标尺下沉

图 2-29　仪器和标尺升沉误差的影响

的弹性会使仪器及尺垫下沉或上升，导致读数减小或增大而引起观测误差。

1. 仪器下沉（或上升）的速度与时间成正比

如图 2-29(a) 所示，从读取后视读数 a_1 到读取前视读数 b_1 时，仪器下沉了 Δ，则有

$$h_1 = a_1 - (b_1 + \Delta)$$

为了减弱此项误差的影响，可在同一测站进行第二次观测，而且第二次观测应先读前视读数 b_2，再读后视读数 a_2。则

$$h_2 = (a_2 + \Delta) - b_2$$

取两次高差的平均值，即

$$h = \frac{h_1 + h_2}{2} = \frac{(a_1 - b_1) + (a_2 - b_2)}{2}$$

可消减仪器下沉对高差的影响。一般称上述操作为"后、前、前、后"的观测程序。

2. 标尺下沉（或上升）引起的误差

如图 2-29(b) 所示，如果往测与返测标尺下沉量是相同的，则由于误差符号相同，而往测与返测高差符号相反，因此，取往测和返测高差的平均值可消除其影响。

六、大气折光的影响

如图 2-30 所示，因大气层密度不同，对光线产生折射，使视线产生弯曲，从而使水准测量产生误差。视线离地面越近，视线越长，大气折光影响越大。为减弱大气折光的影响，只能采取缩短视线，并使视线离地面有一定的高度及前、后视的距离相等的方法。规范规定，三、四等水准测量应保证上、中、下三丝都能读数，二

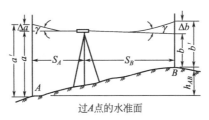

图 2-30　大气折光对高差的影响

等精密水准测量则要求下丝读数不小于 0.3m。

　　总之，实际工作中往往遇到的是以上各项误差的综合性影响。只要在作业中按规范要求施测，注意撑伞遮阳，在操作熟练和提高观测速度的前提下，是完全能够达到施测精度的。

第七节　自动安平水准仪

　　自动安平水准仪是一种只需概略整平即可获得水平视线读数的仪器，即利用水准仪上的圆水准器将仪器概略整平时，由于仪器内部自动安平机构（自动安平补偿器）的作用，十字丝交点上读得的读数始终为视线严格水平时的读数。这种仪器操作迅速简便，测量精度高，深受测量人员欢迎。近几年来，国产 DS3 级自动安平水准仪已广泛应用于各种工程测量作业中。图 2-31 为几种常用的自动安平水准仪。本节简要介绍仪器的自动安平原理，国产 DZS3-1型自动安平水准仪的结构特点和使用方法。

北京博飞　　　　　　苏州一光　　　　　　日本拓普康

图 2-31　自动安平水准仪

一、自动安平原理

　　自动安平水准仪的安平原理如图 2-32 所示。若视准轴倾斜了

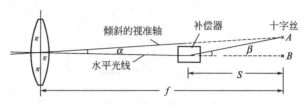

图 2-32　自动安平原理

α 角，为使经过物镜光心的水平光线仍能通过十字丝交点 A，可采用下列两种方法。

（1）在望远镜的光路中设置一个补偿器装置，使光线偏转一个 β 角而通过十字丝交点 A。

（2）若能使十字丝交点移至 B，也可使视准轴处于水平位置而实现自动安平。

自动安平水准仪中常用的补偿器，其结构是采用特殊材料制成的金属丝悬吊一组光学棱镜组成，利用重力原理进行视线的安平，只有当视准轴的倾斜角 α 在一定的范围内，补偿器才起作用，能使补偿器起作用的最大容许倾斜角称为补偿范围。自动安平水准仪的补偿范围一般为 ±8′～±12′，质量较好的自动安平水准仪甚至达到 ±15′，补偿时间一般为 2s；圆水准器的分划值一般为 8′/2mm。因此，操作时只要将圆水准器气泡居中，补偿器马上就起作用。当水准尺像在 1～2s 后趋于稳定时，即可在水准尺上读数。

二、DZS3-1 型自动安平水准仪

图 2-33 为北京博飞仪器股份有限公司 DZS3-1 型自动安平水准仪，其结构特点是没有管水准器和微倾螺旋，该型号中的字母 Z 代表"自动安平"汉语拼音的第一个字母。

该仪器望远镜光路如图 2-34 所示。光线通过物镜、调焦透镜、补偿棱镜及底棱镜后，首先成像在警告指示板上，然后，指示板上的目标影像连同红绿颜色膜一起经转像物镜，第二次成像在十字丝分划板上，再通过目镜进行放大观察。DZS3-1 型自动安平水准仪具有如下特点。

（1）采用轴承吊挂补偿棱镜的自动安平机构，为平移光线式自

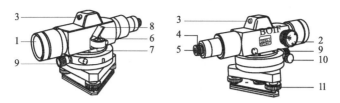

图 2-33 北京博飞仪器股份有限公司 DZS3-1 型自动安平水准仪

1—物镜；2—物镜调焦螺旋；3—粗瞄器；4—目镜调焦螺旋；5—目镜；6—圆水准器；
7—圆水准器校正螺钉；8—圆水准器反光镜；9—制动螺旋；
10—微动螺旋；11—脚螺旋

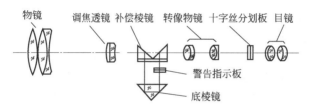

图 2-34 DZS3-1 型自动安平水准仪望远镜光路

动补偿器。

（2）设有自动安平警告指示器，可以迅速判别自动安平机构是否处于正常工作范围，提高了测量的可靠性。

（3）采用空气阻尼器，可使补偿元件迅速稳定。

（4）采用正像望远镜，观测方便。

（5）设置有水平度盘，可方便地粗略确定方位。

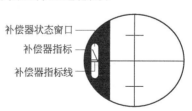

图 2-35 DZS3-1 型自动安平水准仪望远镜

工作中，在测站上旋转脚螺旋使圆水准器气泡居中，即可瞄准水准尺进行读数。读数时应注意先观察自动报警窗的颜色（图 2-35），若全窗是绿色，则可读数，若窗的任一端出现红色，则说明仪器的倾斜量超出了安平范围，应重新整平仪器后再读数。

【例 2-20】 自动安平水准仪只有圆水准器而没有管水准器。

（正确）

第八节　精密水准仪及电子水准仪简介

一、精密水准仪

精密水准仪主要应用于国家一、二等水准测量和高精度的工程测量中，如建筑物的变形观测、大型建筑物的施工及大型精密设备的安装等测量工作。

1. 精密水准仪的特点

精密水准仪的构造与 S3 水准仪基本相同，也是由望远镜、水准器和基座三个主要部件组成，为了进行精密水准测量，精密水准仪必须满足下列几点要求。

（1）高质量的望远镜光学系统　为了获得水准标尺的清晰影像，望远镜的放大倍率应尽可能大，分辨率应尽可能高，规范要求 DS1 不小于 38 倍，DS05 不小于 40 倍，物镜的孔径应大于 50mm。

（2）高灵敏的管水准器　精密水准仪的管水准器的分划值为 $10''/2mm$。

（3）高精度的测微器装置　精密水准仪必须有光学测微器装置，以测定小于水准标尺最小分划线间隔值的尾数，光学测微器可直读 0.1mm，估读到 0.01mm。

（4）坚固稳定的仪器结构　为了相对稳定视准轴与水准轴之间的关系，精密水准仪的主要构件均采用特殊的因瓦合金钢制成。

（5）高性能的补偿器装置。

（6）配备精密水准标尺。

2. 精密水准标尺

精密水准标尺是在木质尺身中间的槽内，装有膨胀系数极小的一根因瓦合金钢带，带的下端固定，上端用弹簧以一定的拉力拉紧，以保证因瓦合金钢带的长度不受木质尺身伸缩变形的影响。在因瓦合金钢带上漆有左右两排长度分划，数字注记在因瓦合金钢带

两旁的木质尺身上。精密水准标尺的分划值有 5mm 和 10mm
两种。

图 2-36(a) 为徕卡公司生产的精
密水准标尺，主要为徕卡新 N3 精密水
准仪配套使用。因为新 N3 精密水准仪
为正像望远镜，所以水准标尺的注记
也是正立的。尺长约 3.2m，在因瓦合
金钢带上右边的一排分划为基本分划，
数字注记从 0～300cm，左边的一排分
划为辅助分划，数字注记从 300～
600cm，基本分划与辅助分划的零点
相差 301.55cm，称为基辅差或尺常
数，用于作业时检查读数是否存在
粗差。

3. 新 N3 精密水准仪

图 2-37 为新 N3 精密水准仪，其
每千米往返测高差中数的中误差为
±0.3mm。

新 N3 精密水准仪的光学测微器是
由平行玻璃板、测微尺、传动机构和
测微读数系统组成，如图 2-38 所示。
平行玻璃板装在物镜前，通过传动机
构与测微尺相连，而测微尺的读数指
标线刻在一块固定的棱镜上。传动机

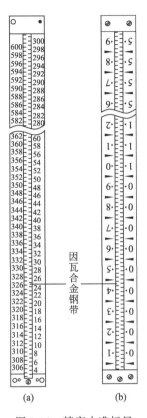

图 2-36 精密水准标尺

构由测微螺旋控制，转动测微螺旋，带有齿条的传动杆推动平行玻
璃板绕其轴前、后倾斜，测微尺也随之移动。当平行玻璃板竖直
时，水平视线不产生平移，倾斜时，视线则上下平行移动，其有效
移动范围为 10mm，在测微尺上为量取 10mm 而刻有 100 格，因
此，测微器的最小分划值为 0.1mm。

精密水准仪的使用方法与 DS3 水准仪基本相同，不同之处是
精密水准仪是采用光学测微器读数。作业时，先转动微倾螺旋，使

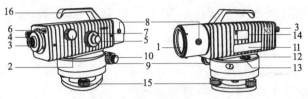

图 2-37 新 N3 精密水准仪

1—物镜；2—物镜调焦螺旋；3—目镜；4—测微尺与水准管气泡观察窗；5—微倾螺旋；
6—微倾螺旋行程指示器；7—平行玻璃板测微螺旋；8—平行玻璃板旋转轴；9—制动螺旋；
10—微动螺旋；11—水准管照明窗口；12—圆水准器；13—圆水准器校正螺钉；
14—圆水准器观察装置；15—脚螺旋；16—手柄

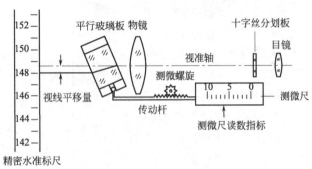

图 2-38 新 N3 的光学测微器结构

望远镜视场左侧的符合水准管气泡两端的影像精确符合，如图2-39

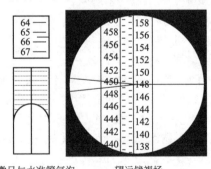

测微尺与水准管气泡   望远镜视场
观察窗视场

图 2-39 新 N3 望远镜视场

所示，这时视线水平。再转动测微螺旋，使十字丝上楔形丝精确夹住整分划，读取该分划读数，图 2-38 中的为 148cm 分划，再从测微尺读数窗内读取测微尺读数，图中为 0.655cm。水准尺的全读数等于楔形丝所夹分划线的读数与测微尺之和，即

$$148+0.655=148.655(\text{cm})=1.48655\text{m}$$

4. 国产 DS1 精密水准仪简介

国产 DS1 精密水准仪，如图 2-40 所示，其光学测微器的最小读数为 0.05mm。与其配套的水准标尺如图 2-36(b) 所示。在因瓦合金钢带上漆有左右两排分划，每排的最小分划值均为 10mm，彼此错开 5mm，把两排分划合在一起便成为左、右交替形式的分划，其分划值为 5mm。水准标尺分划的数字是注记在因瓦合金钢带两旁的木质尺身上，右边从 0～5 注记米数，左边注记分米数，大三角形标志对准分米分划线，小三角

图 2-40　国产 DS1 精密水准仪

形标志对准 5cm 分划线。注记的数值为实际长度的 2 倍，故用此水准标尺进行测量作业时，必须将观测高差除以 2 才是实际高差。

当平行玻璃板竖直时，水平视线不产生平移，倾斜时，视线则上下平行移动，其有效移动范围为 5mm（尺上注记为 10mm，实际为 5mm），在测微尺上为量取 5mm 而刻有 100 格，因此，测微器的最小分划值为 0.05mm。

作业时，先转动微倾螺旋，使望远镜视场左侧的符合水准管气泡两端的影像精确符合，此时视线水平。再转动测微螺旋，使十字丝上楔形丝精确夹住整分划，读取该分划读数，图 2-41 为

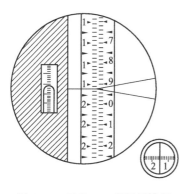

图 2-41　国产 DS1 望远镜视场

1.97m，再从目镜右下方的测微尺读数窗内读取测微尺读数，图中为1.50mm。水准尺的全读数等于楔形丝所夹分划线的读数与测微尺之和，即1.97150m，实际读数为全读数的一半，即0.98575m。

二、电子水准仪的基本原理

电子水准仪又称数字水准仪，它是在自动安平水准仪的基础上发展起来的。由于水准仪和水准标尺在空间上是分离的，在标尺上自动读取水平视线刻度则需要图像处理技术。1990年，瑞士威特（Wild-Leitz）集团首先研制出数字水准仪NA2000，标志着水准仪数字化读数的难关已被攻克。1994年德国蔡司（Zeiss）厂推出了电子水准仪DiNi10/20，同年日本拓普康（Topcon）也研制出了电子水准仪DL-101/102。至此，电子水准仪逐步走向实用。近年来国产电子水准仪也进入市场，如南方测绘、北京博飞、苏州一光等。

当前电子水准仪采用原理上相差较大的三种自动电子读数方法。

（1）几何法（天宝DiNi03）。

（2）相关法（徕卡NA3002/3003/DNA03）。

（3）相位法（拓普康DL-101C/102C/103，如图2-42所示）。

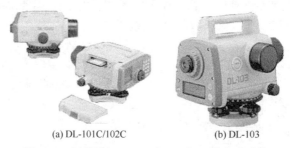

(a) DL-101C/102C   (b) DL-103

图2-42 拓普康DL-101C/102C/103数字水准仪

由于各厂家采用条码标尺编码的条码图案不相同，因此不能互换使用。目前照准标尺和调焦仍需人工目视进行。人工完成照准和调焦之后，标尺条码一方面被成像在望远镜分划板上，供目镜观测，另一方面通过望远镜的分光镜，标尺条码又被成像在光电传感器（又称探测器）上，即线阵 CCD 器件上，供电子读数。因此，如果使用传统水准标尺，电子水准仪又可以像普通自动安平水准仪一样使用。但这时的测量精度低于电子测量的精度。特别是精密电子水准仪，由于没有光学测微器，作为普通自动安平水准仪使用时，其精度更低。

电子水准仪的三种测量原理各有奥妙，三类仪器都经受了各种检验和实际测量的考验，能胜任精密水准测量作业。本节以相关法为例，说明其读数原理，其他两种方法可参考有关专业书籍。

徕卡公司的 NA3002/3003 电子水准仪采用相关法。它的标尺一面是伪随机条形码，供电子测量用，另一面为区格式分划，供光学测量用。望远镜照准标尺并调焦后，可以将条码清晰地成像在分划板上（图 2-43），供目视观测，同时条码影像也被分光镜成像在探测器上，供电子读数。如图 2-44 所示，DNA 是徕卡公司的第二代数字水准仪，于 2002 年 5 月正式向中国市场推出。它设计新颖，外形美观，屏幕采取中文显示。有 DNA03 和 DNA10 两种型号，采用因钢尺每公里往返差分别是 0.3mm 和 0.9mm。

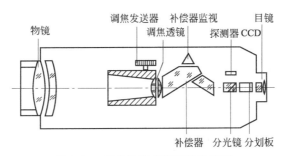

图 2-43　徕卡数字水准仪测量原理

图 2-45 左边是水准标尺的伪随机条码，该条码图像已经事先被存储在电子水准仪中作为参考信号。该条码右边是与它对应的区格式分划，左边伪随机条码的下面是望远镜照准伪随机条码后截取的片段伪随机条码。该片段成像在探测器上后，被探测器转换成电信号（测量信号），该信号在电子水准仪中与参考信号进行比较，当两信号相同，即图 2-45 中左边虚线位置，读数就可以确定。如

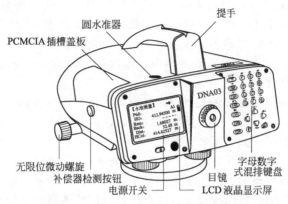

图 2-44　徕卡 DNA03 中文数字水准仪

图 2-45 中的 0.116m，图中箭头所指为对应的区格式标尺的读数。

由于标尺到仪器的距离不同，条码在探测器上成像的宽窄也不相同，即图 2-45 中片段条码的宽窄会变化，随之电信号的"宽窄"也将改变，于是引起上述相关的困难。NA 系列仪器采用二维相关

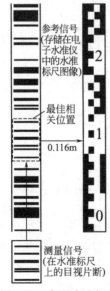

图 2-45　条码水准标尺

法来解决，也就是根据精度要求以一定步距改变仪器内部参考信号的"宽窄"，与探测器采集到的测量信号相比较，如果没有相同的两信号，则再改变，再进行一维相关，直至两信号相同为止，可以确定读数。参考信号的"宽窄"与视距是对应的，"宽窄"相同的两信号相比较是求视线高的过程，因此二维相关中，一维是视距，另一维是视线高。二维相关之后视距就可以精确算出。

三、电子水准仪的特点

电子水准仪是以自动安平水准仪为基础，在望远镜光路中增加了分光镜和探测器（CCD），并采用条码标尺和图像处理电子系统而构成的光电测量一体化的高科技产品。采用普通标尺时，又可像一般自动安平水准

仪一样使用。它与传统仪器相比有以下特点。

（1）读数客观 不存在误读、误记问题，没有人为读数误差。

（2）精度高 视线高和视距读数都是采用大量条码分划图像经处理后取平均得出来的。因此削弱了标尺分划误差的影响。多数仪器都有进行多次读数取平均的功能，可以削弱外界条件影响。不熟练的作业人员也能进行高精度测量。

（3）速度快 由于省去了人工读数、报数、听记和现场计算以及人为出错的重测数量，测量时间与传统仪器相比可以节省 1/2左右。

（4）效率高 只需调焦和按键就可以自动读数，减轻了劳动强度。数据还能自动记录、检核、处理并能输入电子计算机进行后处理。可实现内、外业一体化。

（5）仪器菜单功能丰富，内置功能强、操作界面友好，有各种信息提示，大大方便了实际操作。

四、天宝 DiNi03 电子水准仪的简介

天宝 DiNi03 电子水准仪是目前世界上精度最高的电子水准仪之一，每千米往返测量高差中误差最高为 ± 0.3mm。它有先进的感光读数系统，感应可见白光即可测量，测量时仅需读取条码尺30cm 的范围；配有 2M 内存的 PCMCIA 数据存储卡；具有多种水准导线测量模式及平差和高程放样功能，可进行角度、面积和坐标等测量。该电子水准仪由望远镜、补偿器、光敏二极管、圆水准器及脚螺旋等组成。图 2-46(a) 为 DiNi03 电子水准仪的外观图，图2-46(b) 为该仪器的操作面板及显示窗口。

1. 测量准备

（1）安置仪器

① 松开脚架的三个制动螺旋，展开架腿，将脚架升至合适高度（仪器安放后望远镜大致与眼睛平齐）并使架头基本水平，旋紧三个制动螺旋并将脚架踩入地面使之稳定。

② 将仪器箱打开，把仪器安放在三脚架上，旋紧基座下面的连接螺旋。

(a) 外观　　　　　　　　(b) 操作面板及显示窗口

图 2-46　DiNi03 电子水准仪

③ 调节脚螺旋使圆水准器气泡居中。

④ 在明亮背景下对望远镜进行目镜调焦，使十字丝清晰。

（2）照准目标

① 用手转动望远镜大致照准水准尺（注：该仪器为阻尼制动，无制动螺旋），用瞄准器进行粗瞄。

② 调节对光螺旋（俗称调焦）使尺像清晰，用水平微动螺旋使十字丝精确对准条码尺的中央。

③ 消除十字丝视差。

（3）开机

① 开机前必须确认电池已充好电，仪器应和周围环境温度相适应。

② 用 ON/OFF 键启动仪器，在简短的显示程序说明和公司简介后，仪器进入工作状态。这时可根据选项设置测量模式。

③ 选项有 3 种：单次测量，路线水准测量，校正测量。

④ 测量模式有后前、后前前后、后前后前、后后前前、后前（奇偶站交替）、后前前后（奇偶站交替）、后前后前（奇偶站交替）、后后前前（奇偶站交替）8 种。可选用适当的测量模式进行。

⑤ 可直接输入点号、点名、线名、线号以及代号信息。

⑥ 可直接设定正/倒尺模式。

2. 测量过程

设置完成后，即可按照测量程序进行。表 2-3 列出了 DiNi03 电子水准仪的主要技术参数。

表 2-3　DiNi03 电子水准仪的主要技术参数

项目	内　　容	项目	内　　容
仪器精度	双向水准测量每千米标准差 电子测量： 因瓦精密编码尺　　0.3mm 折叠编码尺　　1.0mm 光学水准测量：　　1.5mm (折叠尺,米制)	测量范围	电子测量： 因瓦精密编码尺　1.5～100m 折叠编码尺　　1.5～100m 光学水准测量：　从 1.3m 起 (折叠尺,米制)
测距精度	视距为 20 米的电子测距： 因瓦精密编码尺　　20mm 折叠编码尺　　25mm 光学水准测量：　　0.2m (折叠尺,米制)	最小显示单位	测高 0.01mm 测距 1.0mm
		补偿器	偏移范围±1.5′ 设置精度±0.2″

总结提高

　　本章主要介绍了水准测量的原理和在各种工程测量中广泛应用的视线高的方法。在水准测量工作中，若已知水准点到待定水准点之间距离较远或高差较大，仅安置一次仪器无法测得两点之间的高差，就要采用连续设置若干个测站并利用转点传递高程。

　　我国按精度指标对水准仪的类型划分为 DS05、DS1、DS3 和 DS10 四个等级，DS05、DS1 为精密水准仪，主要用于国家一、二等精密水准测量和精密工程测量，DS3 主要用于国家三、四等水准测量和常规工程测量，建筑工程测量中常用的是 DS3 型水准仪。

　　DS3 型微倾式水准仪。它是通过调整水准仪的微倾螺旋使管水准气泡居中而获得水平视线的一种仪器设备。DS3 型微倾式水准仪主要由望远镜、水准器和基座三个部分组成。

　　望远镜是构成水平视线、瞄准目标并对水准标尺进行读数的主要部件，由物镜、调焦透镜、十字分划板、目镜等组成。物镜光心与十字丝交点的连线称为望远镜的视准轴，视准轴是瞄准目标和读数的依据。

水准器是用来判断望远镜的视准轴是否水平及仪器竖轴是否竖直的装置。通常分为管水准器和圆水准器两种；管水准器灵敏度高，用于精确整平仪器；圆水准器灵敏度较低，整平精度较差，用于粗略整平仪器。

微倾式水准仪的基本操作程序包括安置水准仪、粗略整平、照准和调焦、精确整平和读数。

水准路线的布设形式分单一水准路线和水准网。单一水准路线的有以下三种布设形式：附合水准路线，闭合水准路线，支水准路线。

水准测量的外业工作完成后，要进行内业的平差计算，其主要环节有：外业手簿的检查，水准路线高差闭合差的调整和高程计算等。

为了在水准测量中得出正确的数据，在作业前，必须对水准仪进行检验与校正，主要内容有：圆水准器的检验与校正，十字丝的检验与校正，水准管轴的检验与校正。

为了提高水准测量的精度，必须分析和研究误差的来源及其影响规律，找出消除或减弱这些误差影响的措施。水准测量误差的来源主要有仪器本身误差、观测误差及外界条件影响产生的误差等。

最后介绍了自动安平水准仪，简介了精密水准仪及电子水准仪，供大家学习和工作时参考。

 思考题与习题

1. 简述望远镜的主要部件及各部件的作用。

2. 进行水准测量时，在哪些立尺点上要放置尺垫？哪些立尺点上不能放置尺垫？

3. 什么叫视差？产生视差的原因是什么？怎样消除视差？

4. 圆水准器和管水准器在水准测量中各起什么作用？

5. 水准测量时，前、后视距离相等可消除哪些误差？

6. 水准仪有哪些轴线？它们之间应满足什么条件？什么是主要条件？为什么？

7. 什么是水准器的灵敏度？

8. 使用水准仪应注意哪些事项？

9. 单一水准路线的布设形式有哪几种？其检核条件是什么？

10. 电子水准仪采用了哪几种自动电子读数方法？

11. 与普通水准仪相比，精密水准仪和电子水准仪各有哪些特点？

12. 设 A 点为后视点，B 点为前视点，A 点高程为 86.338m。当后视读数为 1.332m，前视读数为 1.021m 时，求 A、B 两点的高差？并绘图说明。

13. 将图 2-47 中的水准测量观测数据填入记录手簿（表 2-4），计算出各点的高差及 B 点的高程，并检核。

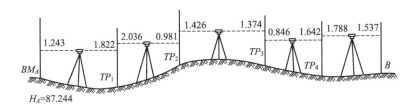

图 2-47　水准测量观测数据

表 2-4　水准测量手簿

测　站	测　点	后视读数 /m	前视读数 /m	高差/m		高程 /m	备注
				+	−		
I	BM_A						
	TP_1						
II	TP_1						
	TP_2						

续表

测　站	测　点	后视读数 /m	前视读数 /m	高差/m +	高差/m −	高程 /m	备注
Ⅲ	TP_2						
	TP_3						
Ⅳ	TP_3						
	TP_4						
Ⅴ	TP_4						
	B						
Σ							
校核计算			$\Sigma a - \Sigma b =$ $\quad$ $\Sigma h =$				

14. 图 2-48 为附合水准路线的简图及观测成果，已知点高程已填入表格中。试分别用测站数和按距离在表 2-5 中完成水准测量成果的计算。

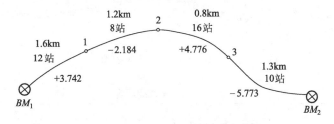

图 2-48　附合水准路线的简图及观测成果

15. 设 A、B 两点相距 100m，水准仪安置在 A、B 两点中间，测得 A、B 两点的高差 $h_{AB} = +0.224$m。仪器搬至离 B 点 3m 附近，读取 B 点水准标尺读数 $b = 1.446$m，A 点水准标尺读数 $a = 1.695$m。试问水准管轴是否平行于视准轴？为什么？若不平行，应如何校正？

表 2-5　水准测量成果计算表

点号	距离/km	测站数/个	测得高差/m	高差改正数/m	改正后高差/m	高程/m	备注
BM_1						136.742	
1							
2							
3							
BM_2						137.329	
Σ							
辅助计算							

第三章

角度测量

导读

- **了解** 经纬仪的精度分级和仪器精度的概念，经纬仪的基本构造由照准部、水平度盘和基座三部分组成。初步了解电子经纬仪。
- **理解** 水平角、竖直角的测量原理，读数和置数方法，照准目标的位置，观测限差要求，水平角观测的误差来源和消减的措施。
- **掌握** DJ6型经纬仪对中、整平的方法，测回法、全圆测回法和竖直角的观测、记录和计算。经纬仪的检验和校正。

第一节 角度测量的基本概念

角度测量包括水平角测量和竖直角测量，是测量的三项基本工作之一。水平角测量用于确定地面点的平面位置，竖直角测量用于间接测定地面点的高程。经纬仪、电子经纬仪和全站仪是进行角度测量的主要仪器。

一、水平角的测量原理

水平角是指地面上一点到两个目标点的方向线垂直投影到水平面上的夹角。如图 3-1 所示，设 A、B、C 是三个位于地面上不同高程的任意点，B_1A_1、B_1C_1 为空间直线 BA、BC 在水平面上的投影，B_1A_1 与 B_1C_1 的夹角 β 即为地面点 B 上由 BA、BC 两方向线构成的水平角。

为了测量水平角 β，可以设想在过 B 点的上方水平地安置一个

带有顺时针刻画、注记的圆盘，称
为水平度盘，并使其圆心 O 在过
B 点的铅垂线上，直线 BC、BA
在水平度盘上的投影为 Om、On；
这时，若能读出 Om、On 在水平
度盘上的读数 m 和 n，水平角 β 就
等于 m 减 n，用公式表示为

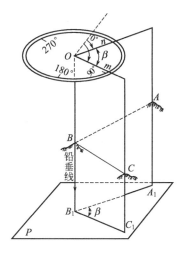

$$\beta = 右目标读数 \ m -$$
$$左目标读数 \ n \qquad (3\text{-}1)$$

由此可知，用于测量水平角的
仪器，必须有一个能安置水平、且
能使其中心处于过测站点铅垂线上
的水平度盘；必须有一套能精确读
取度盘读数的读数装置；还必须有

图 3-1 水平角的测量原理

一套不仅能上下转动成竖直面，还能绕铅垂线水平转动的望远镜，
以便精确照准方向、高度、远近不同的目标。

水平角的取值范围为 $0°\sim360°$。

【**例 3-1**】 水平角是测站至两目标间的 （　　　）。

（夹角投影到水平面上的角值）

二、竖直角的测量原理

在同一竖直面内，测站点到目标点的视线与水平线的夹角称为

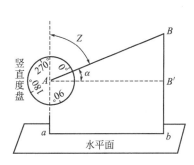

竖直角。如图 3-2 所示，视线
AB 与水平线 AB' 的夹角 α 为 AB
方向线的竖直角。其角值从水平
线算起，向上为正，称为仰角；
向下为负，称为俯角。范围为
$0°\sim\pm90°$。

视线与测站点天顶方向之间
的夹角称为天顶距。图 3-2 中以
Z 表示，其数值为 $0°\sim180°$，均
为正值。显然，同一目标的竖直

图 3-2 竖直角的测量原理

角 α 和天顶距 Z 之间有如下关系

$$\alpha = 90° - Z \tag{3-2}$$

为了观测天顶距或竖直角，经纬仪上必须装置一个带有刻画和注记的竖直圆盘，即竖直度盘，该度盘中心安装在望远镜的旋转轴上，并随望远镜一起上下转动；竖直度盘的读数指标线与竖盘指标水准管相连，当该水准管气泡居中时，指标线处于某一固定位置。显然，照准轴水平时的度盘读数与照准目标时度盘读数之差，即为所求的竖直角 α。

光学经纬仪就是根据上述测角原理而设计制造的一种测角仪器。

【**例 3-2**】 测定一点竖直角时，若仪器高不同，但都瞄准目标同一位置，则所测竖直角 （　　）。 （不同）

第二节　DJ6 型光学经纬仪

经纬仪的种类很多，但基本结构大致相同。目前，我国把经纬仪按精度不同分为 DJ07、DJ1、DJ2 和 DJ6 等几种类型。D、J 分别是"大地测量"和"经纬仪"汉语拼音的第一个字母，数字 07、1、2、6 等表示该类仪器的精度等级，以秒为单位，如 DJ6 则表示一测回方向观测中误差不超过 $\pm 6''$ 的经纬仪。

DJ6 型光学经纬仪是各种工程测量中最常用的一种测角仪器，适用于各种比例尺的地形图测绘和工程施工放样。由于生产厂家不同，仪器结构和部件也不尽相同。按照读数装置不同可分为两类：一类是测微尺读数装置；另一类是单平板玻璃测微器读数装置。

一、测微尺读数装置的光学经纬仪

国产 DJ6 型光学经纬仪外形及各部件名称如图 3-3 所示。它由照准部、水平度盘和基座三个主要部分组成。图 3-4 所示为 DJ6 型光学经纬仪主要部分的结构图。

1. 基本构造

（1）照准部　照准部是光学经纬仪的重要组成部分，主要指水

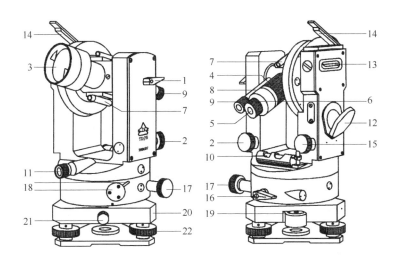

图 3-3　DJ6 型光学经纬仪

1—望远镜制动手柄；2—望远镜微动螺旋；3—望远镜物镜；4—望远镜调焦环；
5—望远镜目镜；6—目镜调焦螺旋；7—光学瞄准器；8—度盘读数显微镜；
9—读数显微镜调焦螺旋；10—照准部管水准器；11—光学对中器目镜；
12—度盘照明反光镜；13—竖盘指标管水准器；14—指标管水准器反光镜；
15—竖盘水准器微动螺旋；16—水平制动手柄；17—水平微动螺旋；
18—水平度盘变换器；19—圆水准器；20—基座；
21—底座制动螺旋；22—脚螺旋

平度盘之上，能绕其旋转轴旋转的全部部件的总称，它主要由望远镜、照准部管水准器、竖直度盘（或简称竖盘）、竖盘指标管水准器、读数显微镜、横轴、竖轴、U 形支架和光学对中器等各部分组成。照准部可绕竖轴在水平面内转动，由水平制动螺旋和水平微动螺旋控制。

① 望远镜　它固连在仪器横轴（又称水平轴）上，可绕横轴俯仰转动而照准高低不同的目标，并由望远镜制动螺旋和微动螺旋控制。

② 照准部管水准器　用来精确整平仪器。

③ 竖直度盘　用光学玻璃制成，可随望远镜一起转动，用来测量竖直角。

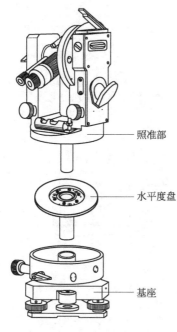

图 3-4　DJ6 型光学经纬仪
主要部分的结构

照准部

水平度盘

基座

④ 光学对中器　用来进行仪器对中，使仪器中心位于过测站点的铅垂线上。

⑤ 竖盘指标管水准器　在竖直角测量中，利用竖盘指标管水准微动螺旋使气泡居中，保证竖盘读数指标线处于正确位置。

⑥ 读数显微镜　用来精确读取水平度盘和竖直度盘的读数。

⑦ 仪器横轴　安装在 U 形支架上，望远镜可绕仪器横轴俯仰转动。

⑧ 仪器竖轴　又称为照准部的旋转轴，竖轴插入基座内的竖轴轴套中旋转。

【例 3-3】　当经纬仪的望远镜上下转动时，竖直度盘会（　　）。

（与望远镜一起转动）

（2）水平度盘　水平度盘是由光学玻璃制成的带有刻画和注记的圆环形的光学玻璃片，安装在仪器竖轴上，度盘边缘按顺时针方向在 0°～360°间每隔 1°刻画并注记度数。在一测回观测过程中，水平度盘和照准部是分离的，不随照准部一起转动，在观测开始前，通常将其始方向（零方向）的水平度盘读数配置在 0°左右，当转动照准部照准不同方向的目标时，移动的读数指标线便可在固定不动的度盘上读得不同的度盘读数即方向值。如需要变换度盘位置时，可利用仪器上的水平度盘变换器，把度盘变换到需要的读数上。使用时，将水平度盘变换器手轮推压进去，转动手轮，此时水平度盘跟着转动。待转到所需角度时，将手松开，手轮弹出，水平度盘位置即安置好。

（3）基座　基座即仪器的底座。照准部连同水平度盘一起插入基座轴座，用中心锁紧螺旋固紧。在基座下面，用中心连接螺旋把整个经纬仪和三脚架相连接，基座上装有三个脚螺旋，用于整平仪器。

2. 光路系统和读数方法

（1）光路系统　如图 3-5 所示，光线经度盘照明反光镜进入仪器内部后分为两路：一路是水平度盘光路；另一路是竖直度盘光路。

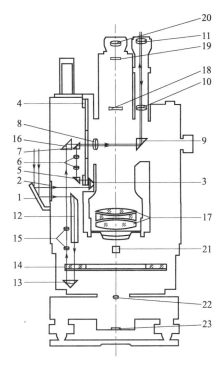

图 3-5　DJ6 型光学经纬仪光路系统

1—度盘照明反光镜；2—度盘照明进光窗；3—竖盘照明棱镜；4—竖直度盘；

5—竖盘照准棱镜；6—竖盘显微镜；7—竖盘反光棱镜；8—测微尺；

9—度盘读数反光棱镜；10—读数显微镜物镜；11—读数显微镜目镜；

12—转向棱镜；13—水平度盘照明棱镜；14—水平度盘；

15—水平度盘显微物镜组；16—水平度盘转向棱镜；

17—望远镜物镜；18—望远镜调焦透镜；19—十字丝分划板；

20—望远镜目镜；21—光学对中器反光棱镜；

22—光学对中器物镜；23—光学对中器防护玻璃

① 水平度盘光路 进入仪器内部的光线经棱镜 12 转向 90°后，经聚光透镜照射在水平度盘无刻画部分，透过度盘经底棱镜 13 将光线转向 180°后折返向上，第二次照射在度盘上有刻画注记的部分，向上透过度盘，带着度盘上不透光的刻划和注记影像，经光具组 15 对影像进行第一次放大，再经棱镜 16 转向 90°成像在读数窗场镜的测微尺 8 上。

② 竖直度盘光路 进入仪器内部的光线经竖盘照明棱镜 3 转向 180°后透过度盘，带着竖盘刻画注记影像经棱镜 5 折转 90°向上，通过光具组对影像进行一次放大，再经棱镜 7 转向 90°也成像在读数窗场镜的另一块测微尺 8 上。

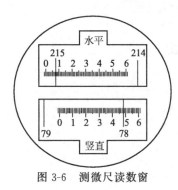

图 3-6　测微尺读数窗

水平和竖直两路光线透过读数窗场镜后，分别带着水平度盘、竖直度盘及两块测微尺的影像，经棱镜 9 转向 90°进入读数显微镜，通过透镜组对影像进行第二次放大，观测时，调节读数显微镜目镜 11 即可同时清晰地看到水平度盘、竖直度盘及两块测微尺的影像。放大率约为 65 倍。如图 3-6 所示。

（2）测微装置 测微装置即测微尺，用来量测度盘上不足一个分划间隔的微小角值。

测微尺影像宽度恰好等于度盘上相差 1°的两条分划线经光路第一次放大后的宽度，即总宽度为 1°，共分 60 小格，则每格为 1′。在测微尺上可直接读到 1′，估读到 0.1 格即 6″。每 10 格加一注记，注记数值为 0~6，显然，测微尺上数值注记为整 10′的数值。

（3）读数方法 读数时，先读出位于测微尺 0 ~ 6 之间度盘分划线的度数，再读出该分划线所在处测微尺上的分、秒值，两数之和即为读数结果。图 3-6 中，水平度盘读数为 215°07.3′，即 215°07′18″；竖盘读数为 78°48.2′，即 78°48′12″。

二、单平板玻璃测微器读数装置的光学经纬仪

图 3-7 所示为 DJ6-1 型光学经纬仪，图 3-8 为该仪器的光路示

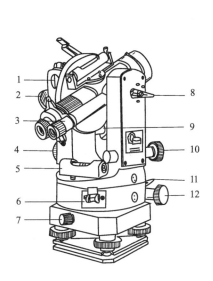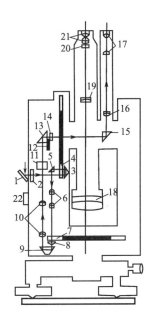

图 3-7　DJ6-1 型光学经纬仪

1—竖盘指标水准管；2—反光镜；3—读数
显微镜；4—测微轮；5—照准部水准管；
6—复测扳手；7—中心锁紧螺旋；
8—望远镜制动螺旋；9—竖盘指标水准管
微动螺旋；10—望远镜微动螺旋；
11—水平制动螺旋；12—水平微动螺旋

图 3-8　DJ6-1 型光学经纬仪光路

1—度盘照明反光镜；2—度盘照明
进光窗；3—转向棱镜；
4—竖直度盘；5—直角棱镜；
6—分划影像物镜组；7—水
平度盘；8—聚光镜；9—转向
棱镜；10—分划影像物镜组；
11—平行玻璃板；12—测微尺；
13—直角棱镜；14—读数窗；
15—直角棱镜；16—读数显微
镜物镜；17—读数显微镜目镜和
分划板；18～21—望远镜系统；
22—指北针固定装置

意图。

　　DJ6-1 型光学经纬仪没有水平度盘变换手轮，而是采用复测装置。该装置是用复测扳手代替水平度盘变换手轮来控制水平度盘的转动。复测扳手是一偏心凸轮，扳下复测扳手，度盘与照准部扣合在一起，转动照准部将带动水平度盘一起转动，读数显微镜中的水平度盘读数不变。扳上复测扳手，照准部就不带动水平度盘一起旋转，读数显微镜中的水平度盘读数随之改变，此时可读取不同的度盘读数。

　　该类仪器的水平度盘每隔 $30'$ 有一刻划线，每隔 $1°$ 注记，即度盘最小刻画值为 $30'$。与最小度盘刻画相对应的测微器总宽度为 $30'$，共刻有 90 小格，每 5 格有一注记。显然，测微器上最小刻画值为 $20''$（不足 $20''$ 的值可估读）。

　　图 3-9 所示为在读数显微镜中看到的度盘及测微器影像。最上面的小窗为测微器读数窗，中间和下面两窗内分别为竖直度盘和水平度盘的影像。读数时，需先转动测微器手轮（简称测微轮），使度盘分划线精确地移至双线指标的正中间，读出度和整 $30'$ 数值，然后再读出单线指标在测微器读数窗中所指的分、秒值，两读数之和即为读数结果。

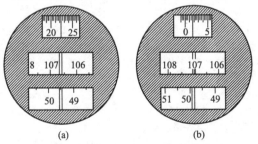

图 3-9　单平板玻璃测微器的读数方法

　　如图 3-9(a) 所示，双线指标所夹水平度盘数值为 $49°30'$，单线指标在最上面测微器读数窗中读数为 $22'20''$，故应有读数为 $49°30'+22'20''=49°52'20''$。图 3-9(b) 中竖盘读数为 $107°00'+01'40''=107°01'40''$。

第三节　经纬仪的使用

　　经纬仪的使用主要包括安置经纬仪、照准目标、调焦、水平度盘配置和读数等工作。

一、安置经纬仪

在进行角度测量时，首先要在测站上安置经纬仪，即进行对中和整平。对中的目的是使仪器中心（或水平度盘中心）与测站点的标志中心位于同一铅垂线上；而整平则是为了使水平度盘处于水平位置。由于经纬仪的对中设备不同，对中的精度也不同，如用垂球对中的精度一般在 3mm 以内；光学对中器对中的精度可以达到 1mm。另外，对中和整平的方法步骤也不一样，现分述如下。

1. 用垂球对中和整平的安置方法

（1）对中

① 在测站点上方安放张开的三脚架，使其高度适中，架头大致水平，架腿与地面约成 75°角。使架顶中心大致对准测站点标志中心，将三脚架的脚尖踩入土中。

② 将仪器放在架头上，并随手拧紧连接仪器和三脚架的中心连接螺旋，挂上垂球，并调整垂球线长度使垂球尖略高于测站点。当垂球尖端偏离测站点较远时，可平移三脚架使垂球尖端对准测站点；如果垂球尖端与测站点相距较近，可适当放松中心连接螺旋，在三脚架头上缓缓移动仪器，使垂球尖端精确对准测站点。垂球对中的误差一般应小于 3mm。对中完成后，应随手拧紧中心连接螺旋。

（2）整平

① 先旋转脚螺旋使圆水准器气泡居中，然后，松开水平制动螺旋，转动照准部使照准部管水准器平行于任意两个脚螺旋的连线，如图 3-10(a) 所示。

② 根据气泡的偏离方向，两手同时向内或向外旋转脚螺旋，使气泡居中（气泡移动方向与左手大拇指的转动方向一致）。

③ 转动照准部 90°，如图 3-10(b) 所示，旋转第三个脚螺旋使气泡居中。如此反复进行，直至照准部转到任何位置时，气泡都居中为止。

【注意】 在风力较大的情况下，垂球对中的误差也会较大，此

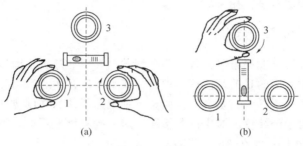

图 3-10　整平

时应使用光学对中器对中的方法安置仪器。

2. 用光学对中器对中的安置方法

常见的经纬仪大多数都装置有光学对中器，光学对中器是由一组折射透镜组成。图 3-11 为光学对中器光路图。测站点地面标志的影像经反光棱镜 2 转向 90°，通过透镜组放大后成像在分划板 5 上，如果从目镜 6 处观察到测站点标志中心位于分划板 5 的圆圈中心，则说明水平度盘中心已位于过测站点的铅垂线上。

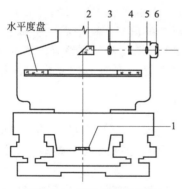

图 3-11　光学对中器光路
1—保护玻璃；2—反光棱镜；3—物镜；
4—物镜调焦板；5—分划板；6—目镜

使用光学对中器对中，不但精度高，而且受外界条件影响小，在工作中被广泛采用。该项操作需使对中和整平反复交替进行，其操作步骤如下。

（1）将仪器三脚架安置在测站点上，目估使架头水平，并使架头中心大致对准测站点标志中心。

（2）装上仪器，先将经纬仪的三个脚螺旋转到大致同高的位置上，再调节（旋转或抽动）光学对中器的目镜，使对中器内分划板上的圆圈（简称照准圈）和地面测站点标志同时清晰，然后，固定一条架腿，移动其余两架腿，使照准圈大致对准测站点标志，并踩踏三脚架腿，使其稳固地插入地面。

（3）对中　旋转脚螺旋，使照准圈精确对准测站点标志，光学对中的误差应小于1mm。

（4）粗平　根据气泡偏离情况，分别伸长或缩短三脚架腿，使圆水准器气泡居中。

（5）精平　用前面垂球对中所述整平方法，使照准部管水准器气泡精确居中。

（6）检查仪器对中情况，若测站点标志不在照准圈中心且偏移量较小，可松开仪器中心连接螺旋，在架顶上平移仪器使其精确对中，再重复步骤（5）进行整平；如偏移量过大，则重复操作（3）、（4）、（5）的步骤，直至对中和整平均达到要求为止。

【例3-4】　经纬仪操作过程中应该（　　）使圆水准气泡居中。　　　　　　　　　　　　　　　　　　　（升降脚架）

【例3-5】　经纬仪安置时，整平的目的是（　　）。　　　　　　　　　（使仪器的竖轴位于铅垂位置，水平度盘水平）

二、照准目标

如图3-12所示。测角时的照准标志，一般是标杆（花杆）、测钎、觇牌或吊垂球线。

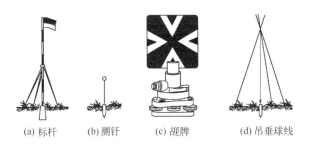

(a) 标杆　　　(b)测钎　　　(c)觇牌　　　(d)吊垂球线

图3-12　测角时的照准标志

测量水平角时，先松开水平和望远镜制动螺旋，调节望远镜目镜使十字丝清晰；利用望远镜上的准星或粗瞄器粗略照准目标并拧紧制动螺旋；调节物镜调焦螺旋使目标清晰并消除视差；利用水平

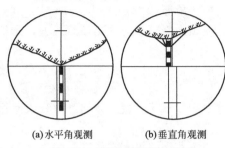

(a)水平角观测   (b)垂直角观测

图 3-13　照准目标的方法

和望远镜微动螺旋精确照准目标。

如图 3-13 所示。照准时应注意，水平角观测时要尽量照准目标底部。目标离仪器较近时，成像较大，可用单丝平分目标；目标离仪器较远时，可用双丝夹住目标或用单丝和目标重合。竖直角观测时应照准目标顶部或某一预定部位。

三、读数或置数

（1）读数　读数方法如本章第二节所述。读数时要注意以下两点：一是应打开度盘照明反光镜，并调节反光镜的开度和方向使读数窗内亮度适中；二是应调节读数显微镜目镜使度盘影像清晰，然后读数。

（2）置数　在水平角观测或建筑工程施工放样中，常常需要使某一方向的读数为零或某一预定值。照准某一方向时，使度盘读数为某一预定值的工作称为置数。测微尺读数装置的经纬仪多采用度盘变换器结构，其置数方法可归纳为"先照准后置数"，即先精确照准目标，并固紧水平及望远镜制动螺旋，再打开度盘变换手轮保险装置，转动度盘变换手轮，使度盘读数等于预定数值，然后，关上变换手轮保险装置。

第四节　水平角观测

水平角的测量方法，一般应根据测角的精度要求、所使用的仪器以及照准目标的多少而定，工程上常用的有测回法和方向观测法。

一、测回法

测回法适用于观测两个照准目标之间的单角。这种方法要用盘左和盘右两个位置进行观测。观测时目镜朝向观测者，若竖盘位于望远镜的左侧，称为盘左；若竖盘位于望远镜的右侧，则称为盘右。通常先以盘左位置测角，称为上半测回；然后用盘右位置测角，称为下半测回。上下两个半测回合在一起称为一测回。有时水平角需观测多个测回。

如图 3-14 所示，测量 OA、OB 两方向之间的水平角 β，先将经纬仪安置在测站点 O 上，并在 A、B 两点上分别设置照准标志（竖立花杆或测钎），因为水平度盘是顺时针注记，故选取起始方向（零方向）时，应正确配置起始读数。其观测方法和步骤如下。

（1）使仪器竖盘位于望远镜左边（称盘左或正镜），照准起始目标 A，按置数方法配置起始读数，读取水平度盘读数为 $a_左$，记入观测手簿。

（2）松开水平制动螺旋，顺时针方向转动照准部照准目标 B，读取水平度盘读数为 $b_左$，记入观测手簿。

图 3-14　测回法观测示意图

以上两步骤称为上半测回（或盘左半测回），测得水平角值为

$$\beta_左 = b_左 - a_左 \tag{3-3}$$

（3）纵转望远镜，使竖盘处于望远镜右边（称盘右或倒镜），照准目标 B，读取水平度盘读数为 $b_右$，记入观测手簿。

（4）逆时针转动照准部，照准目标 A，读取水平度盘读数为 $a_右$，记入观测手簿。

以上（3）、（4）两步骤称为下半测回（或称盘右半测回），测得角值为

$$\beta_右 = b_右 - a_右 \tag{3-4}$$

上、下两个半测回合称为一个测回，当两个"半测回"角值之差不超过限差（规范规定不应超过 $36''$）要求时，取其平均值作为一测回观测成果，即

$$\beta = \frac{1}{2}(\beta_左 + \beta_右) \tag{3-5}$$

为了提高观测精度，常需要观测多个测回；为了减弱度盘分划误差的影响，各测回应均匀分配在度盘的不同位置进行观测。若要观测 n 个测回，则每测回起始方向读数应递增 $180°/n$。例如当需要观测 3 个测回时，每测回应递增 $180°/3 = 60°$，即每测回起始方向读数应依次配置在 $00°00'$、$60°00'$、$120°00'$ 或稍大的读数处。各测回角值之差称为"测回差"，规范规定不应超过 $36''$。当测回差满足限差要求时，取各测回平均值作为本测站水平角观测成果。表 3-1 为测回法两个测回的记录、计算格式。

表 3-1　水平角观测手簿（测回法）

测站	测回	竖盘位置	目标	水平度盘读数 /(° ′ ″)	半测回角值 /(° ′ ″)	一测回角值 /(° ′ ″)	各测回平均角值 /(° ′ ″)	备注
O	1	左	A	0　03　18	89　30　12	89　30　15	89　30　21	
			B	89　33　30				
		右	A	180　03　24	89　30　18			
			B	269　33　42				
	2	左	A	90　03　30	89　30　30	89　30　27		
			B	179　34　00				
		右	A	270　03　24	89　30　24			
			B	359　33　48				

表中两个半测回角值之差及各测回角值之差均不超过限差。

【例 3-6】　测回法测水平角时，若要测四个测回，则第二测回起始读数为（　　）。　　　　　　　　　　　　　　（$45°00'00''$）

【例 3-7】　用经纬仪观测水平角时，尽量照准目标的底部，其目的是为了消除（　　）误差对测角的影响。　　（目标偏离中心）

【例 3-8】　用测回法观测水平角，可以消除（　　）误差。

（2C）

【例 3-9】　水平角观测照准目标时，如果竖盘位于望远镜的左边，称为（　　）；竖盘位于右测称为（　　），盘左盘右观测一次，称为（　　）。　　　　　　　　　　（正镜，倒镜，一个测回）

【例 3-10】　对 2C 的描述完全正确的是（　　）。

　　　　（2C 是正倒镜照准同一目标时的水平度盘读数之差±180°）

【例 3-11】　用测回法观测水平角，测完上半测回后，发现水准管气泡偏离 2 格多，在此情况下应（　　）。　　　　（整平后全部重测）

二、方向观测法

　　当一个测站上有三个或三个以上方向，需要观测多个角度时，通常采用方向观测法。方向观测法是以任一目标为起始方向（又称零方向），依次观测出其余各个方向相对于起始方向的方向值，则任意两个方向的方向值之差即为该两方向线之间的水平角。当方向数超过三个时，必须在每个半测回末尾再观测一次零方向（称归零），两次观测零方向的读数应相等或差值不超过规定要求，其差值称"归零差"。由于重新照准零方向时，照准部已旋转了 360°，故又称这种方向观测法为全圆方向法或全圆测回法。

1. 观测程序

　　（1）如图 3-15 所示，在测站 O 上安置经纬仪，选一成像清晰的目标 A 作为零方向，盘左照准 A 点标志，按置数方法使水平度盘读数略大于零，读数并记入表 3-2 手簿第 4 栏中。

图 3-15　方向观测法示意图

　　（2）顺时针转动照准部，依次照准 B、C、D 和 A，读取水平度盘读数并记入手簿第 4 栏（从上往下记）。以上为上半测回。

　　（3）纵转望远镜，盘右逆时针方向依次照准 A、D、C、B 和 A，读取水平度盘读数并记入手簿第 5 栏（从下往上记）。称为下半测回。

以上操作过程称为一测回，表 3-2 为全圆方向观测法两个测回的记录计算格式。

表 3-2　水平角观测手簿（方向观测法）

仪器:J600633　　　测　站:O　　　等级:图根　　　日　期:2018 年 5 月 13 日
天气:多云　　　观测者:刘　永　　　Y＝B　　　开始时间:9 时 23 分
成像:清晰　　　记录者:张　翼　　　觇标类型:测钎　　　结束时间:10 时 38 分

测站	测回	目标	水平度盘读数		平均读数 /(° ′ ″)	一测回归零方向值 /(° ′ ″)	各测回归零方向值 /(° ′ ″)	水平角 /(° ′ ″)	备注
			盘左 /(° ′ ″)	盘右 /(° ′ ″)					
1	2	3	4	5	6	7	8	9	
O	1	A	0 01 18	180 01 06	(0 01 15) 0 01 12	0 00 00	0 00 00		
		B	39 33 36	219 33 24	39 33 30	39 32 15	39 32 18	39 32 18	
		C	105 45 48	285 45 36	105 45 42	105 44 27	105 44 28	66 12 10	
		D	171 19 30	351 19 24	171 19 27	171 18 12	171 18 06	65 33 38	
		A	0 01 24	180 01 12	0 01 18				
			Δ左＝＋6″	Δ右＝＋6″					
	2	A	90 02 24	270 02 18	(90 02 18) 90 02 18	0 00 00			
		B	129 34 48	309 34 30	39 34 39	39 32 21			
		C	195 46 54	15 46 42	195 46 48	105 44 30			
		D	261 20 24	81 20 12	261 20 18	171 18 00			
		A	90 02 18	270 02 18	90 02 18				
			Δ左＝－6″	Δ右＝0″					

2. 外业手簿计算

（1）半测回归零差的计算　每半测回零方向有两个读数，它们的差值称归零差。如表 3-2 中第一测回上下半测回归零差分别为 $\Delta_左＝24″-18″＝6″$；$\Delta_右＝12″-6″＝6″$，对照表 3-3 中限差，可知不超限。

（2）平均读数的计算　平均读数为盘左读数与盘右读数$\pm 180°$之和的平均值。表 3-2 第 6 栏中零方向有两个平均值，取这两个平均值的中数记在第 6 栏上方，并加括号。

（3）归零方向值的计算　表 3-2 第 7 栏中各值的计算，是用第 6 栏中各方向值减去零方向括号内之值。例如：第一测回方向 C 的归零方向值为 $105°45'42'' - 0°01'15'' = 105°44'27''$。一测站按规定测回数测完后，应比较同一方向各测回归零后方向值，检查其较差是否超限，如表 3-2 中 D 方向两个测回较差为 12″。如不超限，则取各测回同一方向值的中数记入表 3-2 中第 8 栏。第 8 栏相邻两方向值之差即为该两方向线之间的水平角，记入表 3-2 中第 9 栏。一测回观测完成后，应及时进行计算，并对照检查各项限差，如有超限，应进行重测。水平角观测各项限差要求如表 3-3 所示。

表 3-3　水平角观测各项限差要求

项　　　目	DJ2 型	DJ6 型
半测回归零差	12″	24″
同一测回 2C 变动范围	18″	
各测回同一归零方向值较差	12″	24″

【例 3-12】　在全圆测回法中，同一测回不同方向之间的 2C 值为 $-18''$、$+02''$、$00''$、$+10''$，其 2C 互差应为（　　　）。（28″）

【例 3-13】　全圆观测法观测水平角，在一个测回里，要对起始方向读数（　　　）次。（4）

第五节　竖直角观测

一、竖直度盘结构

经纬仪的竖直度盘（简称竖盘）垂直安装在望远镜旋转轴（横轴）的一端，随望远镜一起转动，如图 3-16 所示。竖直度盘的影像通过棱镜和透镜所组成的光具组 10，成像于读数显微镜的读数窗内。光具组 10 的光轴和读数窗中测微尺的零分划线构成

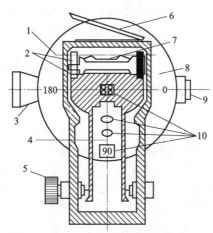

图 3-16　竖直度盘构造图

1—指标水准管轴；2—水准管校正螺钉；
3—望远镜；4—光具组光轴；5—指标
水准管微动螺旋；6—指标水准管反
光镜；7—指标水准管；8—竖直度盘；
9—目镜；10—光具组（透镜和棱镜）

竖盘读数指标线，读数指标线相对于转动的度盘是固定不动的。因此，当转动望远镜照准高低不同的目标时，用指标线便可在转动的度盘上读取不同的读数。光具组 10 又和竖盘指标水准管固定在一个微动支架上，并使竖盘指标水准管轴 1 和光具组光轴 4 相垂直，当转动竖盘指标水准管时，读数指标线作微小移动；当竖盘指标水准管气泡居中时，读数指标线处于正确位置。因此，在进行竖直角观测时，每次读取竖盘读数之前，都必须先使竖盘指标水准管气泡居中。

二、竖直角的计算

竖直角是测站点到目标点的倾斜视线和水平视线之间的夹角，因此，与水平角计算原理一样，竖直角也应是两个方向线的竖盘读数之差；但是，由于视线水平时的竖盘读数为一常数（90°的整倍数），故进行竖直角测量时，只需读取目标方向的竖盘读数，便可根据不同度盘注记形式相对应的计算公式计算出所测目标的竖直角。

竖盘注记形式很多，图 3-17 所示为 DJ6 型光学经纬仪常见的两种注记形式。

如图 3-17（b）所示，设望远镜视线水平时，其竖盘读数盘左为 L_0，盘右为 R_0；望远镜照准目标时盘左、盘右竖盘读数分别为 L 和 R。

图 3-18 的上面部分为盘左时的三种情况，如果指标线位置正

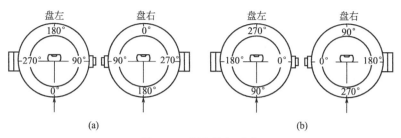

图 3-17　竖盘注记形式

竖盘位置	视准轴水平	视准轴向上(仰角)	视准轴向下(俯角)
盘 左	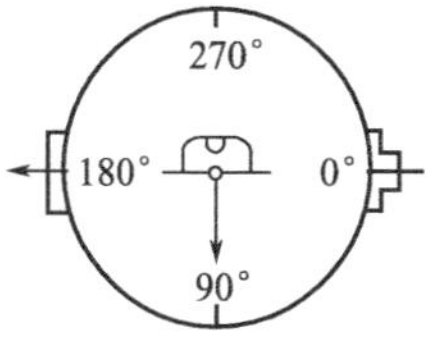 $L_0=90°$	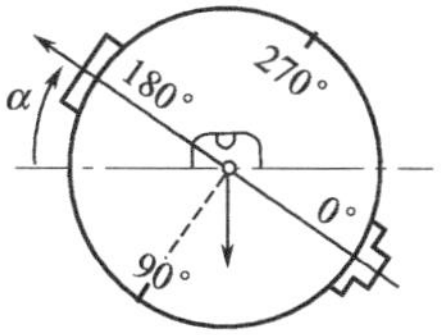 $\alpha_左=L_0-L$	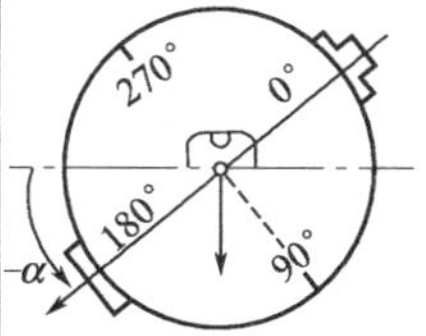 $\alpha_左=L_0-L$
盘 右	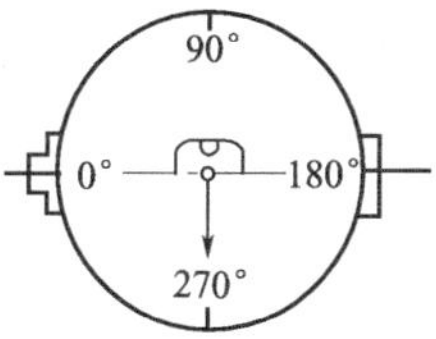 $R_0=270°$	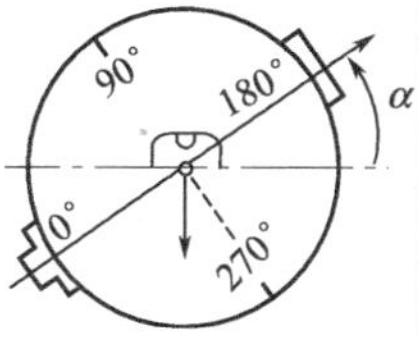 $\alpha_右=R-R_0$	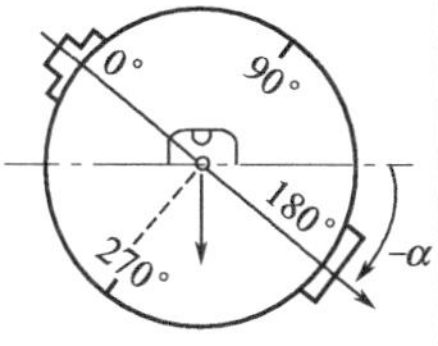 $\alpha_右=R-R_0$

图 3-18　竖直角的计算

确，当视线水平且竖盘指标水准管气泡居中时，读数 $L_0=90°$。当视线向上倾斜时，竖直角为仰角，读数减小；当视线向下倾斜时，竖直角为俯角，读数增大。因此，盘左时竖直角应为视线水平时读数减照准目标时读数，即

$$\alpha_左=L_0-L=90°-L \qquad (3-6)$$

图 3-18 的下半部分是盘右时的三种情况，视线水平时读数 $R_0=270°$，仰角时读数增大，俯角时读数减小。因此，盘右时竖直角应为照准目标时的读数减视线水平时的读数，即

$$\alpha_右 = R - R_0 = R - 270° \tag{3-7}$$

为了提高精度，盘左、盘右取中数，则竖直角计算公式为

$$\alpha = \frac{1}{2}(\alpha_左 + \alpha_右) = \frac{1}{2}(R - L - 180°) \tag{3-8}$$

计算结果为"＋"时，α 为仰角；为"－"时，α 为俯角。

根据上述公式的推导，可得确定竖直角计算公式的通用判别法如下。

(1) 仪器在盘左位置，使望远镜大致水平，确定视线水平时的读数 L。

(2) 将望远镜缓慢上仰，观察读数变化情况，若读数减小，则 $\alpha_左 = L_0 - L$，若读数增大，则 $\alpha_左 = L - L_0$。

(3) 同法确定盘右读数和竖直角的关系。

(4) 取盘左、盘右的平均值即可得出竖直角计算公式。

三、竖盘指标差

上述竖直角计算公式的推导条件，是假定视线水平、竖盘指标水准管气泡居中，读数指标线位置正确的情况下得出的。实际工作中，读数指标线往往偏离正确位置，与正确位置相差一小角值，该角值称为指标差，如图 3-19 所示。也就是说，竖盘指标偏离正确位置而产生的读数误差称为指标差。

指标差对竖直角影响从图 3-19 中可以看出

盘左时 $\alpha_左 = 90° - (L - x)$ (3-9)

盘右时 $\alpha_右 = (R - x) - 270°$ (3-10)

两式相加取平均值得

$$\alpha = \frac{1}{2}(R - L - 180°) \tag{3-11}$$

两式相减得 $x = \frac{1}{2}(L + R - 360°)$ (3-12)

式(3-12) 即为竖盘指标差的计算公式。

通过上述分析可得到如下结论。

(1) 从式(3-11) 可以看出，用盘左、盘右观测取平均值可消除指标差的影响。

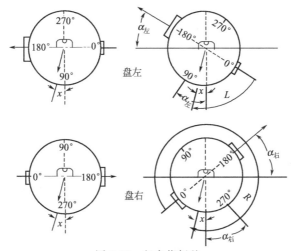

图 3-19 竖盘指标差

（2）当只用盘左或盘右观测时，应在计算竖直角时加入指标差改正。即可按式（3-12）求得 x 后，再按式（3-9）或式（3-10）计算竖直角。计算时 x 应带有正负号。

（3）指标差 x 的值有正有负，当指标线沿度盘注记方向偏移时，造成读数偏大，则 x 为正，反之 x 为负。

四、竖直角观测

竖直角观测时应用望远镜中十字丝的横丝瞄准目标的顶部或目标的某一位置。其操作程序如下。

（1）在测站点上安置经纬仪，量取仪器高 i（测站点标志顶部至仪器竖盘中心位置的高度）。

（2）盘左位置用横丝中丝精确照准目标，调节竖盘指标水准管微动螺旋，使竖盘指标水准管气泡严格居中，读取竖盘读数 L 并记入手簿，即为上半测回。

（3）纵转望远镜，盘右照准目标同一部位，使竖盘指标水准管气泡居中，读取竖盘读数 R 并记入手簿，即为下半测回。

【例 3-14】 观测一个高处目标，盘左时的竖盘读数为 $77°32'30''$，盘右时的竖盘读数为 $282°27'42''$，根据式（3-11）可得

$$\alpha = \frac{1}{2}(R-L-180°) = \frac{1}{2}(282°27'42'' - 77°32'30'' - 180°)$$
$$= +12°27'36''$$

其指标差

$$x = \frac{1}{2}(L+R-360°) = \frac{1}{2}(77°32'30'' + 282°27'42'' - 360°)$$
$$= +0°00'06''$$

又如观测一个低处目标，盘左时的竖盘读数为 $96°26'42''$，盘右时的竖盘读数为 $263°34'06''$，根据式(3-11) 可得

$$\alpha = \frac{1}{2}(R-L-180°) = \frac{1}{2}(263°34'06'' - 96°26'42'' - 180°)$$
$$= -6°26'18''$$

其指标差

$$x = \frac{1}{2}(L+R-360°) = \frac{1}{2}(96°26'42'' + 263°34'06'' - 360°)$$
$$= +0°00'24''$$

竖直角的记录计算格式如表 3-4 所示。

表 3-4　竖直角观测手簿

仪器:J600633　　　　测　站:O　　　　日期:2018 年 5 月 13 日
天气:多云　　　　　观测者:李新民　　开始时间:10 时 43 分
成像:清晰　　　　　记录者:杨建设　　结束时间:11 时 58 分

测站	目标	竖盘位置	竖盘读数/(° ′ ″)	半测回竖直角/(° ′ ″)	指标差/(″)	一测回竖直角/(° ′ ″)	仪器高/m	觇标高/m	照准部位
O	A	左	77　32　30	+12　27　30	+6	+12　27　36	1.53	1.78	花杆顶部
		右	282　27　42	+12　27　42					
	C	左	96　26　42	−6　26　42	+24	−6　26　18	1.53	2.22	旗杆顶部
		右	263　34　06	−6　25　54					

　　在一个测站的观测过程中，其指标差值应该是一个固定值，但由于受外界条件和观测误差的影响，使得各方向的指标差值往往不相等，为了保证观测精度，对 DJ6 经纬仪需要规定其指标差变化的限差，一般规定如下：同一测回中，各方向指标差互差不应超过

24″。同一方向各测回竖直角互差不应超过24″。若指标差互差和竖直角互差符合要求，则取各测回同一方向竖直角的平均值作为各方向竖直角的最后结果。

【例 3-15】 用经纬仪测竖直角时，必须用（　　）精确地瞄准目标的标志中心底部位置。　　　　　　　　　　（十字丝横丝）

【例 3-16】 盘左盘右取平均值观测某个方向的竖直角可以消除（　　）的影响。　　　　　　　　　　　　　（竖盘指标差）

【例 3-17】 测定一点竖直角时，若仪器高不同，但都瞄准目标同一位置，则所测竖直角（　　）。　　　　　　　　（相同）

【例 3-18】 经纬仪如存在指标差，盘左和盘右竖直角（　　）。　　　　　　　　　　　　　　　　　　　　（均含指标差）

【例 3-19】 经纬仪盘左时，当视线水平，竖盘读数为 $90°$；望远镜向上仰起，读数减小。则该竖直度盘为顺时针注记，其盘左和盘右竖直角计算公式分别为（　　）。　　（$90°-L$，$R-270°$）

五、竖盘指标自动归零补偿器

在竖直角观测中，为使指标线处于正确位置，每次读数前都必须转动竖盘指标水准管微动螺旋使竖盘指标水准管气泡居中。这就降低了竖直角观测的效率，操作很不方便。

为了克服这一缺点，大部分光学经纬仪均采用竖盘指标自动归零装置代替竖盘指标水准管。当仪器竖轴偏离铅垂线的角度在一定范围内时，由于自动补偿器的作用，可使读数指标线自动居于正确位置。在进行竖直角观测时，瞄准目标即可读取竖盘读数，从而提高了竖直角观测的速度和精度。

经纬仪竖盘指标自动归

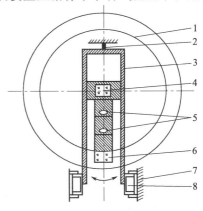

图 3-20　竖盘指标自动归零补偿装置
1—竖直度盘；2—弹簧片；3—垂直吊架；
4—转向棱镜；5—透镜组；6—竖直度
盘棱镜；7—阻尼盒；8—阻尼器

零装置常见结构有悬吊透镜、液体盒两种。如图 3-20 所示为悬吊透镜补偿器结构示意图。读数棱镜系统悬挂在一个弹性摆上，依靠摆的重力和空气阻尼盒的共同作用，能使弹性摆迅速处于静止位置。此种补偿器结构简单，未增加任何光学零件，只是将原有的成像透镜进行悬吊，当仪器在 ±2′ 范围内稍倾斜时，可达到自动补偿的目的。

【例 3-20】 经纬仪可以测量（　　　）。

（水平角、水平方向值、竖直角）

【例 3-21】 测站点 O 与观测目标 A、B 位置不变，如仪器高度发生变化，则观测结果（　　　）。（竖直角改变、水平角不变）

第六节　经纬仪的检验与校正

测量规范要求，在正式作业前，应对经纬仪进行检验与校正，使之满足作业要求。在经纬仪进行检验校正前，应先进行一般的检视。如度盘和照准部旋转是否灵活，各部位螺旋是否灵活有效；望远镜视场是否清晰；度盘分划线是否清晰；分微尺分划是否清晰；仪器及各种附件是否齐全等。这项检视非常重要，在经纬仪进行检验校正前一定要认真检查。符合检视要求后再进行经纬仪的检验与校正。

一、经纬仪应满足的几何条件

如图 3-21 所示，经纬仪的主要轴线有横轴（或水平轴）HH；竖轴（或垂直轴）VV；望远镜视准轴（或照准轴）CC；照准部管水准器轴 LL。

为使经纬仪能正确工作，各主要轴线应满足下列条件。

（1）竖轴应垂直于水平度盘且过其中心；

（2）照准部水准管轴应垂直于仪器竖轴；

（3）视准轴应垂直于横轴；

（4）横轴应垂直于竖轴；

（5）横轴应垂直于竖盘且过其中心。

上述五项条件中，第（1）、（5）两项仪器出厂时已保证满足，作业时只检查（2）、（3）、（4）项。另外，还要对仪器十字丝、指标差及光学对中器进行检验与校正。

二、经纬仪的检验与校正

1. 照准部水准管轴应垂直于仪器竖轴

（1）检验　先初步整平仪器，然后转动照准部使水准管轴平行于任意两个脚螺旋的连线，相对旋转两脚螺旋使气泡居中；再将照准部旋转180°，如果气泡仍居中或偏离中心不超过1格，条件满足；否则需要进行校正。

（2）校正　相对旋转这两个脚螺旋，使气泡向中央移动所偏

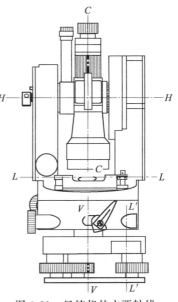

图 3-21　经纬仪的主要轴线

格数的一半，用校正针拨动水准管一端的上、下两个校正螺钉，使水准管一端升高或下降，改正偏移量的另一半使气泡居中。此项检验校正应反复进行，直至照准部旋转到任意位置时，气泡偏移量均不超过1格为止。

（3）检校原理　显然，该项条件不满足，是由于水准器两端支架不等高造成的。如图 3-22(a) 所示，当照准部水准管轴水平（即气泡居中）时，水平度盘倾斜了 α 角，竖轴也偏离了铅垂线 α 角。转动照准部180°后，由于竖轴方向不变，管水准器轴与水平度盘的夹角仍为 α，但与水平面的夹角则为 2α，如图 3-22(b) 所示。此时气泡偏移量 e 是水准管轴倾斜 2α 造成的。校正时，先用脚螺旋改正气泡偏移量的一半（即 $e/2$），此时，竖轴处于铅垂位置，水准管轴仍不水平，它与水平面夹角为 α，如图 3-22(c) 所示。当用校正螺钉改正气泡偏移量的另一半使气泡居中时，水准管轴处于水平位置并且和处于铅垂状态的竖轴相垂直，如图 3-22(d) 所示。

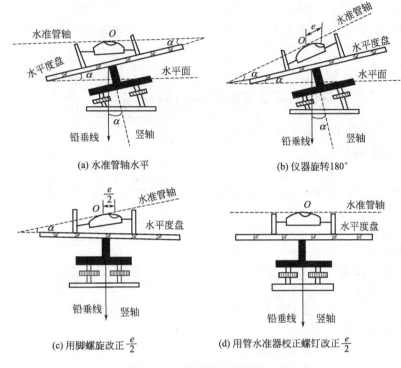

图 3-22　照准部水准管轴的检校

2. 十字丝的竖丝应垂直于横轴

（1）检验　该项检验可分别采用以下两种方法。

方法 1：整平仪器，用十字丝竖丝的上端（或下端）照准远处一清晰的固定点，旋紧照准部和望远镜制动螺旋，用望远镜微动螺旋使望远镜向上或向下慢慢移动，若竖丝和固定点始终重合，则表示该条件满足，否则需进行校正。

方法 2：整平仪器，用十字丝竖丝照准适当距离处悬挂的稳定不动的垂球线，如果竖丝与垂球线完全重合，则条件满足，否则应进行校正。

（2）校正　打开望远镜目镜一端十字丝分划板护盖，用螺丝刀轻轻松开四个压环螺钉（图 3-23 中 2），缓慢转动十字丝环，使竖丝处于铅垂位置，然后拧紧四个固定螺钉，并拧上护盖。

3. 视准轴应垂直于横轴

（1）检验　理论上用盘左和盘右分别照准与仪器大致同高的同一目标并读取水平度盘读数，其差值应为180°；否则，说明该项条件不满足。其差值为两倍视准轴误差，用 $2C$ 表示。计算公式为

$2C =$ 盘左读数 $L -$（盘右读数 $R \pm 180°$）

当 $2C$ 绝对值大于 $2'$ 时，应校正。计算的盘左和盘右正确读数应相差180°，这可作为计算结果是否正确的检核条件。

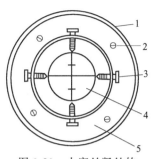

图 3-23　十字丝竖丝的检验与校正

1—望远镜筒；2—压环螺钉；3—十字丝校正螺钉；4—十字丝分划板；5—压环

（2）校正　在盘右的位置，转动水平微动螺旋使水平度盘读数为正确读数 M，此时，望远镜十字丝交点必然偏离了目标。旋下十字丝分划板护盖，稍微松开十字丝环上、下两个校正螺钉（图 3-23 中 3），再用校正针拨动十字丝环的左右两个校正螺钉，松一个，紧一个，推动十字丝环左右移动，使十字丝竖丝精确照准目标。如此反复检校几次，直至符合要求后，拧紧上下两螺钉，旋上十字丝分划板护盖。

（3）检校原理　视准轴是十字丝中心和物镜光心的连线，当视准轴不垂直于横轴时，说明视准轴位置发生了变动，由于物镜光心一般不会变动，所以视准轴位置的变动是由于十字丝中心位置不正确所引起的。

如图 3-24（a）所示，盘左位置时，设十字丝交点在正确位置 K 处，照准与仪器大致同高的目标 P 时，水平度盘读数为 M，当十字丝交点偏离到 K' 位置时，视准轴偏离正确位置一个 C 角，这时，如要照准 P 点，则照准部必须向右转一个 C 角，设度盘读数为 m，显然，m 比正确读数 M 大了一个 C 角，所以有

$$M_左 = m_左 - C \tag{a}$$

盘右位置时，指标也转到了右边位置，如图 3-24（b）所示，情况与盘左相反，即

$$M_右 = m_右 + C \tag{b}$$

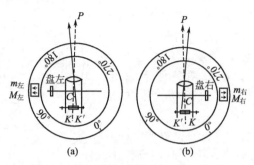

图 3-24 视准轴垂直于横轴的检校原理

同一目标盘左、盘右正确读数应相差 $180°$，即

$$M_左 = M_右 \pm 180° \tag{c}$$

将式(a)、(b) 两式相加并综合式(c) 得

$$M = \frac{1}{2}(m_左 + m_右 \pm 180°) \tag{3-13}$$

将式(a)、(b) 两式相减，得

$$2C = m_左 - m_右 \pm 180° \tag{3-14}$$

从式(3-13) 可看出，取盘左、盘右的读数平均值，可以消除视准轴误差 C 的影响。

【例 3-22】 经纬仪视准轴检验和校正的目的是（   ）。

(使视准轴垂直横轴)

4. 横轴应垂直于竖轴

(1) 检验 如图 3-25 所示，在离墙壁约 20m 处安置仪器，盘左照准墙上高处一清晰的照准标志 P，固定照准部，然后使望远镜视准轴水平，在墙面上标出十字丝中心点 P_1；松开水平制动螺旋，盘右位置再次照准点 P，并置平望远镜，在墙上标出十字丝中心点 P_2。若 P_1、P_2 两点重合，则条件满足；否则，说明横轴不水平，倾斜了一个角。设 P_1、P_2 两点距离为 Δ，则有

$$i = \frac{\Delta \cot\alpha}{2s}\rho \tag{3-15}$$

式中 ρ——$206265''$；

α——照准高点 P 的竖直角；

s——仪器中心至墙壁之间的垂直距离，m。

（2）校正　当 i 大于 $\pm 1'$ 时，应进行校正。启开仪器支架一侧的盖板，放松有关压紧螺钉，使横轴一端升高或降低，如此反复检校几次，直至符合要求为止。因此项校正比较困难，通常由技术熟练的仪器维修人员进行。

5. 竖盘指标差的检验与校正

（1）检验　安置仪器后，盘左、盘右分别照准同一目标，整平竖盘指标水准管，读取两个盘位的竖盘读数 L 和 R，然后计算

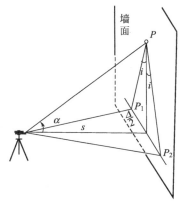

图 3-25　横轴垂直于竖轴的检验

指标差 x。若指标差 x 的绝对值大于 $1'$ 时，则应进行校正。

（2）校正

① 竖盘指标水准管装置的经纬仪。对于竖盘指标水准管装置的经纬仪，主要是通过竖盘指标水准管校正螺丝来消除指标差。具体方法是：先计算盘左或盘右的正确读数（$L_0 = L - x$ 或 $R_0 = R - x$），再转动竖盘指标水准管微动螺旋，使竖盘指标对准正确读数（L_0 或 R_0），此时，竖盘指标水准管气泡不居中，用校正针拨动水准管一端的上、下两个校正螺钉，使气泡居中。如此反复检校几次，直至符合要求为止。

② 竖盘指标自动归零装置的经纬仪。竖盘指标自动归零装置的经纬仪，其校正部件一般都在仪器内部，需要由专业仪器维修人员进行维修。在外业测量时，若遇到指标差 x 超出规定时，也可通过调整十字丝上、下位置的方法来校正指标差 x。具体方法是：先求出盘左或盘右的正确读数 L_0 或 R_0，再转动望远镜微动螺旋，使竖盘指标对准正确读数 L_0 或 R_0，此时，望远镜目镜十字丝中心向上或向下偏离了原照准目标。先拧下十字丝分划板护盖，稍微旋松十字丝分划板左、右两个校正螺钉（图 3-23 中的 3），然后，

用校正针拨动上、下两个校正螺钉，一松一紧，直至十字丝中丝精确照准原目标为止。此项校正应反复进行，使指标差满足要求。

校正时应注意，左右两个校正螺钉不能松得太多，以免引起视准轴误差；若指标差过大，通过调整十字丝上、下位置的方法不能消除时，应交专业仪器维修人员进行维修。

6. 光学对中器的检验与校正

（1）检验　检验目的是使光学对中器的视准轴与通过水平度盘中心的铅垂线重合。方法是：整平仪器，在仪器的正下方水平放置一十字标志，转动仪器基座的三个脚螺钉，使对中器分划板中心与地面十字标志重合，将仪器转动180°，观察对中器分划板中心与地面十字标志是否重合；如果重合，则无须校正；若有偏移，则需进行调整（图 3-26）。

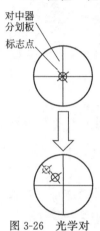
对中器
分划板
标志点

图 3-26　光学对中器的检校

（2）校正　将仪器安置在三脚架上并固定好，在仪器正下方放置一十字标志，转动仪器基座的三个脚螺钉，使对中器分划板中心与地面十字标志重合，将仪器转动180°，并拧下对中器目镜护盖，用校正针调整 4 个调整螺钉，使地面十字标志在分划板上的像向分划板中心移动一半，重复以上步骤，直至转动仪器到任何位置，地面十字标志与分划板中心始终重合为止。若目标偏离超过 2mm 时，应交专业仪器维修人员校正。

第七节　水平角观测的误差来源及消减措施

水平角观测的误差来源大致可归纳为三种类型：仪器误差、观测误差和外界条件的影响。

一、仪器误差

仪器误差可分为两类。第一类是仪器制造加工不完善而引起的误差，主要有度盘分划不均匀误差、照准部偏心差（照准部旋转中心与度盘分划中心不一致）和水平度盘偏心差（度盘旋转中心与度盘分划中心不一致），这一类误差一般都很小，并且大多数都可以在观测过程中采取相应的措施消除或减弱它们的影响。例如，度盘分划误差的影响可通过观测多个测回，并在测回间变换度盘位置，使读数均匀地分布在度盘各个位置；水平度盘和照准部偏心差的影响则可通过盘左、盘右观测取平均值消除。另一类是检验校正后的残余误差。它主要是仪器的三轴误差（即视准轴误差、横轴误差和竖轴误差），其中，视准轴误差和横轴误差，均可通过盘左、盘右观测取平均值消除，而竖轴误差不能用正、倒镜观测消除。因此，在观测前除应认真检验、校正照准部水准管外，还应仔细地进行整平。

【例 3-23】　经纬仪观测水平角时采用盘左盘右的方法，不能消减（　　）误差。　　（照准部水准管轴不垂直于竖轴的误差）

二、观测误差

1. 仪器对中误差

水平角观测时，由于仪器对中不精确，致使仪器中心没有对准测站点 O 而偏于 O' 点，OO' 之间的距离 e 称为测站点的偏心距。如图 3-27 所示。

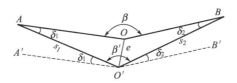

图 3-27　对中误差对水平角的影响

仪器在 O 点观测的水平角应为 β，而在 O' 处测得角值为 β'，过 O' 点作 $O'A' /\!/ OA$，$O'B' /\!/ OB$，则对中误差对水平角的影响为

$$\Delta\beta = \beta - \beta' = \delta_1 + \delta_2$$

因偏心距 e 较小，故 δ_1 和 δ_2 为小角度，于是可近似地把 e 看成一段小圆弧。设 $O'A = s_1$，$O'B = s_2$，则有

$$\delta_1 = \frac{e}{s_1}\rho \qquad \delta_2 = \frac{e}{s_2}\rho$$

$$\Delta\beta = \delta_1 + \delta_2 = \left(\frac{1}{s_1} + \frac{1}{s_2}\right)e\rho \tag{3-16}$$

从式（3-16）可看出，对中误差对水平角的影响与偏心距 e、偏心距 e 的方向、水平角大小以及测站到目标的距离有关。因此，在边长较短或观测角度接近 180°时，应特别注意对中。

2. 目标偏心误差

因照准标志没有竖直，使照准部位和地面测站点不在同一铅垂线上，将产生照准点上的目标偏心误差，如图 3-28 所示。其影响与仪器对中误差的影响类同。即

$$\Delta\beta = \beta - \beta' = \frac{d_1}{s_1}\rho \tag{3-17}$$

从式（3-17）可看出，$\Delta\beta$ 与 d_1 成正比，与 s_1 成反比。因此，进行水平角观测时，应将观测标志竖直，并尽量照准目标底部；当边长较短时，更应特别注意精确照准。

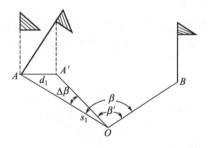

图 3-28 目标偏心误差对水平角的影响

3. 整平误差

因照准部水准管气泡不居中，将导致竖轴倾斜而引起的角度误差，该项误差不能通过正、倒镜观测消除。竖轴倾斜对水平角的影响，与测站点到目标点的高差成正比。因此，在观测过程中，尤其是在山区作业时，应特别注意整平。

4. 照准误差

照准误差与人眼的分辨能力和望远镜放大率有关。一般认为，人眼的分辨率为 $60''$。若借助于放大率为 V 倍的望远镜，则分辨能力就可以提高 V 倍，故照准误差为 $60''/V$。DJ6 型经纬仪放大倍率一般为 28 倍，故照准误差大约为 $\pm 2.1''$。在观测过程中，若观测员操作不正确或视差没有消除，都会产生较大的照准误差。因此，观测时应仔细地做好调焦和照准工作。

5. 读数误差

读数误差与读数设备、照明情况以及观测员的经验有关，其中主要取决于读数设备。DJ6 型经纬仪一般只能估读到 $\pm 6''$，如照明条件不好，操作不熟练或读数不仔细，读数误差可能超过 $\pm 6''$。

三、外界条件的影响

角度观测是在自然界中进行的，自然界中各种因素都会对观测的精度产生影响。例如，地面不坚实或刮风会使仪器不稳定，大气能见度的好坏和光线的强弱会影响照准和读数，温度变化使仪器各轴线几何关系发生变化，视线太靠近建筑物时引起的旁折光等。要完全消除这些影响是不可能的，只能采取一些措施，如选择成像清晰、稳定的天气条件和时间段观测，观测中给仪器打伞避免阳光对仪器直接照射等，以减弱外界不利因素的影响。

【例 3-24】　影响照准误差的因素有（　　）。

（望远镜的放大率、人眼的分辨率、目标的清晰度）

【例 3-25】　角度观测过程中，属于观测本身的误差包括（　　）。　　　　　　　　　（读数误差、照准误差、对中误差）

【例 3-26】　水平角观测中，目标偏心误差对水平角的影响最大时是（　　）。　　　　　（偏心误差垂直于观测方向）

【例 3-27】　经纬仪各轴线的几何关系均已满足，并略去各项误差的影响，盘左盘右照准同一目标，则水平度盘读数的数学关系是（　　）。　　　　　　　　　　　　　（$L-R=180°$）

第八节 电子经纬仪简介

电子经纬仪是在光学经纬仪的基础上发展起来的新一代的测角仪器，是全站型电子速测仪的过渡产品，其主要特点如下。

（1）采用电子测角系统，能自动显示测量结果，减轻了外业劳动强度，提高工作效率。

（2）可与电磁波测距仪组合成全站型电子速测仪，配合适当的接口，可将观测的数据输入计算机，实现数据处理和绘图自动化。

一、电子经纬仪的测角系统

电子测角仍然是采用度盘，与光学测角不同的是，电子测角是从度盘上取得电信号，然后再转换成角度，并以数字的形式显示在显示器上。电子经纬仪的测角系统有以下几种：编码度盘测角系统、光栅度盘测角系统、动态测角系统。

1. 编码度盘测角系统

如图 3-29 所示，光电编码度盘是在光学度盘刻度圈圆周设置等间隔的透光与不透光区域，称白区与黑区，由它们组成的分度圈称为码道，一个编码度盘有很多同心的码道，码道越多，编码度盘的角度分辨率越高。电子计数采用二进制编码方法，码盘上的白区与黑区分别表示二进制代码"0"和"1"。为了读取编码，需在编码度盘的每一个码道的一侧设置发光二极管，另一侧设置光敏二极管，它们严格地沿度盘半径方向成一直线。发光二极管发出的光通过码盘产生透光或不透光信号，由光敏二极管转换成电信号，经处理后，以十进制或 60 进制自动显示。

2. 光栅度盘测角系统

如图 3-30 所示，在光学玻璃圆盘上均匀地刻有许多等间隔的狭缝，称为光栅。光栅的线条处为不透光区，缝隙处为透光区。在光栅盘上下对应位置设置发光二极管和光敏二极管，则可使计数器累计求得所移动的栅距数，从而得到转动的角度值。

为了提高测角精度，在光栅测角系统中采用了莫尔条纹技术，

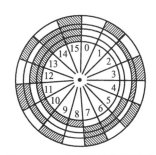

图 3-29 4 个码道的编码度盘

图 3-30 径向光栅

如图 3-31 所示。产生莫尔条纹的方法是：取一小块与光栅盘具有相同密度和栅距的光栅，与光栅盘以微小的间距重叠，并使其刻线互成一微小夹角 θ，这时就会出现放大的明暗交替的莫尔条纹（栅距由 d 放大到 W）。

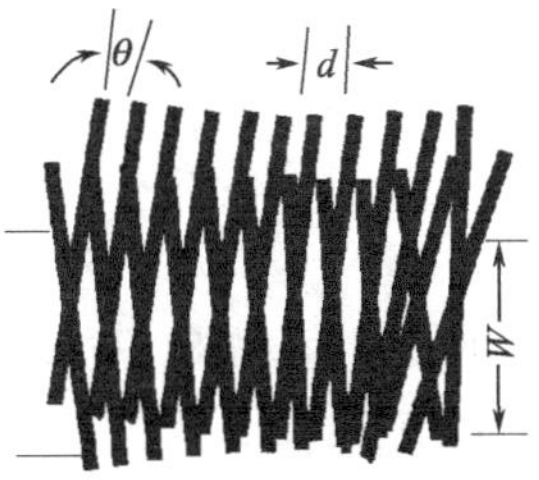

测角过程中，转动照准部时，产生的莫尔条纹也随之移动。设栅距和纹距的分划值均为 δ，移动条纹的个数为 n，计数不足整条纹距的小数 $\Delta\delta$，则角度值 φ 可写为

图 3-31 光栅莫尔条纹

$$\varphi = n\delta + \Delta\delta$$

DJD2 型电子经纬仪即采用光栅度盘测角系统，测角精度为 $2''$。

3. 动态测角系统

如图 3-32 所示，在度盘上刻有 1024 个分划，两条分划条纹的角距为 φ_0，则

$$\varphi_0 = \frac{360°}{1024} = 21'05.625''$$

φ_0 即为光栅盘的单位角度。

在光栅盘条纹圈外缘，按对径设置一对固定检测光栅 L_S，在靠近内缘处设置一对与照准部相固联的活动检测光栅 L_R（图 3-32 中仅画出其中的一个）。对径设置的检测光栅可用来消除光栅盘的

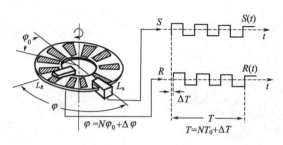

图 3-32　动态测角原理

偏心差。φ 表示望远镜照准某方向后 L_S 和 L_R 之间的角度。由图 3-32 可以看出

$$\varphi = N\varphi_0 + \Delta\varphi \tag{3-18}$$

式中　N——φ 角内所包含的条纹间隔数；

　　　$\Delta\varphi$——不足一个单位角度 φ_0 的小数。

测角时，光栅盘由马达驱动绕中心轴作匀速旋转，记取分划信息，经过粗测、精测处理后，在显示器中显示所测角度值。

【例 3-28】　电子经纬仪区别于光学经纬仪的主要特点是（　）。　　　　　　　　　　　　　　　　　　（使用光栅度盘）

【例 3-29】　电子经纬仪的读数系统是采用（　）。

（光电扫描度盘自动计数，自动显示）

二、电子经纬仪简介

电子经纬仪具有显示清晰、读数方便等优点，目前各个厂家都有不同精度的产品销售。下面介绍几种常用的电子经纬仪。

1. 苏州一光仪器有限公司的 DT200 系列电子经纬仪

图 3-33　DT200 系列电子经纬仪

DT200 系列电子经纬仪（图 3-33）采用光栅增量式数字角度测量系统，使用微型计算机技术进行测量、计算、显示、存

储等多项功能，可同时显示水平、垂直角测量结果，可以进行角度、坡度等多种模式的测量。最小读数为 $1''/5''/10''/20''$ 四种，以测角精度分为 $2''$、$5''$ 两种型号。采用超大屏幕，全中文操作，读取数据更为方便，自动垂直补偿；有复测功能，在保证测量精度的同时，减少数据的记录量；省电设计，工作时间长，四节 AA 碱性电池能让仪器连续工作 80 个小时；支持断电数据保护，操作更安全。图 3-34 为电子经纬仪显示面板。

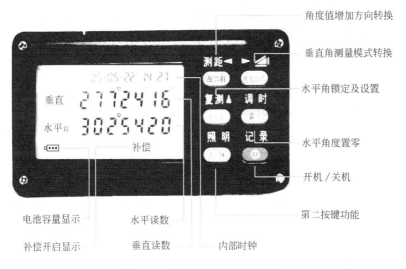

图 3-34　电子经纬仪显示面板

DT200 系列电子经纬仪可广泛应用于国家和城市的三、四等三角控制测量，用于铁路、公路、桥梁、水利、矿山等的工程测量，也可用于建筑、大型设备的安装，应用于地籍测量、地形测量和多种工程测量。

2. 宾得 ETH300 系列电子经纬仪

新型的 ETH300 系列电子经纬仪（图 3-35）不仅具有宾得仪器的安全性、可靠性，而且测角精度高，以测角精度分为 $2''$、$5''$ 两种型号。

ETH300 系列电子经纬仪读数方便，显示清晰，液晶显示

图 3-35　ETH300 系列
电子经纬仪

16 * 2 字符（LCD）的双面显示，垂直角与水平角可用度分秒显示。具有方便的键盘操作，功能键可以进行快速作业；使用方便，集成化、精度高、重量轻，主机只有 4.6 公斤（包含电池），有自动关机功能；可使用盘左、盘右进行角度测量，垂直角可转换成坡度百分比，水平角在任何位置可置零，有水平角锁定功能，即使在光线条件不好的情况下也能成像清晰。使用 Hi-MH2000mAh 充电式电池，一次充电可使用 20h 左右。

3. ET02 系列电子经纬仪

图 3-36 为 ET02 系列电子经纬仪，它采用液体电子传感器进行竖盘指标自动归零补偿，一测回方向观测中误差为 ±2″，角度最小显示为 1″，若配合同公司生产的电磁波测距仪和电子手簿，则可组成分体式全站仪。

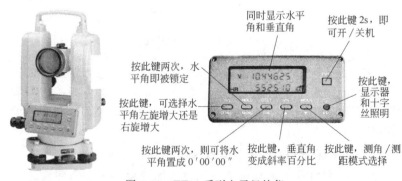

图 3-36　ET02 系列电子经纬仪

该机设有双操作面板，每个操作面板都有完全相同的显示窗和 7 个功能键，便于正、倒镜观测，在黑暗中也可启动十字丝和显示

窗的照明光源。当按下 $\boxed{\text{PWR}}$ 键 2s 后可打开仪器电源；如果先按
$\boxed{\text{MODE}}$ 键，然后再按其余各键，则执行该按键下方的第二功能；
连按 $\boxed{\text{HOLD}}$ 键两次，可将当前的水平度盘读数锁定；若想将水平
度盘置零，则需按 $\boxed{\text{OSET}}$ 键两次；在操作面板的右下角，是十字
丝和显示窗的照明光源。由于 ET02 系列电子经纬仪采用的是光栅
度盘测角系统，所以，在观测员转动仪器照准部的同时，水平度盘
读数和垂直度盘读数就在显示窗中自动显示，不需再按任何键，使
仪器操作非常简单。

总 结 提 高

　　本章主要介绍了角度测量，目的是为了确定地面点的位置，
它包括水平角测量和竖直角测量。水平角测量用于确定地面点的
平面位置，竖直角测量用于间接测定地面点的高程。经纬仪就是
既能测量水平角又能测量竖直角的仪器。

　　DJ6 型光学经纬仪是工程测量中最常用的一种测角仪器，目
前，我国把经纬仪按精度不同分为 DJ07、DJ1、DJ2 和 DJ6 等几
个等级，D、J 分别是"大地测量"和"经纬仪"汉语拼音的第一
个字母，数字 07、1、2、6 等表示该类仪器的精度等级，以秒为
单位。DJ6 型光学经纬仪由照准部、水平度盘和基座三大部分
组成。

　　经纬仪的使用，主要包括安置经纬仪、照准目标、调焦、水
平度盘配置和读数等工作。进行角度测量时，首先要在测站上安
置经纬仪，即进行对中和整平。对中的目的是使仪器中心（或水
平度盘中心）与测站点的标志中心位于同一铅垂线上；而整平则
是为了使水平度盘处于水平位置。

　　水平角观测时要尽量照准目标底部。目标离仪器较近时，成
像较大，可用单丝平分目标；目标离仪器较远时，可用双丝夹住
目标或用单丝和目标重合。竖直角观测时应照准目标顶部或某一
预定部位。

读数时要注意以下两点：一是应打开度盘照明反光镜，并调节反光镜方向使读数窗内亮度适中；二是应调节读数显微镜目镜使度盘影像清晰。

在进行竖直角观测时，每次读取竖盘读数之前，都必须先使竖盘指标水准管气泡居中。

测量规范要求，在正式作业前，应对经纬仪进行检验与校正，使之满足作业要求。在经纬仪进行检验与校正前，应先进行一般的检视。符合要求后再进行经纬仪的检验与校正。

经纬仪的主要轴线有：横轴（或水平轴）HH；竖轴（或垂直轴）VV；望远镜视准轴（或照准轴）CC；照准部管水准器轴 LL。

水平角观测的误差来源大致可归纳为三种类型：仪器误差、观测误差和外界条件的影响。

电子经纬仪是在光学经纬仪的基础上发展起来的新一代的测角仪器，是全站型电子速测仪的过渡产品，其主要特点是采用电子测角系统，能自动显示测量结果，减轻了外业劳动强度，提高了工作效率。可与电磁波测距仪组合成全站型电子速测仪，配合适当的接口，可将观测的数据输入计算机，实现数据处理和绘图自动化。

 思考题与习题

1. 什么是水平角？
2. 试述天顶距和竖直角的关系。
3. 观测水平角时，为什么要对仪器进行对中和整平？
4. 经纬仪由哪几部分组成，各部分的功能有哪些？
5. 采用正、倒镜观测水平角可以消除哪些误差的影响？
6. 观测水平角时，什么情况下采用测回法？什么情况下采用方向观测法？
7. 计算水平角时，如果被减数不够减，为什么可以再加 360°？
8. 观测竖直角时，在读数前为什么要将竖盘指标水准管气泡居中?

9. 电子经纬仪有哪些主要特点?

10. 试述用测回法测量水平角的操作步骤。

11. 经纬仪有哪些主要轴线? 各轴线之间应满足什么条件?

12. 什么是竖盘指标差? 如何消除?

13. 试完成表 3-5 中测回法观测水平角的计算。

表 3-5　水平角观测手簿（测回法）

测站	测回	竖盘位置	目标	水平度盘读数 /(° ′ ″)	半测回角值 /(° ′ ″)	一测回角值 /(° ′ ″)	各测回平均角值 /(° ′ ″)	备注
O	1	左	A	0　02　48				
			B	45　48　36				
		右	A	180　02　36				
			B	225　48　30				
	2	左	A	90　03　30				
			B	135　49　24				
		右	A	270　03　24				
			B	315　49　24				

14. 试完成表 3-6 中方向观测法观测水平角的计算。

表 3-6　水平角观测手簿（方向观测法）

测站	测回	目标	水平度盘读数		平均读数 /(° ′ ″)	一测回归零方向值 /(° ′ ″)	各测回归零方向值 /(° ′ ″)	水平角 /(° ′ ″)	备注
			盘左 /(° ′ ″)	盘右 /(° ′ ″)					
1	2	3	4	5	6	7	8	9	
O	1	A	0 02 12	180 02 06					
		B	43 18 30	223 18 36					
		C	121 33 18	301 33 12					
		D	165 19 24	345 19 18					
		A	0 02 06	180 02 06					
			Δ左 =	Δ右 =					

续表

测站	测回	目标	水平度盘读数		平均读数/(° ′ ″)	一测回归零方向值/(° ′ ″)	各测回归零方向值/(° ′ ″)	水平角/(° ′ ″)	备注
			盘左/(° ′ ″)	盘右/(° ′ ″)					
1	2	3	4	5	6	7	8	9	
O	2	A	90 03 24	270 03 30					
		B	133 19 42	313 19 54					
		C	211 34 30	31 34 24					
		D	255 20 24	75 20 36					
		A	90 03 30	270 03 36					
			$\Delta_左 =$	$\Delta_右 =$					

15. 试完成表 3-7 中观测竖直角的计算。

表 3-7 竖直角观测手簿

测站	目标	竖盘位置	竖盘读数/(° ′ ″)	半测回竖直角/(° ′ ″)	指标差/(″)	一测回竖直角/(° ′ ″)	备注
A	B	左	63 27 18				
		右	296 32 24				
	C	左	97 12 48				
		右	262 47 24				

第四章

距离测量与直线定向

<table>
<tr>
<td rowspan="3">导
读</td>
<td>• **了解**</td>
<td>距离测量是测量的三项基本工作之一。 距离测量的目的就是测量地面两点之间的水平距离。 直线定线的方法有两点间目测定线、过高地定线和经纬仪定线三种。</td>
</tr>
<tr>
<td>• **理解**</td>
<td>标准方向线有三种：真子午线方向，磁子午线方向，坐标纵轴方向。 同理，由于采用的标准方向不同，直线的方位角也有三种：真方位角，磁方位角，坐标方位角。</td>
</tr>
<tr>
<td>• **掌握**</td>
<td>用钢尺进行精密量距时，在丈量前必须对所用钢尺进行检定，以便在丈量结果中加入尺长改正、温度改正、倾斜改正。 掌握坐标正算和坐标反算的计算方法。</td>
</tr>
</table>

距离测量是测量的三项基本工作之一。距离测量的目的就是测量地面两点之间的水平距离。根据使用的工具和方法的不同，常用的距离测量方法有钢尺量距、视距测量、电磁波测距和 GNSS 测量等。

钢尺量距是用钢卷尺沿地面丈量距离。该方法适用于平坦地区的短距离量距，易受地形的限制。

视距测量是利用经纬仪或水准仪望远镜中的视距丝及视距标尺按几何光学原理测距。这种方法能克服地形障碍，适合于低精度的近距离测量（200m 以内）。

电磁波测距是用仪器发射并接收电磁波，通过测量电磁波在待测距离上往返传播的时间解算出距离。这种方法测距精度高，测程远，一般用于高精度的远距离测量和近距离的细部测量，其测量精度由仪器的出厂精度确定。

GNSS 测量是利用两台 GNSS 接收机接收空间轨道上 4 颗以上 GNSS 卫星发射的载波信号，通过一定的解算方法，求出两台 GNSS 接收机天线相位中心的距离。

本章分别介绍钢尺量距、视距测量两种距离测量方法及所用仪器的有关原理和使用方法，电磁波测距和 GNSS 测量将分别在第五章和第六章中介绍。

地面上两点间的相对位置，除确定两点间的水平距离以外，尚需确定两点连线的方向。确定一条直线与标准方向之间的角度关系，称为直线定向。

第一节　钢尺量距

一、量距工具

1. 钢尺

钢尺量距的首要工具是钢尺。又称钢卷尺，尺的宽度约 10～15mm，厚度约 0.3～0.4mm，长度有 20m、30m、50m、100m 等几种。最小刻画到毫米，有的钢尺仅在零至一分米之间刻画到毫米，其他部分刻画到厘米。在分米和米的刻画处，注有数字注记。钢尺卷在圆形金属盒中或金属尺架内，便于携带使用，如图 4-1 所示。

(a) 钢尺卷在圆形金属盒内

(b) 钢尺卷在金属尺架中

图 4-1　钢卷尺

钢卷尺由于尺的零点位置不同，有刻线尺和端点尺之分，如图 4-2 所示。刻线尺是在尺上刻出零点的位置；端点尺是以尺的端部、金属环的最外端为零点。

2. 钢尺量距的辅助工具

如图 4-3 所示，钢尺量距的辅助工具有测钎、标杆、垂球等。测钎亦称测针，用直径 5mm 左右的粗钢丝制成，长 30～40cm，

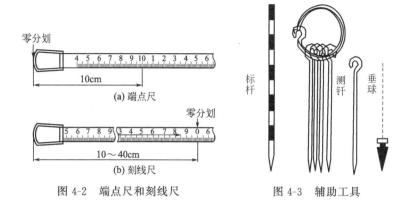

图 4-2　端点尺和刻线尺

图 4-3　辅助工具

上端弯成环形，下端磨尖，一般以 11 根为一组，穿在铁环中，用来标定尺的端点位置和计算整尺段数；标杆又称花杆，直径 3～4cm，长 2～3m，杆身涂以 20cm 间隔的红、白漆，下端装有锥形铁尖，主要用于标定直线方向；垂球用于在不平坦地面丈量时将钢尺的端点垂直投影到地面。当进行精密量距时，还需配备弹簧秤和温度计，弹簧秤用于对钢尺施加规定的拉力，温度计用于测定钢尺量距时的温度，以便对钢尺丈量的距离施加温度改正，如图 4-4 所示。

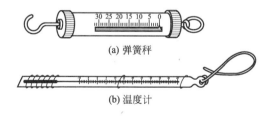

图 4-4　弹簧秤和温度计

二、直线定线

当地面两点之间的距离大于钢尺的一个尺段或地势起伏较大时，为方便量距工作，需分成若干尺段进行丈量，这就需要在直线的方向上插上一些标杆或测钎，在同一直线上定出若干点，这项工作被称为直线定线, 其方法有以下三种。

1. 两点间目测定线

目测定线适用于钢尺量距的一般方法。如图 4-5 所示, 设 A 和 B 为地面上相互通视、待测距离的两点。现要在直线 AB 上定出 "1" "2" 等分段点。先在 A、B 两点上竖立花杆, 甲站在 A 杆后约 1m 处, 指挥乙左右移动花杆, 直到甲在 A 点沿标杆的同一侧看见 A、"1"、B 三花杆在同一直线上。用同样方法可定出 "2" 点。直线定线一般应由远到近, 即先定 "1" 点, 再定 "2" 点。为了不挡住甲的视线, 乙应持花杆站立在直线方向的左侧或右侧。

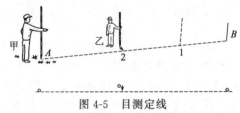

图 4-5   目测定线

2. 过高地定线

过高地定线适用于 A、B 两点在高地两侧, 互不通视情况下的量距。如图 4-6 所示, 欲在 A、B 两点间标定直线, 可采用逐渐趋近法。先在 A、B 两点上竖立标杆, 甲、乙两人各持标杆分别

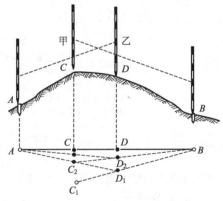

图 4-6   过高地定线

选择 C_1 和 D_1 处站立，要求 B、D_1、C_1 位于同一直线上，且甲能看到 B 点，乙能看到 A 点。可先由甲站在 C_1 处指挥乙移动至 BC_1 直线上的 D_1 处。然后，由站在 D_1 处的乙指挥甲移动至 AD_1 直线上的 C_2 点，要求甲站在 C_2 处能看到 B 点，接着再由站在 C_2 处的甲指挥乙移至能看到 A 点的 D_2 处，这样逐渐趋近，直到 C、D、B 在一直线上，同时 A、C、D 也在一直线上，这时说明 A、C、D、B 均在同一直线上。

这种方法也可用于分别位于两座建筑物上的 A、B 两点间的定线。

3. 经纬仪定线

当直线定线精度要求较高时，可用经纬仪定线。如图 4-7 所示，欲在 AB 直线上精确定出"1""2""3"点的位置，可将经纬仪安置于 A 点，用望远镜照准 B 点，固定照准部制动螺旋，沿 AB 方向用钢尺进行概量，按稍短于一尺段长的位置，由经纬仪指挥打下木桩，桩顶高出地面约 $10\sim20\text{cm}$，然后将望远镜向下俯视，将十字丝交点投测到木桩上，并钉小钉以确定出"1"点的位置（也可用桩顶包铁皮划十字线）。同法标定出"2"、"3"点的位置，小钉（或十字线中心）即为丈量时的标志。

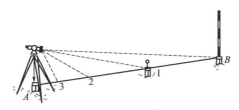

图 4-7　经纬仪定线

三、一般量距方法

1. 平坦地面的距离丈量

丈量工作一般由两人进行。如图 4-8 所示，沿地面直接丈量水平距离，可先在地面上定出直线方向，丈量时后尺手持钢尺零点一端，前尺手持钢尺末端和一组测钎沿 A、B 方向前进，行至一尺

图 4-8　平坦地面的距离丈量

段处停下，后尺手指挥前尺手将钢尺拉在 A、B 直线上，后尺手将钢尺的零点对准 A 点，当两人同时把钢尺拉紧后，前尺手在钢尺末端的整尺段长分划处竖直插下一根测钎得到"1"点，即量完一个尺段。前、后尺手抬尺前进，当后尺手到达插测钎处时停住，再重复上述操作，量完第二尺段。后尺手拔起地上的测钎，依次前进，直到量完 AB 直线的最后一段为止。

丈量时应注意沿着直线方向，钢尺必须拉紧伸直而无卷曲。直线丈量时尽量以整尺段丈量，最后丈量余长，以方便计算。丈量时应记清楚整尺段数，或用测钎数表示整尺段数。然后逐段丈量，则直线的水平距离按下式计算

$$D = nl + q \tag{4-1}$$

式中　l——钢尺的一整尺段长，m；

　　　n——整尺段数；

　　　q——不足一整尺的零尺段的长，m。

为了防止丈量中发生错误及提高量距精度，需要进行往返丈量。若合乎要求，取往返平均数作为丈量的最后结果。往返丈量的距离之差与平均距离之比，化成分子为 1 的分数时称为相对误差 K，可用它来衡量丈量结果的精度。即

$$K = \frac{|D_{往} - D_{返}|}{D_{平均}} = \frac{1}{D_{平均}/|D_{往} - D_{返}|} \tag{4-2}$$

相对误差分母越大，则 K 值越小，精度越高；反之，精度越低。量距精度取决于工程的要求和地面起伏的情况，在平坦地区，钢尺量距的相对误差一般不应大于 1/2000；在量距较困难的地区，其相对误差也不应大于 1/1000。如果符合精度要求，即可用其平

均值作为量距的最终结果。若达不到要求，应检查原因，重新丈量。

【**例 4-1**】　A、B 的往测距离为 187.530m，返测距离为 187.580m，则相对误差 K 为

$$K = \frac{|187.530 - 187.580|}{187.555} = \frac{1}{3751} < \frac{1}{2000}$$

2. 倾斜地面的距离丈量

（1）平量法　如图 4-9 所示，若地面高低起伏不平，可将钢尺拉平丈量。丈量由 A 向 B 进行，后尺手将尺的零端对准 A 点，前尺手将尺抬高，并且目估使尺子水平，用垂球尖将尺段的某一分划投影于 AB 方向线的地面上，再插以测钎进行标定，并记下此分划读数。依次进行，丈量 AB 的水平距离。一直量到终点 B。则 AB 两点间的平距 D 为

$$D = l_1 + l_2 + \cdots + l_n \tag{4-3}$$

l_i 可以是整尺长，当地面坡度较大时，也可以是不足一整尺的长度。

若地面倾斜较大，将钢尺整尺拉平有困难时，可将一尺段分成几段来平量。

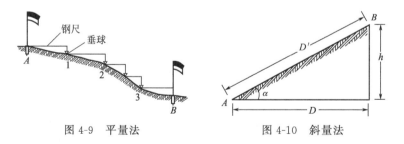

图 4-9　平量法　　　　　　图 4-10　斜量法

（2）斜量法　当倾斜地面的坡度比较均匀时，如图 4-10 所示，可沿斜面直接丈量出 AB 的倾斜距离 D'，测出地面倾斜角 α 或 AB 两点间的高差 h，按下式计算 AB 的水平距离 D。

$$D = D'\cos\alpha \tag{4-4}$$

或

$$D = \sqrt{D'^2 - h^2} \tag{4-5}$$

四、钢尺的检定

由于钢尺材料质量及制造误差等因素的影响，其实际长度和名义长度（即尺上所注的长度）往往不一样，而且钢尺在长期使用中因受外界条件变化的影响也会引起尺长的变化。因此，在精密量距中，距离丈量精度要求达到 1/40000～1/10000 时，在丈量前必须对所用钢尺进行检定，以便在丈量结果中加入尺长改正。

1. 尺长方程式

所谓尺长方程式即在标准拉力下（30m 钢尺用 100N，50m 钢尺用 150N）钢尺的实际长度与温度的函数关系式。其形式为

$$l_t = l_0 + \Delta l + \alpha l_0 (t - t_0) \tag{4-6}$$

式中　l_t——钢尺在温度 t 时的实际长度；

　　　l_0——钢尺的名义长度；

　　　Δl——尺长改正数，即钢尺在温度 t_0 时的改正数，等于实际长度减去名义长度；

　　　α——钢尺的线膨胀系数，其值取为 $1.25 \times 10^{-5}/℃$；

　　　t_0——钢尺检定时的标准温度（20℃）；

　　　t——丈量时的温度。

【例 4-2】　某钢尺的名义长度为 50m，当温度为 20℃时，其真实长度为 49.994m。求该钢尺的尺长方程式。

解：根据题意 $l_0 = 50$m，$t_0 = 20℃$，$\Delta l = 49.994 - 50 = -0.006$(m)，则该钢尺的尺长方程式为

$$l_t = 50 - 0.006 + 1.25 \times 10^{-5} \times 50 \times (t - 20)$$

这就是该钢尺的尺长方程式。

每一根钢尺都有一相应的尺长方程式，以确定其真实长度，从而求得被量距离的真实长度。尺长改正数 Δl 因钢尺经常使用会产生不同的变化。所以，作业前必须检定钢尺以确定其尺长方程式。确定尺长方程式的过程，称为钢尺检定。

2. 钢尺检定方法

（1）比长检定法　钢尺检定最简单的方法就是比长检定法，该法是用一根已有尺长方程式的钢尺作为标准尺，使作业钢尺与其比

较从而求得作业钢尺的尺长方程式的方法。检定时，最好选在阴天或阴凉处，将标准钢尺与作业钢尺并排伸展在平坦的地面上，两钢尺零分划端各连接弹簧秤一支，使两尺末端分划线对齐并在一起，由一人拉着两尺，一人辅助保持对齐状态，喊"预备"。听到口令，零分划端两人各拉一弹簧秤，当钢尺达到标准拉力时在零分划端的观测员将两尺的零分划线之间的差值 $\delta l(\delta l = l_作 - l_标)$ 读出，估读至 0.5mm，如此比较 3 次，若互差不超过 2mm，取中数作为最后结果。由于拉力相同，温度相同，若钢尺膨胀系数也相同，两尺长度之差值就是两尺尺长方程式的差值。这样就能根据标准钢尺的尺长方程式计算出被检定钢尺的尺长方程式。

【例 4-3】 设 1 号标准尺的尺长方程式为 $l_{t1} = 30 + 0.004 + 1.25 \times 10^{-5} \times 30 \times (t-20)$。被检定的 2 号钢尺，其名义长度也为 30m，当两尺末端刻画对齐并施加标准拉力后，2 号钢尺比 1 号钢尺短 0.007m，比较时的温度为 +24℃。求 2 号作业钢尺的尺长方程式。

解： 根据比较结果，可以得出

$$l_{t2} = l_{t1} - 0.007$$

即　　$l_{t2} = 30 + 0.004 + 1.25 \times 10^{-5} \times 30 \times (24-20) - 0.007$

　　　　$= 30 - 0.002$

故 2 号钢尺的尺长方程式为

$$l_{t2} = 30 - 0.002 + 1.25 \times 10^{-5} \times 30 \times (t-24)$$

若将检定温度改化成 20℃，则

$$l_{t2} = 30 + 0.004 + 1.25 \times 10^{-5} \times (t-20) \times 30 - 0.007$$

即　　　$l_{t2} = 30 - 0.003 + 1.25 \times 10^{-5} \times (t-20) \times 30$

（2）基线检定法　如果检定精度要求更高一些，可在国家测绘机构已测定的已知精确长度的基线场进行量距，用欲检定的钢尺多次丈量基线长度，推算出尺长改正数及尺长方程式。

设基线长度为 D，丈量结果为 D'，钢尺名义长度为 l_0，则尺长改正数 Δl 为

$$\Delta l = \frac{D - D'}{D} l_0 \tag{4-7}$$

再将结果改化为标准温度 20℃ 时的尺长改正数，即得到标准

尺长方程式。

【例 4-4】 设基线长为 120.230m，用名义长度为 30m 的作业钢尺丈量基线的结果是 120.303m，丈量时的温度为 14℃，求作业钢尺的尺长方程式。

解：根据题意，全长的差值为 120.230－120.303＝－0.073（m），一整尺段的改正数为

$$\Delta l = \frac{-0.073}{120.230} \times 30 = -0.018 (m)$$

所以，作业钢尺在检定温度为 14℃时的尺长方程式为

$$l_{\text{作}} = 30 - 0.018 + 1.25 \times 10^{-5} \times 30 \times (t - 14)$$

若将检定时的温度改为标准温度 20℃，则尺长方程式为

$$l_{\text{作}} = 30 - 0.018 + 1.25 \times 10^{-5} \times 30 \times (20 - 14) +$$
$$1.25 \times 10^{-5} \times 30 \times (t - 20)$$
$$= 30 - 0.016 + 1.25 \times 10^{-5} \times 30 \times (t - 20)$$

应当指出，由于温度改正实际上往往是非线性的，因此，当丈量精度要求较高时，钢尺作业时的温度与检定时温度就不能相差过大（规定温差限度为±15℃），若温差超过规定限度，则应重新检定钢尺。

五、钢尺的精密量距

一般方法量距，忽略了尺长误差、外界因素对量距的影响，量距精度一般只能达到 1/4000～1/1000。对于精度要求较高的量距，如施工放样中某些部位的测设，常常要求量距精度达到 1/40000～1/10000。

当用钢尺进行精密量距时，钢尺必须检定，并得出在检定时的拉力与温度条件下应有的尺长方程式。丈量前应先用经纬仪定线，如图 4-7 所示。

如地势平坦或坡度均匀，可测定直线两端点高差作为倾斜改正的依据；若沿线地面坡度有起伏变化，标定木桩时应注意坡度变化处，两木桩间距离略短于钢尺全长，木桩顶高出地面 2～3cm，桩顶用"＋"来标示点的位置，用水准仪测定各坡度变换点木桩桩顶间的高差，作为分段倾斜改正的依据。丈量时钢尺拉环一端用弹簧秤牵引，两端尺边紧靠桩顶"＋"字中心，使拉力等于钢尺检定时

的拉力（一般 30m 钢尺拉力为 10kg），都对准尺段端点进行读数，如钢尺仅零点端有毫米分划，则必须以尺末端某分米分划对准尺段一端以便零点端读出毫米数。每尺段丈量三次，以尺子的不同位置对准端点，其移动量一般在 1 分米以内。三次读数所得尺段长度之差视不同要求而定，一般不超过 2～5mm，若超限，必须进行第四次丈量。丈量完成后还必须进行成果整理，即改正数计算，最后得到精度较高的丈量成果。

1. 尺长改正 Δl_l

由于钢尺的名义长度和实际长度不一致，丈量时就会产生误差。设钢尺在标准温度，标准拉力下的实际长度为 l，名义长度为 l_0，则一整尺的尺长改正数为

$$\Delta l = l - l_0$$

每量一米的尺长改正数为

$$\Delta l_{\text{米}} = \frac{l - l_0}{l_0}$$

丈量 D' 距离的尺长改正数为

$$\Delta l_l = \frac{l - l_0}{l_0} D' \tag{4-8}$$

钢尺的实际长度大于名义长度时，尺长改正数为正，反之为负。

2. 温度改正 Δl_t

丈量距离都是在一定的环境条件下进行的，温度的变化，对距离将产生一定的影响。设钢尺检定时温度为 $t_0℃$，丈量时温度为 $t℃$，钢尺的线胀系数 α 一般为 $1.25 \times 10^{-5}/℃$，则丈量一段距离 D' 的温度改正数 Δl_t 为

$$\Delta l_t = \alpha(t - t_0)D' \tag{4-9}$$

当丈量时温度大于检定时温度，改正数 Δl_t 为正；反之为负。

3. 倾斜改正 Δl_h

设量得的倾斜距离为 D'，两点间测得高差为 h，将 D' 改算成水平距离 D 需加倾斜改正 Δl_h，一般用下式计算。

$$\Delta l_h = -\frac{h^2}{2D'} \tag{4-10}$$

倾斜改正数 Δl_h 永远为负值。

4. 全长计算

将测得的结果加上上述三项改正值，即得

$$D = D' + \Delta l_l + \Delta l_t + \Delta l_h \tag{4-11}$$

相对误差在限差范围之内，取平均值为丈量的结果，如相对误差超限，应重测。

钢尺量距记录计算手簿见表 4-1。

对表 4-1 中 A-1 段距离进行三项改正计算。

尺长改正　$\Delta l_l = \dfrac{30.0015 - 30}{30} \times 29.9218 = 0.0015(\text{m})$

温度改正　$\Delta l_t = 0.0000125 \times (25.5 - 20) \times 29.9218 = 0.0020(\text{m})$

倾斜改正　$\Delta l_h = -\dfrac{(-0.152)^2}{2 \times 29.9218} = -0.0004(\text{m})$

经上述三项改正后的 A-1 段的水平距离为

$D_{\text{A-1}} = 29.9218 + 0.0020 + (-0.0004) + 0.0015 = 29.9249(\text{m})$

其余各段改正计算与 A-1 段相同，然后将各段相加为 83.8598m。如表 4-1 中，设返测的总长度为 83.8524m，可以求出相对误差，用来检查量距的精度。

相对误差　　$K = \dfrac{|D_{\text{往}} - D_{\text{返}}|}{D_{\text{平均}}} = \dfrac{0.0074}{83.8561} = \dfrac{1}{11332}$

若将平均值保留 3 位小数，则最后结果为 83.856m。

【例 4-5】　当钢尺的名义长度比实际长度短时，丈量的长度（　　）实际长度。　　　　　　　　　　　　　　　　　　（小于）

【例 4-6】　在距离丈量中，衡量其丈量精度的标准是用（　　）。　　　　　　　　　　　　　　　　　　　　　　（相对误差）

【例 4-7】　往返丈量直线 AB 的长度为：$D_{AB} = 158.59\text{m}$，$D_{BA} = 158.65\text{m}$，其相对误差为（　　）。　　　　（$K = 1/2644$）

【例 4-8】　距离丈量的结果是求得两点间的（　　）。　　　　　　　　　　　　　　　　　　　　　　　　　　（水平距离）

【例 4-9】　某一钢尺的名义长度为 50m，其在标准条件检定时的实际长度为 50.006m，则其尺长改正数为（　　）。　　　　　　　　　　　　　　　　　　　　　　　　（+0.006mm）

表 4-1 钢尺量距记录计算手簿

钢尺号:No.04-3　钢尺线胀系数:0.0000125m/℃　钢尺检定长度:30.0015m　检定温度:20℃　检定拉力:10kg　计算者:张　辉　日期:2018年06月19日

尺段	丈量次数	前尺读数 /m	后尺读数 /m	尺段长度 /m	温度 /℃	高差 /m	温度改正 /mm	倾斜改正 /mm	尺长改正 /mm	改正后尺段长 /m
1	2	3	4	5	6	7	8	9	10	11
A-1	1	29.9910	0.0700	29.9210						
	2	29.9920	0.0695	29.9225						
	3	29.9910	0.0690	29.9220						
	平均			29.9218	25.5	-0.152	+2.0	-0.4	+1.5	29.9249
1-2	1	29.8710	0.0510	29.8200						
	2	29.8705	0.0515	29.8190						
	3	29.8715	0.0520	29.8195						
	平均			29.8195	25.4	-0.071	+1.9	-0.08	+1.5	29.8228
2-B	1	24.1610	0.0515	24.1095						
	2	24.1625	0.0505	24.1120						
	3	24.1615	0.0524	24.1091						
	平均			24.1102	25.7	-0.210	+1.6	-0.9	+1.2	24.1121
总和										83.8598

六、钢尺量距的误差分析及注意事项

1. 钢尺量距的误差分析

影响钢尺量距精度的因素很多，下面简要分析一下产生误差的主要来源及注意事项。

（1）尺长误差　钢尺的名义长度与实际长度不符，就产生尺长误差，用该钢尺所量距离越长，则误差累积越大。因此，必须对新购的钢尺进行检定，以求得尺长改正值。

（2）温度误差　钢尺丈量的温度与钢尺检定时的温度不同，将产生温度误差。尺温每变化 8.5℃，尺长将改变 1/10000，按照钢的膨胀系数计算，温度每变化 1℃，丈量距离为 30m 时对距离影响为 0.4mm。在一般量距时，丈量温度与标准温度之差的绝对值不超过 8.5℃时，可不考虑温度误差。但精密量距时，必须进行温度校正。

（3）拉力误差　钢尺在丈量时拉力与检定时拉力不同而产生误差。拉力变化 68.6N，尺长将改变 1/10000。以 30m 的钢尺来说，当拉力改变 3~5kg 时，引起的尺长误差将有 1~1.8mm。如果能保持拉力的变化在 3kg 范围之内，这对于一般精度的丈量工作是足够的。对于精确的距离丈量，应使用弹簧秤，以保持钢尺的拉力是检定时的拉力。30m 钢尺施力 100N，50m 钢尺施力 150N。

（4）钢尺倾斜和垂曲误差　量距时钢尺两端不水平或中间下垂成曲线，都会产生误差。因此丈量时必须注意保持尺子水平，整尺段悬空时，中间应有人托住钢尺，精密量距时必须用水准仪测定两端点高差，以便进行高差改正。

（5）定线误差　由于定线不准确，所量得的距离是一组折线而产生的误差称为定线误差。丈量 30m 的距离，若要求定线误差不大于 1/2000，则钢尺尺端偏离方向线的距离就不应超过 0.47m；定线误差不大于 1/10000，则钢尺方向偏差不应超过 0.21m。在一般量距中，用标杆目估定线能满足要求。但精密量距需用经纬仪定线。

（6）丈量误差　丈量时插测钎或垂球落点不准，前、后尺手配合不好以及读数不准等产生的误差均属于丈量误差。这种误差对丈量结果影响可正可负，大小不定。因此，在操作时应认真仔细、配合默契，以尽量减少误差。

2. 钢尺量距时的注意事项

（1）伸展钢卷尺时，要小心慢拉，钢尺不可卷扭、打结。若发现扭曲、打结情况，应细心解开，不能用力抖动，否则容易造成折断。

（2）丈量前，应辨认清钢尺的零端和末端。丈量时，钢尺应逐渐用力拉平、拉直、拉紧，不能突然猛拉。丈量过程中，钢尺拉力应始终保持检定时的拉力。

（3）转移尺段时，前、后拉尺员应将钢尺提高，不应在地面上拖拉摩擦。以免磨损尺面分划，钢尺伸展开后，不能让车辆从钢尺上通过，否则极易损坏钢尺。

（4）测钎应对准钢尺的分划并插直。如插入土中有困难，可在地面上标志一明显记号，并把测钎尖端对准记号。

（5）单程丈量完毕，前、后尺手应检查各自手中的测钎数目，避免加错或算错整尺段数。一测回丈量完毕，应立即检查限差是否合乎要求。不合乎要求时，应重测。

（6）丈量工作结束后，要用软布擦干净尺上的泥和水。然后涂上机油，以防生锈。

第二节　视 距 测 量

视距测量是用望远镜中的视距丝装置及刻有厘米分划的视距标尺，根据光学和三角学原理测定两点间的水平距离和高差的一种方法。其特点是操作简便、速度快、不受地形的限制，但测距精度较低，一般相对误差为 $1/300 \sim 1/200$，高差测量的精度也低于水准测量和三角高程测量，被广泛应用于量距精度要求不高的碎部测量中。

一、视距测量原理

在经纬仪、水准仪等仪器的望远镜十字丝分划板上，有两条平行于横丝且与横丝等距的短丝，称为视距丝，也叫上下丝，利用视距丝、视距尺和竖盘可以进行视距测量，如图4-11所示。

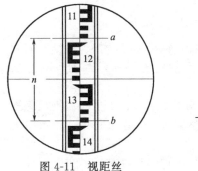

图 4-11　视距丝　　　　图 4-12　视线水平时的视距测量

1. 视线水平时的视距测量

如图 4-12 所示，要测出地面上 A，B 两点间的水平距离及高差，先在 A 点安置仪器，在 B_i 点立视距尺。将望远镜视线调至水平位置并瞄准尺子，这时视线与视距尺垂直。下丝在标尺上的读数为 a，上丝在标尺上的读数为 b（设为倒像望远镜）。上、下丝读数之差称为视距间隔 n，则 $n=a-b$。

由于视距间隔 n 为一定值，因此，从两根视距丝引出去的视线在竖直面内的夹用 φ 也是一个固定的角值，由图 4-12 可知，视距间隔 n 和立尺点离开测站的水平距离 D 呈线性关系，即

$$D=Kn+C \tag{4-12}$$

式中 K 和 C 分别称为视距乘常数和视距加常数，在仪器制造时，使 $C=0$，$K=100$。因此，视线水平时，计算水平距离的公式为

$$D=Kn=100n=100(a-b) \tag{4-13}$$

从图 4-12 中还可看出，量取仪器高 i 之后，便可根据视线水平时的横丝读数或称中丝读数 l，计算两点间的高差。

$$h=i-l \tag{4-14}$$

式(4-14) 即为视线水平时高差计算公式。

如果 A 点高程 H_A 为已知，则可求得 B 点的高程 H_B 为

$$H_B = H_A + i - l \qquad (4\text{-}15)$$

2. 视线倾斜时的视距测量

当地面上 A、B 两点的高差较大时，必须使视线倾斜一个竖直角 α，才能在标尺上进行视距读数，这时视线不垂直于视距尺，不能用前述公式计算水平距离和高差。

如图 4-13 所示，设想将标尺以中丝读数 l 这一点为中心，转动一个 α 角，使标尺仍与视准轴垂直，此时上、下视距丝的读数分别为 b' 和 a'，视距间隔 $n' = a' - b'$，则倾斜距离为

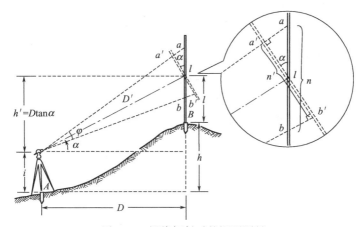

图 4-13　视线倾斜时的视距测量

$$D' = Kn' = K(a' - b') \qquad (4\text{-}16)$$

化为水平距离

$$D = D'\cos\alpha = Kn'\cos\alpha \qquad (4\text{-}17)$$

由于通过视距丝的两条光线的夹角 φ 很小，故 $\angle aa'l$ 和 $\angle bb'l$ 可近似地看作直角，则有

$$n' = n\cos\alpha \qquad (4\text{-}18)$$

将式(4-18)代入式(4-17)，得到视准轴倾斜时水平距离的计算公式。

$$D = Kn\cos^2\alpha \qquad (4\text{-}19)$$

同理，由图 4-13 可知，A、B 两点之间的高差为

$$h=h'+i-l=D\tan\alpha+i-l=\frac{1}{2}Kn\sin2\alpha+i-l \qquad (4\text{-}20)$$

式中　α——垂直角；

　　　i——仪器高；

　　　l——中丝读数。

二、视距测量的观测和计算

（1）如图 4-13 所示，安置经纬仪于 A 点，量取仪器高 i，在 B 点竖立视距尺。

（2）用盘左或盘右，转动照准部瞄准 B 点的视距尺，分别读取上、中、下三丝在标尺上的读数 b、l、a，计算出视距间隔 $n=a-b$。在实际视距测量操作中，为了使计算方便，读取视距时，可使下丝或上丝对准尺上一个整分米处，直接在尺上读出尺间隔 n，或者在瞄准读中丝时，使中丝读数 l 等于仪器高 i。

（3）转动竖盘指标水准管微动螺旋，使竖盘指标水准管气泡居中，读取竖盘读数，并计算竖直角 α。

（4）将上述观测数据分别记入视距测量计算手簿表 4-2 中相应的栏内。再根据视距尺间隔 n、竖直角 α、仪器高 i 及中丝读数 l，按式（4-19）和式（4-20）计算出水平距离 D 和高差 h。最后根据 A 点高程 H_A 计算出待测点 B 的高程 H_B。

表 4-2　视距测量计算手簿

| 测站:F | | 测站高程:72.461m | | 仪器高:1.533m | | 仪器:J6 | | | |
| 日期:2018 年 8 月 9 日 | | 视线高:73.994m | | 观测:刘晓 | | 记录:王鹏 | | | |

点号	下丝读数 /m	上丝读数 /m	中丝读数 /m	视距间隔 /m	竖盘读数	竖直角	水平距离 /m	高差 /m	高程 /m	备注
1	1.718	1.192	1.455	0.526	85°32′	+4°28′	52.28	+4.06	10.51	$\alpha=90°-L$
2	1.944	1.346	1.645	0.598	83°45′	+6°15′	59.09	+6.26	12.71	
3	2.153	1.627	1.890	0.526	92°13′	−2°13′	52.52	−2.49	3.96	
4	2.226	1.684	1.955	0.542	84°36′	+5°24′	53.72	+4.56	11.01	

三、视距测量的误差来源及消减方法

影响视距测量精度的因素主要有以下几方面。

1. 视距乘常数 K 的误差

仪器出厂时视距乘常数 $K = 100$，但由于视距丝间隔有误差，视距尺有系统性刻画误差，以及仪器检定的各种因素影响，都会使 K 值不一定恰好等于 100。K 值的误差对视距测量的影响较大，不能用相应的观测方法予以消除，故在使用新仪器前，应检定 K 值。

2. 用视距丝读取尺间隔的误差

视距丝的读数是影响视距精度的重要因素，视距丝的读数误差与尺子最小分划的宽度，距离的远近和成像清晰情况有关。在视距测量中，一般根据测量精度要求来限制最远视距。

3. 标尺倾斜误差

视距计算的公式是在视距尺严格垂直的条件下得到的。若视距尺发生倾斜，将给测量结果带来不可忽视的误差，因此，测量时立尺要尽量竖直。在山区作业时，由于地表有坡度而给人以一种错觉，使视距尺不易竖直。因此，应采用带有水准器装置的视距尺。

4. 外界条件的影响

（1）大气竖直折光的影响　大气密度分布是不均匀的，特别在晴天接近地面部分密度变化更大，使视线弯曲，给视距测量带来误差。根据试验，只有在视线离地面超过 1m 时，折光产生的影响才比较小。

（2）空气对流使视距尺的成像不稳定　空气对流的现象在晴天，视线通过水面上空和视线离地表太近时较为突出，成像不稳定造成读数误差的增大，对视距精度影响很大。

（3）风力使尺子抖动　风力较大时尺子立不稳而发生抖动，分别在两根视距丝上读数又不可能严格在同一个时候进行，所以对视距间隔将产生影响。

减少外界条件影响的唯一办法，只有根据对视距精度的需要来选择在合适的天气作业。

【**例 4-10**】　用视距法测量水平距离和高差时（　　），需要用经纬仪观测的数据是（　　）。

（仪器高已知）（上、中、下丝读数及竖盘读数）

【**例 4-11**】 当视线倾斜进行视距测量时，水平距离的计算公式是 $(D = Kn\cos^2\alpha)$。

第三节 直线定向

在测量工作中常常需要确定两点平面位置的相对关系，此时仅仅测得两点间的距离是不够的，还需要知道这条直线的方向，才能确定两点间的相对位置，在测量工作中，一条直线的方向是根据某一标准方向线来确定的，确定直线与标准方向线之间的夹角关系的工作称为直线定向。

一、标准方向线

1. 真子午线方向

通过地面上一点并指向地球南北极的方向线，称为该点的真子午线方向。真子午线方向是用天文测量方法或者陀螺经纬仪测定的。指向北极星的方向可近似地作为真子午线的方向。

2. 磁子午线方向

在地球磁场作用下磁针在某点自由静止时其轴线所指的方向（磁南北方向），就是该点的磁子午线方向。磁子午线方向可用罗盘仪测定。

由于地磁两极与地球两极不重合（磁北极约在北纬 74°、西经 110°附近，磁南极约在南纬 69°、东经 114°附近），致使磁子午线与真子午线之间形成一个夹角 δ，称为磁偏角。磁子午线北端偏于真子午线以东为东偏，δ 为正；以西为西偏，δ 为负。

3. 坐标纵轴方向

测量中常以通过测区坐标原点的坐标纵轴为准，测区内通过任一点与坐标纵轴平行的方向线，称为该点的坐标纵轴方向。

真子午线与坐标纵轴间的夹角 γ 称为子午线收敛角。坐标纵轴北端在真子午线以东为东偏，γ 为"＋"；以西为西偏，γ 为"－"。

图 4-14 为三种标准方向间关系的一种情况，δ_m 为磁针对坐标

纵轴的偏角。

二、方位角

由标准方向的北端起，按顺时针方向量到某直线的水平角，称为该直线的方位角，角值范围为 $0°\sim360°$。由于采用的标准方向不同，直线的方位角有如下三种。

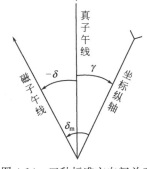

图 4-14　三种标准方向间关系

1. 真方位角

从真子午线方向的北端起，按顺时针方向量至某直线间的水平角，称为该直线的真方位角，用 A 表示。

2. 磁方位角

从磁子午线方向的北端起，按顺时针方向量至某直线间的水平角，称为该直线的磁方位角，用 A_m 表示。

3. 坐标方位角

从平行于坐标纵轴的方向线的北端起，按顺时针方向量至某直线的水平角，称为该直线的坐标方位角，以 α 表示，通常简称为方向角。

三、用罗盘仪测定磁方位角

当测区内没有国家控制点可用，需要在小范围内建立假定坐标系的平面控制网时，可用罗盘仪测定直线的磁方位角，作为该控制网起始边的坐标方位角，将过起始点的磁子午线作为坐标纵轴线。下面介绍罗盘仪的构造和使用方法。

1. 罗盘仪的构造

如图 4-15 所示，罗盘仪（compass）是测量直线磁方位角的仪器，仪器构造简单，使用方便，但精度不高，外界环境对仪器的影响较大，如钢铁建筑和高压电线都会影响其精度。

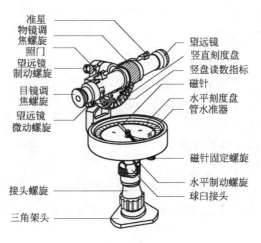

图 4-15 罗盘仪构造

罗盘仪的主要部件有磁针、刻度盘、望远镜和基座，如图4-16所示。

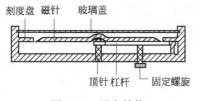

图 4-16 罗盘结构

（1）磁针 磁针用人造磁铁制成，磁针在度盘中心的顶针尖上可自由转动。为了减轻顶针尖的磨损，在不用时，可用位于底部的固定螺旋升高杠杆，将磁针固定在玻璃盖上。

（2）刻度盘 用钢或铝制成的圆环，随望远镜一起转动，每隔 10° 有一注记，按逆时针方向从 0° 注记到 360°，最小分划为 1° 或 30′。刻度盘内装有一个圆水准器或者两个相互垂直的管水准器，用手控制气泡居中，使罗盘仪水平。

（3）望远镜 与经纬仪的望远镜结构基本相似，也有物镜调焦、目镜调焦螺旋和十字丝分划板等，其望远镜的视准轴与刻度盘的 0° 分划线共面，如图 4-15 所示。

（4）基座 采用球臼结构，松开球臼接头螺旋，可摆动刻度盘，使水准气泡居中，度盘处于水平位置，然后拧紧接头螺旋。

2. 用罗盘仪测定直线磁方位角的方法

欲测直线 AB 的磁方位角，将罗盘仪安置在直线起点 A，挂上垂球对中，松开球臼接头螺旋，用手前、后、左、右转动刻度盘，使水准器气泡居中，拧紧球臼接头螺旋，使仪器处于对中和整平状态。松开磁针固定螺旋，让它自由转动，然后转动罗盘，用望远镜照准 B 点标志，待磁针静止后，按磁针北端（一般为白色一端）所指的度盘分划值读数，即为 AB 边的磁方位角角值，如图 4-17 所示。使用时，要避开高压电

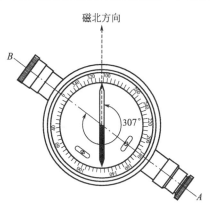

图 4-17　用罗盘仪测定磁方位角的原理

线和避免铁质物体接近罗盘，在测量结束后，要旋紧固定螺旋将磁针固定。

四、正、反坐标方位角

测量工作中的直线都具有一定的方向，如图 4-18 所示，以 A 点为起点，B 点为终点的直线 AB 的坐标方位角 α_{AB}，称为直线 AB 的正坐标方位角。而直线 BA 的坐标方位角 α_{BA}，称为直线 AB 的反坐标方位角。同理，α_{BA} 为直线 BA 的正坐标方位角，α_{AB} 为直线 BA 的反坐标方位角，由图 4-18 中可以看出，正、反坐标方位角间的关系为

$$\alpha_{BA} = \alpha_{AB} \pm 180° \qquad (4-21)$$

五、象限角

如图 4-19 所示。由坐标纵轴的北端或南端起，顺时针或逆时针至某直

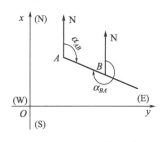

图 4-18　正、反坐标方位角

线间所夹的锐角,并注出象限名称,称为该直线的象限角,以 R 表示,角值范围为 $0°\sim90°$。直线 O_1、O_2、O_3、O_4 的象限分别为北东 R_{O_1}、南东 R_{O_2}、南西 R_{O_3} 和北西 R_{O_4}。坐标方位角与角限角的换算关系如表 4-3 所示。

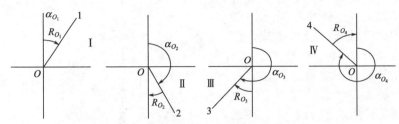

图 4-19   坐标方位角与象限角的换算关系

表 4-3   坐标方位角与象限角的换算关系表

直线方向	由坐标方位角推算象限角	由象限角推算坐标方位角
北东,第 I 象限	$R=\alpha$	$\alpha=R$
南东,第 II 象限	$R=180°-\alpha$	$\alpha=180°-R$
南西,第 III 象限	$R=\alpha-180°$	$\alpha=180°+R$
北西,第 IV 象限	$R=360°-\alpha$	$\alpha=360°-R$

【例 4-12】   坐标方位角是以(   )为标准方向,顺时针转到测线的夹角。   (坐标纵轴方向)

【例 4-13】   方位角的取值范围是(   )。   ($0°\sim360°$)

【例 4-14】   直线 AB 的坐标方位角为 $283°49'32''$,其反坐标方位角为(   )。   ($103°49'32''$)

【例 4-15】   一条指向正南方向直线的方位角和象限角分别为(   )。   ($0°$,$90°$)

第四节   坐标正、反算

一、坐标正算

根据已知点的坐标,已知边长及该边的坐标方位角,计算未知点的坐标的方法，称为坐标正算。

如图 4-20 所示，A 为已知点，坐标为 X_A、Y_A，已知 AB 边长为 D_{AB}，坐标方位角为 α_{AB}，要求 B 点坐标 X_B、Y_B。由图 4-20可知

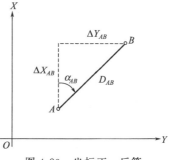

$$\left.\begin{array}{l} X_B = X_A + \Delta X_{AB} \\ Y_B = Y_A + \Delta Y_{AB} \end{array}\right\} \quad (4\text{-}22)$$

其中

图 4-20　坐标正、反算

$$\left.\begin{array}{l} \Delta X_{AB} = D_{AB}\cos\alpha_{AB} \\ \Delta Y_{AB} = D_{AB}\sin\alpha_{AB} \end{array}\right\} \quad (4\text{-}23)$$

式中 sin 和 cos 的函数值随着 α 所在象限的不同有正、负之分，因此，坐标增量同样具有正、负号。其符号与 α 角值的关系如表 4-4 所示。

当用计算器进行计算时，可直接显示 sin 和 cos 的正、负号。

表 4-4　坐标增量的正负号

象　　限	方向角 α	$\cos\alpha$	$\sin\alpha$	ΔX	ΔY
I	$0°\sim90°$	+	+	+	+
II	$90°\sim180°$	−	+	−	+
III	$180°\sim270°$	−	−	−	−
IV	$270°\sim360°$	+	−	+	−

二、坐标反算

根据两个已知点的坐标求算出两点间的边长及其方位角，称为坐标反算。由图 4-20 可知

$$D_{AB} = \sqrt{\Delta X_{AB}^2 + \Delta Y_{AB}^2} = \sqrt{(X_B - X_A)^2 + (Y_B - Y_A)^2}$$

$$(4\text{-}24)$$

$$\alpha_{AB} = \tan^{-1}\frac{\Delta Y_{AB}}{\Delta X_{AB}} = \tan^{-1}\frac{Y_B - Y_A}{X_B - X_A} \quad (4\text{-}25)$$

注意在用计算器按式(4-25)计算坐标方位角时，得到的角值只是象限角，还必须根据坐标增量的正负，按表 4-4 决定坐标方位角所在象限，再按表 4-3 将象限角换算为坐标方位角。

【**例 4-16**】 已知一直线的坐标增量 ΔX 为负，ΔY 为正，则该直线落在（　　）。 （第二象限）

【**例 4-17**】 根据一个已知点的坐标、边的坐标方位角和两点之间的水平距离计算另一个待定点坐标的计算称为（　　）。
（坐标正算）

【**例 4-18**】 已知直线 AB 的坐标方位角为 $335°13'22''$，则其象限角为（　　）。 （$24°47'38''$）

总结提高

　　本章主要介绍了常用的距离测量方法，有钢尺量距、视距测量、电磁波测距和 GNSS 测量等。钢尺量距适用于平坦地区的短距离量距，易受地形限制。视距测量是利用经纬仪或水准仪望远镜中的视距丝及视距标尺按几何光学原理测距，这种方法能克服地形障碍，适合于 200m 以内低精度的近距离测量。

　　当用钢尺进行精密量距时，距离丈量精度要求达到 1/10000～1/40000 时，在丈量前必须对所用钢尺进行检定，以便在丈量结果中加入尺长改正。另外还需配备弹簧秤和温度计，以便对钢尺丈量的距离施加温度改正。若为倾斜距离时，还需加倾斜改正。

　　在对钢尺量距进行误差分析时，要注意尺长误差、温度误差、拉力误差、钢尺倾斜和垂曲误差、定线误差、丈量误差的影响。

　　视距测量主要用于地形测量的碎部测量中，分为视线水平时的视距测量、视线倾斜时的视距测量两种。在观测中需注意用视距丝读取尺间隔的误差、标尺倾斜误差、大气竖直折光的影响，并选择合适的天气作业。

　　确定直线与标准方向线之间的夹角关系的工作称为直线定向。标准方向线有三种：真子午线方向，磁子午线方向，坐标纵轴方向。同理，由于采用的标准方向不同，直线的方位角也有三种：真方位角，磁方位角，坐标方位角。

根据已知点的坐标、已知边长及该边的坐标方位角计算未知点的坐标的方法，称为坐标正算。根据两个已知点的坐标求算出两点间的边长及其方位角，称为坐标反算。

 思考题与习题

1. 量距时为什么要进行直线定线？如何进行直线定线？

2. 测量中的水平距离指的是什么？如何计算相对误差？

3. 哪些因素会对钢尺量距产生误差？应注意哪些事项？

4. 什么是真子午线、磁子午线、坐标纵轴？什么是真方位角、磁方位角、坐标方位？正、反坐标方位角关系如何？试绘图说明。

5. 使用一根30m的钢尺，其实际长度为29.985m，现用该钢尺丈量两段距离，使用拉力为10kg，$\alpha = 0.0000125 m/℃$，丈量结果如表4-5所示，试进行尺长、温度及倾斜改正，求出各段的实际长度。

表4-5　丈量结果

尺　　段	丈量结果/m	温度/℃	高差/m
1	29.997	6	1.71
2	29.902	15	0.56

6. 用一把尺长方程式为 $30 + 0.0032 + 1.25 \times 10^{-5} \times 30(t-20)$ 的钢尺，量得 A、B 两点间的倾斜距离 $D' = 143.9987 m$，量距时测得钢尺平均温度为16℃，两点间高差为1.2m，试求该段距离的实际水平长度。

7. 由1、2、3等点所组成的一条导线，已知第一条边的方位角 $\alpha_{12} = 35°42'$，各导线的左转角如表4-6所示，求 α_{23}、α_{34}、α_{45} 和 α_{56} 各边的方位角，并绘图表示。

8. 已知 A 点的磁偏角为西偏21'，过点 A 的真子午线与磁子午线的收敛角为东偏3'，直线 AB 的方向角为60°20'，求 AB 直线

表 4-6   各导线的左转角

点　号	左　转　角	方　位　角	略　图
1		35°42′	
2	75°18′		
3	206°23′		
4	256°14′		
5	138°52′		
6			

的真方位角与磁方位角，并绘图表示。

9. 已知下列各直线的坐标方位角 $\alpha_{AB}=38°30′$，$\alpha_{CD}=175°35′$，$\alpha_{EF}=230°20′$，$\alpha_{GH}=330°58′$，试分别求出它们的象限角和反坐标方位角。

10. 用经纬仪进行距离测量的记录如表 4-7 所示，仪器高 $i=1.532$m，测站点高程为 7.481m。试计算测站点至各照准点的水平距离及各照准点的高程。

表 4-7   距离测量记录

点号	下丝读数/m	上丝读数/m	中丝读数/m	视距间隔/m	竖盘读数/(°′)	竖直角/(°′)	水平距离/m	高差/m	高程/m	备注
1	1.766	0.902	1.383		84　32					$\alpha=90°-L$
2	2.165	0.555	1.360		87　25					
3	2.570	1.428	2.000		93　45					
4	2.871	1.128	2.000		86　13					

第五章

全站仪测量

导读

- **了解** 脉冲式光电测距仪测距原理。 脉冲式光电测距仪是通过直接测定光脉冲在待测距离两点间往返传播的时间 t，来测定测站至目标的距离。
- **理解** 相位式光电测距仪测距原理。 相位式光电测距仪是通过光源发出连续的调制光，通过往返传播产生相位差，间接计算出传播时间，从而计算距离。
- **掌握** 全站仪的操作和使用全站仪的注意事项。 会使用全站仪进行仪器设置、角度测量、距离测量、坐标测量和放样。

电子速测仪，又称全站型电子速测仪，是光电测距仪与电子经纬仪及数据处理系统组合而成的测量仪器。人工设站瞄准目标后，按仪器上的操作电钮键即可自动显示并记录被测距离、角度及计算数据。由于只要一次安置仪器，便可以完成在该测站上所有的测量工作，故简称为全站仪。

第一节 概 述

1948 年，瑞典 AGA 公司研制成功了世界上第一台电磁波测距仪 AGA NASM 2A（图 5-1），它采用白炽灯发射的光波作载波，该仪器主机重 94kg，功耗 140～400W，测程 30km，精度±(1cm＋1×$10^{-6} \times D$)。为避开白天太阳光对测距信号的干扰，只能在夜间作业，虽然它体积大，操作复杂，但因测程远、精度高，可以代替长距离的基线测量，因而得到发展，使距离测量的仪器进入了一个新的时代。

图 5-1　AGA NASM 2A 型电磁波测距仪　　图 5-2　AGA-8 激光测距仪

1968 年 AGA 公司又推出了世界上第一台商品化的 AGA-8 激光测距仪（图 5-2）。该仪器采用 5mW 的氦-氖激光器作发光元件，白天测程为 40km，夜间测程达 60km，测距精度 $\pm(5mm+1\times10^{-6}\times D)$，主机重 23kg，功耗 75W，该测距仪曾在我国天文大地网和特级导线的边长测量中发挥过巨大作用。激光测距仪的优点是测程远、精度高，可以昼夜观测。

在发展光电测距仪的同时，用电磁波作为载波的测距仪也得到了发展。1956 年英国 Tellurometer 公司生产出用于大地和航外控制测量的 MRA1 型微波测距仪。该仪器带有语音通话系统，并且可以在全天候的条件下作业，由于受微波地面反射误差的影响，微波测距仪的测距精度一般为 $\pm(10mm+3\times10^{-6}\times D)$。直到 20 世纪 80 年代推出的 CMW20 微波测距仪，采用了独特的仪器结构减弱了地面发射误差的影响，测距精度高达 $\pm(5mm+3\times10^{-6}\times D)$，重 7kg，测程 25km，揭开了微波测距仪用于工程测量的序幕（图 5-3）。

虽然电磁波测距仪又大又笨重，但与传统测距工具和方法相比，其具有高精度，高效率，测程长、作业快、工作强度低、几乎不受地形限制等优点。随着半导体技术的发展，从 20 世纪 60 年代末期，采用砷化镓（GaAs）

图 5-3　CMW20 微波测距仪

发光二极管作发光元件的红外测距仪逐渐在世界上流行起来。

与激光测距仪比较，红外测距仪有体积小、重量轻、功耗小、测距快、自动化程度高等优点。由于红外光的发散角比激光大，所以红外测距仪的测程一般小于 15km。

图 5-4　天宝 S6 测量机器人

现在的红外测距仪已经和电子经纬仪及计算机软硬件制造在一起，形成了全站仪，如美国天宝 S6（图 5-4）、徕卡 TCA2003、拓普康 GTS-820A 和索佳 SRX 系列有自动照准、智能跟踪功能，并向着自动化、智能化和利用蓝牙技术实现测量数据的无线传输方向飞速发展。

第二节　测 距 原 理

目前测距仪品种和型号繁多，但其测距原理基本相同，分为脉冲式和相位式两种。

一、脉冲式光电测距仪测距原理

如图 5-5 所示。脉冲式光电测距仪是通过直接测定光脉冲在待测距离两点间往返传播的时间 t，来测定测站至目标的距离 D。用测距仪测定两点间的距离 D，在 A 点安置光电测距仪，在 B 点安置反射棱镜。由测距仪发射的光脉冲，经过距离 D 到达反射棱镜，再反射回仪器接收系统，所需时间为 t，则距离 D 即可按下式求得。

$$D = \frac{1}{2} Ct \qquad (5\text{-}1)$$

式中，C 为光波在大气中的传播速度，根据物理学的基本公式有

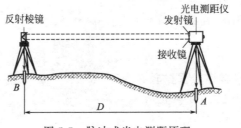

图 5-5　脉冲式光电测距原理

$$C = \frac{C_0}{n} \qquad (5\text{-}2)$$

式中，C_0 为光波在真空中的传播速度，为一常数，$C_0 = (299792458 \pm 1.2)\text{m/s}$；$n$ 为大气的折射率，是温度、湿度、气压和工作波长的函数，即 $n = f(t_1, e_1, p_1, \lambda)$。因而有

$$D = \frac{C_0}{2n} t \qquad (5\text{-}3)$$

由上式可看出，在能精确测定大气折射率 n 的条件下，光电测距仪的精度取决于测定光波的往返传播时间的精确度。由于精确测定光波的往返传播时间较困难，因此脉冲式测距仪的精度难以提高，目前市场上计时脉冲测距仪多为厘米级精度范围，要提高精度，必须采用相位式光电测距仪测距。

二、相位式光电测距仪测距原理

相位式光电测距仪是通过光源发出连续的调制光，通过往返传播产生相位差，间接计算出传播时间，从而计算距离。

红外测距仪以砷化镓（GaAs）发光二极管作为光源。若给砷化镓发光二极管注入一定的恒定电流。它发出的红外光，其光强恒定不变；若改变注入电流的大小，砷化镓发光二极管发射的光强也随之变化，注入电流大，光强就强，注入电流小，光强就弱。若在发光二极管上注入的是频率为 f 的交变电流，则其光强也按频率 f 发生变化，这种光称为调制光。相位法测距发出的光就是连续的调制光。

调制光波在待测距离上往返传播，其光强变化一个整周期的相

位差为 2π，将仪器从 A 点发出的光波在测距方向上展开，如图5-6所示，显然，返回 A 点时的相位比发射时延迟了 φ 角，其中包含了 N 个整周（$2\pi N$）和不足一个整周的尾数 $\Delta\varphi$，即

$$\varphi = 2\pi N + \Delta\varphi \tag{5-4}$$

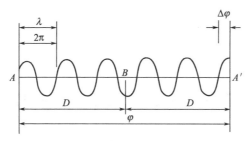

图 5-6　相位式光电测距原理

若调制光波的频率为 f，波长为 $\lambda = \dfrac{C}{f}$，则有

$$\varphi = 2\pi f t = 2\pi C t / \lambda \tag{5-5}$$

将式(5-4) 代入式(5-5)，可得

$$t = \frac{\lambda}{C}\left(N + \frac{\Delta\varphi}{2\pi}\right) \tag{5-6}$$

将式(5-6) 代入式(5-1)，得

$$D = \frac{\lambda}{2}\left(N + \frac{\Delta\varphi}{2\pi}\right) \tag{5-7}$$

与钢尺量距公式相比，若把 $\lambda/2$ 视为整尺长，则 N 为整尺段数，$(\lambda/2)[\Delta\varphi/(2\pi)]$ 为不足一个整尺的余数，所以通常就把 $\lambda/2$ 称为"光尺"长度。

由于测距仪的测相装置只能测定不足一个整周期的相位差 $\Delta\varphi$，不能测出整周数 N 的值，因此只有当光尺长度大于待测距离时，此时 $N=0$，距离方可以确定，否则就存在多值解的问题。换句话说，测程与光尺长度有关。要想使仪器具有较大的测程，就应选用较长的"光尺"。例如用 10m 的"光尺"，只能测定小于 10m 的数据；若用 1000m 的"光尺"，则能测定小于 1000m 的距离。但是，由于仪器存在测相误差，它与"光尺"长度成正比，约为 1/1000

的光尺长度，因此"光尺"长度越长，测距误差就越大。10m 的"光尺"测距误差为±10mm，而 1000m 的"光尺"测距误差则达到±1m。为解决测程产生的误差问题，目前多采用两把"光尺"配合使用。一把的调制频率为 15MHz，"光尺"长度为 10m，用来确定分米、厘米、毫米位数，以保证测距精度，称为"精尺"；一把的调制频率为 150kHz，"光尺"长度为 1000m，用来确定米、十米、百米位数，以满足测程要求，称为"粗尺"。把两尺所测数值组合起来，即可直接显示精确的测距数字。

第三节　全站型电子速测仪

一、电子速测仪分类

20 世纪 60 年代末期，联邦德国奥普托（Opton）在 1968 年生产出世界第一台全站型电子速测仪 RegEltal 4，测距精度为±(5～10)mm，水平方向和垂直方向观测中误差分别为±$3''$和±$5''$，重达 21.5kg。20 世纪 70 年代是全站仪生产相对稳定和探索的阶段，典型产品有 1977 年美国休利特-帕卡德公司（Hewlett-Packand）生产的 HP3820A，其测距精度为±(5mm+5×10^{-6}×D)，水平方向和垂直方向观测中误差分别为±$2''$和±$4''$，重（含电池）9.1kg。随着电子测角技术和数据处理与存储性能的提高，全站仪在 20 世纪 80 年代得到了迅速的发展。1983 年瑞士威特厂生产了采用动态测角原理的全站仪 TC2000，其测距精度为±(3mm+2×10^{-6}×D)，水平方向和垂直方向观测中误差均为±$0.5''$，主机重为 9.6kg。20 世纪 90 年代，全站仪的功能进一步丰富和完善，并在测绘等领域得到普遍应用。

全站仪有整体式和组合式两种。组合式全站仪是电子经纬仪和光电测距仪及电子手簿组合成一体，并通过电子经纬仪两个数据输入输出接口与测距仪相连接组成的仪器。它也可以将测距部分和测角部分分开使用。

整体式全站仪是测距部分和测角部分设计成一体的仪器。它可同时进行水平角、垂直角测量和距离测量；望远镜的光轴（视准轴）和光波测距部分的光轴是同轴的，并可通过电子处理记录和传输测量数据。整体式全站仪系列型号很多，国内外生产的高、中、低各等级精度的仪器达几十种。目前在国内市场销售的国外品牌全站仪的厂商有瑞士徕卡（Leica）、美国天宝（Trimble）、日本尼康（Nikon）、日本拓普康（Topcon）、日本宾得（Pentax）、日本索佳（Sokkia）等。部分品牌全站仪见图 5-7。

(a) Leica TPS1200 系列　　　　(b) Nikon DTM-502 系列

(c) Topcon GTS-720 系列　　　　(d) Pentax WIN-800 系列

图 5-7　部分国外品牌全站仪

国内生产全站仪的主要厂家有苏州一光仪器有限公司、北京博飞仪器股份有限公司、常州大地测绘科技有限公司、广州南方测绘仪器有限公司、上海中翰仪器有限公司、上海励精科技有限公司、广州三鼎光电仪器有限公司等。部分国产品牌全站仪见图 5-8。

因整体式全站仪有使用方便，功能强大，自动化程度高，兼容

(a) 北京博飞 BTS-7000 系列　　(b) 南方 NTS-960 系列

 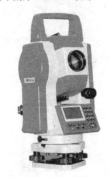

(c) 苏州一光 OTS710N 系列　　(d) 励精 JOHANNA T-600 系列

图 5-8　部分国产品牌全站仪

性强等诸多优点，已作为常用测量仪器普遍使用。

全站仪是一种多功能仪器，除能自动测距、测角和测高差三个基本要素外，还能直接进行自由设站、悬高测量，面积、COGO、隐蔽点测量，参考线、局部后方交会、导线、道路放样，多测回测角，变形监测、测定坐标以及放样等。具有高速、高精度和多功能的特点。因此，它既能完成一般的控制测量，又能进行施工放样和地形图的测绘。

二、全站仪的配件

全站仪常用的辅助设备有三脚架、全反射棱镜和反射片、垂球、管式罗盘、温度计、气压表、对讲机、打印机连接电缆、数据通信电缆、阳光滤色镜、弯管目镜以及电池、充电器、仪器箱等。

（1）三脚架 用于在测站上架设仪器，其操作使用方法与经纬仪相同（图5-9）。

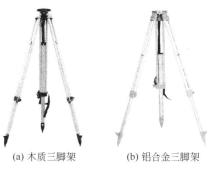

(a) 木质三脚架　　　　(b) 铝合金三脚架

图 5-9 三脚架

（2）全反射棱镜和反射片 用于测量时立于测点，供望远镜照准，其形式如图5-10所示。在工程测量中，往往根据测程的不同，可选用单棱镜、三棱镜、万向棱镜和反射片等。

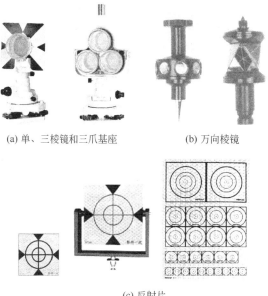

(a) 单、三棱镜和三爪基座　　　　(b) 万向棱镜

(c) 反射片

图 5-10 全反射棱镜和反射片

（3）垂球 在无风天气下，垂球可用于仪器的对中，使用方法

同经纬仪。

（4）管式罗盘　供望远镜照准磁北方向，使用时，将其插入仪器提柄上的管式罗盘插口即可，松开指针的制动螺旋，旋转全站仪照准部，使罗盘指针平分指标线，此时望远镜即指向磁北方向。

（5）打印机连接电缆　用于连接仪器和打印机，可直接打印输出仪器内数据。

（6）温度计和气压表　提供工作现场的温度和气压，用于仪器参数设置。

（7）数据通信电缆与 CF 卡、SD 卡、U 盘　数据通信电缆用于连接仪器和计算机进行数据通信 ［图5-11（a）］；CF 卡、SD 卡、U 盘用于拷贝数据 ［图 5-11（b）］。

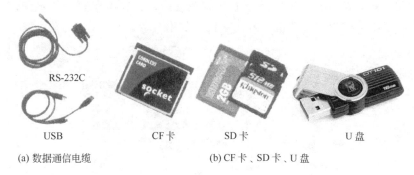

RS-232C

USB　　　　　　CF卡　　　　　SD卡　　　　　U盘

(a) 数据通信电缆　　　　　　　(b) CF卡、SD卡、U盘

图 5-11　数据通信电缆与 CF 卡、SD 卡、U 盘

（8）阳光滤色镜和弯管目镜　阳光滤色镜 ［图 5-12（a）］安装在望远镜的物镜上，对着太阳进行观测时，可以避免阳光造成对观测者视力的伤害和仪器的损坏；弯管目镜 ［图 5-12（b）］是观测高度目标的垂直角太大时，为了观看目标方便而做的一种配件。

（9）可充电电池和充电器（图 5-13）　可充电电池为仪器提供电源，有镉镍电池、镍氢电池、锂电池三种，其中镉镍电池是早期产品，现已不采用；镍氢电池是镉镍电池的换代产品，由于价格比锂电池便宜，现在大多数仪器都在使用；锂电池由于价格较高，故只用于比较高档的全站仪中。充电器是为电池充电用的，注意不同仪器的充电器不能互换使用。仪器说明书中都会告诫使用者。

(a) 阳光滤色镜　　　　　　　　　(b) 弯管目镜

图 5-12　阳光滤色镜和弯管目镜

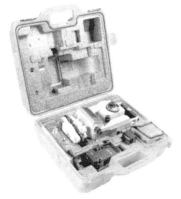

图 5-13　可充电电池和充电器　　　　　图 5-14　仪器和配件在仪
　　　　　　　　　　　　　　　　　　　　　器箱中的位置

　　（10）仪器和配件在仪器箱中的位置（图 5-14）　仪器箱的作用是搬迁和存放仪器时保护仪器，箱中按照仪器和配件的位置予以固定。在箱中放有透明颜色的硅胶干燥剂，当干燥剂颜色变蓝后即失去干燥作用，此时必须更换干燥剂。

三、全站仪的特性及其使用要点

　　全站仪自出现便受到了广泛的关注和肯定，它改变了测量工作的作业习惯和方式。与此同时，它还拓展了测量技术的一些概念和手段，使全站仪有着越来越广阔的应用前景。

1. 全站仪的特性

目前最新推出的全站仪一般都具备（或部分具备）如下一些功能和特性：自检与改正功能、双向传输功能、程序化特性、特殊性、统一性和开放性。

（1）自检与改正功能　全站仪与以往的光学经纬仪在轴系关系方面并没有太多的区别，所不同的是，由于全站仪自检功能和软件功能的完善，在一定的误差范围内，仪器可以将校正后的轴系残留误差通过软件加以改正，从而使观测的结果是在正确的轴系关系下的观测结果。因此全站仪的仪器工作稳定性和精度可靠性要比光学经纬仪高。

（2）双向传输功能　全站仪发展到今天，软件已渐渐从硬件的限制中摆脱出来，计算机和全站仪之间的通信不仅仅是指计算机从全站仪中接收数据，通常计算机也可向全站仪传输数据、编码及程序，或计算机实时控制全站仪的工作状态。

（3）程序化特性　现在的全站仪具备了一些应用程序，是智能型的全站仪。全站仪都具备程序化的特性，有的已有汉化界面，有的使用了 DOS 或 Windows·CE 操作系统。仪器的内存中存储着一些常用的测量作业程序，操作者据此可以按照仪器的设定进行观测，仪器往往在现场给出结果。在野外，这些程序的使用常能极大地提高作业的效率。

现在的全站仪目前已具备如下的一些应用程序：

① 度盘定向和高程传递（用于使仪器的设备坐标与地方坐标系及高程系取得一致）；

② 后方交会；

③ 联测点（计算出两个相邻目标点间的距离和方位角）；

④ 放样；

⑤ 自由设站（类似于后方交会，但可观测多达 10 个后视已知点，以平差得出测站的平面位置和高程）；

⑥ 参考线（相对于所定义的参考线的放样程序）；

⑦ 遥测高程（测定可见而不可到达点的高程）；

⑧ 隐藏点（测定不可见点的平面位置和高程）；

⑨ 面积测量；

⑩ 测回法测角；

⑪ 导线测量。

（4）特殊性 为了满足测量工作中一些特殊的作业要求，现今推出的一些全站仪从结构上来说有一些特殊性。如天宝公司的带伺服马达和无线电通信的全站仪 S6、徕卡公司的带伺服马达 S 和指引灯或遥控器的全站仪、拓普康公司的带伺服马达的全站仪以及索佳公司的 SRX 全站仪。这些仪器或可设置自动跟踪目标功能，或可设置自动放样功能，甚至实现测站无人值守，由目标站来遥控测站，实现所谓"单机作业系统"，简称"测量机器人"。

（5）统一性和开放性 计算机的发展是建立在自身的标准性和兼容性基础之上的，故能迅速地发展。而测量工作随着测量技术的进步，对计算机的依赖也越来越大，这就从客观上要求测量仪器具有某种"统一性"，以便为仪器的发展、测量工作效率的大幅度提高铺平道路，进而达到"开放性"。这种思想最先由徕卡公司于1994 年初提出，随后，便向市场推出了这一思想方法的产物——Wild GPS300 接收机和 TPS1200 全站仪定位系统。

所谓"统一性"，是指仪器间具备统一的存储介质、数据接口和数据格式。所谓"开放性"，是指由于仪器具备了统一性的条件，故能够达到相互间的开放，即仪器之间的数据交换与共享。同时，由于"统一性"，使得用户也易于加入到仪器软件开发的行列，让仪器按照用户的特殊工作顺序和要求进行作业，彻底改变了以往用户只能被动接受仪器的工作顺序和要求、无从"自主"的状态，从而达到了对用户的开放。

2. 使用要点

过去进行大范围地形图测绘的工作步骤是：首先进行外业等级控制测量和内业解算；然后进行图根控制测量和内业计算；最后展点、测图。而在开放性的指导下，现在的工作步骤是：野外实时差分 GPS 进行等级控制测量；将 GPS 接收机中记录控制点坐标的PCMCIA 卡取出，插入全站仪，进行图根导线测量，全站仪实时解算出图根点坐标；展点、测图（若有电子平板测图系统的话，可现场成图）。

综上所述，由于全站仪的这些特点，使之成为地面数字测图的主要仪器，而且使用范围正在扩大，从传统的测图、放样，扩展到目前的实时变形监测、工业测量、特殊工程测量等。全站仪作为测量工作的最常规仪器之一，将发挥越来越大的作用。

四、尼康 DTM-532C 电子全站仪

1. 仪器的基本构造和主要特点

（1）仪器结构　尼康 DTM-532C 全站仪的外貌和结构如图 5-15所示。该仪器属于整体式结构，测角测距等使用同一望远镜和同一微处理系统，盘左和盘右各设一组键盘和液晶显示器，以方便操作。在基座下方设有 RS-232C 串行信号接口，用于仪器与外部设备间的数据互传。仪器采用中文显示，DTM-532C 的测角

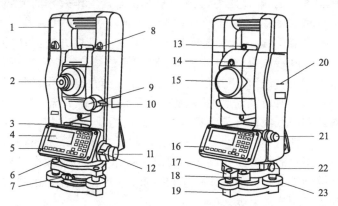

图 5-15　尼康 DTM-532C 全站仪

1—C-80 电池；2—望远镜目镜；3—管水准器；4—显示屏；5—盘左键盘；
6—存储标记；7—基座固定钮；8—电池安装按钮；9—垂直微动螺旋；
10—垂直制动钮；11—水平微动螺旋；12—水平制动钮；13—光学瞄准器；
14—红光导向发生器；15—望远镜物镜；16—盘右键盘；17—三角基座；
18—圆水准器；19—基座底板；20—水平轴指示标记；21—光学对中器；
22—RS-232C 接口；23—脚螺旋

精度为 $\pm 2''$，一般气象条件下测程为 3.6km，测距精度为 $2\text{mm}+$ 2ppm。

（2）键盘设置　仪器共设置有 21 个键，其主要功能见表 5-1。

表 5-1　键盘设置及主要功能

键	功　能　说　明
PWR	电源开关
⬡	背景照明开关
MENU	显示功能菜单：1—工作；2—坐标几何；3—设置；4—数据；5—通信；6—快捷键；7—校正；8—时间
MODE	改变输入键的模式：字母，数字或列表/堆栈；在基本测量屏中调用快速代码模式
REC/ENT	接受输入或记录数据：在基本测量屏按此键 1 秒钟可将数据作为 CP 存储而不是 SS 记录。在基本测量屏和放样中可通过 COM 口输出数据
ESC	返回上一屏幕；取消输入数据
MSR1	基于对该键的设置，开始测距。按此键 1s
MSR2	可进入对该键的测量模式设置
DSP	换屏显示键；如按 1s 可改变 DSP1/4，2/4，3/4 以及 S-O3/7，S-O4/7，S-O5/7 的显示内容
ANG	显示测角菜单：水平角置零；重复角度观测；F1/F2 测角；保持水平角
STN ABC 7	显示建站菜单，以及输入 7，A，B，C
S-O DEF 8	显示放样菜单；按此键 1s，显示与 S-O 有关的设置；以及输入 8，D，E，F
O/S GHI 9	显示偏心测量菜单，输入 9，G，H，I

续表

键	功 能 说 明
PRG JKL 4	显示附加的测量程序菜单,输入 4,J,K,L;
MNO 5	输入 5,M,N,O
DAT PQR 6	根据设置,显示 RAW/XYZ 或站点 STN 数据;输入 6,P,Q,R
USR STU 1 USR VWX 2	执行赋予 USR 键的测量功能,输入 1,S,T,U 和 2,V,W,X
COD YZ 3	打开 CD(代码)输入窗口:上一次输入的 CD 将作为缺省的 CD 值被显示;用于输入 3,Y,Z 及空格
HOT —+ ·	显示 HOT(热键)菜单,用于输入－,＋,·
*/= 0	显示电子气泡指示,用于输入 ＊,/,＝ 和 0

(3) 主要特点

① 重量轻,主机及电池仅重 5.5kg。

② 电池使用时间长,连续测距/测角可达 10.5h,如果间隔 30s 测角/测距可连续使用 24h。

③ 操作简便,直接面谈操作,数字和字母输入方便,适合外业工作;简洁的屏幕数据显示,可任意切换显示画面。

④ 高密度集成 EDM,测距更快,更稳健,精确测距仅需 1.0s,跟踪测距 0.5s。

⑤ 国际标准 IPX4 级防水设计,适应全天候作业。

⑥ 独有的红光导向系统,带有前、后、左、右四个方向指示。

2. 仪器操作和使用

(1) 测前的准备工作　首先安装电力充足的配套电池,也可使用外部电源。对中、整平工作与普通经纬仪操作方法相同,如要测距离等则需在目标处设置反光棱镜。

（2）开机

操作步骤	操作键	显示屏	说　明
①按[PWR]（开/关）键,打开仪器	[PWR]	上下转动望远镜 温度 20℃ 气压 1011hPa	用上/下键和[ENT]键可以改变"温度"、"气压"的数值
②上下转动望远镜,出现基本测量屏幕		HA:180°03′24″ VA:89°45′56″ SDX:345.1230m PT:3 HT:2.000m	HA:水平角读数 VA:竖直角读数 SDX:平均斜距 PT:点号 HT:目标高

（3）角度测量

操作步骤	操作键	显　示　屏	说　明
①仪器瞄准角度起始方向目标,按[ANG]（角度）键显示角度菜单屏幕	[ANG]	角度 HA:45°00′00″ 1. 置零　4. F1/F2 2. 输入　5. 保持 3. 重复	按相应的数字键[1]、[2]、[3]、[4]、[5]可选择所需的功能
②按[1]键可将水平角读数 HA 设置为 0°00′00″,然后返回基本测量屏	[1]	HA:0°00′00″ VA:89°45′56″ SD:m PT:3 HT:2.000m	
③照准目标方向即显示角度值		HA:78°54′28″ VA:93°30′42″ SD:m PT:3 HT:2.000m	

若要将起始目标的读数设置一个 0 度以外的度数可接 [2] 键输入；选择 [3] 键可重复测同一角度取平均值；选择 [4] 键可进行盘左、盘右测量。

（4）距离测量

操作步骤	操作键	显 示 屏	说 明
①在任何观测屏按[MSRI]（测量1）键或[SMR2]（测量2)键即可进行距离测量	[MSR1]或[MSR2]	HA:45°00′00″ VA:58°′36″48 SD －<0mm>m PT:A 106 HT:2.3600m	其中第三行显示的是当前使用的棱镜常数
②按住[MSR1]键或[MSR2]键 1s 后进入设置屏，可对棱镜常数、测量模式和次数等进行设置	[MSR1]或[MSR2]	目标:棱镜 常数:0mm 模式:精确0.1mm 平均:3 记录模式:仅测量	用上/下箭头和左/右箭头进行改变设置,如测距平均次数为1～99,测完后显示的是平均距离,如果平均次数设为0,则不断量测更新距离,直至按下[MSR1]键或[MSR2]键
③设置完成后按[ESC]键或[ENT]键回到基本测量屏。照准目标棱镜后按[MSR1 ］键或[MSR2]键即可得到测量结果	[ESC]或[ENT][MSR1]或[MSR2]	HA:45°00′00″ VA:58°36′48″ SDX:425.726m PT:A106 HT:2.3600m	

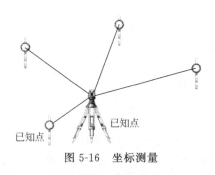

图 5-16　坐标测量

若在测量中想要改变目标高 HT 或温度、气压等，接［HOT］键进行选择输入。

（5）坐标测量　实际上坐标测量也是测量角度和距离（图5-16），再通过机内软件由已知点坐标计算未知点坐标，因此坐标测量须先输入测站点坐标和后视点坐标或已知方位角，现以直接输入测站点和后视点坐标为例说明。

操作步骤	操作键	显　示　屏	说　　明
①在基本测量屏中,按[STN](建站)键进入建站菜单	[STN]	建站 1. 已知 2. 后交 3. 快速 4. 远程水准点 5. BS检查	1、2、3为建站方式,4为遥测高程确定站点高程,5为后视检查
②按[1]键,可输入点名或点号	[1]	输入站 ST: HI:0.0000m CD:	ST:站点 HI:仪器高 CD:代码
③若输入点为已存在点,屏幕直接显示坐标并自动进入仪器高栏,若输入新点,则需输入坐标和代码,并按[ENT]键输入和存储	[ENT]	X: Y: Z: PT:A-123 CD:	PT:点 A-123为输入的点名
	[ENT]	ST:A-123 HI:0.0000m CD:1	
④输入仪器高[HI]后按[ENT]键,可选择后视点输入坐标或方位角	[ENT]	后视: 1. 坐标 2. 角度	
⑤按[1]键可输入后视点坐标,方法步骤同③	[1]	输入后视点: BS: HI: CD:	BS:后视点 HT:目标高 CD:代码
⑥用盘左位置照准后视点,按[ENT]键,完成设置。若需观测后视点,按测量键,否则按回车键返回基本测量屏	[ENT]	AZ:56°18′36″ HD: SD:	AZ:方位角 HD:平距 SD:斜距

续表

操作步骤	操作键	显 示 屏	说 明
⑦照准未知点,即可进行坐标测量,按[MSR1]键或[MSR2]键,其操作步骤与距离测量相同	[MSR1]或[MSR2]	HA:316°52′30″ VA:296°36′48″ SDX:723.148m PT:A-221 HT:2.0600m	

按[DSP]换屏显示键1s,可改变屏幕显示内容,有角度、距离、坐标等,按需选择。

(6) **放样测量** 进行放样测量前亦需先设站,其操作步骤同坐标测量的①~⑥。

① 按水平角和距离进行放样 (图 5-17)。

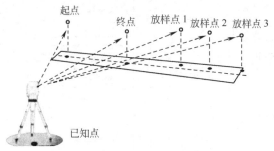

图 5-17 按水平角和距离进行放样

操作步骤	操作键	显 示 屏	说 明
①按[S-O]放样键,可显示放样菜单	[S-O]	放样: 1. HA-HD 2. XYZ 3. 分割线放样 4. 参考线放样	1为用角度和距离放样,2为用坐标放样

续表

操作步骤	操作键	显 示 屏	说 明
②按[1]键,可输入目标点的水平角 HA 和距离 HD	[1]	角度 & 距离 HD:0.000m dVD:m HA:	HD:从站点到放样点的水平距离 dVD:从站点到放样点的垂距 HA:至放样点的水平角
③数据输入后按[ENT]键,旋转仪器直至 dHA 闭合至 0°00′00″	[ENT]	S-O dHA:0°00′00″ HD:154.0000m 照准目标 并按[测量]键	[测量]键即[MSR1]键或[MSR2]键
④照准目标按[MSR1]键或[MSR2]键,显示目标点与放样点的差值 ⑤根据各项差值调整棱镜位置,再次按[MSR1]或[MSR2]进行量测,直至满足要求	[MSR1]或[MSR2]	S-O dHA:0°00′00″ 左:0.0000m 近:↓4.0473m 挖↓0.1947m	dHA:至目标点的水平角之差 左或右:横向差值 近或远:远近差值 挖或填:高低差值

② 按坐标进行放样(图 5-18)。

操作步骤	操作键	显 示 屏	说 明
①在放样菜单中选择 2 即按[2]键即可进入坐标放样	[2]	输入点: PT:A100 * Rad:m CD:	PT:点号 Rad:半径 CD:代码

操作步骤	操作键	显　示　屏	说　　明
②输入要放样的点名或点号后按[ENT]键。也可输入代码或距仪器的半径来指定放样点。如果找到了多个点，会列表显示	[ENT]	UP,A 100,FENCE UP,A 101 UP,A 100-1,MA NHO UP,A 100-2 UP,A 100-3 UP,A 100-4	点的列表
③用左/右和上/下箭头键选中所需的点后按[ENT]键，会显示一个角度误差 dHA 和目标的距离 HD	[ENT]	点：1 dHA→74°54′16″ HD：472.2976m 照准目标 并按[测量]键	
④旋转仪器直至dHA 接近0°00′00″，余下操作同按水平角放样中的④，⑤		S-O dHA：0°00′00″ HD：72.0150m 照准目标 并按[测量]键	

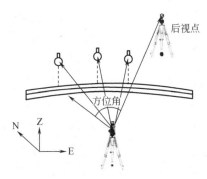

图 5-18　坐标放样

在放样中，亦可用[DSP]键切换屏幕显示内容。

③ 按距离进行放样（图5-19）。适用于道路放样中在控制桩间加插等距桩，也适用于在已知角度、距离时的极坐标放样。

以上只是介绍了尼康DTM-532C 全站仪的一些基本操作，另外还有数据采集、后方交会、遥测悬高、对边测量、面积测量、自由设站、方位角、

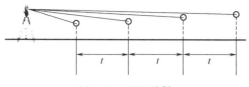

图 5-19　距离放样

角度偏心、距离偏心、圆柱偏心、平面偏心等许多其他功能，可参阅随机的操作手册进行操作。

【例 5-1】　使用全站仪进行悬高测量时，棱镜应放置在（　　）。　　　　　　　　　　　　　　　　（被测目标正下方）

【例 5-2】　进行放样测量前需先（　　），才能进行放样工作。　　　　　　　　　　　　　　　　　　　　　　　（设站）

五、使用全站仪的注意事项

（1）全站仪物镜不可对着太阳或其他强光源（如探照灯等），以免损坏光敏二极管，在阳光下作业需撑伞。

（2）测站应远离变压器、高压线等，以防强电磁场的干扰。

（3）测线应高出地面和离开障碍物 1.3m 以上。

（4）应避免测线两侧及镜站后方有反光物体（如房屋玻璃窗、汽车挡风玻璃等），以免背景干扰产生较大测量误差。

（5）旋转照准部时应匀速旋转，切忌急速转动。

（6）防止雨淋湿仪器，以免发生短路，烧毁电气元件。

（7）任何温度的突变都会缩短仪器测程或可使仪器受潮，注意使仪器有一个适应环境温度的缓变过程。

（8）选择有利的观测时间，一天中，上午日出后半小时至一个半小时，下午日落前三小时至半小时为最佳观测时间，阴天、有微风时，全天都可以观测。

（9）电池要经常进行充、放电保养。长期不用仪器时应定期充电。依季节每一个月至三个月通电一次，每次约一个小时。

（10）仪器在运输时必须注意防潮、防震和防高温。测量完毕立即关机。迁站时应先切断电源，切忌带电搬动。

总 结 提 高

　　本章主要介绍了电磁波测距仪和全站仪。1948 年，瑞典 AGA 公司研制成功了世界上第一台电磁波测距仪 AGA NASM 2A，它采用白炽灯发射的光波作载波，为避开白天太阳光对测距信号的干扰，只能在夜间作业。虽然它体积大，操作复杂，但因测程远、精度高，可以代替长距离的基线测量，因而得到发展，使距离测量的仪器进入了一个新的时代。

　　1968 年 AGA 公司又推出了世界上第一台商品化的激光测距仪 AGA-8。曾在我国天文大地网和特级导线的边长测量中发挥过巨大作用。激光测距仪的优点是测程远、精度高，可以昼夜观测。在发展光电测距仪的同时，用电磁波作为载波的测距仪也得到了发展。20 世纪 80 年代推出的 CMW20 微波测距仪，采用了独特的仪器结构减弱了地面发射误差的影响，揭开了微波测距仪用于工程测量的序幕。

　　20 世纪 60 年代末期，联邦德国奥普托公司在 1968 年生产出世界第一台全站型电子速测仪，对测绘事业起到很大的推进作用。随后，在 70 年代，各个国家的测绘仪器生产厂家竞相研制，是全站仪生产相对稳定和探索的阶段，随着电子测角技术和数据处理与存储性能的提高，全站仪在 20 世纪 80 年代得到了迅速的发展。20 世纪 90 年代，全站仪的功能进一步丰富和完善，并在测绘等领域得到普遍应用。

　　全站仪有整体式和组合式两种。组合式全站仪是电子经纬仪和光电测距仪及电子手簿组合成一体，并通过电子经纬仪两个数据输入输出接口与测距仪相连接组成的仪器。它也可以将测距部分和测角部分分开使用。

　　整体式全站仪是测距部分和测角部分设计成一体的仪器。它可同时进行水平角、垂直角测量和距离测量；望远镜的光轴（视准轴）和光波测距部分的光轴是同轴的，并可通过电子处理记录和传输测量数据。整体式全站仪系列型号很多，国内外生产的高、中、低各等级精度的仪器达几十种。

现在的红外测距仪已经和电子经纬仪及计算机软硬件制造在一起，形成了全站仪，并向着自动化、智能化和利用蓝牙技术实现测量数据的无线传输方向飞速发展。

 思考题与习题

1. 光电测距成果计算时，需进行哪些改正？
2. 全站仪名称的含义是什么？仪器主要由哪些部分组成？
3. 全站仪的自检与改正功能有哪些？
4. 脉冲式光电测距仪测距原理是什么？
5. 相位式光电测距仪测距原理是什么？
6. 使用全站仪的注意事项有哪些？
7. 简述全站仪进行水平角测量的操作步骤。
8. 简述全站仪进行水平距离测量的操作步骤。
9. 简述全站仪进行坐标测量的操作步骤。
10. 简述全站仪建站的操作步骤。
11. 试写出全站仪按坐标进行放样的步骤。
12. 试述全站仪的双向传输功能。

第六章
GNSS 全球卫星定位系统简介

导读

- **了解** GNSS 全球导航卫星系统是一个全球性的位置和时间测定系统，目前，GNSS 包含了美国的 GPS、俄罗斯的 GLONASS、中国的 Compass（北斗）、欧盟的 Galileo（伽利略）系统，可用的卫星数目达到 100 颗以上。它可提供实时的三维位置、三维速度和高精度的时间信息，给测绘领域带来一场深刻的技术革命，它标志着测量工程技术的重大突破和深刻变革，对测量科学和技术的发展，具有划时代的意义。
- **理解** GPS 计划已经历了方案论证（1974～1978 年）、系统论证（1979～1987 年）、生产实验（1988～1993 年）三个阶段，并将逐步实施 GPS 现代化。
- **掌握** GPS 定位的基本原理，GPS 定位测量的技术设计，GPS 控制网的图形设计，GPS 测量的外业实施以及实时动态（RTK）定位技术和连续运行参考站系统。

GNSS 是 Global Navigation Satellite System 的缩写。中文译名为全球导航卫星系统。它是一个全球性的位置和时间测定系统，GNSS 主要有三大组成部分，即空间星座、地面监控和用户设备，下面以 GPS 系统为例说明 GNSS 的构成。

全球定位系统（Global Positioning System，GPS）是美国国防部研制的全球性、全天候、连续的卫星无线电导航系统，在 1994 年 3 月 28 日全面建成，它可提供实时的三维位置、三维速度和高精度的时间信息。近年来，GPS 定位技术给测绘领域带来一场深刻的技术革命，它标志着测量工程技术的重大突破和深刻变革，对测量科学和技术的发展，具有划时代的意义。目前，GPS

技术的应用已遍及国民经济各个部门，并逐步深入人们的日常生活。

由于 GPS 定位技术具有精度高、速度快、成本低的显著优点，因而在城市控制网与工程控制网的建立、更新与改造中得到了日益广泛的应用。尤其是实时动态（GPS-RTK）测量技术的应用，更显示了全球卫星定位系统的强大生命力，本章仅概略介绍 GPS 定位技术的有关情况。

第一节　GPS 全球定位系统的建立

1973 年 12 月，美国国防部批准它的陆海空三军联合研制 GPS 全球定位系统。该系统的英文全称为"Navigation by Satellite Timing and Ranging/Global Positioning System（NAVSTAR/GPS）"，其中文意思为"用卫星定时和测距进行导航/全球定位系统"，简称 GPS。自 1974 年以来，GPS 计划已经历了方案论证（1974～1978 年）、系统论证（1979～1987 年）、生产实验（1988～1993 年）三个阶段。总投资超过 300 亿美元。整个系统分为卫星星座、地面控制和监测站、用户设备三部分。

一、GPS 卫星星座

2010 年 1 月，美国空军宣布执行 24＋3 星座布局方案，这种新的星座布局方案目的是增加可见卫星数量，从而提高定位精度以便能满足用户尤其是使用实时动态差分技术（RTK）用户的定位需求。GPS 卫星星座如图 6-1 所示。其基本参数是：卫星颗数为 24＋3（24 颗工作卫星，3 颗备用卫星），6 个卫星轨道面，卫星高度为 20200km，轨道倾角为 55°，卫星运行周期为 11 小时 58 分（12 恒星时），载波频率为

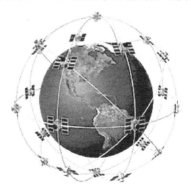

图 6-1　GPS 卫星星座

1.575GHz 和 1.227GHz，卫星通过天顶时，卫星的可见时间为 5h，在地球表面上任何地点任何时刻，在卫星高度角 15°以上，平均可同时观测到 7 颗卫星，最多可达 12 颗卫星。截至 2012 年 3 月，现在正在运行的组网工作 GPS 卫星有 31 颗，包括 11 颗 Block ⅡA 卫星、12 颗 Block ⅡR 卫星、7 颗 Block ⅡR-M 卫星和 Block ⅡF 卫星，已利于我国用户进行连续不断的导航定位测量。GPS 卫星的发射情况见表 6-1。

表 6-1　GPS 卫星的发射情况

顺序	卫星类型	卫星数量/颗	发射时间/年	用途
第一代	BLOCK Ⅰ	11	1978～1985	试验
第二代	BLOCK Ⅱ 、ⅡA	9、15	1989～1996	正式工作
第三代	BLOCK ⅡR、ⅡF	33	1997～2010	改进 GPS 系统
第四代	GPS ⅢA GPS ⅢB GPS ⅢC	12 8 16	2014～	增强 GPS 系统

注：Block ⅡA（A＝Advanced），ⅡR（R＝Replacement），ⅡF（F＝Follow on）。

如图 6-2 所示，GPS 工作卫星的主体呈圆柱形，直径为 1.5m，在轨重为 843.68kg，两侧安装有 4 片拼接成的双叶太阳能电池翼板，总面积为 7.2m^2，设计寿命为 7.5 年（Block ⅡF 卫星预计寿命达 12 年），实际上均能超过该设计寿命而正常工作。卫星上安设有四台高精度的原子钟（一台使用，三台备用），两台铷原子钟（频率稳定度为 1×10^{-12}），两台铯原子钟（频率稳定度为 1×10^{-13}），以减少时间误差引起的站星距离误差。卫星姿态采用三轴稳定方式，致使螺旋天线阵列所辐射的电磁波束对准卫星的可

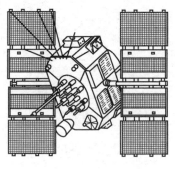

图 6-2　GPS 工作卫星

见地面。截至 2012 年 8 月，正在运行的 GPS 卫星有 31 颗。

GPS 工作卫星的作用可概括为如下几点。

（1）用 L 波段的两个无线载波（19cm 和 24cm 波段）向地面用户连续不断地发送导航定位信号（简称 GPS 信号），并用导航电文报告自己的现势位置以及其他在轨卫星的概略位置。

（2）在飞越地面注入站上空时，接受由地面注入站用 S 波段（10cm 波段）发送的导航电文和其他有关信息，适时地发送给广大用户。

（3）接受由地面主控站通过注入站发送的卫星调度命令，适时地改正运行偏差或启用备用时钟等。

二、GPS 地面监控系统

如图 6-3 所示，GPS 的地面监控系统，目前主要由分布在全球的 5 个地面站所组成，其中包括卫星主控站、监测站和注入站。

图 6-3　GPS 地面监控系统分布图

（1）主控站（1 个）　主控站位于美国科罗拉多州（Colorado）斯普林斯市范登堡空军基地，其主要任务是：根据所有观测资料编算各卫星的星历、卫星钟差和大气层的修正参数，提供全球定位系统的时间基准，调整卫星运行姿态，启用备用卫星。

（2）监测站（5个）　监测站位于夏威夷（Hawaii）、范登堡空军基地（Vandenberg AFB）、大西洋的阿松森岛（Ascencion）、印度洋的迪戈加西亚（Diego Garcia）空军基地以及太平洋的卡瓦加兰岛（Kwajalein）。其主要任务是：对 GPS 卫星进行连续观测，以采集数据和监测卫星的工作状况，经计算机初步处理后，将数据传输到主控站。

（3）注入站（3个）　注入站分别设在大西洋的阿松森岛（Ascencion）、印度洋的迭哥加西亚（Diego Garcia）空军基地和太平洋的卡瓦加兰岛（Kwajalein）。其主要任务是：在主控站的控制下，将主控站编算的卫星星历、钟差、导航电文和其他控制指令等，注入相应的卫星存储系统，并监测注入信息的正确性。

三、GPS 用户设备部分

用户接收部分的基本设备，就是 GPS 信号接收机、机内软件以及 GPS 数据的后处理软件包。GPS 接收机硬件一般包括主机、天线和电源，也有的将主机和天线制作成一个整体，观测时将其安置在测站点上。

GPS 用户设备主要包括有 GPS 接收机及其天线，微处理机及其终端设备和电源等。其中接收机和天线是用户设备的核心部分，它们的基本结构如图 6-4 所示。

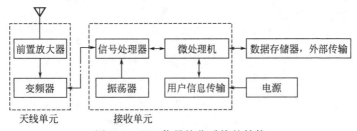

图 6-4　GPS 信号接收系统的结构

GPS 信号接收机的任务是：跟踪可见卫星的运行，捕获一定卫星高度截止角的待测卫星信号，并对 GPS 信号进行变换、放大和处理，解译出 GPS 卫星所发送的导航电文，测量出 GPS 信号从卫星到接收机天线的传播时间，实时地计算出测站的三维位置、三维速度和时间。

近年来，国内引进了许多种类型的 GPS 测地型接收机。各种类型的 GPS 测地型接收机用于精密相对定位时，单频接收机在一定距离内精度可达 $10\text{mm}+2\times10^{-6}\times D$ （图 6-5、图 6-6），其双频接收机精度可达 $5\text{mm}+1\times10^{-6}\times D$ （图 6-7、图 6-8）。用于差分定位时其精度可达亚米级至厘米级。GPS 和 GLONASS、GPS 和 Compass 兼容的全球导航定位系统接收机也已经被一些部门采用，这些兼容接收机和 GPS 接收机一样也被称为 GNSS 接收机。

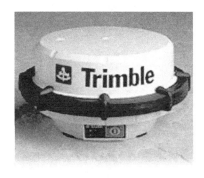

图 6-5　Trimble 4600LS
单频接收机

图 6-6　Ashtech Locus
单频接收机

图 6-7　Trimble 5700 双频接收机

图 6-8　Ashtech Z-X 双频接收机

目前，各种类型的 GPS 信号接收机体积越来越小，重量越来越轻，便于野外观测。它们按用途的不同，可分为导航型、测地型和授时型三种；按携带形式的不同可分为袖珍式、背负式、车载式、舰用式、空（飞机）载式、弹载式和星载式七种；按工作原理可分为码接收机和无码接收机，前者动态、静态定位都能用，后者只能用于静态定位。按使用载波频率的多少可分为单频接收机（用一个载波频率 L_1）、用两个载波频率（L_1、L_2）的双频接收机和双星接收机（同时接收 GPS 和 GLONASS 卫星信号），以双频和双星接收机为今后精确定位的主要用机，图 6-9 为双星接收机。图 6-10 为三星接收机（同时接收 GPS、GLONASS 和 Galileo 卫星信号），由于 Galileo 卫星星座还未布成，故其功能目前与双星接收机相同。按型号分，种类就更多。

图 6-9　Trimble R7 双星接收机

图 6-10　Trimble R8 GNSS
三星接收机

四、GPS 现代化

GPS 现代化的主要目的是军民分离，强化军用。其政策是：保护战区内的美方军用；防止敌方开拓 GPS 军用；保护战区外的GPS 民用。

1. 分离军民用户伪噪声码的频带，增强军用伪噪声码的发射功率

GPS 系统的建设初衷，是为美国的陆海空三军服务的，民用只是一种后续开发的意外结果。从有限资料分析可知，军民分离，

复用频谱，将成为首选技术。第三民用信号（L_5）按计划已在 2005 年始发的 Block ⅡF 卫星上付诸实施。

2. GPS 新型工作卫星在轨自主更新星历，提高 GPS 系统的抗毁能力

2003 年开始发射的 Block ⅡR-M 卫星具有下列特点。

（1）能够作 GPS 卫星之间的距离测量。

（2）能够在轨自主更新和精化 GPS 卫星的广播星历和星钟参数。

（3）能够进行 GPS 卫星之间的在轨数据通信。

（4）无需地面监控系统的干预，Block ⅡR-M 卫星能够自主运行 180d 作导航定位服务，且在 180d 时，用户测距误差仍可达到 ±7.4m；比 Block ⅡA 卫星的测距误差小 1350 倍。

（5）在 180d 的自主运行周期内，为了使测距误差达到 ±5.3m，每隔 30d 由地面监控系统作 210d 的星历和星钟参数的更新。

3. 第二导航定位信号增设 C/A 码和军用 M_E 码

2003 年开始发射的 Block ⅡR-M 卫星，其第二导航定位信号（L_2）将增设 C/A 码，并在第一、二导航定位信号上各增设一个军用伪噪声码。当用 L_1-C/A 码和 L_2-C/A 码作导航定位时，民间用户将能实现精确实时的电离层改正数，从而提高定位、测速和定时的精度。

在军事上还能进行导弹截击前期预警、航天器速度控制、停航辅助、航路变更和行驶状态改进。

4. Block ⅡF 卫星增设第三导航定位信号（L_5）

2010 年 5 月 27 日发射的 Block ⅡF 卫星首次传输了第三民用信号（L_5），其载波频率为 1176.45MHz。分为载波频道和数据频道，该信号既提供民用，又可提供军用。

5. 第四代 GPS 工作卫星 Block Ⅲ

第四代 GPS Black Ⅲ 卫星（如图 6-11）于 2001 年开始研制，其目标是能够达到 20～50cm 的实时定位精度。Block Ⅲ 卫星除了

图 6-11 第四代 GPS Black Ⅲ卫星

具有现行 GPS 卫星的全部功能以外，还将增强下列作用：

① 维护航空、航天和火车行驶的安全；

② 提供飞机精密着陆导航服务；

③ 跟踪货物安全运输；

④ 精细农业；

⑤ 城市规划；

⑥ 矿藏开采。

按计划，将耗资 35.7 亿美元研制 36 颗 A、B、C 三种类型的 GPS Black Ⅲ卫星，即 12 颗 GPS Black ⅢA 卫星、8 颗 GPS Black ⅢB卫星和 16 颗 GPS Black ⅢC 卫星。当 GPS Black Ⅲ卫星全部投入运行后，将改变现行的六轨道 24 颗 GPSⅡ/ⅡA/ⅡR 卫星星座的布局和结构，用 33 颗卫星构建成高椭圆轨道（HEO）和地球静止轨道（GEO）相结合的新型 GPS 混合星座。将大大改善现有的定位精度和定位速度，使测量工作提高到一个崭新的阶段。

第二节　GPS定位的基本原理

利用 GPS 进行定位，就是把卫星视为"动态"的控制点，在已知其瞬时坐标（可根据卫星轨道参数计算）的条件下，以 GPS 卫星和用户接收机天线之间的距离（或距离差）为观测量，进行空间距离后方交会，从而确定用户接收机天线所处的位置。

一、静态定位与动态定位

静态定位是指 GPS 接收机在进行定位时，待定点的位置相对其周围的点位没有发生变化，其天线位置处于固定不动的静止状态。此时接收机可以连续地在不同历元同步观测不同的卫星，获得充分的多余观测量，根据 GPS 卫星的已知瞬间位置，解算出接收机天线相位中心的三维坐标。由于接收机的位置固定不动，就可以进行大量的重复观测，所以静态定位可靠性强，定位精度高，在大地测量、工程测量中得到了广泛的应用，是精密定位中的基本模式。

动态定位是指在定位过程中，接收机位于运动着的载体，天线也处于运动状态的定位。动态定位是用 GPS 信号实时地测得运动载体的位置。如果按照接收机载体的运行速度，还可将动态定位分为低动态（几十米/秒）、中等动态（几百米/秒）、高动态（几千米/秒）三种形式。其特点是测定一个动点的实时位置，多余观测量少、定位精度较低。

二、单点定位和相对定位

众所周知，测量工作的直接目的是要确定地面点在空间的位置。早期解决这一问题都是采用天文测量的方法，即通过测定北极星、太阳或其他天体的高度角和方位角以及观测时间，进而确定地面点在该时间的经纬度位置和某一方向的方位角。这种方法受到气候条件的制约，而且定位精度较低。

20 世纪 60 年代以后，随着空间技术的发展和人造卫星的相继升空，人们设想，如果在绕地球运行的人造卫星上装置有无线电信号发射机，则在接收机的钟的控制下，可以测定信号到达接收机的时间 Δt，进而求出卫星和接收机之间的距离

$$s = c \Delta t + \sum \delta_i \tag{6-1}$$

式中　c——信号传播的速度；

δ_i——各项改正数。

但是，卫星上的原子钟和地面上接收机的钟不会严格同步，假如卫星的钟差 v_t，接收机的钟差为 v_T，则由于卫星上的原子钟和地面上接收机的钟不同步对距离的影响为

$$\Delta s = c(v_t - v_T) \tag{6-2}$$

现在欲确定待定点 P 的位置，可以在该处安置一台 GPS 接收机。如果在某一时刻 t_i 同时测得了 4 颗 GPS 卫星（A, B, C, D）的距离 s_{AP}、s_{BP}、s_{CP}、s_{DP}，则可列出 4 个观测方程为

$$s_{AP} = [(x_P - x_A)^2 + (y_P - y_A)^2 + (z_P - z_A)^2]^{\frac{1}{2}} + c(v_{tA} - v_T)$$
$$s_{BP} = [(x_P - x_B)^2 + (y_P - y_B)^2 + (z_P - z_B)^2]^{\frac{1}{2}} + c(v_{tB} - v_T)$$
$$s_{CP} = [(x_P - x_C)^2 + (y_P - y_C)^2 + (z_P - z_C)^2]^{\frac{1}{2}} + c(v_{tC} - v_T)$$
$$s_{DP} = [(x_P - x_D)^2 + (y_P - y_D)^2 + (z_P - z_D)^2]^{\frac{1}{2}} + c(v_{tD} - v_T)$$

$$(6\text{-}3)$$

式中，(x_A, y_A, z_A)，(x_B, y_B, z_B)，(x_C, y_C, z_C)，(x_D, y_D, z_D) 分别为卫星 (A, B, C, D) 在 t_i 时刻的空间直角坐标；v_{tA}，v_{tB}，v_{tC}，v_{tD} 分别为 t_i 时刻 4 颗卫星的钟差，它们均由卫星所广播的卫星星历来提供。

求解上列方程，即得待定点的空间直角坐标 x_P，y_P，z_P。

由此可见，GPS 定位的实质就是根据高速运动的卫星瞬间位置作为已知的起算数据，采取空间距离后方交会的方法，确定待定点的空间位置。

GPS 单点定位也叫绝对定位，如图6-12所示，就是采用一台接收机进行定位的模式，它所确定的是接收机天线相位中心在

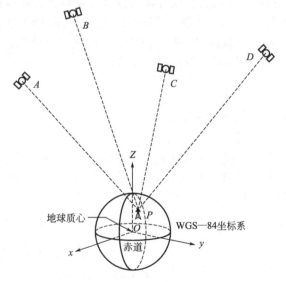

图 6-12　GPS 绝对定位示意图

WGS-84世界大地坐标系统中的绝对位置，所以单点定位的结果也属于该坐标系统。其基本原理是以 GPS 卫星和用户接收机天线之间的距离（或距离差）观测量为基础，并根据已知可见卫星的瞬时坐标，来确定用户接收机天线相位中心的位置。该定位方法广泛地应用于导航和测量中的单点定位工作。

GPS 单点定位的实质，即是空间距离后方交会。对此，在一个测站上观测 3 颗卫星获取 3 个独立的距离观测量就够了。但是由于 GPS 采用了单程测距原理，此时卫星钟与用户接收机钟不能保持同步，所以实际的观测距离均含有卫星钟和接收机钟不同步的误差影响，习惯上称之为伪距。其中卫星钟差可以用卫星电文中提供的钟差参数加以修正，而接收机的钟差只能作为一个未知参数，与测站的坐标在数据的处理中一并求解。因此，在一个测站上为了求解出 4 个未知参数（3 个点位坐标分量和 1 个钟差系数），至少需要 4 个同步伪距观测值。也就是说，至少必须同时观测 4 颗卫星。

单点定位的优点是只需一台接收机即可独立定位，外业观测的组织及实施较为方便，数据处理也较为简单。缺点是定位精度较低，受卫星轨道误差、钟同步误差及信号传播误差等因素的影响，精度只能达到米级。所以该定位模式不能满足大地测量精密定位的要求。但它在地质矿产勘查等低精度的测量领域，仍然有着广泛的应用前景。

GPS 相对定位又称为差分 GPS 定位，是采用两台以上的接收机（含两台）同步观测相同的 GPS 卫星，以确定接收机天线间的相互位置关系的一种方法。其最基本的情况是用两台接收机分别安置在基线的两端（图6-13），同步观测相同的 GPS 卫星，确定基线端点在世界大地坐标系统中的相对位置或坐标差（基线向量），在一个端点坐标已知的情况下，用基线向量推求另一待定点的坐标。相对定位可以推广到多台接收

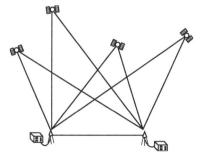

图 6-13　GPS 相对定位示意图

机安置在若干条基线的端点，通过同步观测 GPS 卫星确定多条基线向量。

由于同步观测值之间有着多种误差，其影响是相同的或大体相同的，这些误差在相对定位过程中可以得到消除或减弱，从而使相对定位获得极高的精度。当然，相对定位时需要多台（至少两台以上）接收机进行同步观测。故增加了外业观测组织和实施的难度。

在单点定位和相对定位中，又都可能包括静态定位和动态定位两种方式。其中静态相对定位一般均采用载波相位观测值为基本观测量，这种定位方法是当前 GPS 测量定位中精度最高的一种方法，在大地测量、精密工程测量、地球动力学研究和精密导航等精度要求较高的测量工作中被普遍采用。

【例 6-1】 静态定位是指 GPS 接收机在进行定位时，待定点的位置相对其周围的点位没有发生变化，其天线位置处于（　　）。
（固定不动的静止状态）

【例 6-2】 动态定位是指在定位过程中，接收机位于运动着的载体，天线也处于（　　）。　　（运动状态的定位）

【例 6-3】 GPS 单点定位也叫绝对定位，就是采用一台接收机进行定位的模式，它所确定的是接收机天线相位中心在 WGS-84 世界大地坐标系统中的（　　）。　　（绝对位置）

【例 6-4】 GPS 相对定位又称为（　　）定位，是采用两台以上的接收机（含两台）同步观测相同的 GPS 卫星，以确定接收机天线间的相互位置关系的一种方法。　　（差分 GPS）

三、用 GPS 定位的基本方法

前面所述的静态定位或动态定位，所依据的观测量都是所测的卫星至接收机天线的伪距。但是，伪距的基本观测量又区分为码相位观测（简称测码伪距）和载波相位观测（简称测相伪距）。这样，根据 GPS 信号的不同观测量，可以区分为四种定位方法。

1. 卫星射电干涉测量

GPS 卫星的信号强度比类星体的信号强度大 10 万倍，利用

GPS 卫星射电信号具有白噪声的特性，由两个测站同时观测一颗 GPS 卫星，通过测量这颗卫星的射电信号到达两个测站的时间差，可以求得站间距离。由于在进行干涉测量时，只把 GPS 卫星信号当作噪声信号来使用，因而不需要了解信号的结构，所以这种方法对于无法获得 P 码的用户是很有吸引力的。其模型与在接收机间求一次差的载波相位测量定位模型十分相似。

2. 多普勒定位法

多普勒效应是 1942 年奥地利物理学家多普勒首先发现的。它的具体内容是：当波源与观测者作相对运动时，观测者接收到的信号频率与波源发射的信号频率不相同。这种由于波源相对于观测者运动而引起的信号频率的移动称为多普勒频移，其现象称为多普勒效应。根据多普勒效应原理，利用 GPS 卫星较高的射电频率，由积分多普勒计数得出伪距差。当采用积分多普勒计数法进行测量时，所需观测时间一般较长（数小时），同时在观测过程中接收机的振荡器要求保持高度稳定。为了提高多普勒频移的测量精度，卫星多普勒接收机不是直接测量某一历元的多普勒频移，而是测量在一定时间间隔内多普勒频移的积累数值，称之为多普勒计数。

因此，GPS 信号接收机，可以通过测量载波相位变化率而测定 GPS 信号的多普勒频移，如果知道用户的概略位置和可见卫星的历书，便可估算出 GPS 多普勒频移，而实现对 GPS 信号的快速捕获和跟踪，这很有利于 GPS 动态载波相位测量的实施。

3. 伪距定位法

伪距定位法是利用全球卫星定位系统进行导航定位的最基本的方法，其基本原理是：在某一瞬间利用 GPS 接收机同时测定至少四颗卫星的伪距，根据已知的卫星位置和伪距观测值，采用距离交会法求出接收机的三维坐标和时钟改正数。伪距定位法定一次位的精度并不高，但定位速度快，经几小时的定位也可达米级的精度，若再增加观测时间，精度还可提高。

4. 载波相位测量

载波信号的波长很短，L_1 载波信号波长为 19cm，L_2 载波信号波长为 24.4cm。若把载波作为量测信号，对载波进行相位测量可以达到很高的精度。通过测量载波的相位而求得接收机到 GPS 卫星的距离，是目前大地测量和工程测量中的主要测量方法。

在载波相位测量基本方程中，包含着两类不同的未知数：一类是必要参数，如测站的坐标；另一类是多余参数，如卫星钟和接收机的钟差、电离层和对流层延迟等。并且多余参数在观测期间随时间变化，给平差计算带来麻烦。

解决这个问题有两种办法：一种是找出多余参数与时空关系的数学模型，给载波相位测量方程一个约束条件，使多余参数大幅度减少；另一种更有效、精度更高的办法是，按一定规律对载波相位测量值进行线性组合，通过求差达到消除多余参数的目的。

例如，对某一观测瞬间 n 颗卫星进行了载波相位测量，就可以列出 n 个观测方程，方程中都含有相同的接收机钟差未知数。若选择一颗卫星作为基准，将其余 $n-1$ 颗卫星的观测方程与基准卫星对应的观测方程相减，就可以在 $n-1$ 个方程中消去钟差未知数。它可以大大减少计算工作量。目前 GPS 接收机的软件，基本上都采用了这种差分法的模型。

考虑到 GPS 定位时的误差源，常用的差分法有如下三种：在接收机间求一次差；在接收机和卫星间求二次差；在接收机、卫星和观测历元间求三次差。

本章所讲的接收机位置实际是指接收机天线相位中心的位置，而标石中心位置尚需进行归算。为了方便，有时简称为测站位置。

【**例 6-5**】　载波信号的波长很短，L_1 载波信号波长为（　　），L_2 载波信号波长为（　　）。（19cm，24.4cm）

【**例 6-6**】　通过测量载波的相位而求得接收机到 GPS 卫星的距离，是目前（　　）中的主要测量方法。（大地测量和工程测量）

【**例 6-7**】　常用的差分法有（在接收机间求一次差；在接收机和卫星间求二次差；在接收机、卫星和观测历元间求三次差）三种。

第三节　实时动态（RTK）定位技术简介

如图 6-14 所示，实时动态（real time kinematic，RTK）测量

技术，是以载波相位观测量为根据的实时差分 GPS(RTD GPS) 测量技术，它是 GPS 测量技术发展中的一个新突破。

一、RTK 的工作原理

RTK 的原理很容易理解，在基准站上安置一台 GPS 接收机，对所有可见 GPS 卫星进行连续的观测，实时地将 GPS 卫星信号发送给流动站，如图 6-14 所示。在流动站上，GPS 接收机在接收 GPS 卫星信号的同时，通过无线电接收设备，接收基准站传输的观测数据，然后根据相对定位的原理，实时地计算并显示用户站的三维坐标及其精度。

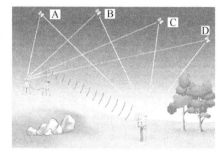

图 6-14　RTK 的工作原理

实时动态（RTK）定位技术既具有静态测量的精度，又能够实时地提供测站点在指定坐标系中的三维坐标，并达到厘米级的高精度。

精密 GPS 定位都采用相对技术。无论是在几点间进行同步观测的后处理（RTK），还是从基准站将改正值及时地传输给流动站（DGPS）都称为相对技术。以采用值的类型为依据可分为 4 类：

① 实时差分 GPS，精度为 1~3m；

② 广域实时差分 GPS，精度为 1~2m；

③ 精密差分 GPS，精度为 1~5cm；

④ 实时精密差分 GPS，精度为 1~3cm。

差分的数据类型有伪距差分、坐标差分和相位差分三类，前两类定位误差的相关性会随基准站与流动站的空间距离的增加其定位精度迅速降低。故 RTK 采用第三种方法。

RTK 的观测模型为

$$\Phi = \rho + c(d_T - d_t) + \lambda N + d_{trop} - d_{ion} + d_{\rho ral} + \varepsilon(\Phi) \quad (6-4)$$

式中　Φ——相位测量值，m；

ρ——星站间的几何距离，m；

c——光速；

d_T——接收机钟差；

d_t——卫星钟差；

λ——载波相位波长；

N——整周未知数；

d_{trop}——对流层折射影响；

d_{ion}——电离层折射影响；

d_{pral}——相对论效应；

$\varepsilon(\Phi)$——观测噪声参数。

因轨道误差、钟差、电离层折射及对流层折射影响难于精确模型化，所以实际的数据处理中常用双差观测值方程来解算，在定位前需先确定整周未知数，这一过程称为动态定位的"初始化"（On The Fly 即 OTF）。实现 OTF 的方法有很多种，美国天宝导航有限公司的做法是：采用伪距和相位相结合的方法。首先用伪距求出整周未知数的搜索范围，再用 L_1 和 L_2 相位组合和后继观测历元解算和精化。利用伪距估计初始位置和搜索空间，快速确定出精确的初始位置。

二、RTK 的系统组成

下面以华测天骄 X-90GNSS 接收机为例说明 RTK 系统基准站和流动站的组成。

1. 基准站

RTK 系统基准站由基准站 GNSS 接收机及卫星接收天线、无线电数据链电台及发射天线、直流电源等组成，如图 6-15 所示。

2. 流动站

RTK 系统流动站由流动站 GNSS 接收机及卫星接收天线、无线电数据链接收机及天线、电子手簿控制器等组成，如图 6-16 所示。

三、RTK 的作业方法

RTK 定位测量实施的具体方法如下。

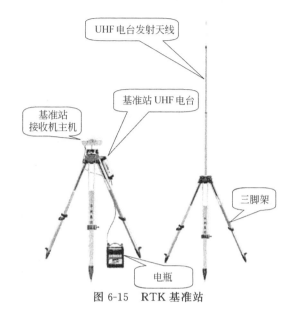

图 6-15　RTK 基准站

　　将华测天骄 X-90 基准站 GNSS 接收机安置在开阔的地方，架设脚架、安置基座和卫星天线，对中整平，用天线高量尺在天线相隔 120°的三个位置量取天线高，并记录。

　　连上电缆后开机，先启动基准站，在控制器中进行；再启动流动站；开始测量，可以分为几种形式。

　　（1）测量点（measure points）。

　　（2）连续的碎部点的采集（continuous topo）。

　　（3）输入方位、距离、计算不可到达的点位（offsets）。

　　（4）放样（stakeout）

　　① 点的放样；

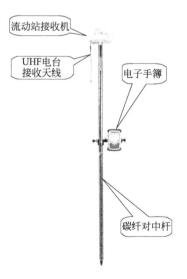

图 6-16　RTK 流动站

② 直线的放样；

③ 道路的放样。

测量结束后，在（survey）测量菜单中选 End Survey（结束测量）。

目前，RTK 技术的最大基线距离为 10～20km。如还想扩大作业区域，应用该技术可以让多个基准站按比例共用一个电台频道。如果采用 GNSS 网络 RTK 技术则可以覆盖一个县、一个城市、一个省甚至整个国家，并在更广阔的范围内得到厘米级定位结果。

《卫星定位城市测量技术规范》（CJJ/T 73—2010）（technical code for urban surveying using satellite positioning system）规定：RTK 测量可采用单基站 RTK 测量和网络 RTK 测量两种方法进行，已建立 CORS 系统的城市，宜采用网络 RTK 测量。GNSS RTK 平面测量按精度应划分为一级、二级、三级、图根和碎部。各等级的技术要求应符合表 6-2 的规定。

表 6-2　GNSS RTK 平面测量技术要求

等级	相邻点间距离/m	点位中误差/cm	边长相对中误差	起算点等级	流动站到单基准站间距离/km	测回数
一级	≥500	5	≤1/20000	—	—	≥4
二级	≥300	5	≤1/10000	四等及以上	≤6	≥3
三级	≥200	5	≤1/6000	四等及以上	≤6	≥3
				二级及以上	≤3	
图根	≥100	5	≤1/4000	四等及以上	≤6	≥2
				三级及以上	≤3	
碎部	—	图上 0.5mm	—	四等及以上	≤15	≥1
				三级及以上	≤10	

注：1. 一级 GNSS 控制点应采用网络 RTK 测量技术；

2. 网络 RTK 测量可不受起算点等级、流动站到基准站间距离的限制；

3. 困难地区相邻点间距离缩短至表中的 2/3，边长较差不应大于 2cm。

RTK 测量时，GNSS 卫星的状况应符合表 6-3 的规定。

表 6-3　GNSS 卫星状况的基本要求

观测窗口状态	15°以上的卫星个数	PDOP	观测窗口状态	15°以上的卫星个数	PDOP
良好	≥6	<4	不可用	<5	≥6
可用	5	<6			

RTK 控制测量应符合下列规定：

① 控制点应布设不少于 3 个或不少于 2 对相互通视的点；

② 控制点测量应采用三脚支架方式架设天线进行作业；测量过程中仪器的圆气泡应严格稳定居中；

③ 控制点应采用常规方法进行边长、角度或导线联测检核，RTK 平面控制点检核测量技术要求应符合表 6-4 的规定。

表 6-4　RTK 平面控制点检核测量技术要求

等级	边长检核		角度检核		导线联测检核	
	测距中误差/mm	边长较差的相对中误差	测角中误差(″)	角度较差限差(″)	角度闭合差(″)	边长相对闭合差
一级	15	1/14000	5	14	$16\sqrt{n}$	1/10000
二级	15	1/7000	8	20	$24\sqrt{n}$	1/6000
三级	15	1/4000	12	30	$40\sqrt{n}$	1/4000
图根	20	1/2500	20	60	$60\sqrt{n}$	1/2000

用 RTK 进行定桩测量时，规定：

① 规划道路中线、建筑物边线测量定桩的起算点等级不应低于二级；

② 规划红线、拨地测量定桩的起算点等级不应低于三级；

③ 作业前后应进行已知点检核：在控制点上检核，平面位置较差不应大于 5cm；在碎部点上检核，平面位置较差不应大于图上 0.5mm。

GNSS 高程测量可与 GNSS 控制测量同时进行，也可单独进行，GNSS 高程测量按精度等级可划分为四等、图根和碎部。

GNSS 高程测量主要技术要求见表 6-5。

表 6-5　GNSS 高程测量主要技术要求

地形 等级	平地、丘陵			山　地		
	模型内符合 中误差	高程中 误差	检测较差	模型内符合 中误差	高程中 误差	检测较差
四等	2.0	3.0	6.0	—	—	—
图根	3.0	5.0	10.0	4.5	7.5	15.0
碎部	10.0	15.0	30.0	15.0	22.5	45.0

　　GNSS 高程测量按作业过程应分为高程异常模型的建立、GNSS 测量和数据处理。在区域面积小，地形平坦及重力异常变化平缓地区，可利用水准测量和 GNSS 测量资料，通过数学拟合方法，获取该区域的高程异常模型。

　　GNSS 水准点的布设应符合以下规定：

　　① 点位应均匀分布于测区范围内；

　　② 平原地区点间距不宜超过 5km；

　　③ 地形起伏大时，应按测区地形特征增加点位；

　　④ 计算选取的拟合点数不应少于 5 个。GNSS 水准点观测技术要求见表 6-6，GNSS 高程测量的技术要求见表6-7。测量时可选用固定误差不超过 20mm、比例误差系数不超过 2mm/km 接收机。

表 6-6　GNSS 水准点观测技术要求

等级	水准联测等级	GNSS 联测等级	等级	水准联测等级	GNSS 联测等级
图根	四等	四等	碎部	图根	一级

表 6-7　GNSS 高程测量的技术要求

等级	观测方法	GNSS 观测等级	等级	观测方法	GNSS 观测等级
四等	静态	四等	碎部	静态/RTK	三级
图根	静态/RTK	二级			

　　RTK 测量系统的开发成功，为 GPS 测量工作的可靠性和高效率提供了保障，是 GPS 定位技术发展史上又一个辉煌的里程碑。

【例6-8】　GNSS 高程测量可与 GNSS 控制测量同时进行，也可单独进行，GNSS 高程测量按精度等级可划分为（　　）。

(四等、图根和碎部)

【例6-9】　量取天线高时，可用天线高量尺在天线相隔（　　）的三个位置量取。　　　　　　　　　　　(120°)

第四节　GPS 网络 RTK 技术

GPS 实时差分定位 RTK 技术是目前广泛使用的测量技术之一，但它的应用受到电离层延迟和对流层延迟的影响，使原始数据产生了系统误差并导致以下缺点。

(1) 用户需要架设本地参考站；

(2) 误差随距离的增加而增长；

(3) 误差增长使流动站和参考站的距离受到限制，一般小于 15km；

(4) 精度为 1cm＋1ppm，可靠性随距离增大而降低。

连续运行参考站系统（continuously operating reference station，CORS）可以定义为一个或若干个固定的、连续运行的 GNSS 参考站，利用现代计算机、数据通信和互联网（LAN/WAN）技术组成的网络，实时地向不同类型、不同需求、不同层次的用户自动地提供经过检验的不同类型的 GNSS 观测值（载波相位，伪距），各种改正数、状态信息，以及其他有关 GNSS 服务项目的系统。

CORS 系统彻底改变了传统 RTK 测量作业方式，其主要优势体现在：改进了初始化时间、扩大了有效工作的范围；采用连续基站，用户随时可以观测，使用方便，提高了工作效率；用户不需架设参考站，真正实现单机作业；使用固定可靠的数据链通讯方式；提供远程 Internet 服务，实现了数据的共享；扩大了 GNSS 在动态领域的应用范围，为建设数字化城市提供了新的契机。自 1998 年深圳市建立我国第一个连续运行参考站系统（SZCORS）以来，CORS 的应用得到迅速发展。连续运行参考站系统代表了未来 GNSS 发展的方向。目前应用于 GNSS 网络 RTK 数据处理的方法有：虚拟参考站法（virtual reference station，VRS）、区域改正数法（FKP）和主辅站技术（MAX），其各自的数学模型和定位方法有一定的差异，但是基准站架设和改正模型的建立方面基本原理是相同的。

一、虚拟参考站（VRS）技术

如图 6-17 所示，虚拟参考站法的实施将使一个地区的测绘工作成为一个有机的整体，同时它使 GNSS 技术的应用更为广泛，精度和可靠性得到进一步的提高，成本反而降低了很多。所有参考

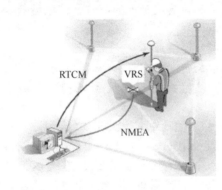

图 6-17　虚拟参考站法

站与控制中心相连接，控制中心的计算机运行 GNSS-Network 的软件，它也是整个概念的神经中枢。GNSS-Network 连接网络中所有的接收机，它将执行导入原始数据并进行质量检查；存储和压缩 RINEX 数据；改正天线相位中心（IGS 模式）；系统误差的模型化及估算；产生数据，为流动站接收机创建虚拟基站位置；产生流动站在位置上的 RTK 改正数据流；发送 RTK 改正数据到野外的流动站的重要任务。

RTK 数据将以 RTCM 或者 Trimble CMR 格式传播。GNSS-Network 将使用这些参数重新计算所有 GNSS 数据、内插到与流动站相匹配的位置，流动站可以位于网络中任何地点。这样，RTK 的系统误差就被相应的消除掉。可以看出，VRS 系统实际上是一种多基站技术。它在处理上利用了多个参考站的联合数据。

与传统的 RTK 相比，VRS 系统的优势有以下几点。

（1）VRS 系统的覆盖范围大　VRS 网络可以有多个站，但最少需要 3 个。若按边长 70km 计算，一个三角形可覆盖面积为 2200km^2。

（2）相对传统 RTK，提高了精度　传统的 RTK 随着测量距离的增加，误差会随之增大，而在 VRS 系统的网络控制范围内，

精度始终可以保持在 1～2cm。

（3）可靠性也随之提高　采用了多个参考站的联合数据，大大提高可靠性。

（4）更广的应用范围　可适用于城市规划、市政建设、交通管理、机械控制、气象环保、农业以及所有在室外进行的勘测工作。

VRS 技术的出现，标志着高精度 GNSS 的发展进入了一个新的阶段。这种网络 RTK 技术应用了最先进的多基站 RTK 算法是 GNSS 技术的突破。它将使 GNSS 的应用领域极大的扩展，代表着 GNSS 发展的方向。

二、区域改正数法（FKP）技术

FKP 方法要求所有参考站将每一个观测瞬间所采集的未经差分处理的同步观测值，实时地传输给中心控制站，通过中心参考站的实时处理，产生一个称为 FKP 的空间误差改正参数，然后将这种 FKP 参数通过扩展的 RTCM 信息，发送给所有服务区内的流动站。系统传输的 FKP 参数能够比较理想地支持流动站的应用软件，但是流动站系统必须知道有关的数学模型，才能利用 FKP 参数生成相应的改正数。

三、Leica 的主辅站技术

Leica 的主辅站技术是基于最新多基站、多系统、多频（L1、L2、L5）和多信号非差处理算法，如图 6-18 所示。其基本概念是将所有相关的代表整周未知数水平的观测数据，作为网络的改正数播发给流动站，它本质上是区域改正数（FKP）的一种优化，选择距离流动站最近的一些有效参考站作为单元进行网解，发送主站差分改正数和辅站与主改正数的差值给流动站，对流动站进行加权改正，最后得到精确坐标。其数据传输过程如图 6-18 所示。

图 6-18 中，5 个主辅站（A，B，C，D，X）组成一个网络单元，其中主站为 A，其他为辅站，一个数据处理中心和一个流动站。整个处理过程为数据处理中心首先进行基准网的数据处理如模糊度解算，辅站相对于主站改正数差的计算，然后把主站改正数和辅主与主站改正数差发送给流动站。主辅站技术可以使用单向数据

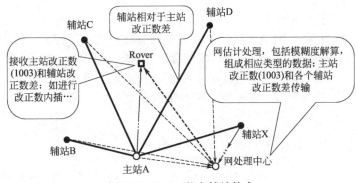

主辅站概念(MAC)
一个主参考站+若干个辅站＝一个网络单元

图 6-18　Leica 的主辅站技术

通信和双向数据通信两种方式。单向数据通信方式下的主辅站技术
Leica（徕卡）称为 MAX 技术，双向数据通信方式下的主辅站技术称为 i-MAX 技术。MAX 技术中同一个网络单元中发播同一组数据。i-MAX 技术与 VRS 技术一样，流动站必须播发自己的概略位置给数据处理中心，数据处理中心根据其位置计算出流动站的改正数，再以标准差分协议格式发播给流动站，流动站可以是各种支持标准差分协议格式的接收机。目前，江苏省 CORS 系统使用是主辅站技术。

　　【例 6-10】　　目前应用于 GNSS 网络 RTK 数据处理的方法有虚拟参考站法（virtual reference station——VRS）、区域改正数法（FKP）和主辅站技术（MAX）。

四、CORS 在各种工程中的应用

　　当前全国各地众多测绘任务中，测区控制点的收集相对比较麻烦，有了 CORS，不需要再联测已知控制点，只要申请相关时段的 CORS 数据即可。所以基于 CORS 的 GNSS 工程控制网所取得的成果满足规范的要求。同时，CORS 的优势和重要性还体现在以下几个方面。

（1）可以大大提高测绘精度、速度与效率，降低测绘劳动强度和成本，省去测量标志保护与修复的费用，节约各项测绘工程实施过程中约 30％ 的控制测量费用。连续运行参考站系统能够全年 365 天，每天 24 小时连续不间断地运行，全面取代常规大地测量控制网。用户只需一台 GNSS 接收机即可进行毫米级、厘米级、分米级、米级的实时、准实时的快速定位或事后定位。全天候地支持各种类型的 GNSS 测量、定位、变形监测和放样作业。

（2）可以对工程建设进行实时、有效、长期的变形监测。CORS 系统将为城市诸多领域如气象、车船导航定位、物体跟踪、公安消防、测绘、建筑、GIS 应用等提供精度达厘米级的动态实时 GPS 定位服务，将极大地加快该城市基础地理信息的建设。

（3）CORS 将是城市信息化的重要组成部分，并由此建立起城市空间基础设施的三维、动态、地心坐标参考框架，从而从实时的空间位置信息面上实现城市真正的数字化。能使更多的部门和更多的人使用 GNSS 高精度服务，必将在城市经济建设中发挥重要作用。

五、如何申请使用 CORS 系统

（1）程序。行政相对人申请→××省测绘局行政服务中心受理→局成果处审核→主管局长批准→局 CORS 管理中心按有关规定提供使用。

（2）条件。

①《××省首次申请使用基础测绘成果注册登记表》，同时提供单位注册登记证书、测绘资质证书副本、组织机构代码证原件和复印件及法人代表身份证复印件；

②《××省测绘成果资料使用证明函》，到所在省辖市国土资源局（测绘局）或本系统测绘成果归口管理单位办理；

③《××省卫星定位连续运行参考系统数据使用申请审批表》；

④ 经办人的有效身份证件及复印件；

⑤ 相关证明材料，即能够证明确需使用该区域 CORS 数据的有关材料。

本章主要介绍了美国国防部批准研制的 GPS 全球定位系统。自 1974 年以来，GPS 计划已经历了方案论证（1974～1978 年）、系统论证（1979～1987 年）、生产实验（1988～1993 年）三个阶段。总投资超过 300 亿美元。整个系统分为卫星星座、地面控制和监测站、用户设备三大部分。

最新 GPS 卫星星座的基本参数是：卫星颗数为 24＋3，6 个卫星轨道面，卫星高度为 20200km，轨道倾角为 55°，卫星运行周期为 11 小时 58 分，载波频率为 1.575GHz 和 1.227GHz，卫星通过天顶时，卫星的可见时间为 5 小时，在地球表面上任何地点任何时刻，在卫星高度角 15°以上，平均可同时观测到 7 颗卫星，最多可达 12 颗卫星。截至 2012 年 3 月，运行的组网工作 GPS 卫星有 31 颗。

GPS 的地面监控系统，目前主要由分布在全球的 5 个地面站所组成，其中包括 1 个卫星主控站、5 个监测站和 3 个注入站。

GPS 现代化的主要目的是军民分离，强化军用。其政策是保护战区内的美方军用；防止敌方开拓 GPS 军用；保护战区外的 GPS 民用。

用户接收部分的基本设备，就是 GPS 信号接收机（也称 GNSS 接收机）、机内软件以及 GNSS 数据的后处理软件包。GNSS 接收机硬件，一般包括主机、天线和电源，也有的将主机和天线制作成一个整体，观测时将其安置在测站点上。其中接收机和天线是用户设备的核心部分。

利用 GNSS 进行定位，就是把卫星视为"动态"的控制点，在已知其瞬时坐标的条件下，以 GNSS 卫星和用户接收机天线之间的距离为观测量，进行空间距离后方交会，从而确定用户接收机天线所处的位置。

常规测量中对控制网的图形设计是一项非常重要的工作。而在 GNSS 图形设计时，因其观测时不要求通视，故有较大的灵活性。选点工作比常规控制测量的选点要简便。

　　RTK 的工作原理是，在基准站上安置一台 GNSS 接收机，对所有可见 GNSS 卫星进行连续观测，实时地发送给流动站。在流动站上，GNSS 接收机在接收 GNSS 卫星信号的同时，通过无线电接收设备，接收基准站传输的观测数据，然后根据相对定位的原理，实时地计算并显示用户站的三维坐标及其精度。

　　GNSS 网络 RTK 技术的出现，弥补了 GNSS 实时差分定位 RTK 技术的缺点，它代表了未来 GNSS 发展的方向，由此可带来巨大的社会效益和经济效益。目前在我国一些发达的城市主要利用天宝的虚拟参考站法（VRS）或徕卡的主辅站技术。

　　城市连续运行参考站系统能提供多种定位方式、不同层次精度要求的服务，在区域或城市测量领域，主要应用为取代常规测量控制网提供了一组永久性的、不断更新的动态电子空间基准点，实现各种 GIS 系统中数据的及时更新等方面。

思考题与习题

1. 试述 GPS 工作卫星的作用。

2. GPS 地面监控系统有哪些？各有什么作用？

3. GPS 网的图形布设有哪几种基本方式？

4. GPS 选点工作应遵守什么原则？

5. 为什么要实现 GPS 现代化？

6. 试述 GPS 工作卫星的作用。

7. 什么是 RTK 技术？

8. RTK 的系统由哪几部分组成？

9. RTK 定位测量时，测区内的已知控制点有什么作用？

10. 目前应用于 GNSS 网络 RTK 数据处理的方法有哪几种？

11. 一个 VRS 网络至少应有几个以上的固定基准站组成，站与站之间的距离可达多少公里？

第七章

测量误差的基本知识

导读

- **了解** 测量误差产生的原因，概括起来有仪器误差、观测者和外界条件的影响三个方面。在测量工作中，各次观测结果之间总是存在着差异。
- **理解** 按获得观测值的方式、观测值之间的关系、观测值的可靠程度可分为直接观测与间接观测、独立观测与相关观测、必要观测与多余观测和等精度观测与不等精度观测四个类型。
- **掌握** 产生系统误差的原因和偶然误差的产生。为了提高观测成果的质量，常用的方法是采用多余观测结果的算术平均值作为最后观测结果。当系统误差设法消除和减弱后，决定观测精度的关键就是偶然误差，我国采用中误差作为评定观测精度的标准；对于观测次数较少的测量工作，多数采用二倍中误差作为极限误差。对于某些观测成果，用中误差还不能完全判断测量精度的优劣。为了能客观反映实际精度，通常用相对误差来表达边长观测值的精度。

第一节　测量误差及其分类

在测量工作中，无论使用的测量仪器多么精密，观测时操作多么仔细，获得的各次观测结果之间总是存在着差异。例如，对同一段距离重复丈量若干次、对同一个角度进行多次观测、对两点之间的高差进行往返观测，所得结果总会有差异。另一种情况是，当对若干量进行观测时，如果已经知道在这些量之间应该满足某一理论值，例如一平面三角形三内角之和应等于 180°，但对这一平面三角形三内角之和进行观测的结果，其和通常不等于 180°，而是有一微小的差异，称此差异为不符值。测量工作中经常出现这种现象，这种现象的产生说明观测结果存在着各种测量误差。

观测误差，就是对某量进行测量时，测量结果与该量客观存在的真值或理论上应满足的数值之间的差异，即

观测误差＝观测值－真值

若以 Δ 表示观测误差，l 表示观测值，X 表示真值，则上式可写为

$$\Delta = l - X \tag{7-1}$$

一、测量误差产生的原因

引起测量误差的原因很多，概括起来有仪器误差的影响、观测者的影响和外界条件的影响三个方面。

1. 仪器误差的影响

测量工作是通过仪器进行的，而任何一种仪器都具有制造工艺上的局限性，尽管仪器通过检验和校正，但都会有一些剩余误差，因而使观测结果的精度受到一定的限制，例如水准仪的视准轴难以绝对平行于水准管轴，水准尺有分划误差等，因此，使观测结果受到影响。当然，不同类型的仪器具有不同精度，使用不同精度的仪器引起的误差大小也不相同。

2. 观测者的影响

观测者是通过自身的感觉器官来进行工作的，由于人的感觉器官鉴别能力有一定的局限性，使得在安置仪器、瞄准、读数等方面都会产生误差。此外，观测者的技术水平、熟练程度和工作态度也会直接影响观测成果的质量。

3. 外界条件的影响

由于观测时所处的外界自然环境与仪器所要求的标准状态不一致，引起测量仪器和被测物体本身的变化，这些环境因素与温度、湿度、风力、日照、气压、振动、电磁场、空气的透明度、空气的含尘量、大气折光等有关，必然使观测结果带有误差。

　　通常把观测误差来源的三个方面称为观测条件，观测条件的好坏与观测成果的质量有着密切的联系。一般情况下，观测误差的大小受观测条件的制约。观测条件好时，误差小，所获得的观测结果的质量就高；反之，误差大，观测结果的质量就低。因此，评定观测结果的质量高低，应根据观测条件的好坏和观测误差的大小进行综合考虑。

　　在测量中，除了误差之外，有时还可能发生错误。例如测错、读错、算错等，这是由于观测者的疏忽大意造成的。例如，一个三角形三个内角和的理论值等于180°，为了确定该三角形的形状，只要测量其中的任意两个内角，第三个内角就可以用180°减去已测得的两个内角和求得，因此确定一个三角形形状的必要观测个数为2，但是如果测某个内角时经纬仪对中对错了点，则测得的内角就存在粗差，因没有检核条件，则该粗差不可能被发现，也不可能被消除。如果测量了第三个内角，则第三个内角就是多余观测，这时三个内角之和就构成了一个检核条件，若存在粗差，测量成果必然超过限差要求，因此，粗差可以通过多余观测来发现，并通过重新观测含有粗差的观测量来消除。只要观测者仔细认真地作业并采取必要的检核措施，错误就可以避免。

　　规范规定：测量仪器在使用前都应进行检验和校正，操作时必须严格按照规范的要求进行，一般认为，当严格按照规范的要求进行测量工作时，系统误差和粗差是可以消除的，即使不能完全消除，也可以将其影响减到最小。

二、观测类型

　　测量工作中，观测可按获得观测值的方式、观测值之间的关系、观测值的可靠程度分为下列四种类型。

1. 直接观测与间接观测

　　为了确定某未知量，用测量仪器直接测定该量的值称为直接观测。如用钢尺丈量某段直线的距离，用经纬仪观测水平角并读数等都是直接观测。

　　若某未知量是通过某种函数关系求得的，则称为间接观测。例如水平角观测时，用两方向值计算的角值；水准测量时，用两标尺读数计算的高差等都是间接观测。

2. 独立观测与相关观测

与其他量没有联系的量称为独立量，对独立量进行直接观测叫独立观测。其观测结果称为独立观测值。与独立观测值有某种联系的量叫相关量，对相关量的观测叫相关观测，其观测结果称为相关观测值。

3. 必要观测与多余观测

为了确定某些未知量而进行的必要数量的观测称为必要观测。超过必要数量以外的观测叫做多余观测。

4. 等精度观测与不等精度观测

测量中把相同条件下进行的观测称为等精度观测。一般认为，由同一个观测者（或相同技术水平的观测者），用一台仪器（或相同精度的仪器），以同样的观测方法、观测次数和注意力，在相同的外界条件下所测得的观测值是等精度观测值；测量中把不同条件下进行的观测称为不等精度观测。实际上，测量中完全相同的观测条件是不存在的，确定观测结果是等精度还是不等精度的，主要是根据测量仪器精度、等级、测量方法、测量次数和观测条件来确定，上述各项只要有一项不相同，则可认为是不等精度观测。

三、测量误差的分类

根据测量误差的来源和对观测结果的影响性质不同，测量误差可分为系统误差和偶然误差两类。

1. 系统误差

在相同观测条件下对某量进行一系列的观测，如果观测误差的大小和符号表现出一定的规律性，这种误差就称为系统误差。产生系统误差的原因一般有以下三个方面。

（1）仪器、工具不完善　例如，用一把名义长度为 30m，而实际长度为 30.005m 的钢尺丈量距离，每量一尺段就要少量 0.005m，这 0.005m 的误差，在数值上和符号上都是固定的，丈量距离越长，误差也就越大。

（2）观测者的习惯性影响。

（3）外界条件的影响。

系统误差具有累积性，对测量成果的影响特别显著，在实际测量工作时，应设法消除或减弱。常用的方法有：对观测结果加改正数；对仪器检验与校正；采用适当的观测方法。例如，在水准测量中采用前后视距离相等的方法来消除视准轴与水准管轴不平行所带来的误差，在水平角观测中采用盘左、盘右观测来消除视准轴误差等。

【例 7-1】　用钢尺进行悬空丈量时，尺子的垂曲误差属于（　　）。　　　　　　　　　　　　　　　　　　　（系统误差）

2. 偶然误差

在相同观测条件下对某量进行一系列的观测，如果误差的大小及符号都具有不确定性，但总体上又服从于一定的统计规律性，这种误差称为偶然误差，也叫随机误差。例如，瞄准目标的照准误差，读数的估读误差等。

偶然误差是不可避免的。为了提高观测成果的质量，常用的方法是采用多余观测结果的算术平均值作为最后观测结果。

在观测中，系统误差和偶然误差通常总是同时产生的。当系统误差设法消除和减弱后，决定观测精度的关键就是偶然误差。因此，在测量误差理论中主要是讨论偶然误差。

第二节　偶然误差的特性

对单个偶然误差而言，其大小和符号没有规律性，只有大量的偶然误差才呈现出一定的统计规律性。所以，要分析偶然误差的统计规律，需要得到一系列的偶然误差 Δ_i。例如，在相同观测条件下，对一个三角形的内角进行观测，由于观测带有误差，其内角和（观测值 l_i）不等于它的真值（$X = 180°$），两者之差称为真误差（Δ_i），即

$$\Delta_i = l_i - X \tag{7-2}$$

式中　Δ_i——观测值的真误差；

$\quad\quad l_i$——观测值，$i=1，2，\cdots，n$；

$\quad\quad X$——真值。

某一测区，在相同观测条件下观测了 162 个三角形的全部三个内角，将其真误差按绝对值大小排列，统计结果列于表 7-1 中。

从表 7-1 可以看出，偶然误差表现出某种共同的规律性，这一规律性不是表现在每一单个误差上，而是表现在一组观测误差列上，在误差理论中称这种规律性为统计规律性。通过对大量观测数据的误差分析，可以总结出偶然误差具有以下四个特性。

表 7-1　真误差绝对值大小统计结果

误差区间 /$('')$	正误差		负误差		合　计	
	个数 k	频率 k/n	个数 k	频率 k/n	个数 k	频率 k/n
0～3	21	0.130	21	0.130	42	0.260
3～6	19	0.117	19	0.117	38	0.234
6～9	12	0.074	15	0.093	27	0.167
9～12	11	0.068	9	0.056	20	0.124
12～15	8	0.049	9	0.056	17	0.105
15～18	6	0.037	5	0.030	11	0.067
18～21	3	0.019	1	0.006	4	0.025
21～24	2	0.012	1	0.006	3	0.018
24 以上	0	0	0	0	0	0
Σ	82	0.506	80	0.494	162	1.000

（1）有限性　在一定的观测条件下，偶然误差的绝对值不超过一定的限值；

（2）聚中性　绝对值小的误差比绝对值较大的误差出现的机会多；

（3）对称性　绝对值相等的正、负误差出现的机会大致相等；

（4）抵消性　随着观测次数的无限增加，偶然误差的算术平均

值趋近于零。即

$$\lim_{n \to \infty} \frac{[\Delta]}{n} = 0 \qquad (7\text{-}3)$$

式中　$[\Delta]$——Δ_1，Δ_2，…，Δ_n 之和，即 $[\Delta] = \Delta_1 + \Delta_2 + \cdots + \Delta_n$。在测量平差中，常用 $[\ ]$ 表示括号中数值的代数和；

　　　　n——观测次数。

特性（1）说明误差出现的范围；特性（2）说明误差绝对值大小的规律；特性（3）说明误差符号出现的规律；特性（4）可由特性（3）导出，它说明偶然误差具有抵偿性。实践证明，偶然误差不能用计算改正或用一定的观测方法简单地加以消除，只能根据偶然误差的特性来改进观测方法并采取合理的数据处理方法，以减小偶然误差对观测成果的影响。

【例 7-2】　下列说法正确的是（　　）。　　　　　　　　（B）

A. 在测量过程中，偶然误差是可以消除的

B. 在测量过程中，测量误差一定存在

C. 在测量过程中，系统误差不可以消除或减弱

D. 在测量过程中，真误差不存在

【例 7-3】　下列哪一项不属于偶然误差（　　）。　　　　（A）

A. i 角误差　　　B. 读数误差　　　C. 照准误差　　　D. 测角

【例 7-4】　已知两条边长及其中误差为：$S_A = 1500\text{m}$，$m_A = 30\text{mm}$，$S_B = 3000\text{m}$，$m_B = 30\text{mm}$，说法正确的是（　　）。　　（D）

A. 这两个边长的中误差不相同

B. 这两个边长的真误差相同

C. S_A 边比 S_B 边的精度高

D. S_B 边比 S_A 边的精度高

第三节　衡量精度的标准

所谓精度，就是指误差分布密集或离散的程度。精度的高低，是对不同的观测组而言的，对于同一组的若干个观测值，每个观测值的精度都相同。在相同观测条件下进行一组观测，它对应着一种

确定的误差分布。如果误差在零附近分布较为密集，则表示该组观测质量较好，也可以说该组观测精度较高；反之，误差分布较为离散，该组观测质量较差，也就是该组观测精度较低。因此，在实际工作中，采用误差分布统计表和误差分布密度曲线的方法，可以对观测值的精度进行定性分析；但不便直接得到观测值精度的具体数字指标，而且整理误差分布统计表和绘制误差分布密度曲线也较麻烦。为此，精度评定应以偶然误差的特性为基础，从而得到一个能代表整个观测列质量的综合量。在评定观测值精度的方法中，我国采用中误差作为评定观测精度的标准，另外还有极限误差和相对误差等。

一、中误差

在相同观测条件下，对同一未知量进行 n 次观测，观测值分别为 l_1、l_2、$\cdots$、l_n，其观测值的真误差分别为 Δ_1、Δ_2、$\cdots$、Δ_n。取其真误差平方和的平均值的极限值，称为中误差的平方或称方差，即

$$m^2 = \lim_{n \to \infty} \frac{\Delta_1^2 + \Delta_2^2 + \cdots + \Delta_n^2}{n}$$

或
$$m^2 = \lim_{n \to \infty} \frac{[\Delta\Delta]}{n} \tag{7-4}$$

实际测量工作中，观测次数 n 不可能无限多，所以，实际中用下面公式来计算观测值的中误差。

$$m = \pm \sqrt{\frac{[\Delta\Delta]}{n}} \tag{7-5}$$

由上式可见，中误差不等于真误差，它仅是一组真误差的代表值，中误差的大小反映了该组观测值精度的高低。因此，通常称中误差为观测值的中误差，m 值越大，精度越低；m 值越小，精度越高。

【例 7-5】 甲、乙两人在相同的观测条件下，观测同样 10 个三角形的所有内角，得到两列三角形闭合差列于表 7-2 中，试计算两列闭合差的中误差。

表 7-2　三角形编号及闭合差

观测者	三角形编号									
	1	2	3	4	5	6	7	8	9	10
	闭合差 $\Delta/('')$									
甲	+3	-2	-4	+2	+1	0	+4	-3	-2	+3
乙	0	+1	-7	-2	+1	-1	+8	0	-3	+1

解： 表 7-2 中所列三角形闭合差属于真误差，按式(7-5) 来计算各自的中误差得

$$m_甲 = \pm\sqrt{\frac{72}{10}} = \pm 2.7''$$

$$m_乙 = \pm\sqrt{\frac{130}{10}} = \pm 3.6''$$

因为 $m_甲 < m_乙$，显然 $m_乙$ 反映出第二列观测值中含有较大的误差，故第二列观测精度比第一列要低。用中误差评定精度能灵敏地反映较大误差的影响，且比较稳定，通常需要不太多的观测次数，就能得到比较可靠的数据来评定观测值的精度。

【例 7-6】 某段距离是由因瓦基线尺丈量而成，长度为49.984m，可视为真值。现使用 50m 的钢尺丈量 6 次，观测值列于表 7-3，试求该钢尺一次丈量 50m 的中误差。

表 7-3　钢尺量距的观测值及中误差计算

观测次序	观测值/m	Δ/mm	$\Delta\Delta$	计　算
1	49.988	+4	16	
2	49.975	-9	81	
3	49.981	-3	9	$m = \pm\sqrt{\dfrac{[\Delta\Delta]}{n}} = \pm\sqrt{\dfrac{151}{6}} = \pm 5.02(\text{mm})$
4	49.978	-6	36	
5	49.987	+3	9	
6	49.984	0	0	
Σ			151	

因为是等精度独立观测，所以，6 次距离观测值中每个观测值的中误差都是 ±5.02mm。

【**例 7-7**】　已知 $L = L_1 + L_2$，L_1 和 L_2 误差独立，且中误差分别为 2mm 和 3mm，则 L 的中误差为（　　）。　　　　(C)

A. 5　　　　B. 1　　　　C. $\sqrt{13}$　　　　D. $\sqrt{5}$

【**例 7-8**】　测量中制定限差是依据偶然误差的什么特性？（　　）。　　　　　　　　　　　　　　　　　　　　　(C)

A. 聚中性　　B. 抵偿性　　C. 有界性　　D. 对称性

二、极限误差

极限误差是在一定的观测条件下规定的测量误差限值，也称为允（容）许误差或限差。由偶然误差特性可知，在一定观测条件下，偶然误差的绝对值不会超过一定的限度。根据概率理论及多次实验统计表明：在一组大量等精度观测的一列偶然误差中，绝对值大于一倍中误差的偶然误差出现的频数约占总数的 32％；绝对值大于二倍中误差的偶然误差出现的频数约占总数的 5％；而绝对值大于三倍中误差的偶然误差出现的频数约占总数的 0.3％，即大约在 300 次观测中，才可能出现一个大于三倍中误差的偶然误差。在实际工作中，观测次数不会太多，因此，可以认为，在实际中绝对值大于三倍中误差的偶然误差是不大可能出现的。因此，根据偶然误差出现的规律，通常以三倍中误差作为偶然误差的极限值，称为极限误差，用 $\Delta_{限}$ 表示，即

$$\Delta_{限} = 3m \qquad\qquad (7\text{-}6)$$

对于观测次数较少的测量工作，多数采用二倍中误差作为极限误差，即

$$\Delta_{限} = 2m \qquad\qquad (7\text{-}7)$$

在实际测量工作中，极限误差是检验观测值中粗差的标准。如在一列等精度观测值中，若发现该列中某个误差超过三倍中误差，可以认为该误差属于粗差，相应的观测值应舍去。极限误差也是制定测量规范和各种测量作业主要技术要求的限差依据。

三、相对误差

当观测误差与观测值的大小有关时，仅靠用中误差还不能完全

判断测量精度的高低。例如，用钢尺丈量 100m 和 20m 两段距离，观测值的中误差均为 ±0.01m，但不能认为两者的测量精度是相同的，因为量距误差与其长度有关。为了能客观反映实际精度，通常用相对误差来表达边长观测值的精度。

相对误差 K 就是观测值中误差 m 的绝对值与相应观测值 D 的比值，并将其化成分子为 1 的形式，即

$$K = \frac{|m|}{D} = \frac{1}{\dfrac{D}{|m|}} \tag{7-8}$$

式中　　K——相对误差；

　　　　m——观测值中误差；

　　　　D——边长观测值。

在上例中，则有

$$K_1 = \frac{0.01}{100} = \frac{1}{10000} \quad K_2 = \frac{0.01}{20} = \frac{1}{2000}$$

上述丈量两段距离的相对中误差分别为 1/10000 和 1/2000，显然前者比后者的测量精度高。

第四节　算术平均值及其观测值的中误差

一、算术平均值

设在相同观测条件下，对某量等精度观测了 n 次，其观测值分别为 l_1，l_2，…，l_n，则该量算术平均值为

$$L = \frac{l_1 + l_2 + \cdots + l_n}{n} = \frac{[l]}{n} \tag{7-9}$$

设该量的真值为 X，其等精度观测值分别为 l_1，l_2，…，l_n，相应的真误差分别为 Δ_1，Δ_2，…，Δ_n，根据真误差的定义，得

$$\Delta_1 = l_1 - X \qquad \Delta_2 = l_2 - X$$

$$\vdots$$

$$\Delta_n = l_n - X$$

将上列等式两端相加得

$$\Delta_1 + \Delta_2 + \cdots + \Delta_n = l_1 + l_2 + \cdots + l_n - nX$$

也可写成
$$[\Delta] = [l] - nX$$

将上式等号两端除以 n，得

$$\frac{[\Delta]}{n} = \frac{[l]}{n} - X$$

将式(7-9)代入上式并移项得

$$L = \frac{[\Delta]}{n} + X$$

根据偶然误差的第四个特性

$$\lim_{n \to \infty} \frac{[\Delta]}{n} = 0$$

则有

$$\lim_{n \to \infty} L = X$$

由此可知，当观测次数趋于无限时，算术平均值趋近于该量的真值。在实际工作中，观测次数总是有限的，而算术平均值不是最接近于真值，但比每一个观测值更接近于真值。因此，通常总是把有限次观测值的算术平均值称为该量的最可靠值或最或然值，并且把算术平均值作为最终观测结果。

当观测值的位数较多，为了便于计算和检核，可以选定一个与观测值接近的数作为观测值的近似值，用 l_0 表示，其改正数用 δl_i 表示，于是有

$$\left.\begin{aligned}
l_1 &= l_0 + \delta l_1 \\
l_2 &= l_0 + \delta l_2 \\
&\vdots \\
l_n &= l_0 + \delta l_n
\end{aligned}\right\} \tag{7-10}$$

将上列各式等号两端相加，得

$$[l] = nl_0 + [\delta l]$$

两端各除以观测次数 n，得

$$\frac{[l]}{n} = l_0 + \frac{[\delta l]}{n}$$

即

$$L = l_0 + \frac{[\delta l]}{n} \qquad (7\text{-}11)$$

【例 7-9】 利用表 7-4 的数据，先计算观测角的近似值，然后计算观测角的最或然值。

表 7-4 用近似值计算最或然值

观测次序	观测值 l_i /(° ′ ″)	改正数 δl_i /(″)	观测次序	观测值 l_i /(° ′ ″)	改正数 δl_i /(″)
1	86 32 10	−5	7	86 32 16	+1
2	86 32 15	0	8	86 32 13	−2
3	86 32 12	−3	9	86 32 10	−5
4	86 32 20	+5			
5	86 32 18	+3	l_0	86 32 15	$[\delta l] = -9''$
6	86 32 12	−3	L	86 32 14	

解：用引入观测角近似值的方法计算。取 $l_0 = 86°32'15''$（通常取观测值的平均数），按式（7-10）计算 δl_i，列于表 7-4 中，最后求得 $[\delta l] = -9''$，则观测角的最或然值为

$$L = l_0 + \frac{[\delta l]}{n} = 86°32'15'' + \frac{-9''}{9} = 86°32'14''$$

二、观测值的中误差

在前面讲到中误差 m 的定义时，需要用到已知观测值的真误差 Δ_i，但在实际工作中，由于未知量的真值往往是未知的，所以真误差也就无法求得，因此不能直接利用式（7-5）求得中误差。但未知量的算术平均值是可以求得的，可用算术平均值代替真值，将算术平均值与各次观测值之差作为改正数代替真误差，由此推导出用改正数表示的中误差计算公式。

设对某量进行等精度观测，观测值分别为 l_1，l_2，…，l_n。观测值的算术平均值为 L，V 表示改正数，则有

$$\left.\begin{array}{l} V_1 = L - l_1 \\ V_2 = L - l_2 \\ \vdots \\ V_n = L - l_n \end{array}\right\} \qquad (7\text{-}12)$$

将上列各式等号两端相加，得
$$[V] = nL - [l]$$
把式(7-9)代入上式得
$$[V] = 0 \qquad (7\text{-}13)$$

因此，在相同观测条件下，一组观测值的改正数之和恒等于零。这个结论常用于检核计算。

下面讨论改正数 V_i 和真误差为 Δ_i 之间的关系，从而导出用 V_i 表示的观测值中误差的公式。由式(7-2)得

$$\left.\begin{aligned} \Delta_1 &= l_1 - X \\ \Delta_2 &= l_2 - X \\ &\vdots \\ \Delta_n &= l_n - X \end{aligned}\right\} \qquad (7\text{-}14)$$

将式(7-12)和式(7-14)对应项相加得
$$\Delta_i + V_i = L - X \quad (i = 1, 2, \cdots, n)$$
设 $L - X = \delta$，代入上式并移项后得
$$\Delta_i = -V_i + \delta$$
再将上式的两端平方，求其和得
$$[\Delta\Delta] = [VV] - 2[V]\delta + n\delta^2$$
将式(7-13)代入上式得
$$[\Delta\Delta] = [VV] + n\delta^2 \qquad (7\text{-}15)$$
又因为
$$\delta = L - X = \frac{[l]}{n} - X = \frac{[l-X]}{n} = \frac{[\Delta]}{n}$$
所以
$$\delta^2 = \frac{1}{n^2}(\Delta_1^2 + \Delta_2^2 + \cdots + \Delta_n^2 + 2\Delta_1\Delta_2 + 2\Delta_1\Delta_3 + \cdots + 2\Delta_{n-1}\Delta_n)$$

$$= \frac{[\Delta\Delta]}{n^2} + \frac{2}{n^2}(\Delta_1\Delta_2 + \Delta_1\Delta_3 + \cdots + \Delta_{n-1}\Delta_n)$$

由于 Δ_1、Δ_2、$\cdots$、Δ_n 是彼此独立的偶然误差，故 $\Delta_i\Delta_j$（$i \neq j$）为两个偶然误差的乘积，具有偶然误差的特性，当观测次数无限增大时，有

$$\lim_{n \to \infty} \frac{2}{n^2}(\Delta_1\Delta_2 + \Delta_1\Delta_3 + \cdots + \Delta_{n-1}\Delta_n) = 0$$

所以

$$\delta^2 = \frac{[\Delta\Delta]}{n^2}$$

将上式代入式(7-15)，得

$$[\Delta\Delta] = [VV] + n \cdot \frac{[\Delta\Delta]}{n^2} = [VV] + \frac{[\Delta\Delta]}{n}$$

将上式两端除以 n 得

$$\frac{[\Delta\Delta]}{n} = \frac{[VV]}{n} + \frac{[\Delta\Delta]}{n^2}$$

根据中误差定义 $m^2 = \dfrac{[\Delta\Delta]}{n}$，得

$$m = \pm\sqrt{\frac{[VV]}{n-1}} \tag{7-16}$$

上式就是利用观测值的改正数计算等精度观测值中误差的公式，也称为贝塞尔公式。m 代表每一次观测值的精度，故称为观测值中误差。

【例 7-10】 在例 7-6 中，假设其距离的真值未知，试用贝塞尔公式计算该 50m 钢尺一次丈量的中误差。

解： 先计算出 6 次丈量距离的算术平均值为 $L = 49.9822$m，观测值列于表 7-5，其余计算过程均在表 7-5 中进行。

$$L = \frac{(49.988 + 49.975 + 49.981 + 49.978 + 49.987 + 49.984)}{6} = 49.9822(\text{m})$$

$$V_1 = L - l_1 = 49.9822 - 49.988 = -0.0058 \ (\text{m}) = -5.8(\text{mm})$$

$$V_2 = L - l_2 = 49.9822 - 49.975 = +0.0072 \ (\text{m}) = +7.2(\text{mm})$$

$$V_3 = L - l_3 = 49.9822 - 49.981 = +0.0012 \ (\text{m}) = +1.2(\text{mm})$$

$$V_4 = L - l_4 = 49.9822 - 49.978 = +0.0041 \ (\text{m}) = +4.1(\text{mm})$$

$$V_5 = L - l_5 = 49.9822 - 49.987 = -0.0048 \ (\text{m}) = -4.8(\text{mm})$$

$$V_6 = L - l_6 = 49.9822 - 49.984 = -0.0018 \ (\text{m}) = -1.8(\text{mm})$$

表 7-5　钢尺丈量的观测值及计算

观测次序	观测值/m	V/mm	VV	计算
1	49.988	−5.8	33.64	
2	49.975	+7.2	51.84	
3	49.981	+1.2	1.44	$m=\pm\sqrt{\dfrac{[VV]}{n-1}}=\pm\sqrt{\dfrac{131.01}{5}}=\pm5.1(\text{mm})$
4	49.978	+4.1	16.81	
5	49.987	−4.8	23.04	
6	49.984	−1.8	3.24	
Σ			131.01	

三、算术平均值中误差的计算公式

在衡量观测结果的精度时，除了要求出观测值中误差之外，还要求出观测值的算术平均值的中误差，作为评定观测值最后结果的精度，由前所述，算术平均值为

$$L=\frac{[l]}{n}=\frac{1}{n}l_1+\frac{1}{n}l_2+\cdots+\frac{1}{n}l_n$$

因为是等精度观测，各观测值的中误差相同，即 $m_1=m_2=\cdots=m_n=m$，则根据算术平均值和线性函数中误差的公式，得出算术平均值中误差的计算公式。

$$M=\pm\sqrt{\frac{1}{n^2}m_1^2+\frac{1}{n^2}m_2^2+\cdots+\frac{1}{n^2}m_n^2}=\pm\sqrt{\frac{m^2}{n}}=\pm\frac{m}{\sqrt{n}}=\pm\sqrt{\frac{[VV]}{n(n-1)}}$$

$$(7\text{-}17)$$

由上式可知，算术平均值的精度比观测值的精度提高了 $\sqrt{n}$ 倍。

【例 7-11】　等精度观测了某段距离 5 次，各次观测值均列于表 7-6 中。试求该段距离的观测值的中误差及算术平均值的中误差。

解：先根据各次观测值计算出改正数 V，再计算出改正数的平方，最后计算出该段距离的观测值的中误差及算术平均值的中误差。计算过程均在表 7-6 中完成。

表 7-6　观测值及算术平均值的中误差计算（例 7-11）

观测次数	观测值 l/m	V/mm	VV	计　　算
1	148.641	−14	196	
2	148.628	−1	1	
3	148.635	−8	64	$m=\pm\sqrt{\dfrac{[VV]}{n-1}}=\pm12.1(\text{mm})$
4	148.610	+17	289	$M=\pm\dfrac{m}{\sqrt{n}}=\pm5.4(\text{mm})$
5	148.621	+6	36	
Σ	743.135	0	586	

【**例 7-12**】　对一水平角观测了 5 个测回，各次观测值均列于表 7-7 中。试求该角的算术平均值，每一测回角值的观测值的中误差及算术平均值的中误差。

解：先根据各次观测值计算出改正数 V，再计算出改正数的平方，最后计算出该段距离的观测值的中误差及算术平均值的中误差。计算过程均在表 7-7 中完成。

表 7-7　观测值及算术平均值的中误差计算（例 7-12）

测回	观测值/(° ′ ″)			V/(″)	VV	计　　算
1	78	21	20	−14	196	
2	78	20	40	+26	676	
3	78	21	00	+6	36	$m=\pm\sqrt{\dfrac{[VV]}{n-1}}=\pm19.5''$
4	78	21	30	−24	576	$M=\pm\dfrac{m}{\sqrt{n}}=\pm8.7''$
5	78	21	00	+6	36	
Σ	78	21	06	0	1520	

【**例 7-13**】　用某台经纬仪测量水平角，每测回角度中误差为 $\pm8''$。现在用这台经纬仪测量一个角度，要求测角中误差不超过 $\pm4''$，问需要观测几个测回？

解：按式（7-17）$M=\pm\dfrac{m}{\sqrt{n}}$

根据题意 $m=\pm8''$，$M=\pm4''$

所以 $n=\dfrac{m^2}{M^2}=\dfrac{8^2}{4^2}=4$，即 4 测回。

第五节　误差传播定律

在测量工作中，有些未知量往往不能直接测定，而是通过观测其他一些相关的量后间接计算出来的。例如：高差 $h=a-b$，是独立观测值后视读数 a 和前视读数 b 的函数。建立独立观测值中误差与观测值函数中误差之间的关系式，测量上称为误差传播定律。

一、线性函数

1. 倍数函数

设有线性函数　　　　　　　$Z=kx$

式中，k 为常数；x 为独立观测值；Z 为 x 的函数。当观测值 x 含有真误差 Δx 时，函数 Z 也将产生相应的真误差 ΔZ，设 x 值观测了 n 次，则

$$\Delta Z_n = k \Delta x_n$$

将上式两端平方，求其总和，并除以 n，得

$$\frac{[\Delta Z \Delta Z]}{n} = k^2 \frac{[\Delta x \Delta x]}{n}$$

根据中误差的定义，则有

$$m_Z^2 = k^2 m_x^2$$

或　　　　　　　　　　$m_Z = k m_x$　　　　　　　　　(7-18)

由此得出结论：倍数函数的中误差等于倍数与观测值中误差的乘积。

【例 7-14】　在 1：500 的图上，量得某两点间的距离 $d=123.4\text{mm}$，d 的量测中误差 $m_d=\pm0.2\text{mm}$。试求实地两点间的距离 D 及其中误差 m_D。

解：因为　　　$D=500\times123.4\text{mm}=61.7(\text{m})$

　　　　　　　$m_D=500\times(\pm0.2)\text{mm}=\pm0.1(\text{m})$

所以　　　　　　$D=61.7(\text{m})\pm0.1(\text{m})$

2. 和差函数

设有函数 $\qquad Z = x \pm y$

式中，x 和 y 均为独立观测值；Z 是 x 和 y 的函数。当独立观测值 x、y 含有真误差 Δx、Δy 时，函数 Z 也将产出相应的真误差 ΔZ，如果对 x、y 观测了 n 次，则

$$\Delta Z_n = \Delta x_n + \Delta y_n$$

将上式两端平方，求其总和，并除以 n，得

$$\frac{[\Delta z \Delta z]}{n} = \frac{[\Delta x \Delta x]}{n} + \frac{[\Delta y \Delta y]}{n} + \frac{2[\Delta x \Delta y]}{n}$$

根据偶然误差的抵消性和中误差定义，得

$$m_Z^2 = m_x^2 + m_y^2$$

或 $\qquad m_Z = \pm \sqrt{m_x^2 + m_y^2}$ （7-19）

由此得出结论：和差函数的中误差等于各个观测值中误差平方和的平方根。

【例 7-15】 分段丈量一直线上两段距离 AB、BC，丈量结果及其中误差为 $AB = 180.15\text{m} \pm 0.01\text{m}$，$BC = 200.18\text{m} \pm 0.13\text{m}$。试求直线全长 AC 及其中误差。

解： $AC = 180.15\text{m} + 200.18\text{m} = 380.33(\text{m})$

$$m_{AC} = \pm \sqrt{0.10^2 + 0.13^2} = \pm 0.17(\text{m})$$

3. 一般线性函数

设有线性函数

$$Z = k_1 x_1 + k_2 x_2 + \cdots + k_n x_n$$

式中，x_1，x_2，$\cdots$，x_n 为独立观测值；k_1，k_2，$\cdots$，k_n 为常数，根据式(7-18) 和式(7-19) 可得

$$m_Z^2 = (k_1 m_1)^2 + (k_2 m_2)^2 + \cdots + (k_n m_n)^2 \qquad (7-20)$$

式中，m_1，m_2，$\cdots$，m_n 分别是 x_1，x_2，$\cdots$，x_n 观测值的中误差。

【例 7-16】 在水准测量中，若水准尺上每次的读数中误差为 $\pm 2.0\text{mm}$，则每站高差中误差为多少?

解：高差 $h=a-b$，则

$$m_h=\sqrt{m_a^2+m_b^2}=\sqrt{2.0^2+2.0^2}=\pm2.8(\mathrm{mm})$$

二、非线性函数

设有函数　　　　　$Z=f(x_1,x_2,\cdots,x_n)$

式中，x_1，x_2，$\cdots$，x_n 为独立观测值，其中误差为 m_1，m_2，$\cdots$，m_n。当观测值 x_i 含有真误差 Δx_i 时，函数 Z 也必然产生真误差 ΔZ，但这些真误差都是很小的值，故对上式全微分，并以真误差代替微分，即

$$\Delta Z=\frac{\partial f}{\partial x_1}\Delta x_1+\frac{\partial f}{\partial x_2}\Delta x_2+\cdots+\frac{\partial f}{\partial x_n}\Delta x_n$$

上式中 $\dfrac{\partial f}{\partial x_1},\dfrac{\partial f}{\partial x_2},\cdots,\dfrac{\partial f}{\partial x_n}$ 是函数 Z 对 x_1，x_2，$\cdots$，x_n 的偏导数，当函数值确定后，则偏导数值恒为常数，故上式可以认为是线性函数，于是有

$$m_Z=\pm\sqrt{\left(\frac{\partial F}{\partial x_1}\right)^2m_{x_1}^2+\left(\frac{\partial F}{\partial x_2}\right)^2m_{x_2}^2+\cdots+\left(\frac{\partial F}{\partial x_n}\right)^2m_{x_n}^2}$$

$$(7\text{-}21)$$

由此得出结论：非线性函数中误差等于该函数按每个观测值所求得的偏导数与相应观测值中误差乘积平方之和的平方根。

【**例 7-17**】　测量一矩形面积，测出边长 $a=40\mathrm{m}$，$m_a=\pm0.02\mathrm{m}$，边长 $b=60\mathrm{m}$，$m_b=\pm0.04\mathrm{m}$，试求该矩形面积 A 和其中误差 m_A。

解：矩形面积 $A=ab=40\times60=2400(\mathrm{m}^2)$

因为　　　　　　　　$\dfrac{\partial A}{\partial a}=b=60(\mathrm{m})$

$$\frac{\partial A}{\partial b}=a=40(\mathrm{m})$$

所以

$$m_A=\pm\sqrt{\left(\frac{\partial A}{\partial a}\right)^2m_a^2+\left(\frac{\partial F}{\partial b}\right)^2m_b^2}=\pm\sqrt{60^2\times0.02^2+40^2\times0.04^2}$$

$$=\pm2(\mathrm{mm})$$

在测量工作中，观测结果存在着测量误差。测量误差产生的原因概括起来有仪器误差、观测者和外界条件的影响三个方面。

通常把观测误差来源的三个方面称为观测条件，观测条件的好坏与观测成果的质量有着密切的联系。一般情况下，观测误差的大小受观测条件的制约。观测条件好时，误差小，观测结果的质量就高；反之，误差大，观测结果的质量就低。

按获得观测值的方式、观测值之间的关系、观测值的可靠程度观测可分为直接观测与间接观测、独立观测与相关观测、必要观测与多余观测和等精度观测与不等精度观测四个类型。

测量误差按其性质可分为系统误差和偶然误差两类。在相同观测条件下，对某量进行一系列的观测，如果观测误差的大小和符号表现出一致性倾向，这种误差就称为系统误差。在相同观测条件下，对某量进行一系列的观测，如果误差的大小及符号都没有表现出一致性的倾向，表面上看没有任何规律，这种误差称为偶然误差。在观测中，系统误差和偶然误差通常总是同时产生的。当系统误差设法消除和减弱后，决定观测精度的关键就是偶然误差。因此，在测量误差理论中主要是讨论偶然误差。偶然误差具有以下四个特性：有限性，聚中性，对称性，抵消性。

我国采用中误差作为评定观测精度的标准；对于观测次数较少的测量工作，多数采用二倍中误差作为极限误差。对于某些观测成果，用中误差还不能完全判断测量精度的优劣。为了能客观反映实际精度，通常用相对误差来表达边长观测值的精度。

当观测次数趋于无限时，算术平均值趋近于该量的真值。在实际工作中，观测次数总是有限的，而算术平均值不是最接近于真值，但比每一个观测值更接近于真值。因此，通常总是把有限次观测值的算术平均值称为该量的最可靠值或最或然值，并且把算术平均值作为最终观测结果。

当观测值的位数较多，为了便于计算和检核，可以选定一个与观测值接近的数作为观测值的近似值。然后利用观测值的改正数计算等精度观测值的中误差。

在测量工作中，有一些未知量不能直接测定，但与观测值有一定的函数关系，可通过间接计算求得。建立独立观测值中误差与观测值函数中误差之间的关系式，测量上称为误差传播定律。

思考题与习题

1. 观测值中为什么存在误差？如何发现？

2. 偶然误差与系统误差有何区别？偶然误差具有哪些特性？

3. 什么是中误差、容许误差和相对误差？

4. 为什么说观测值的算术平均值是最或然值？

5. 在一组等精度观测中，观测值中误差与算术平均值中误差有什么区别？

6. 在水准测量中，设每个测站的观测值中误差为±5mm，若从已知点到待定点一共测 10 个测站，试求其高差中误差。

7. 同精度观测了某角 4 个测回，各测回观测值分别为 128°17′24″，128°17′48″，128°17′54″，128°17′30″。试求该角度的算术平均值，一测回观测值的中误差和算术平均值的中误差。

8. 同精度丈量了某段距离 5 次，各次长度分别为 121.314m，121.330m，121.320m，121.327m，121.335m。试求该段距离的算术平均值、观测值的中误差、算术平均值的中误差及其相对误差。

9. 设在图上量得某一圆的半径 $R = 31.33$mm，中误差为 ±0.5mm。试求圆周长的中误差。

10. 有一矩形场地，测得其长度 $a = 15$m±0.003m，宽度 $b = 20$m±0.004m。试求该矩形场地面积 A 及其中误差 m_A。

第八章

控制测量

导读

- **了解** 国家平面控制网和高程控制网是根据国家规范，按照"先高级后低级，逐级加密"的原则而建立的。按精度分为四个等级，即一、二、三、四等，它是全国各种比例尺测图的基本控制，并为确定地球的形状和大小提供研究资料和信息。

- **理解** 导线测量是建立小区域平面控制网的一种常用方法，它适用于地物分布较复杂的建筑区和平坦而通视条件较差的隐蔽区。根据测区的不同情况和要求，导线的布设形式有闭合导线、附合导线、支导线、无定向附合导线四种。由于 GNSS-RTK 测量的普及，近年来小区域平面控制网均用 GNSS-RTK 测量代替。

- **掌握** 闭合导线、附合导线、支导线的计算方法和国家三、四等水准测量的观测、记录和计算。导线测量的外业工作结束后，首先要对外业观测成果进行全面检查和整理，观测数据有无遗漏，记录计算是否正确，成果是否符合限差要求，然后进行导线内业计算，其目的就是根据已知的起始数据和外业观测成果，通过误差调整，计算出各导线点的平面坐标。

第一节　控制测量概述

在工程规划设计中，需要一定比例尺的地形图和其他测绘资料，工程施工中也需要进行施工测量。为了限制误差的累积和传播，保证测图和施工的精度及速度，测量工作必须遵循"从整体到局部，由高级到低级，先控制后碎部"的原则。即先进行整个测区的控制测量，然后再进行碎部测量。控制测量的实质就是在测区内选定若干个有控制作用的控制点，按一定的规律和要求布设成几何图形或折线，测定控制点的平面位置和高程。

在全国范围内建立的控制网，称为国家控制网。它采用精密测量仪器和方法，依照《国家三角测量和精密导线测量规范》《全球定位系统（GPS）测量规范》《卫生定位城市测量技术规范》《国家一、二等水准测量规范》和《国家三、四等水准测量规范》施测，按精度分为四个等级，即一、二、三、四等，按照"先高级后低级，逐级加密"的原则而建立。它是全国各种比例尺测图的基本控制，并为确定地球的形状和大小提供研究资料和信息。

城市（厂矿）控制网是在国家控制网的基础上，为满足城市（厂矿）建设工程需要而建立的不同等级的控制网，以供城市和工程建设中测图和规划设计使用，也是施工放样的依据。

在小范围（面积一般在 15km² 以下）内建立的控制网称为小区域控制网，它是为满足大比例尺测图和建设工程需要而建立的控制网。小区域控制网应尽可能与国家或城市控制网联测，若不便联测，也可以建立独立控制网。直接为测图建立的控制网称作图根控制网。高等级公路的控制网，一般应与附近的国家或城市控制网联测。

测定控制点平面位置的工作，称为平面控制测量；测定控制点高程的工作，称为高程控制测量。

一、平面控制测量

常规的平面控制测量常用以下三种方法。

1. 三角测量

三角测量是按规范要求在地面上选择一系列具有控制作用的控制点，组成互相连接的三角形，用精密仪器观测所有三角形中的内角，并精确测定起始边的边长和方位角，按三角形的边角关系逐一推算其余边长和方位角，最后解算出各点的坐标。若三角形排列成条状，称为三角锁，如图 8-1 所示；若扩展成网状，称为三角网，如图 8-2 所示。构成三角锁、网的各三角形顶点称为三角点，也称为大地点。

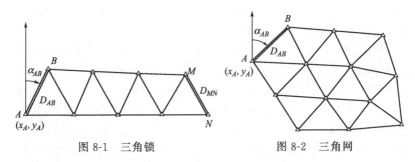

图 8-1　三角锁　　　　　　　　图 8-2　三角网

在全国范围内建立的三角网，称为国家平面控制网。按"逐级控制，分级布网"的原则分为四个等级，即一、二、三、四等，一等精度最高，由高级到低级逐级控制，构成全国基本平面控制网。一等三角锁沿经纬线方向布设，由近似于等边的三角形组成，边长为 20～25km，每条锁长为 200～250km，是国家平面控制网的骨干；二等三角网是国家平面控制网的全面基础，布设于一等三角锁环内，有两种布网形式，一种是由纵横交叉的两条二等三角基本锁将一等三角锁划分为四个大致相等的部分，边长为 20～25km，其空白部分由二等补充网填充，称为纵横锁系布网方案；另一种是在一等三角锁环内布设全面二等三角网，平均边长 13km 左右，称为全面布网方案。因为一等三角锁的两端和二等三角网的中间，都要测定起算边长、天文经纬度和方位角，所以，国家一、二等锁、网也合称为天文大地网。我国天文大地网于 1951 年开始布设，1961 年基本完成，1975 年修测和补测工作全部结束，大地点约有 5 万多个。

三、四等三角网是二等网的进一步加密，其中三等三角网边长 8km 左右，四等三角网边长为 2～6km，以满足测图和施工的需要。表 8-1 是《工程测量规范》（GB 50026—2007）中规定的三角形网测量的主要技术要求。

【**例 8-1**】　在全国范围内建立的三角网，称为国家平面控制网。按"逐级控制，分级布网"的原则分为四个等级，即（　　　）。

（一、二、三、四等）

表 8-1　三角形网测量的主要技术要求

等级	平均边长/km	测角中误差(″)	测边相对中误差	最弱边边长相对中误差	测回数			三角形最大闭合差(″)
					1″级仪器	2″级仪器	6″级仪器	
二等	9.0	±1.0	≤1/250000	≤1/120 000	12	—	—	±3.5
三等	4.5	±1.8	≤1/150000	≤1/70 000	6	9	—	±7.0
四等	2.0	±2.5	≤1/100000	≤1/40 000	4	6	—	±9.0
一级	1.0	±5.0	≤1/40000	≤1/20 000	—	2	4	±15.0
二级	0.5	±10.0	≤1/20000	≤1/10 000	—	1	2	±30.0

注：当测区测图的最大比例尺为 1∶1000 时，一、二级网的平均边长可适当放长，但不应大于表中规定长度的 2 倍。

【例 8-2】　三等三角网边长为（8km）左右，四等三角网边长为（　　），以满足测图和施工的需要。　　　　　　　　　（2～6km）

2. 导线测量

在通视比较困难的地区，常用精密导线测量代替相应等级的三角测量。特别是电磁波测距仪和全站仪的出现，为精密导线测量创造了便利条件。导线测量是在地面上选择一系列控制点，将相邻点联成直线而构成折线形，称为导线，如图 8-3 所示。在控制点上，用精密仪器依次测定所有折线的边长和转折角，根据解析几何的知识解算出各点的坐标。用导线测量方法确定的平面控制点，称为导线点。

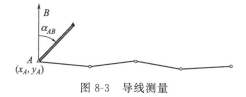

图 8-3　导线测量

在全国范围内建立三角网时，在某些局部地区采用三角测量有困难的情况下，亦可采用同等级的导线测量来代替。导线测量也分为四个等级，即一、二、三、四等。其中，一、二等导线又称为精密导线测量。表 8-2 是《工程测量规范》（GB 50026—2007）中规定的三、四等导线测量的主要技术要求。

表 8-2　导线测量的主要技术要求

等级	导线长度/km	平均边长/km	测角中误差/(")	测距中误差/mm	测距相对中误差	测回数			方位角闭合差/(")	导线全长相对闭合差
						1"级仪器	2"级仪器	6"级仪器		
三等	14	3	1.8	20	1/150000		10	—	$3.6\sqrt{n}$	≤1/55000
四等	9	2.5	2.5	18	1/80000	4	6	—	$5\sqrt{n}$	≤1/35000

注：表中 n 为导线转折角的个数。

【例 8-3】　在通视比较困难的地区，常用精密导线测量代替相应等级的（　　）测量。　　　　　　　　　　　　　　　（三角）

【例 8-4】　一、二等导线测量，又称为（　　）。
　　　　　　　　　　　　　　　　　　　　　（精密导线测量）

3. GNSS 控制测量

由于 GNSS 定位技术不断拓展高等级测量的应用领域，现在大地控制测量和大部分工程控制测量基本上都用 GNSS 接收机来完成。GNSS 卫星定位网虽然不存在常规控制网的那种逐级控制问题，但是由于不同的 GNSS 网的应用和目的不同，其精度标准也不相同。

中华人民共和国国家质量监督检验检疫总局、中国国家标准化管理委员会于 2009 年 2 月 6 日发布，2009 年 6 月 1 日实施的《全球定位系统（GPS）测量规范》[specifications for global positioning system（GPS）surveys，以下简称《国家规范》]。

中华人民共和国住房和城乡建设部在 2010 年 3 月 15 日发布并于 2010 年 10 月 1 日实施的中华人民共和国行业标准（CJJ/T 73—2010）《卫星定位城市测量技术规范》（technical code for urban surveying using satellite positioning system，以下简称《城市规范》）。

根据传统的习惯做法，《国家规范》将 GPS 卫星定位网按其精度划分为 A、B、C、D、E 五级，如表 8-3 所列。其中 A 级主要用于区域性的地球动力学研究、地壳形变测量；B 级主要用于局部形变监测和各种精密工程测量；C 级主要用于国家大、中城市及工程测量的基本控制网；D、E 级多用于中、小城市、城镇及测图、地籍、土地信息、房产、物探、勘测、建筑施工等控制网测量。并明确指出 A、B 级可作为建立国家空间大地控制网的基础，C、D、E 级 GPS 控制网的布设可采用快速静态定位测量的方法。

由于卫星的轨道运动和地球的自转，卫星相对于测站的几何图形在不断变化。一些卫星可以投入观测作业，另一些卫星无法继续观测。考虑到作业中尽可能选取图形强度较好的卫星进行观测，因而在一个观测时段要更换几次跟踪的卫星。

试验表明，在静态相对定位环境下进行载波相位测量，对于 3000km 以内的站间距离 D，可以达到（$5mm+10^{-8}D$）的精度，三维位置精度能够达到 $\pm 3cm$。因此，以载波相位观测量为根据的静态相对定位，是建立 GNSS 控制网的基本方式。《国家规范》中的各项规定，就是针对这一基本方式作出的。

《城市规范》主要是为了适应城市各等级 GNSS 测量技术的要求，突出了城市测量与工程测量应用的特点。《国家规范》是从全国范围考虑，故两规范之间没有矛盾之处。

《国家规范》规定的各级 GPS 测量精度分级列于表 8-3；《城市规范》规定的各级 GNSS 测量精度分级列于表 8-4。

表 8-3　《国家规范》规定的 GPS 测量精度分级

级别	相邻点基线分量中误差		平均距离/km
	水平分量/mm	垂直分量/mm	
A	2	3	由卫星定位连续运行基准站构成
B	5	10	50
C	10	20	20
D	20	40	5
E	20	40	3

表 8-4　《城市规范》规定的 GNSS 测量精度分级

等级	平均边长/km	异步环或附合线路边数/条	a/mm	$b/\times 10^{-6}$	最弱边相对中误差
二等	9	≤6	≤5	≤2	1/120000
三等	5	≤8	≤5	≤2	1/80000
四等	2	≤10	≤10	≤5	1/45000
一级	1	≤10	≤10	≤5	1/20000
二级	<1	≤10	≤10	≤5	1/10000

注：表中 a 表示固定误差，b 表示比例误差系数。

《国家规范》规定的各级 GPS 测量作业的基本技术规定列于表 8-5；《城市规范》规定的各级 GNSS 测量作业的基本技术规定列于表 8-6。

表 8-5　《国家规范》规定的各级 GPS 测量作业的基本技术要求规定

项目 　　　　级别	B	C	D	E
卫星截止高度角(°)	10	15	15	15
同时观测有效卫星数	≥4	≥4	≥4	≥4
有效观测卫星总数	≥20	≥6	≥4	≥4
观测时段数	≥3	≥2	≥1.6	≥1.6
时段长度	≥23h	≥4h	≥69min	≥40min
采样间隔/s	30	10～30	5～15	5～15

注：1. 计算有效观测卫星总数时，应将各时段的效观测卫星数扣除其间的重复卫星数。

2. 观测时段长度，应为开始记录数据到结束记录的时间段。

3. 观测时段数≥1.6，指采用网观测模式时，每站至少观测一时段，其中二次设站点数应不少于 GPS 网总点数的 60%。

4. 采用基于卫星定位连续运行基准站点观测模式时，可连续观测，但观测时间应不低于表中规定的各时段观测时间的和。

表 8-6　《城市规范》规定的各级 GNSS 测量作业的基本技术规定

项　目 　　　　等级	观测方法	二等	三等	四等	一级	二级
卫星高度角(°)	静态	≥15	≥15	≥15	≥15	≥15
有效观测同类卫星数	静态	≥4	≥4	≥4	≥4	≥4
平均重复设站数	静态	≥2	≥2	≥1.6	≥1.6	≥1.6
时段长度/min	静态	≥90	≥60	≥45	≥45	≥45
数据采样间隔/s	静态	10～30	10～30	10～30	10～30	10～30
PDOP 值	静态	<6	<6	<6	<6	<6

由于《国家规范》比《城市规范》出台早，故两规范对导航卫星定位系统的称呼不一样，如《国家规范》称 GPS 为单指 GPS 系统，也可选用 GNSS 接收机；而《城市规范》称 GNSS，它包含了

GPS、GLONASS、Compass、Galileo 系统。

为了进行城市和工程测量，《城市规范》规定其 GNSS 网按相邻点的平均距离和精度划分为二、三、四等和一级、二级，如表8-4 所列。并规定在布网时可以逐级布设、越级布设或布设同级全面网。

此外，区域性 GPS 大地控制网、GPS 精密工程控制网、GPS 变形监测、线路 GPS 控制网等已基本取代了常规大地控制网。

【例 8-5】　《国家规范》规定（　　）级多用于中、小城市、城镇及测图、地籍、土地信息、房产、物探、勘测、建筑施工等控制网测量（　　）。　　　　　　　　　　　　　　　　（D、E）

【例 8-6】　《城市规范》主要是为了适应城市各等级 GNSS 测量技术的要求，突出了城市测量与（　　）应用的特点。

（工程测量）

二、高程控制测量

高程控制测量的主要方法是水准测量。在全国范围内测定的一系列统一而精确的地面点高程所构成的网称为高程控制网。国家高程控制网的建立也是按照由高级到低级，由整体到局部的原则进行的。按施测次序和施测精度同样分为四个等级，即一、二、三、四等。一等水准网是国家高程控制的骨干，沿地质构造稳定和坡度平缓的交通线布满全国，全长约 93000km，包括 100 个闭合环，环的周长为 800～1500km；二等水准网是国家高程控制网的全面基础，全长 137000km，有 822 个闭合环，每个环的周长为 300～700km，二等水准环线沿铁路、公路和河流布设在一等水准环内；三、四等水准网是在二等水准网的基础上进一步加密，直接为测图和工程提供必要的高程控制。三等环不超过 300km；四等水准一般布设为附合水准路线，其长度不超过 80km。

用于工程的小区域高程控制网，应根据测区面积的大小和工程的需要，采用分级建立。通常是先以国家水准点为基础，在测区内建立三、四等水准路线，再以三、四等水准点为基础，测定等外（图根）水准点的高程。水准点的间距，一般地区为 2～3km，城市建筑区为 1～2km，工业区小于 1km。一个测区至少设立三个水准点。对于山区或困难地区，还可以采用三角高程测量的方法建立高程控制。

各级公路及构造物的高程控制测量等级应按表8-7执行：

表8-7 高程控制测量等级选用

高架桥、路线控制测量	多跨桥梁总长 L/m	单跨桥梁 L_K /m	隧洞贯通长度 L_G/m	测量等级
—	$L \geqslant 3000$	$L_K \geqslant 500$	$L_G \geqslant 6000$	二等
—	$1000 \leqslant L < 3000$	$150 \leqslant L_K < 500$	$3000 \leqslant L_G < 6000$	三等
高架桥、高速、一级公路	$L < 1000$	$L_K < 150$	$L_G < 3000$	四等
二、三、四级公路	—	—	—	五等

【例8-7】 二等水准网是国家高程控制网的（　　）。
　　　　　　　　　　　　　　　　　　　　　　　　（全面基础）

【例8-8】 四等水准一般布设为附合水准路线，其长度不超过（　　）。　　　　　　　　　　　　　　　　　　　　（80km）

【例8-9】 用于工程的小区域高程控制网，应根据测区面积的大小和工程的需要，采用（　　）的方法。　　（分级建立）

三、小区域平面控制测量

用于工程的平面控制测量，一般是建立小区域平面控制网。它可根据工程的需要和测区面积的大小分级建立。测区范围内建立最高一级的控制网，称为首级控制网；最低一级的即直接为测图而建立的控制网，称为图根控制网。首级控制与图根控制的关系如表8-8所示。

表8-8 首级控制与图根控制的关系

测区面积/km²	首级控制	图根控制
1～10	一级小三角或一级导线	两级图根
0.5～2	二级小三角或二级导线	两级图根
0.5 以下	图根控制	—

公路工程平面控制网，常规上一般采用导线测量的方法，其等级依次为三、四等和一、二、三级导线；其等级的确定应符合表

8-9 的规定。

表 8-9　平面控制测量等级选用

高架桥、路线控制测量	多跨桥梁总长 L /m	单跨桥梁 L_K /m	隧洞贯通长度 L_G/m	测量等级
—	$L \geqslant 3000$	$L_K \geqslant 500$	$L_G \geqslant 6000$	二等
—	$2000 \leqslant L < 3000$	$300 \leqslant L_K < 500$	$3000 \leqslant L_G < 6000$	三等
高架桥	$1000 \leqslant L < 2000$	$150 \leqslant L_K < 300$	$1000 \leqslant L_G < 3000$	四等
高速、一级公路	$L < 1000$	$L_K < 150$	$L_G < 1000$	一级
二、三、四级公路	—	—	—	二级

直接用于测图的控制点，称为图根控制点。图根点的密度取决于地形条件和测图比例尺，见表 8-10。

表 8-10　一般地区解析图根点的数量

测图比例尺	图幅尺寸/cm	解析图根点数量/个		
		全站仪测图	GPS-RTK 测图	平板测图
1∶500	50×50	2	1	8
1∶1000	50×50	3	1～2	12
1∶2000	50×50	4	2	15
1∶5000	40×40	6	3	30

下面着重介绍用导线测量和三角高程测量建立小区域平面控制网和高程控制网的方法。此外，还简要介绍交会法测量进行单个平面控制点加密的方法。

第二节　导线测量的外业观测

导线测量是建立小区域平面控制网的一种常用方法，它适用于地物分布较复杂的建筑区、水利工程、地下工程、公路、铁路和平坦而通视条件较差的隐蔽区。若用经纬仪测量导线各转折角，用钢尺丈量导线各边边长，称为经纬仪量距导线。若用测距仪或全站仪测量导线各转折角和边长，则称为电磁波测距导线。

一、导线的布设形式

根据测区的不同情况和要求，导线的布设形式有下列四种。

1. 闭合导线

如图 8-4 所示，从一个已知高级控制点 B 和已知方向 BA 出发，经过若干个导线点 2、3、4、5 又返回到原已知高级控制点 B 上，形成一个闭合多边形，称为闭合导线。它有三个检核条件：一个多边形内角和条件及两个坐标增量条件。闭合导线多用于面积较大的独立地区作测图控制。

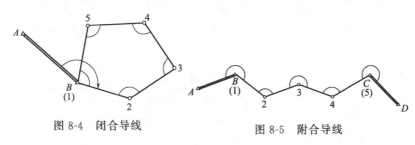

图 8-4　闭合导线

图 8-5　附合导线

2. 附合导线

如图 8-5 所示，从一个已知高级控制点 B 和已知方向 AB 出发，经过若干个导线点 2、3、4，最后附合到另一个已知高级控制点 C 和已知方向 CD 上，称为附合导线。它有三个检核条件：一个坐标方位角条件和两个坐标增量条件。附合导线多用于带状地区作测图控制。此外，也广泛应用于水利、公路、铁路等工程的勘测与施工。

3. 支导线

如图 8-6 所示，导线从一个已知高级控制点和已知方向 AB 出发，经过 1～2 个导线点，既不回到原已知高级控制点上，又不附合到另一已知高级控制点上，称为支导线。由于支导线只有必要的起算数据，没有检核条件，有了

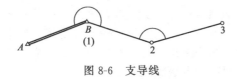

图 8-6　支导线

差错不容易发现，故导线点的个数不宜超过 2 个，一般仅作为补点使用。

4. 无定向附合导线

在密集的城镇建筑区以及平坦隐蔽地区的地形控制测量中，由于受通视条件和已知高级控制点个数的限制，给附合导线观测连接角带来很多困难，有时甚至是不可能的。根据实际作业的需要，提出了无定向附合导线的方法。

如图 8-7 所示，由一个已知高级控制点 A 出发，经过若干个导线点 1、2、3，最后附合到另一个已知高级控制点 B 上，但起始边方位角不知道，且起、终两点 A、B 不通视，只能假设起始方位角，建立自由坐标系，计算出该坐标系中的各边方位角，各点假定坐标，最后经旋转、平移后获得各导线点的最后坐标值。

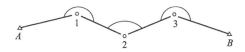

图 8-7 无定向附合导线

用导线测量的方法建立小区域平面控制网，通常分为一级导线、二级导线、三级导线和图根级导线，它们可作为国家四等控制点或国家 E 级 GPS 点的加密，也可以作为独立地区的首级控制。表 8-11 是《工程测量规范》（GB 50026—2007）中规定的导线测量的主要技术要求。

公路工程应满足交通部行业标准《公路勘测规范》（JTGC 10—2007）的规定，导线各边的长度应按表 8-12 的规定尽量接近于平均边长，且不同导线边长不应相差过大，导线点的数量要足够，以便控制整个测区。

【**例 8-10**】 根据测区的不同情况和要求，导线的布设形式有（　　）。　　（闭合导线、附合导线、支导线、无定向附合导线）

【**例 8-11**】 当测区测图的最大比例尺为 1∶1000 时，一、二、三级导线的导线长度、平均边长可适当放长，但不应大于表中规定长度的（　　）。　　　　　　　　　　　　　　（2 倍）

表 8-11 导线测量的主要技术要求

等级	导线长度/km	平均边长/km	测角中误差/(″)	测距中误差/mm	测距相对中误差	测回数			方位角闭合差/(″)	导线全长相对闭合差
						1″级仪器	2″级仪器	6″级仪器		
一级	4	0.5	5.0	15	1/30000	—	2	4	$10\sqrt{n}$	≤1/15 000
二级	2.4	0.25	8.0	15	1/14000	—	1	3	$16\sqrt{n}$	≤1/10 000
三级	1.2	0.1	12.0	15	1/7000	—	1	2	$24\sqrt{n}$	≤1/5 000
图根	αM	—	首级 20 一般 30	15	1/4000	1	1	1	$40\sqrt{n}$ $60\sqrt{n}$	≤1/(2000α)

注：1. 表中 n 为导线转折角的个数；M 为测图比例尺分母，对于工矿区现状图测量，不论测图比例尺大小，M 均应取值为 500；α 为比例系数；取值宜为 1；

2. 当采用 1∶500、1∶1000 比例尺测图时，n 的值在 1～2 之间选用；

3. 当测区测图的最大比例尺为 1∶1000 时，一、二、三级导线的导线长度、平均边长可适当放长，但不应大于表中规定长度的 2 倍。

表 8-12 公路导线测量的主要技术要求

测量等级	附(闭)合线长度/km	边数	每边测距中差/mm	单位权中误差/(″)	导线全长相对闭合差	方位角闭合差/(″)
三等	≤18	≤9	≤±14	≤±1.8	1/52000	±3.6$\sqrt{n}$
四等	≤12	≤12	≤±10	≤±2.5	1/35000	±5$\sqrt{n}$
一级	≤6	≤12	≤±14	≤±5.0	1/17000	±10$\sqrt{n}$
二级	≤3.6	≤12	≤±11	≤±8.0	1/11000	±16$\sqrt{n}$

注：1. 表中 n 为测站数。

2. 以测角中误差为单位权中误差。

3. 导线网节点间的长度不得大于表中长度的 0.7 倍。

二、导线测量的外业工作

导线测量的外业工作包括：踏勘选点，建立标志；测边、测角和定向。

1. 踏勘选点，建立标志

导线点的选择，直接影响到导线测量的精度和速度以及导线点的使用和保存。因此，在踏勘选点之前，首先要调查和收集测区已有的地形图及高等级控制点的成果资料，依据测图和施工的需要，在地形图上拟定导线的布设方案，然后到野外现场踏勘、核对、修改、落实点位和建立标志。如果测区没有以前的地形资料，则需要现场实地踏勘，根据实际情况，直接拟定导线的路线和形式，选定导线点的点位及建立标志。选点时，应注意以下几点。

（1）相邻点间要通视良好，地势较平坦，便于量边和测角。

（2）点位应选在土质坚实，视野开阔处，以便于保存点的标志和安置仪器，同时也便于碎部测量和施工放样。

（3）导线边长应大致相等，相邻边长度之比不要超过三倍，其平均边长根据测量的要求应符合表8-11或表8-12的规定。

（4）所选导线点必须满足观测视线超越（或旁离）障碍物1.3m以上。

（5）路线平面控制点的位置应沿路线布设，距路中心的位置宜大于50m且小于300m，同时应便于测角、测距、地形测量和定线放样。

（6）在桥梁和隧道处，应考虑桥隧布设控制网的要求；在大型构造物的两侧应分别布设一对平面控制点。

（7）导线点要有足够的密度，便于控制整个测区。

确定导线点的位置后，应根据需要做好标志。在沥青或碎石路面上，也可用顶上刻有"十"字的大铁钉代替；若导线点为短期保存，只要在地面上打下一个大木桩，在桩顶钉上一个小钉作为导线点的临时标志，如图8-8所示；若导线点需要长期保存，就要埋设桩顶刻凿"十"字的石桩或在桩顶上端预埋刻有"十"字的钢筋混凝土桩，如图8-9所示。

为了避免混乱，导线点要分等级统一编号，以便于测量资料的统一管理，为了在使用时利于寻找，可以在点位附近的房角、电线杆等明显地物上用红漆标明指示导线点与该明显地物的方向和距离。并绘制选点略图，即"点之记"，在点之记上应注记地名、道路名、导线点编号以及导线点距离最近的明显地物点的距离，最少两个以上。以便于今后寻找和使用。

【例8-12】　导线点的选择，直接影响到导线测量的（　　）和速度以及导线点的使用和保存。　　　　　　　　　　　（精度）

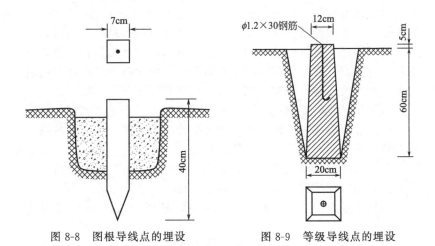

图 8-8　图根导线点的埋设　　　图 8-9　等级导线点的埋设

【例 8-13】　在点之记上应注记地名、道路名、导线点编号以及导线点距离最近的明显地物点的距离，最少（　　　）以上。

（两个）

2. 测边、测角和定向

（1）测边　导线边长可用电磁波测距仪或全站仪单向施测完成，也可用经检定过的钢尺往返丈量完成，但均要符合表 8-11 或表 8-12 中所列的要求。量距时，平均尺温与检定时的温度相差大于 10℃时，应进行温度改正；尺面倾斜大于 1.5％时，应进行倾斜改正。

（2）测角　导线的转折角有左、右之分，以导线为界，按编号顺序方向前进，在前进方向左侧的角称为左角，在前进方向右侧的角称为右角。对于附合导线，可测其左角，也可测其右角（在公路测量中，一般是观测右角），但全线要统一。对于闭合导线，可测其内角，也可测其外角，若测其内角并按逆时针方向编号，其内角均为左角，反之均为右角。角度观测采用测回法。各等级导线的测角要求，均应满足表 8-11 或表 8-12 的规定。对于图根级导线，一般用 J6 级光学经纬仪测一个测回，盘左、盘右测得角值的较差不大于 40″时，取平均值作为最后结果。

当测角精度要求较高，导线边长较短时，为了减少对中误差和目标偏心误差，可采用三联脚架法进行作业。

　　如图 8-10 所示，经纬仪置于导线点 2 时，在导线点 1、3 上安置与观测仪器同型号的三脚架和基座，基座上插入照准用的觇标。导线点 2 测角完毕后，将经纬仪照准部和 3 点上的觇标自基座上取出并互相对调，将 1 点的三脚架连同觇标搬迁到 4 点，然后在 3 点上又进行角度观测，……，这样依次向前，直至测完全部转折角为止。

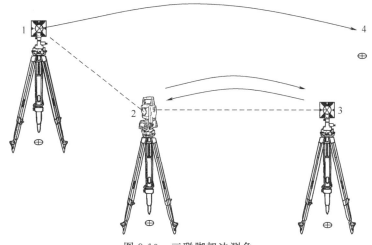

图 8-10　三联脚架法测角

　　（3）定向　为了控制导线的方向，在导线起、止的已知控制点上，必须测定连接角，该项工作称为导线定向，或称导线连接测量。定向的目的是为了确定每条导线边的方位角。

　　导线的定向有两种情况，一种是布设独立导线，只要用罗盘仪测定起始边的方位角，整个导线的每条边的方位角就可确定了；另一种情况是布设成与高一级控制点相连接的导线，先要测出连接角，再根据高一级控制点的方位角，推算出各边的方位角。连接角要精确测定。

　　【例 8-14】　三联脚架法的优点是可减少（　　）误差和（　　）误差，在测角精度要求较高，导线边长较短时采用效果最好。

（对中，目标偏心）

第三节　导线测量的内业计算

导线测量外业结束后，就要进行导线内业计算，其目的就是根据已知的起始数据和外业观测成果，通过误差调整，计算出各导线点的平面坐标。

计算之前，首先要对外业观测成果进行全面检查和整理，观测数据有无遗漏，记录计算是否正确，成果是否符合限差要求，然后绘制导线略图，并把各项数据标注在略图上，如图 8-11 所示。

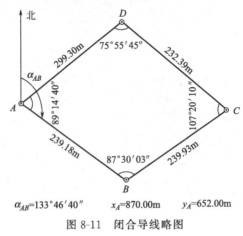

图 8-11　闭合导线略图

一、闭合导线计算

闭合导线是由折线组成的多边形，必须满足多边形内角和条件和坐标条件，即从起算点开始，逐点推算各待定导线点的坐标，最后推回到起算点，由于是同一个点，故推算出的坐标应该等于该点的已知坐标。

现以图 8-11 所示的图根闭合导线为例，介绍闭合导线计算步骤，可参见表 8-13。

1. 在表中填入已知数据

将导线略图中的点号、观测角、边长、起始点坐标、起始边方位角填入表 8-13 中。

表 8-13　闭合导线坐标计算表

点号	观测角/(°′″)	改正数/(″)	改正后角值/(°′″)	坐标方位角/(°′″)	边长/m	Δx′	Δy′	Δx	Δy	x	y	点号
1	2	3	4	5	6	7	8	9	10	11	12	13
A				133 46 40						870.00	652.00	A
					239.18	+0.06 −165.48	+0.02 +172.69	−165.42	+172.71			
B	87 30 03	−9	87 29 54	41 16 34						704.58	824.71	B
					239.73	+0.07 +180.17	+0.02 +158.18	+180.24	+158.20			
C	107 20 10	−10	107 20 00	328 36 34						884.82	982.91	C
					232.39	+0.06 +198.38	+0.02 −121.04	+198.44	−121.02			
D	75 55 45	−10	75 55 35	224 32 09						1083.26	861.89	D
					299.30	+0.08 −213.34	+0.03 −209.92	−213.26	−209.89			
A	89 14 40	−9	89 14 31	133 46 40						870.00	652.00	A
B								0	0			B
Σ	360 00 38	−38	360 00 00		1010.60	−0.27	−0.09	0	0			

辅助计算

$f_\beta = +38''$　$f_{\beta容} = \pm 60\sqrt{4} = \pm 120''$

$f_\beta \leqslant f_{\beta容}$

$f_x = -0.27 \text{(m)}$

$f_y = -0.09 \text{(m)}$

$f_D = \sqrt{f_x^2 + f_y^2} = 0.28 \text{(m)}$

$K = \dfrac{f_D}{\sum D} = \dfrac{0.28}{1010.60} \approx \dfrac{1}{3600}$

2. 计算、调整角度闭合差

由平面几何知识可知，n 边形闭合导线的内角和的理论值应为

$$\sum\beta_{理}=(n-2)\times180° \tag{8-1}$$

在实际观测中，由于误差的存在，使实测的内角和 $\sum\beta_{测}$ 不等于理论值 $\sum\beta_{理}$，两者之差称为闭合导线的角度闭合差 f_β。即

$$f_\beta=\sum\beta_{测}-\sum\beta_{理}=\sum\beta_{测}-(n-2)\times180° \tag{8-2}$$

如图 8-11 所示的闭合导线，其角度闭合差 $f_\beta=360°00'38''-360°00'00''=+38''$。根据图根导线测量的限差要求，其闭合差的容许值为

$$f_{\beta容}=\pm60\sqrt{n} \tag{8-3}$$

式中　$f_{\beta容}$——容许角度闭合差，$('')$；

　　　n——闭合导线的内角个数。

各等级导线角度闭合差的容许值列于表 8-11 中。若 $f_\beta>f_{\beta容}$，则说明角度闭合差超限，应返工重测；若 $f_\beta<f_{\beta容}$，则说明所测角度满足精度要求，可将角度闭合差进行调整。每个角度的改正数用 V_β 表示，则有

$$V_\beta=-\frac{f_\beta}{n} \tag{8-4}$$

式中　f_β——角度闭合差，$('')$；

　　　n——闭合导线的内角个数。

角度闭合差的调整原则是：将 f_β 反符号平均分配到各观测角中，如果不能均分，则将余数分配给短边的夹角。调整后的内角和应等于理论值 $\sum\beta_{理}$。

3. 计算各边的坐标方位角

从图 8-11 中可以看出，推算方位角的路线方向为：北 $A\rightarrow AB\rightarrow BC\rightarrow CD\rightarrow DA\rightarrow A$ 北，根据起始边的已知坐标方位角及调整后的各内角值，按下列公式计算各边坐标方位角。

$$\alpha_{前}=\alpha_{后}+180°\pm\beta \tag{8-5}$$

在计算时要注意以下几点。

（1）式(8-5)中 $\pm\beta$，若 β 是左角，则取 $+\beta$；若 β 是右角，则取 $-\beta$。

（2）计算出来的 $\alpha_{前}$，若大于 $360°$，应减去 $360°$；若小于 $0°$ 时，则加上 $360°$，即保证坐标方位角在 $0°\sim360°$ 的取值范围。

（3）起始边的坐标方位角最后推算出来，其推算值应与已知值相等，否则推算过程有错。

4. 坐标增量闭合差的计算与调整

如图 8-12 所示，根据已推算出的坐标方位角和相应边的边长，按下式计算坐标增量，即

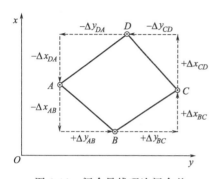

图 8-12　闭合导线理论闭合差　　图 8-13　闭合导线坐标闭合差

$$\left.\begin{array}{l}\Delta x_i'=D_i\cos\alpha_i\\\Delta y_i'=D_i\sin\alpha_i\end{array}\right\}\tag{8-6}$$

例如算例中 BC 边的坐标增量为

$$\left.\begin{array}{l}\Delta x_{BC}=D_{BC}\cos\alpha_{BC}=239.73\times\cos(41°16'34'')=+180.17(\text{m})\\\Delta y_{BC}=D_{BC}\sin\alpha_{BC}=239.73\times\sin(41°16'34'')=+158.18(\text{m})\end{array}\right\}$$

根据闭合导线的定义，闭合导线纵、横坐标增量之和的理论值应为零，即

$$\left.\begin{array}{l}\sum\Delta x_i=0\\\sum\Delta y_i=0\end{array}\right\}\tag{8-7}$$

实际上，测量边长的误差和角度闭合差调整后的残余误差，使纵、横坐标增量的代数和不能等于零，则产生了纵、横坐标增量闭合差，即

$$f_x = \sum \Delta x'_{测} \Big\}$$
$$f_y = \sum \Delta y'_{测} \Big\}$$
$$\hspace{6cm}(8\text{-}8)$$

由于坐标增量闭合差的存在，使导线不能闭合，如图 8-13 所示，AA' 这段距离 f_D 称为导线全长闭合差。按几何关系得

$$f_D = \sqrt{f_x^2 + f_y^2} \hspace{4cm}(8\text{-}9)$$

顾及导线越长，误差累积越大，因此衡量导线的精度通常用导线全长相对闭合差来表示，即

$$K = \frac{f_D}{\sum D} = \frac{1}{\dfrac{\sum D}{f_D}} \hspace{4cm}(8\text{-}10)$$

式中 $\sum D$——导线边长总和，m。

对于不同等级的导线全长相对闭合差的容许值 $K_容$ 可查阅表 8-11 的规定。若 $K \leqslant K_容$，则说明导线测量结果满足精度要求，可进行调整。坐标增量闭合差的调整原则是：将 f_x、f_y 反符号按与边长成正比的方法分配到各坐标增量上去，将计算凑整残余的不符值分配在长边的坐标增量上，则坐标增量的改正数为

$$v_{\Delta x_i} = -\frac{f_x}{\sum D} D_{ij} \Big\}$$
$$v_{\Delta y_i} = -\frac{f_y}{\sum D} D_{ij} \Big\}$$
$$\hspace{5cm}(8\text{-}11)$$

式中 $v_{\Delta x_i}$——第 i 边的纵坐标增量，m；

$\quad\quad v_{\Delta y_i}$——第 i 边的横坐标增量，m；

$\quad\quad \sum D$——导线边长总和，m。

为作计算校核，坐标增量改正数之和应满足下式，即

$$\sum v_{\Delta x} = -f_x \Big\}$$
$$\sum v_{\Delta y} = -f_y \Big\}$$
$$\hspace{5cm}(8\text{-}12)$$

改正后的坐标增量为

$$\Delta x_{ij} = \Delta x'_{ij测} + v_{\Delta x_{ij}} \Big\}$$
$$\Delta y_{ij} = \Delta y'_{ij测} + v_{\Delta y_{ij}} \Big\}$$
$$\hspace{4cm}(8\text{-}13)$$

5. 导线点坐标计算

根据起始点的已知坐标和改正后的坐标增量，即可按下列公式

依次计算各导线点的坐标，即

$$\left.\begin{array}{l} x_{前}=x_{后}+\Delta x_{ij} \\ y_{前}=y_{后}+\Delta y_{ij} \end{array}\right\} \qquad (8\text{-}14)$$

用上式最后推算出起始点的坐标，推算值应与已知值相等，以此检核整个计算过程是否有错。

二、附合导线计算

附合导线的坐标计算步骤与闭合导线相同。由于两者布置形式不同，从而使角度闭合差和坐标增量闭合差的计算方法也有所不同。下面仅介绍其两点不同之处。

如图 8-14 所示，附合导线中 B、C 为已知控制点，AB、CD 为已知方向，B、C 之间布设一附合导线。图中观测角为左角。

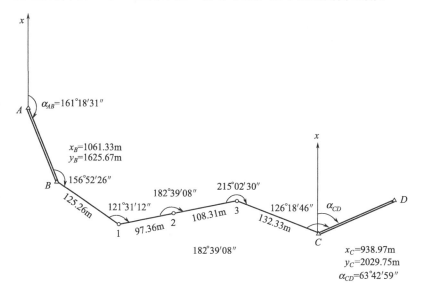

图 8-14 附合导线略图

1. 角度闭合差计算

由于附合导线两端方向已知，则由起始边的坐标方位角和测定的导线各转折角，就可推算出导线终边的坐标方位角。但测角带有误差，致使导线终边坐标方位角的推算值 $\alpha'_{终}$ 不等于已知终边坐标方位角 $\alpha_{终}$，其差值即为附合导线的角度闭合差 f_β，即

$$f_\beta = \alpha'_{终} - \alpha_{终} = \alpha'_{始} + \sum\beta_{测} - n \times 180° - \alpha_{终} \tag{8-15}$$

式中　$\alpha'_{始}$——附合导线的起算边方位角，(°)；

　　　$\alpha_{终}$——附合导线的终边方位角，(°)；

　　　f_β——方位角闭合差，(″)；

　　　n——附合导线的折角个数。

如图 8-14 的附合导线，已知起算边 AB 的方位角 $\alpha_{AB} = 161°18'31''$，终边 CD 的方位角 $\alpha_{CD} = 63°42'59''$，五个观测角的总和 $\sum\beta = 802°24'02''$，则

$$f_\beta = 161°18'31'' + 802°24'02'' - 5 \times 180° - 63°42'59'' = -26''$$

附合导线方位角闭合差容许值的计算与调整与闭合导线相同。

2. 坐标增量闭合差计算

附合导线各边坐标增量代数和的理论值，应等于终、始两已知点的坐标之差。若不等，其差值为坐标增量闭合差，即

$$\left.\begin{array}{l} \sum\Delta x_{理} = x_{终} - x_{始} \\ \sum\Delta y_{理} = y_{终} - y_{始} \end{array}\right\} \tag{8-16}$$

由于推算的各边坐标增量代数和与理论值不符，二者之差即为附合导线纵、横坐标增量闭合差。

$$\left.\begin{array}{l} f_x = \sum\Delta x_{测} - \sum\Delta x_{理} = \sum\Delta x_{测} - (x_{终} - x_{始}) \\ f_y = \sum\Delta y_{测} - \sum\Delta y_{理} = \sum\Delta y_{测} - (y_{终} - y_{始}) \end{array}\right\} \tag{8-17}$$

附合导线全长闭合差、全长相对闭合差和容许相对闭合差的计算，以及坐标增量闭合差的调整，与闭合导线相同。附合导线的计算过程可参见表 8-14。

三、支导线计算

由于电磁波测距仪和全站仪的发展和普及，测距和测角精度大大提高，在测区内已有控制点的数量不能满足测图或施工放样的需要时，可用支导线的方法来代替交会法来加密控制点。

表 8-14　附合导线坐标计算表

点号	观测角 /(°′″)	改正数 /(″)	改正后值 /(°′″)	坐标方位角 /(°′″)	边长 /m	坐标增量计算值 Δx′ /m	Δy′ /m	改正后坐标增量 Δx /m	Δy /m	坐标 x /m	y /m	点号
1	2	3	4	5	6	7	8	9	10	11	12	13
A				161　18　31								A
B	156　52　26	+5	156　52　31	138　11　02	125.26	+0.02　−93.35	−0.02　+83.52	−93.33	+83.50	1061.33	1625.67	B
1	121　31　12	+5	121　31　17	79　42　19	97.36	+0.02　+17.40	−0.01　+95.79	+17.42	+95.78	968.00	1709.17	1
2	182　39　08	+6	182　39　14	82　21　33	108.31	+0.02　+14.40	−0.01　+107.35	+14.42	+107.34	985.42	1804.95	2
3	215　02　30	+5	215　02　35	117　24　08	132.33	+0.03　−60.90	−0.02　+117.48	−60.87	+117.46	999.84	1912.29	3
C	126　18　46	+5	126　18　51	63　42　59						938.97	2029.75	C
D												D
Σ	802　24　02	+26	802　24　28		463.26	−122.45	+404.14	−122.36	+404.08			

$\alpha'_{CD} = \alpha_{AB} + n \times 180° + \sum\beta$　　$\sum\beta = 63°42'33''$

$f_\beta = \alpha'_{CD} - \alpha_{CD} = -26''$　　$f_x = \sum\Delta x' - (x_C - x_B) = -0.09$ m

$f_{\beta容} = \pm 60\sqrt{n} = \pm 134''$　　$f_y = \sum\Delta y' - (y_C - y_B) = +0.06$ m

$f_D = \sqrt{f_x^2 + f_y^2} = 0.10$ m

$K = \dfrac{f_D}{\sum D} = \dfrac{0.10}{463.26} \approx \dfrac{1}{4600}$

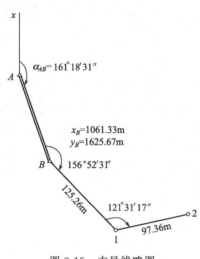

图 8-15　支导线略图

由于支导线既不回到原起始点上，又不附合到另一个已知点上，故支导线没有检核限制条件，也就不需要计算角度闭合差和坐标增量闭合差，只要根据已知边的坐标方位角和已知点的坐标，由外业测定的转折角和转折边长，直接计算出各边方位角及各边坐标增量，最后推算出待定导线点的坐标。

如图 8-15 所示，为一支导线，所有的起算数据都已标在图中，其计算过程见表 8-15。

表 8-15　支导线计算表

点号	观测角 /(° ′ ″)	坐标 方位角 /(° ′ ″)	边长 /m	坐标增量/m		坐标/m		点号
				Δx	Δy	x	y	
1	2	3	4	5	6	7	8	9
A								A
		161 18 31				1061.33	1625.67	B
B	156 52 31	138 11 02	125.26	−93.35	+83.52			
						967.98	1709.19	1
1	121 31 17	79 42 19	97.36	+17.40	+95.79			
2						985.38	1804.98	2

【例 8-15】　闭合导线纵、横坐标增量之和的理论值应为（　　）。　　　　　　　　　　　　　　　　　　　　（零）

【例 8-16】　由于附合导线两端方向已知，则由起始边的坐标方位角和测定的导线各转折角，就可推算出导线终边的（　　）。　　　　　　　　　　　　　　　　　（坐标方位角）

【例 8-17】　附合导线各边坐标增量代数和的理论值，应等于终、始两已知点的（　　）。　　　　　　　　（坐标之差）

【例 8-18】 由于支导线既不回到（   ）上，又不附合到另一个已知点上，故支导线没有检核限制条件，也就不需要计算角度闭合差和坐标增量闭合差。

（原起始点）

第四节　全站仪导线测量

全站仪作为先进的测量仪器，已在各种工程测量中得到了广泛的应用。由于全站仪具有坐标测量和高程测量的功能，因此在外业观测时，可直接得到观测点的坐标和高程。在成果处理时，可将坐标和高程作为观测值进行平差计算。

一、外业观测工作

以图 8-16 所示的附合导线为例，全站仪导线三维坐标测量的外业工作除踏勘选点及建立标志外，主要应观测导线点的坐标、高程和相邻点间的边长，并以此作为观测值。其观测步骤如下。

将全站仪安置于起始点 B（高级控制点），按距离及三维坐标的测量方法测定控制点 B 与 1 点的距

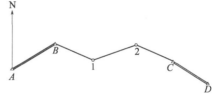

图 8-16　全站仪附合导线三维坐标测量

离 D_{B1}、1 点的坐标 (x_1', y_1') 和高程 H_1'。再将仪器安置在已测坐标的 1 点上，用同样的方法测得 1、2 点间的距离 D_{12}、2 点的坐标 (x_2', y_2') 和高程 H_2'。依此方法进行观测，最后测得终点 C（高级控制点）的坐标观测值 (x_C', y_C')。

由于 C 为高级控制点，其坐标已知。在实际测量中，由于各种因素的影响，C 点的坐标观测值一般不等于其已知值，因此，需要进行观测成果的平差计算。

二、以坐标和高程为观测值的导线近似平差计算

在图 8-16 中，设 C 点坐标的已知值为 (x_C, y_C)，其坐标的观测值为 (x_C', y_C')，则纵、横坐标闭合差为

$$f_x = x'_C - x_C \atop f_y = y'_C - y_C \Big\} \qquad (8\text{-}18)$$

由此可计算出导线全长闭合差。

$$f_D = \sqrt{f_x^2 + f_y^2} \qquad (8\text{-}19)$$

导线全长闭合差 f_D 是随着导线长度的增大而增大，所以，导线测量的精度是用导线全长相对闭合差 K（即导线全长闭合差 f_D 与导线全长 $\sum D$ 之比值）来衡量的，即

$$K = \frac{f_D}{\sum D} = \frac{1}{\sum D / f_D} \qquad (8\text{-}20)$$

式中 D——导线边长。

导线全长相对闭合差 K 通常用分子是 1 的分数形式表示，不同等级的导线全长相对闭合差的容许值 K 列于表 8-12 中，用时可查阅。

若 $K \leqslant K_容$，表明测量结果满足精度要求。则可按式（8-21）计算各点坐标的改正数。

$$v_{x_i} = -\frac{f_x}{\sum D} \sum D_i \atop v_{y_i} = -\frac{f_y}{\sum D} \sum D_i \Bigg\} \qquad (8\text{-}21)$$

式中 $\sum D$——导线全长；

$\sum D_i$——第 i 点之前的导线边长之和。

根据起始点的已知坐标和各点坐标的改正数，可按下列公式依次计算各导线点的坐标。

$$x_i = x'_i + v_{x_i} \atop y_i = y'_i + v_{y_i} \Big\} \qquad (8\text{-}22)$$

式中 x'_i，y'_i——第 i 点的坐标观测值。

因全站仪测量可以同时测得导线点的坐标和高程，因此高程的计算可与坐标计算一并进行，高程闭合差为

$$f_H = H'_C - H_C \qquad (8\text{-}23)$$

式中 H'_C——C 点的高程观测值；

H_C——C 点的已知高程。

表 8-16 全站仪附合导线三维坐标计算表

点号	坐标观测值/m			距离 D/m	坐标改正数/mm			坐标值/m			点号
	x'_i	y'_i	H'_i		v_{xi}	v_{yi}	v_{Hi}	x_i	y_i	H_i	
1	2	3	4	5	6	7	8	9	10	11	12
1											12
A								110.253	51.026		A
B				297.262				200.000	200.000	72.126	B
1	125.532	487.855	72.543	187.814	-10	+8	+4	125.522	487.863	72.547	1
2	182.808	666.741	73.233	93.403	-17	+13	+7	182.791	666.754	73.240	2
C	155.395	756.046	74.151		-20	+15	+8	155.375	756.061	74.159	C
D				$\sum D=578.479$				86.451	841.018		D

辅助计算

$f_x = x'_C - x_C = +20 \text{(mm)}$

$f_y = y'_C - y_C = -15 \text{(mm)}$

$f_D = \sqrt{f_x^2 + f_y^2} = 25 \text{(mm)}$

$K = \dfrac{f_D}{\sum D} \approx \dfrac{0.025}{578.479} \approx \dfrac{1}{23000}$

$f_H = H'_C - H_C = -8 \text{(mm)}$

各导线点的高程改正数为

$$v_{H_i} = -\frac{f_H}{\sum D} \sum D_i \qquad (8\text{-}24)$$

式中　$\sum D$——导线全长；

　　　$\sum D_i$——第 i 点之前的导线边长之和。

改正后导线点的高程为

$$H_i = H_i' + v_{H_i} \qquad (8\text{-}25)$$

式中　H_i'——第 i 点的高程观测值。

以坐标和高程为观测量的近似平差计算全过程的算例，可见表 8-16。

【例 8-19】　导线全长相对闭合差 K 通常用分子是（　　）的分数形式表示。　　　　　　　　　　　　　　　　　　　　　　　　　（1）

第五节　GPS 平面控制测量

随着国民经济的快速发展，交通工程日益增多，特别是公路等级的不断提高，线路长、构造物多，其测量精度和施工质量要求高、时间紧，尽管在工程测量中采用了电子全站仪等先进的设备，但是，传统的测量方法受通视条件的限制，加上测量方法的局限性，作业效率不高等，已不能满足新的要求。另外，在一些大、中型城市中，传统的控制测量已被 GPS 测量方法所取代，为此，迫切需要高精度、快速度、低费用、不受地形通视等条件限制、布设灵活地控制测量方法。GPS 测量方法在这些方面充分显示了它的优越性，因此在各种工程建设中得到了广泛的应用。

一、GPS 控制网的分级

GPS 定位网设计及外业测量的主要技术依据是测量任务书和测量规范。测量任务书是测量施工单位上级主管部门下达的技术文件；而测量规范则是国家测绘管理部门制定的技术法规。

由中交第一公路勘察设计院主编，中华人民共和国交通部在 2007 年 7 月 1 日发布并实施的中华人民共和国行业标准（JTG C 10—2007）《公路勘测规范》（Specifications for Highway Reconnaissance)。

本书以《公路勘测规范》为依据，介绍 GPS 网的精度、密度、作业规格等有关问题。

对于 GPS 网的精度要求，主要取决于网的用途。精度指标通常以网中相邻点之间的弦长误差表示，其精度按下式计算。

$$\sigma = \sqrt{a^2 + (bd)^2} \qquad (8\text{-}26)$$

式中　σ——弦长标准差，mm；

　　　a——固定误差，mm；

　　　b——比例误差，mm/km；

　　　d——相邻点间的距离，km。

利用 GPS 技术进行控制测量时，由于其平面定位精度较高，所以用 GPS 技术建立测区的相应等级的平面控制网是完全可行的。

GPS 卫星定位网虽然不存在常规控制网的逐级控制问题，但是由于不同的 GPS 网的应用和目的不同，其精度标准也不相同。根据传统的习惯做法，人们将 GPS 卫星定位网划分成几个等级。

根据公路及特殊桥梁、隧道等构造物的特点及不同要求，GPS 控制网分为二等、三等、四等、一级、二级共五个等级，各级 GPS 控制网的主要技术指标规定如表 8-17 所列。

表 8-17　GPS 控制网的主要技术要求

测量等级	固定误差 a/mm	比例误差 b/(mm/km)	测量等级	固定误差 a/mm	比例误差 b/(mm/km)
二等	≤5	≤1	一级	≤10	≤3
三等	≤5	≤2	二级	≤10	≤5
四等	≤5	≤3			

二、GPS 点的密度

各种不同的任务要求和服务对象，对 GPS 网点的分布有着不同的要求。例如，一般工程测量所需要的网点则应满足测图加密和工程测量的需用，平均边长需要缩短到几公里以内。考虑到这些情况，《公路勘测规范》规定：路线平面控制点距路线中心线的距离应大于 50m，宜小于 300m，每一点至少应有一相邻点通视。特大型构造物每一端应埋设 2 个以上平面控制点。

三、测量作业基本技术规定

GPS 测量的仪器和方法与常规测量的仪器和方法显著不同，所以反映其技术规格的主要指标亦不相同。

由于卫星的轨道运动和地球的自转，卫星相对于测站的几何图形在不断变化。一些卫星从地平线升起至一定高度，可以投入观测作业，另一些卫星观测高度角越来越小，无法继续观测。考虑到作业中尽可能选取图形强度较好的卫星进行观测，因而在一个观测时段要几次更换跟踪的卫星。将时段中任一卫星有效观测时间符合要求的卫星，称为有效观测卫星。测量等级越高，有效观测卫星总数需要越多，时段中任一卫星有效观测时间需要越长，观测时段应该越多，时段长度也应该越长。

《公路勘测规范》主要是为了适应公路各等级 GPS 测量技术的要求，突出了公路测量的特点。《公路勘测规范》规定的各级 GPS 测量作业的基本技术规定列于表 8-18。

表 8-18　《公路勘测规范》规定的 GPS 测量各等级的作业的主要技术要求

项　目	测量等级	二等	三等	四等	一级	二级
卫星高度角/(°)		≥15	≥15	≥15	≥15	≥15
时段长度	静态/min	≥240	≥90	≥60	≥45	≥40
	快速静态/min	—	≥30	≥20	≥15	≥10
平均重复设站数/(次/每点)		≥4	≥2	≥1.6	≥1.4	≥1.2
同时观测有效卫星数/个		≥4	≥4	≥4	≥4	≥4
数据采样率/%		≤30	≤30	≤30	≤30	≤30
GDOP		≤6	≤6	≤6	≤6	≤6

四、GPS 定位网的布设

由于 GPS 控制网的布设不需要建造觇标，所以仅有技术设计、踏勘选点、埋设标石三个工作环节。其中技术设计是 GPS 测量中外业准备阶段的重要内容，它是优质、低耗完成 GPS 作业的依据和条件。

1. 技术设计中应考虑的因素

技术设计主要是根据上级主管部门下达的测量任务书和 GPS 测量规范或规程来进行的。它的总的原则是：在满足用户要求的情况下，尽可能减少物资、人力和时间的消耗。在工作过程中，要考虑下面一些因素。

（1）测站因素　同测站布设有关的技术因素有：网点的密度，网的图形结构，时段分配、重复设站、重合点的布置等。

（2）卫星因素　同观测对象卫星有关的一些因素有：卫星高度角与观测卫星的数目；图形强度因子；卫星信号质量。大部分接收机具有解码并记录来自卫星的广播星历表的能力。

（3）仪器因素　同仪器有关的一些因素有：接收机，用于相对定位至少应有两台；天线质量；记录设备。

（4）后勤因素　后勤保障方面的因素有：使用的接收机台数、来源和使用时间；各观测时段的机组调度；交通工具和通信设备的配置等。

2. GPS 网的布网原则

为了用户的利益，GPS 网图形设计时应遵循以下原则。

（1）GPS 网应根据测区实际需要和交通状况，作业时的卫星状况，预期达到的精度，成果的可靠性以及工作效率，按照优化设计原则进行。

（2）GPS 网一般应通过独立观测边构成闭合图形，例如一个或若干个独立观测环，或者附合路线形式，以增加检核条件，提高网的可靠性。

（3）GPS 网的点与点之间不要求互相通视，但应考虑常规测量方法加密时的应用，每点应有一个以上的通视方向。

（4）在可能条件下，新布设的 GPS 网应与附近已有的 GPS 点进行联测；新布设的 GPS 网点应尽量与地面原有控制网点相连接，连接处的重合点数不应少于三个，且分布均匀，以便可靠地确定

GPS 网与原有网之间的转换参数。

（5）GPS 网点，应利用已有水准点联测高程。

3. 卫星空间分布的几何图形强度设计

GPS 定位精度同卫星与测站构成的图形强度有关，与能同步跟踪的卫星数和接收机使用的通道数有关。若接收机具有观测到 5 颗卫星以上的能力，就应该把所有可能观测到的卫星都进行跟踪观测，若只有观测到 4 颗卫星的能力，应在所有可见星中选取 GDOP 值最小的那一组卫星进行观测，这是根据伪距定位时求解公式推算出的选星原则。

五、野外选点

由于 GPS 测量中不要求测站之间相互通视，网的图形结构也比较灵活，所以选点的野外工作比较简便。但是，点位的正确选择对观测工作的顺利进行和测量结果的可靠性具有重要意义。

1. GPS 选点应符合的要求

（1）点位应选在地面基础稳定，并易于长期保存的地点。

（2）点位应便于安置接收设备和操作，视野开阔。视场内不应有高度角大于 15° 的成片障碍物，否则应绘制点位环视图。

（3）点位附近不应有强烈干扰卫星信号接收的物体。点位距大功率无线电发射源（如电视台、微波站）等的距离不得小于400m；距 220kV 以上电力线路的距离应不小于 50m。

（4）点位附近不应有强烈干扰接收卫星信号的物体，并尽量避免大面积水域，以减弱多路径误差的影响。

（5）点位应利于公路勘测放线与施工放样，且距路线中心线不宜小于 50m，并不大于 300m。对于大型桥梁、互通式立交、隧道等还应考虑加密控制网的要求。

（6）GPS 控制点需要设方位点时，其目标应明显，便于观测；与 GPS 点的距离不宜小于 500m，且与路线垂直。

（7）GPS 控制网的点名应沿公路前进方向顺序编号，并在编号前冠以 "GPS" 字样和等级。当新点同原有点重合时，应采用原有点名。同一个 GPS 控制网中严禁有相同的点名。

2. 选点作业

选点人员在实地选定的点位上，打一木桩或以其他方式加以标定，同时树立测旗，以便埋石及观测人员能迅速找到点位，开展后续工作。

GPS 点名可取村名、山名、地名、单位名，应向当地政府部门或群众进行调查后确定。不论是新选定的点或利用原有点位，均应按规范中规定的格式在实地绘制 GPS 点点之记。测区选点完成后，选定的点位应标注于 1∶10000 或 1∶50000 的地形图上，并绘制 GPS 控制网选点图。

最后，要对选点工作写出总结，包括详细的交通情况，车的种类、车次以及通信、供电、充电情况等。

六、GPS 点标志和标石埋设

中心标石是地面 GPS 点的永久性标志，为了长期使用 GPS 测量成果，点的标石必须稳定、坚固以利长期保存和利用。

各等级 GPS 点的标石用混凝土灌制，其上均设有金属的中心标志。埋设新埋标石时，应依法办理征地手续和测量标志委托保管书。

七、GPS 定位网的测设方案

应用 GPS 定位技术建立测量控制网，均采用相对定位的方法。相对定位的两点间构成独立观测边，也称基线。显然，GPS 网的几何图形是由投入作业的接收机台数、观测路线和基线连接形式所决定的，将它们称为 GPS 测量控制网的测设方案。

1. 两台接收机相对定位的测设方案

近年来，随着 GPS 定位后处理软件的发展，为确定两点之间的基线向量，已有多种测设方案可供选择。在其硬件和软件的支持下，就出现了静态相对定位、快速静态相对定位、准动态相对定位等多种测设方案。

（1）静态定位（图 8-17）

① 作业方法　采用两套接收设备，分别安置在一条基线的两

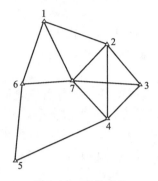

图 8-17 静态定位

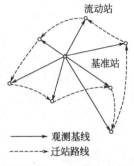

图 8-18 快速静态定位

个端点，同步观测 4 颗卫星 1h 左右，或同步观测 5 颗卫星 20min 左右。

② 精度　基线的相对定位精度可达 $5mm+1\times10^{-6}D$，D 为基线长度，计量单位为 km。

③ 适用范围　建立全球性或国家级大地控制网，建立地壳运动监测网，建立长距离检校基线，进行岛屿与大陆联测，钻井定位。

④ 注意事项　所有观测过的基线应组成一系列封闭图形，以利于外业检核，提高成果可靠度。并且可以通过平差进一步提高定位精度。

（2）快速静态定位（图 8-18）

① 作业方法　在测区中部选择一个基准站，并安置一套接收设备连续跟踪所有可见卫星；另一台接收机依次到各点流动设站，每点观测 1～2min。

② 精度　流动站相对于基准站的长度中误差为 $5mm+1\times10^{-6}D$。

③ 应用范围　控制网的建立及其加密、工程测量、地籍测量、大批相距百米左右的点位定位。

④ 注意事项　在观测时段内应确保有 5 颗以上卫星可供观测；流动点与基准点相距应不超过 20km；流动站上的接收机在转移时，不必保持对所测卫星连续跟踪，可关闭电源以降低能耗。

（3）往返式重复设站（图 8-19）

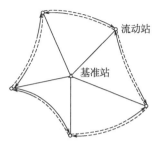

图 8-19　往返式重复设站

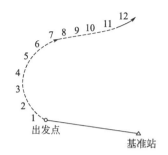

图 8-20　动态定位

① 作业方法　建立一个基准点安置接收机连续跟踪所有可见卫星；流动接收机依次到每点观测 $1\sim2\text{min}$；1h 后逆序返测各流动点 $1\sim2\text{min}$。

② 精度　相对于基准点的基线中误差为 $5\text{mm}+1\times10^{-6}D$。

③ 应用范围　控制测量及控制网加密，取代导线测量、三角测量、工程测量及地籍测量等。

④ 注意事项　流动点与基准点相距不超过 20km；基准点上空开阔，能正常跟踪 3 颗及以上的卫星。

（4）动态定位（图 8-20）

① 作业方法　建立一个基准点安置接收机连续跟踪所有可见卫星；流动接收机先在出发点上静态观测 $1\sim2\text{min}$；然后流动接收机从出发点开始连续运动；按指定的时间间隔自动测定运动载体的实时位置。

② 精度　相对于基准点的瞬时点位精度可达 $1\sim2\text{cm}$。

③ 应用范围　精密测定运动目标的轨迹、测定道路的中心线、剖面测量、航道测量等。

④ 注意事项　需同步观测 5 颗卫星，其中至少 4 颗卫星要连续跟踪；流动点与基准点相距不超过 20km。

2. 多台接收机的同步网测设方案

当投入作业的接收机数目多于两台时，就可以在同一时段内，几个测站上的接收机同步观测共视卫星。此时，由同步观测边所构成的几何图形，称为同步网，或称同步环路。

图 8-21 表示用三台 [图(a)]、四台 [图(b) 和图 (c)]、五台 [图(d) 和图 (e)] 接收机进行同步观测所构成的同步网的几何图形。由图 8-21 可知，若三角形同步网的点数为 m，则网中同步边（基线）总数为

$$S = \frac{m(m-1)}{2} \tag{8-27}$$

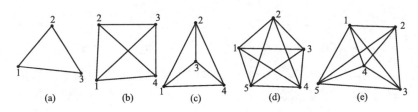

图 8-21　同步网的几何图形

不过在 S 条基线中，只有 $(m-1)$ 条独立基线，其余基线均可由独立基线推算而得，属于非独立基线。同一条基线，其直接解算结果与独立基线推算所得结果之差，就产生了所谓坐标闭合差条件，用它可评判同步网的观测质量。

3. 多台接收机的异步网测设方案

在城市或大、中型工程中布设 GPS 控制网时，控制点数目比较多，由于受接收机数量的限制，难以再选择同步网的测设方案。此时必须将多个同步网相互连接，构成统一整体的 GPS 控制网。这种由多个同步网相互连接的 GPS 网称异步网。

异步网的测设方案决定于投入作业的接收机数量和同步网之间的连接方式。不同的接收机数量决定了同步网的网形结构，而同步网的不同连接方式又会出现不同的异步网的网形结构。由于 GPS 网的平差及精度评定，主要是由不同时段观测的基线组成异步闭合环的多少及闭合差大小所决定的，而与基线边长度和其间所夹角度无关，所以异步网的网形结构与多余观测密切相关。

同步网之间的连接方式有以下三种。

（1）点连式　同步网之间仅有一点相连接的异步网称为点连式

异步网，如图8-22所示。

在图 8-22（a）中共有 10 个点，用三台接收机分别在五个三边同步网中依次作同步观测。同步网间用 1、3、5、7、9 各点相连接，连接点上设站二次，其余点只设站一次。

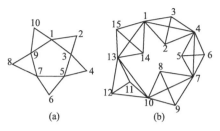

图 8-22　点连式异步网

该图形中有 5 个同步环和 1 个异步环，基线总数为 15，其中独立基线数为 9，非独立基线数为 6，没有重复基线。

在图 8-22(b) 中共有 15 个点，用四台接收机分别在五个多边同步网中依次进行同步观测，构成点连式异步网。该图形中有 5 个同步环和 1 个异步环，基线总数为 30，其中独立基线数为 14，非独立基线数为 16。由图 8-22 可以看出，在点连式异步网中均没有重复基线出现。

（2）边连式　同步网之间由一条基线边相连接的异步网称为边连式异步网，如图 8-23 所示。

（a）　　　　（b）　　　　　　　　（a）　　　　（b）

图 8-23　边连式异步网　　　　图 8-24　混连式异步网

图 8-23(a) 表示用三台接收机分别在 13 个三角形同步网中先后进行同步观测。同步网间由一条公共基线联结，公共基线在相连的同步环中分别测量两次。该网中有 13 个同步环和 1 个异步环，基线总数为 26，其中独立基线数为 13，重复基线数为 13。这样，就出现了 13 个同步环检核，1 个异步环检核，13 个重复基线的检核。

图 8-23(b) 为四台接收机先后在八个观测时段进行同步观测所构成的边连式异步网。网中有 8 个同步环、1 个异步环和 8 个重

复基线的检核。其中在同步环检核中，又可产生大量同步闭合环。

（3）混连式　混连式是点连式与边连式的一种混合连接方式，如图 8-24 所示。其中图 8-24（a）为三台接收机作同步观测，由 9 个三边同步网所构成的混连式异步网；图 8-24（b）为四台接收机进行同步观测，由 5 个多边同步网构成的混连式异步网。

在上述三种连接方案中，点连式工作量最小，但无重复基线检核；边连式工作量最大，检核条件亦最多；混连式比较灵活，工作量与检核条件比较适中。在选择测设方案时，应从所具备的接收机数量和精度、工作量大小、卫星运行状态、测区条件等方面进行权衡。通常 GPS 相对定位精度较高，比较容易达到工程的期望精度，这时也就没有必要以高额投入换取更高的精度。

八、外业观测

GPS 外业观测是利用接收机接收来自 GPS 卫星的无线电信号，它是外业阶段的核心工作，包括准备工作、天线设置、接收机操作、气象数据观测、测站记簿等多项内容。

GPS 卫星定位网的技术设计是在室内完成的，它注重 GPS 网的科学性和完整性。而实测方案则是依据接收机的台数和点位的分布特点，充分考虑到测区交通和地理环境，精心安排多台接收机进行的同步观测计划。

GPS 卫星的观测，是待 GPS 卫星升离地平线一定的角度才开始的，这个角度就是卫星高度截止角。高度角越小，越有利于减小几何图形强度因子（GDOP），从而延长最佳观测时间；但是卫星高度角越小，对流层影响越显著，测量误差随之增大。在精密定位测量时，卫星高度截止角宜选定在 15°左右。

作业小组应在观测前根据测区地形、交通状况、控制网的大小、精度的高低、仪器的数量、GPS 网的设计、星历预报表和测区的天气、地理环境等编制作业调度表，以提高工作效益。如表 8-19 所示。

九、天线安置

为避免严重的重影及多路径现象干扰信号接收，确保观测成果质量，必须妥善安置天线。

天线要尽量利用脚架安置，直接在点上对中。天线的定向标志线应指向正北。天线底盘上的圆水准气泡必须居中。天线安置后，应在每时段观测前、后各量取天线高一次。

十、观测作业

观测作业的主要任务是捕获 GPS 卫星信号，并对其进行跟踪、处理和量测，以获得所需要的定位信息和观测数据。

表 8-19　GPS 作业调度表

时段编号	观测时间	测站号/名	测站号/名	测站号/名	测站号/名	测站号/名
		机号	机号	机号	机号	机号
0						
1						
2						
3						
4						
5						
6						
7						

在离开天线不远的地面上，安放接收机。接通接收机至电源、天线、控制器的连接电缆，并经过预热和静置，即可启动接收机进行观测。

至于利用接收机进行作业的具体方法步骤，因接收机的类型不同而异。对于目前常见的接收机，其操作自动化程度较高，一般只需按若干功能键就能进行测量。对某种具体接收机的操作方法，用户应按随机的操作手册进行。

【例 8-20】 在 GNSS 测量中，下列哪一项措施将不能有效削弱多路径效应对定位精度的影响 （　　）。 (D)

A. 避开大面积水面　　　　B. 在接收机上安装抑径板

C. 避开高大的建筑物　　　　D. 选择合适的观测时段

【例 8-21】 GNSS 网的同步观测是指 （　　）。 (B)

A. 用于观测的接收机是同一品牌和型号

B. 两台以上接收机同时对同一组卫星进行观测

C. 两台以上接收机不同时刻所进行的观测

D. 一台收机所进行的两个以上时段的观测

【例 8-22】 2016 年 6 月 12 日 23 时 30 分，我国在西昌卫星发射中心用长征三号丙运载火箭，成功发射了第 （　　）颗北斗导航卫星。 (A)

A. 23　　　B. 22　　　C. 21　　　D. 20

十一、外业成果记录

在外业观测过程中，所有信息资料和观测数据都要妥善记录。记录的形式主要有以下两种。

1. 观测记录

观测记录由接收设备自动完成，均记录在存储介质（如磁卡等）上，记录项目主要有：载波相位观测值及其相应的 GPS 时间；GPS 卫星星历参数；测站和接收机初始信息（测站名、测站号、时段号、近似坐标及高程、天线及接收机编号、天线高）。

接收机内存数据文件转录到外存介质上时，不得进行任何剔除和删改，不得调用任何对数据实施重新加工组合的操作指令。

2. 测量手簿

测量手簿是在接收机启动前与作业过程中，由测量员随时填写的。整个观测过程出现的重要问题及其处理情况，亦应如实地填写在记事栏内，并妥善保管。如表 8-20 所示。

表 8-20　GPS 观测手簿

工程名称：

点　　名		等　　级	
观测者		记录者	
接收机名称		接收机编号	
定位模式			

开机时间	h	min	关机时间	h	min

站时段号		日时段号	

天线高/mm	测前		测后		平均	

日　　期		存储介质编号及数据文件名	

时间	跟踪卫星号 (PRN)	干温 /℃	湿温 /℃	气压 /mb[①]	测站大地高 /m	GDOP

经度/(° ′ ″)		纬度/(° ′ ″)	

备注	

① 1mb＝10^2Pa。

十二、观测成果的外业检核及处理

观测成果的外业检核是外业工作的最后一个环节。每当观测任务结束，必须对观测数据的质量进行分析并作出评价，以确保观测成果和定位结果的预期精度。

1. 野外数据检核

对野外观测资料首先要进行复查，内容包括成果是否符合调度命令和规范的要求；进行的观测数据质量分析是否符合实际。然后进行下列项目的检核：每个时段同步边观测数据的检核、重复观测边的检核、环闭合差的检核和同步观测环检核。

当发现边闭合数据或环闭合数据超出上述规定时，应分析原因并对其中部分或全部成果进行重测。需要重测的边，应尽量安排在一起进行同步观测。

2. 数据后处理

GPS 测量数据的测后处理，一般均可借助相应的后处理软件自动完成。

平差计算完成后，需打印输出以下基本信息：测区和各测站的基本信息；观测值的数量、数据剔除率、时段起止时刻和持续时间的统计信息；平差计算采用的坐标系统、基本常数、起算数据、观测值类型和数据处理方法；平差计算采用的先验约束条件、先验误差；平差结果；平差值的精度。

第六节 交会法测量

在进行平面控制测量时，如果导线点的密度不能满足测图和工程的要求时，则需要进行控制点的加密。控制点的加密，可以采用导线测量，也可以采用交会定点法。根据测角、测边的不同，如图 8-25 所示，交会定点可分为测角前方交会［图(a)］；测角侧方交

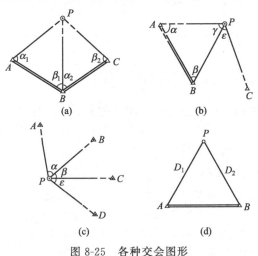

图 8-25 各种交会图形

会 [图(b)]；测角后方交会 [图(c)]；测边交会 [图(d)] 等几种方法。

在选用交会法时，必须注意交会角不应小于 30°或大于 150°，交会角是指待定点至两相邻已知点方向的夹角。交会定点的外业工作与导线测量外业类同，下面重点介绍测角前方交会和测角后方交会的内业计算。

一、前方交会

如图 8-26 所示为前方交会基本图形。已知 A 点坐标为 x_A、y_A，B 点坐标为 x_B、y_B，在 A、B 两点上设站，观测出 α、β，通过三角形的余切公式求出加密点 P 的坐标，这种方法称为测角前方交会法，简称前方交会。

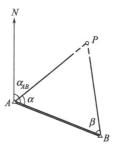

图 8-26 前方交会（一）

按导线计算公式，由图 8-26 可知

因 $$x_P = x_A + \Delta x_{AP} = x_A + D_{AP}\cos\alpha_{AP}$$

而 $$\alpha_{AP} = \alpha_{AB} - \alpha, \quad D_{AP} = D_{AB}\sin\beta / \sin(\alpha + \beta)$$

则 $$x_P = x_A + D_{AP}\cos\alpha_{AP} = x_A + \frac{D_{AB}\sin\beta\cos(\alpha_{AB} - \alpha)}{\sin(\alpha + \beta)}$$

$$= x_A + \frac{D_{AB}\sin\beta(\cos\alpha_{AB}\cos\alpha + \sin\alpha_{AB}\sin\alpha)}{\sin\alpha\cos\beta + \cos\alpha\sin\beta}$$

$$= x_A + \frac{D_{AB}\sin\beta(\cos\alpha_{AB}\cos\alpha + \sin\alpha_{AB}\sin\alpha)/(\sin\alpha\sin\beta)}{(\sin\alpha\cos\beta + \sin\beta\cos\alpha)/(\sin\alpha\sin\beta)}$$

$$= x_A + \frac{D_{AB}\cos\alpha_{AB}\cot\alpha + D_{AB}\sin\alpha_{AB}}{\cot\alpha + \cot\beta}$$

$$= x_A + \frac{(x_B - x_A)\cot\alpha + (y_B - y_A)}{\cot\alpha + \cot\beta}$$

同理得

$$\left.\begin{array}{l} x_p = \dfrac{x_A\cot\beta + x_B\cot\alpha + (y_B - y_A)}{\cot\alpha + \cot\beta} \\[3mm] y_p = \dfrac{y_A\cot\beta + y_B\cot\alpha + (x_A - x_B)}{\cot\alpha + \cot\beta} \end{array}\right\} \qquad (8\text{-}28)$$

应用上式计算坐标时，必须注意实测图形的编号与推导公式的编号要一致。

在实践中，为了校核和提高 P 点坐标的精度，通常采用三个已知点的前方交会图形。如图 8-27 所示，在三个已知点 A、B、C 上设站，测定 α_1、β_1 和 α_2、β_2，构成两组前方交会，然后按式（8-28）分别解算两组 P 点坐标。由于测角有误差，故解算得两组 P 点坐标不会相等，若两组坐标较差不大于两倍比例尺精度时，取两组坐标的平均值作为 P 点最后的坐标。即

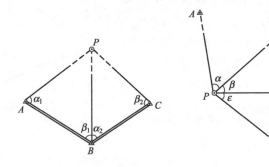

图 8-27　前方交会（二）　　　　图 8-28　后方交会

$$f_D = \sqrt{\delta_x^2 + \delta_y^2} \leqslant f_容 = 2 \times 0.1 M \text{(mm)} \qquad (8\text{-}29)$$

式中，δ_x、δ_y 分别为两组 x_p、y_p 坐标值之差；M 为测图比例尺分母。

二、后方交会

如图 8-28 所示为后方交会基本图形。A、B、C、D 为已知点，在待定点 P 上设站，分别观测已知点 A、B、C，观测出 α 和 β，然后根据已知点的坐标计算出 P 点的坐标，这种方法称为测角后方交会，简称后方交会。

后方交会的计算方法有多种，现只介绍一种，即 P 点位于 A、B、C 三点组成的三角形之外时的简便计算方法，可用下列公式求得。

$$a = (x_A - x_B) + (y_A - y_B)\cot\alpha$$

$$b = (y_A - y_B) - (x_A - x_B)\cot\alpha$$
$$c = (x_C - x_B) - (y_C - y_B)\cot\beta$$
$$d = (y_C - y_B) + (x_C - x_B)\cot\beta$$

$$k = \tan\alpha_{BP} = \frac{c - a}{b - d}$$

$$\Delta x_{BP} = \frac{a + bk}{1 + k^2}$$

$$\Delta y_{BP} = k\Delta x_{BP}$$

$$x_P = x_B + \Delta x_{BP}$$

$$y_P = y_B + \Delta y_{BP} \tag{8-30}$$

为了保证 P 点的坐标精度，后方交会还应该用第四个已知点进行检核。如图 8-28 所示，在 P 点观测 A、B、C 点的同时，还应观测 D 点，测定检核角 $\varepsilon_测$，在算得 P 点坐标后，可求出 α_{PB} 与 α_{PD}，由此得 $\varepsilon_计 = \alpha_{PD} - \alpha_{PB}$。若角度观测和计算无误时，则应有 $\varepsilon_测 = \varepsilon_计$。

但由于观测误差的存在，使 $\varepsilon_计 \neq \varepsilon_测$，二者之差为检核角较差，即

$$\Delta\varepsilon = \varepsilon_测 - \varepsilon_计$$

$\Delta\varepsilon$ 的容许值可用下式计算

$$\Delta\varepsilon_容 = \pm\frac{M}{10^4 \times S_{PB}}\rho \tag{8-31}$$

式中　M——测图比例尺分母。

如果选定的交会点 P 与 A、B、C 三点恰好在同一圆周上时，则 P 点无定解，此圆称为危险圆。在后方交会中，要避免 P 点处在危险圆上或危险圆附近，一般要求 P 点至危险圆距离应大于该圆半径的 1/5。

【例 8-23】 在实践中，为了校核和提高 P 点坐标的精度，通常采用（　　）个已知点的前方交会图形。(3)

【例 8-24】 如果选定的交会点 P 与 A、B、C 三点恰好在同一圆周上时，则 P 点无定解，此圆称为（危险圆）。

第七节　三、四等水准测量

三、四等水准测量，除了应用于国家高程控制网的加密外，还

能够应用于建立小区域首级高程控制网。三、四等水准测量的起算点高程应尽量从附近的一、二等级水准点引测，若测区附近没有国家一、二等水准点，则在小区域范围内可采用闭合水准路线建立独立的首级高程控制网，假定起算点的高程。三、四等水准测量及等外水准测量的精度要求列于表 8-21。

表 8-21 水准测量的主要技术要求

等级	路线长度/km	水准仪	水准尺	观测次数		往返较差、闭合差	
				与已知点联测	附合或环线	平地/mm	山地/mm
三	≤45	DS1	铟瓦	往返各一次	往一次	$\pm12\sqrt{L}$	$\pm4\sqrt{n}$
		DS3	双面		往返各一次		
四	≤16	DS3	双面	往返各一次	往一次	$\pm20\sqrt{L}$	$\pm6\sqrt{n}$
等外	≤5	DS3	单面	往返各一次	往一次	$\pm40\sqrt{L}$	$\pm12\sqrt{n}$

注：L 为路线长度（km），n 为测站数。

三、四等水准测量一般采用双面尺法观测，其在一个测站上的技术要求见表 8-22。

表 8-22 水准观测的主要技术要求

等级	水准仪的型号	视线长度/m	前后视较差/m	前后视累积差/m	视线离地面最低高度/m	黑红面读数较差/mm	黑红面高差较差/mm
三等	DS1	100	3	6	0.3	1.0	
	DS3	75				2.0	
四等	DS3	100	5	10	0.2	3.0	5.0
等外	DS3	100	大致相等	—	—	—	—

一、三、四等水准测量的观测程序和记录方法

1. 三等水准测量每测站照准标尺分划顺序

（1）后视标尺黑面，精平，读取上、下、中丝读数，记为

（1）、（2）、（3）；

（2）前视标尺黑面，精平，读取上、下、中丝读数，记为（4）、（5）、（6）；

（3）前视标尺红面，精平，读取中丝读数，记为（7）；

（4）后视标尺红面，精平，读取中丝读数，记为（8）。

三等水准测量测站观测顺序简称为"后—前—前—后"（或黑—黑—红—红），其优点是可消除或减弱仪器和尺垫下沉误差的影响。

2. 四等水准测量每测站照准标尺分划顺序

（1）后视标尺黑面，精平，读取上、下、中丝读数，记为（1）、（2）、（3）；

（2）后视标尺红面，精平，读取中丝读数，记为（4）；

（3）前视标尺黑面，精平，读取上、下、中丝读数，记为（5）、（6）、（7）；

（4）前视标尺红面，精平，读取中丝读数，记为（8）。

四等水准测量测站观测顺序简称为"后—后—前—前"（或黑—红—黑—红）。

下面以三等水准测量一个测段为例介绍双面尺法观测的程序（四等水准测量也可以采用），其记录与计算参见表 8-23。

二、测站计算与校核

1. 视距计算

后视距离：$(9)=[(1)-(2)]\times100$

前视距离：$(10)=[(4)-(5)]\times100$

前、后视距差：$(11)=(9)-(10)$

前、后视距累积差：本站$(12)=$本站$(11)+$上站(12)

2. 同一水准尺黑、红面中丝读数校核

前尺：$(13)=(6)+K_1-(7)$

后尺：$(14)=(3)+K_2-(8)$

3. 高差计算及校核

黑面高差：$(15)=(3)-(6)$

表8-23 三、四等水准测量观测手簿

测站编号	测点编号	后尺 下丝/上丝 后距 视距差d/m	前尺 下丝/上丝 前距 Σd/m	方向及尺号	黑面	红面	K加黑减红/mm	高差中数/m	备注
		(1)	(4)	后	(3)	(8)	(14)		
		(2)	(5)	前	(6)	(7)	(13)		
		(9)	(10)	后－前	(15)	(16)	(17)	(18)	
		(11)	(12)						
1	BM₁－Z₁	1.691	1.137	后01	1.523	6.309	+1		K₀₁=4.787m
		1.355	0.798	前02	0.968	5.655	0		K₀₂=4.687m
		33.6	33.9	后－前	+0.555	+0.654	+1	+0.5545	
		-0.3	-0.3						
2	Z₁－Z₂	1.937	2.113	后02	1.676	6.364	-1		
		1.415	1.589	前01	1.851	6.637	+1		
		52.2	52.4	后－前	-0.175	-0.273	-2	-0.1740	
		-0.2	-0.5						
3	Z₂－Z₃	1.887	1.757	后01	1.612	6.399	0		
		1.336	1.209	前02	1.483	6.169	+1		
		55.1	54.8	后－前	+0.129	+0.230	-1	+0.1295	
		+0.3	-0.2						
4	Z₃－BM₂	2.208	1.965	后02	1.878	6.565	0		
		1.547	1.303	前01	1.634	6.422	-1		
		66.1	66.2	后－前	+0.244	+0.143	+1	+0.2435	
		-0.1	-0.3						

每页校核：

$\Sigma(9)=207.0$
$-)\Sigma(10)=207.3$
$=-0.3$

$\Sigma[(3)+(8)]=32.326$
$-)\Sigma[(6)+(7)]=30.819$
$=+1.507$

$\Sigma[(15)+(16)]=+1.507$

$\Sigma(18)=+0.7535$
$2\Sigma(18)=+1.507$

总视距 $=\Sigma(9)+\Sigma(10)=414.3(\text{m})$

红面高差：(16)＝(8)－(7)

校核计算：红、黑面高差之差 (17)＝(15)－[(16)±0.100]或(17)＝(14)－(13)

高差中数：(18)＝[(15)＋(16)±0.100]/2

在测站上，当后尺红面起点为 4.687m，前尺红面起点为 4.787m 时，取＋0.100；反之，取－0.100。

4. 每页计算校核

(1) 高差部分 每页上，后视红、黑面读数总和与前视红、黑面读数总和之差，应等于红、黑面高差之和，还应等于该页平均高差总和的两倍，即

对于测站数为偶数的页：

$$\sum[(3)＋(8)]－\sum[(6)＋(7)]＝\sum[(15)＋(16)]＝2\sum(18)$$

对于测站数为奇数的页：

$$\sum[(3)＋(8)]－\sum[(6)＋(7)]＝\sum[(15)＋(16)]＝2\sum(18)±0.100$$

(2) 视距部分 末站视距累积差值：末站 (12)＝$\sum$(9)－$\sum$(10)

总视距＝$\sum$(9)＋$\sum$(10)

三、成果计算与校核

在每个测站计算无误后，并且各项数值都在相应的限差范围之内时，根据每个测站的平均高差，利用已知点的高程，推算出各水准点的高程，其计算与高差闭合差的调整方法，可参见第二章。至此完成了三、四等水准测量的整个过程。

四、等外水准测量

等外水准测量，是用于工程水准测量或测定图根控制点的高程，其精度低于四等水准测量，故称为等外水准测量（也叫五等水准测量），其施测方法参见第二章。

【例 8-25】 三等水准测量测站观测顺序简称为"后—前—前—后"（或黑—黑—红—红），其优点是可消除或减弱仪器和（尺垫下沉误差的影响）。

【例 8-26】 四等水准测量测站观测顺序简称为"后—后—

前—前"（或黑—红—黑—红）。

第八节　三角高程测量

在山区或高层建筑物上，若用水准测量作高程控制，则困难大且速度慢，这时可考虑采用三角高程测量的方法测定两点间的高差和点的高程，根据测量距离方法的不同，三角高程测量分为测距仪三角高程测量和经纬仪三角高程测量两种，前者可以代替四等水准测量，后者主要用于山区或丘陵地区的图根高程控制。

一、三角高程测量的主要技术要求

三角高程测量的主要技术要求，是针对竖直角测量的技术要求，一般分为两个等级，即四、五等，其可作为测区的首级控制，技术要求列于表 8-24。

表 8-24　电磁波测距三角高程测量的主要技术要求

等级	仪器	测距边测回数	竖直角测回数		指标差较差/(″)	竖直角较差/(″)	对向观测高差较差/mm	附合或环线闭合差/mm
			三丝法	中丝法				
四	DJ2	往返各一次	—	3	≤7	≤7	$40\sqrt{D}$	$20\sqrt{\sum D}$
五	DJ2	1	1	2	≤10	≤10	$60\sqrt{D}$	$30\sqrt{\sum D}$

注：D 为电磁波测距边长度（km）。

二、三角高程测量的原理

三角高程测量，是根据两点间的水平距离和竖直角计算两点的高差，然后求出所求点的高程。

如图 8-29 所示，在 A 点安置仪器，用望远镜中丝瞄准 B 点觇标的顶点，测得竖直角 α，并量取仪器高 i 和觇标高 v，若测出 A、B 两点间的水平距离 D，则可求得 A、B 两点间的高差，即

$$h_{AB} = D\tan\alpha + i - v \tag{8-32}$$

B 点高程为

$$H_B = H_A + D\tan\alpha + i - v \tag{8-33}$$

三角高程测量一般应采用对向观测法，即由 A 向 B 观测称为直觇，再由 B 向 A 观测称为反觇，直觇和反觇称为对向观测。采用对向观测的方法可以减弱地球曲率和大气折光的影响。当对向观测所求得的高差较差不应大于 $0.1D$（m）（D 为水平距离，以 km 为单位），则取对向观测的高差中数为最后结果，即

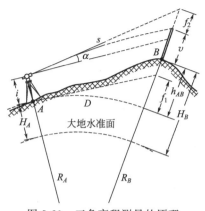

图 8-29　三角高程测量的原理

$$h_{中}=\frac{1}{2}(h_{AB}-h_{BA})\qquad(8-34)$$

式(8-33)适用于 A、B 两点距离较近（小于 300m）的三角高程测量，此时水准面可近似看成平面，视线视为直线。当距离超过 300m 时，就要考虑地球曲率及观测视线受大气折光的影响。

三、三角高程测量的观测与计算

三角高程测量的观测与计算应按以下步骤进行。

（1）安置仪器于测站上，量出仪器高 i；觇标立于测点上，量出觇标高 v。

（2）用经纬仪或测距仪采用测回法观测竖直角 α，取其平均值为最后观测成果。

（3）采用对向观测，其方法同前两步。

（4）用式(8-32)和式(8-33)计算高差和高程。

交通部行业标准《公路勘测规范》（JTG C10—2007）中规定，电磁波测距三角高程测量可用于四等水准测量。

① 边长观测应采用不低于Ⅱ级精度的电磁波测距仪往返各测一测回，在测距的同时，还要测定气温和气压值，并对所测距离进行气象改正。

② 竖直角观测应采用觇牌为照准目标，用 DJ2 级经纬仪按中

丝法观测三测回，竖直角测回差和指标差均≤7″。对向观测高差较差≤±40$\sqrt{D}$（mm）（D 为以 km 为单位的水平距离），附合路线或环线闭合差同四等水准测量的要求。

③ 仪器高和觇牌高应在观测前后用经过检验的量杆各量测一次，精确读数至 1mm，当较差不大于 2mm 时，取中数作为最后的结果。

三角高程路线，应组成闭合测量路线或附合测量路线，并尽可能起闭于高一等级的水准点上。若闭合差 f_h 在表 8-21 所规定的容许范围内，则将 f_h 反符号按照与各边边长成正比例的关系分配到各段高差中，最后根据起始点的高程和改正后的高差，计算出各待求点的高程。

【例 8-27】 三角高程测量分为测距仪三角高程测量和经纬仪三角高程测量两种，前者可以代替四等水准测量，后者主要用于（　　　）的图根高程控制。 （山区或丘陵地区）

总结提高

本章主要介绍了国家平面和高程控制网，它采用精密测量仪器和方法，依照国家规范施测，按精度分为四个等级，即一、二、三、四等，按照"先高级后低级，逐级加密"的原则而建立。它是全国各种比例尺测图的基本控制，并为确定地球的形状和大小提供研究资料和信息。

导线测量是建立小区域平面控制网的一种常用方法，它适用于地物分布较复杂的建筑区和平坦而通视条件较差的隐蔽区。若用经纬仪测量导线转折角，用钢尺丈量导线边长，称为经纬仪量距导线。若用测距仪或全站仪测量导线转折角和边长，则称为电磁波测距导线。

导线测量的外业工作结束后，首先要对外业观测成果进行全面检查和整理，观测数据有无遗漏，记录计算是否正确，成果是否符合限差要求，然后进行导线内业计算，其目的就是根据已知的起始数据和外业观测成果，通过误差调整，计算出各导线点的平面坐标。计算时，先在表中填入已知数据，然后计算、调整角度闭合差、计算各边的坐标方位角，再进行坐标增量闭合差的计算与调整，最后进行导线点的坐标计算。在计算中，要经常进行检查，以保证计算无误。

全站仪作为先进的测量仪器，已在各种工程测量中得到了广泛的应用。由于全站仪具有坐标测量和高程测量的功能，因此在外业观测时，可直接得到观测点的坐标和高程。在成果处理时，可将坐标和高程作为观测值进行平差计算。

随着国民经济的快速发展，交通工程日益增多，特别是公路等级的不断提高，线路长、构造物多，其测量精度、施工质量要求高、时间紧，尽管在工程测量中采用了电子全站仪等先进的设备，但是，传统的测量方法仍然受通视条件的限制，加上测量方法的局限性，作业效率不高等，已不能满足新的要求。为此，迫切需要高精度、快速度、低费用、不受地形通视等条件限制、布设灵活的控制测量方法。GPS测量方法在这些方面充分显示了它的优越性，因此在各种工程建设中得到了广泛的应用。

在进行平面控制测量时，如果导线点的密度不能满足测图和工程的要求时，则需要进行控制点的加密。控制点的加密，可以采用导线测量，也可以采用交会定点法。根据测角、测边的方法不同，交会定点可分为：测角前方交会；测角侧方交会；测角后方交会；测边交会等几种方法。

三、四等水准测量，除了应用于国家高程控制网的加密外，还能够应用于建立小区域首级高程控制网。三等水准测量每测站的观测顺序简称为"后—前—前—后"，其优点是可消除或减弱仪器和尺垫下沉误差的影响。四等水准测量每测站的观测顺序简称为"后—后—前—前"。

在每个测站计算无误后，并且各项数值都在相应的限差范围之内时，根据每个测站的平均高差，利用已知点的高程，推算出各水准点的高程，第二章中介绍了其计算与高差闭合差的调整方法。

在山区或高层建筑物上，若用于较低精度的高程测量，可考虑采用三角高程测量的方法测定两点间的高差和点的高程，根据测量距离方法的不同，三角高程测量分为测距仪三角高程测量和经纬仪三角高程测量两种，前者可以代替四等水准测量，后者主要用于山区或丘陵地区的图根高程控制。

思考题与习题

1. 控制测量的目的是什么？小区域平面、高程控制网是如何建立的？

2. 导线布设形式有哪几种？试绘图说明。

3. 简述导线计算的步骤，并说明闭合导线与附合导线在计算中的异同点。

4. 闭合导线的点号按顺时针方向编号与按逆时针方向编号，其方位角计算有何不同？

5. 进行三、四等水准测量时，一测站的观测程序如何？怎样计算？

6. 在什么情况下采用三角高程测量？为什么要采用对向观测？

7. 根据表 8-25 所列数据，试计算闭合导线各点的坐标。导线点号为逆时针编号。

表 8-25　闭合导线计算

点号	观测角 /(° ′ ″)	坐标方位角 /(° ′ ″)	边长/m	坐标/m	
				x	y
1	125　52　04			870.00	690.00
		123　22　51	100.31		
2	82　46　29				
			78.88		
3	91　08　23				
			137.26		
4	60　14　02				
			78.62		
1					

8. 根据表 8-26 所列数据，试计算附合导线各点的坐标。

表 8-26　附合导线计算

点号	左角观测角 /(° ′ ″)	坐标方位角 /(° ′ ″)	边长/m	坐标/m	
				x	y
A					
		50　00　00			
B	253　34　54			1000.00	1000.00
			125.37		
1	114　52　36				
			109.84		
2	240　18　48				
			106.26		
C	227　16　12			936.97	1291.22
		166　02　54			
D					

9. 已知 A 点高程为 258.26m，A、B 两点间水平距离为 624.42m，在 A 点观测 B 点得 $\alpha = +2°38′07″$，$i = 1.62$m，$v = 3.65$m；在 B 点观测 A 点得 $\alpha = -2°23′15″$，$i = 1.51$m，$v = 2.26$m，求 B 点的高程。

第九章

大比例尺地形图的基本知识

导读

- **了解** 地形图、平面图和地图的概念；比例尺的种类及精度和地形图分幅的方法；自然地貌的形态可归结为几种典型地貌的综合，熟悉这些典型地貌等高线的特征，有助于识读、应用和测绘地形图。
- **理解** 在道路工程建设、城市、建筑工程和水利工程的规划、设计和施工中，需要用到不同比例尺的地形图；等高距与等高线平距在工程建设中的作用。
- **掌握** 根据测图比例尺推算出测量地物时需要精确的程度；大比例尺大面积测图时，矩形或正方形图幅的编号法以及等高线的特性。

第一节　地形图和比例尺

一、地形图、平面图、地图

地物是指地面上天然或人工形成的物体，有海洋、河流、湖泊、道路、房屋、桥梁等；地面高低起伏的自然形态，如高山、丘陵、平原、洼地等，统称为地貌。地物和地貌合称为地形。

地形图是通过实地测量，将地面上各种地物、地貌的平面位置，按一定的比例尺，用《地形图图式》统一规定的符号和注记，缩绘在图纸上的正射投影图，它既表示地物的平面位置，又表示地貌形态。如果图上只反映地物的平面位置，而不反映地貌形态，则称为平面图。将地球上的自然、社会、经济等若干现象，按一定的数学法则并采用制图综合原则绘成的图，称为地图。

地形图是地球表面实际情况的客观反映，各项经济建设和国防工程建设都需要首先在地形图上进行规划、设计，特别是大比例尺（常用的有 1：500、1：1000、1：2000、1：5000 等几种）地形图，是城乡建设和各项建筑工程进行规划、设计、施工的重要基础资料之一。

【例 9-1】　　地物和地貌合称为（　　　　）。　　　　　　（地形）

【例 9-2】　　地形图既表示地物的平面位置，又表示（　　　）。

（地貌形态）

【例 9-3】　　平面图只反映地物的平面位置，而不反映（　　　）。

（地貌形态）

二、比例尺的种类

地形图上任一线段的长度 d 与地面上相应线段的实际水平距离 D 之比，称为地形图的比例尺。按表示方法的不同，比例尺又分为数字比例尺、图式比例尺和复式比例尺三种形式，现分述如下。

1. 数字比例尺

数字比例尺即在地形图上直接用数字表示的比例尺，地形图比例尺通常用分子为 1 的分数式 $1/M$（或 $1：M$）来表示，其中"M"称为比例尺分母。显然有

$$\frac{1}{M}=\frac{图上距离\ d}{实地水平距离\ D}=\frac{1}{\dfrac{D}{d}}=1：M \tag{9-1}$$

式中，M 越小，比例尺的值就越大，图上所表示的地物、地貌越详尽；相反，M 越大，比例尺的值就越小，图上所表示的地物、地貌越粗略。如数字比例尺 1：500＞1：1000。通常称 1：500、1：1000、1：2000、1：5000 的地形图为大比例尺地形图；称比例尺为 1：1 万、1：2.5 万、1：5 万、1：10 万的地形图为中比例尺地形图；称比例尺为 1：20 万、1：50 万、1：100 万的地形图为小比例尺地形图。

我国规定 1：1 万、1：2.5 万、1：5 万、1：10 万、1：25 万、1：50 万、1：100 万 7 种比例尺地形图为国家基本比例尺地形图。地形图的数字比例尺通常写在地形图南图廓的下方正中处，如

图 9-1所示。公路、铁路、城市规划和水利设施等各种工程建设的规划设计和施工通常使用大比例尺地形图。

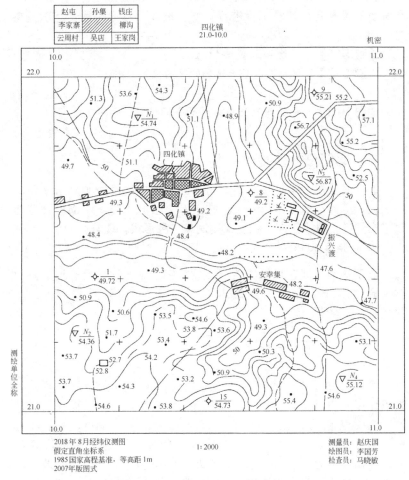

图 9-1 地形图的图名、图号和接合图表

中比例尺地形图由国家专业测绘部门负责测绘，目前均用航空摄影测量方法成图，小比例尺地形图一般由中比例尺地形图缩小编绘而成。

1：500 和 1：1000 的大比例尺地形图一般用平板仪、经纬仪、全站仪或 GPS 测绘；1：2000 和 1：5000 的地形图一般由 1：500 或 1：1000 的地形图缩小编绘而成。若测图面积较大，也可用航空摄影测量方法成图。

例如在 1：1000 的大比例尺地形图中，实地水平距离为 75m，则图上长度为

$$d = \frac{D}{M} = \frac{75\text{m}}{1000} = 75\text{mm}$$

如果已知图上长度为 100mm，则实地水平距离为

$$D = Md = 1000 \times 100\text{mm} = 100\text{m}$$

2. 直线比例尺

如图 9-2 所示，直线比例尺又称图示比例尺。使用数字比例尺，应用时要经常进行计算，为了直接而方便地进行图上与实地相应水平距离的换算、减少由于图纸伸缩引起的误差，常在地形图图廓下方绘制一直线比例尺，用以直接量度图内直线的实际水平距离。

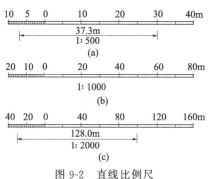

图 9-2　直线比例尺

直线比例尺是在图纸上画出两条间距为 2mm 的平行直线，再以 2cm 为基本单位，将直线等分为若干大格，然后把左端的一个基本单位分成十等份，以量取不足整数部分的数，在小格和大格的分界处注以 0，其他大格分划上注以 0 至该分划按比例尺计算的实际水平距离。图 9-2 中（a）、（b）、（c）分别表示 1：500、1：1000、1：2000 三种比例尺。

使用时，先将两脚规的脚尖对准地形图上要量测的两点，然后将两脚规移到直线比例尺上，使右脚尖对准零点右边一个适当的整分划线，使左脚尖落在零点左边的毫米分划小格内以便读数，如图 9-2(a) 所示，右脚尖对准 30m 分划线上，左脚尖落在左边 7.3m

分划上，则该线段所表示的实际水平距离为30m＋7.3m＝37.3m。

直线比例尺换算距离的速度较快，但它仅能估读到最小格值的十分之一，换算距离的精度较低，故只能作为一般的量算工具。如地形图下方所绘制的直线比例尺，可供用图时量算距离之用。

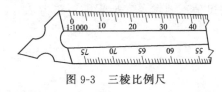

图式比例尺的优点是：量距直接方便而不必再进行换算；比例尺随图纸按同一比例伸缩，从而明显减小因图纸伸缩而引起的量距误

图 9-3　三棱比例尺

差。地形图绘制时所采用的三棱比例尺也属于图式比例尺。三棱比例尺属于直线比例尺，如图 9-3 所示，可用于地形图的绘制。

3. 复式比例尺

如图 9-4 所示。为了提高量测精度，可使用复式比例尺。复式比例尺又称为斜线比例尺，它是直线比例尺的一种扩展，可以减少读数误差，其最小分划值为直线比例尺的十分之一，可估读到最小分划值的百分之一，是大比例尺地形测图中常见的工具，它弥补了直线比例尺精度不高的缺点。通常用受温度影响较小的金属板制作。

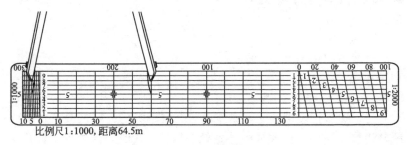

比例尺1:1000, 距离64.5m

图 9-4　复式比例尺

使用时，在复式比例尺上选择与测图比例尺相同的比例尺面，用分规在上面截取距离，图 9-4 中是在 1：1000 比例尺上截取距离 64.5m。

【例 9-4】　复式比例尺又称为斜线比例尺，它弥补了（　　）精度不高的缺点。

（直线比例尺）

【例 9-5】 图式比例尺的优点是（ ）。

(量距直接方便而不必再进行换算)

三、地形图比例尺的选择

在城市和建筑工程建设的规划、设计和施工中，需要用到的比例尺是不同的。《工程测量规范》（GB 50026—2007）和《城市测量规范》（CJJ 8—2011）的详细用途列在表 9-1 中，供使用者在作业中选用。

表 9-1 测图比例尺的选用

规范 比例尺	《工程测量规范》(GB 50026—2007) 用途	《城市测量规范》(CJJ 8—2011) 用途
1:10000	—	城市规划设计(城市总体规划、厂址选择、区域位置、方案比较)等
1:5000	可行性研究、总体规划、厂址选择、初步设计等	
1:2000	可行性研究、初步设计、矿山总图管理、城镇详细规划等	城市详细规划和工程项目的初步设计等
1:1000	初步设计、施工图设计；城镇、工矿总图管理；竣工验收等	城市详细规划、管理、地下管线和地下普通建(构)筑工程的现状图、施工图
1:500		

图 9-5 是 1:1000 比例尺地形图样图，其内容主要是以城市开发区域的丘陵地区为主。图 9-6 是公路选线样图，其内容主要是以公路选线为主。

四、比例尺精度

通常认为，人们用肉眼能分辨的图上最小距离是 0.1mm。所以，地形图上 0.1mm 所代表的实地水平距离，称为比例尺精度。若用 δ 表示比例尺精度，M 表示比例尺分母，显然

$$\delta = 0.1\text{mm} \times M \qquad (9\text{-}2)$$

按式(9-2)可计算出几种常用大比例尺地形图的比例尺精度，如表 9-2 所示。可以看出，比例尺越大，其比例尺精度越小，地形图的精度就越高。

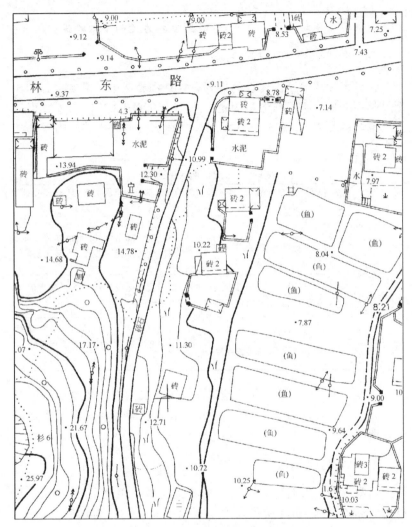

图 9-5　1∶1000 开发区地形图样图

表 9-2　大比例尺地形图的比例尺精度

比例尺	1∶500	1∶1000	1∶2000	1∶5000
比例尺精度	0.05	0.10	0.20	0.50

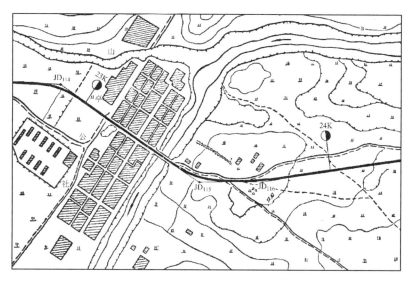

图 9-6　公路选线样图

　　根据测图比例尺，可以推算出测量地物时需要精确的程度。例如，测绘 1：2000 比例尺的地形图时，地面水平距离测量的精度只需达到 0.2m 即可。同样，如果规定了图上应该表示的地面线段精度，也可以根据比例尺精度确定测图比例尺。例如要求图上能显示实地 0.5m 的精度时，则采用的测图比例尺应不小于 $\dfrac{0.1\text{mm}}{0.5\text{m}}=\dfrac{1}{5000}$。

　　从表 9-2 可知，比例尺越大，地形图精度越高，地形图上表示地物、地貌的情况也越详细，但同一幅图所能包含的地面面积也越小，同时测绘工作量会成倍增加。因此，应根据实际工作需要，选择适当的比例尺，不应盲目追求更大比例尺的地形图，避免不必要的浪费。

　　【例 9-6】　大比例尺地形图是指 1：500、1：1000、（　　）比例尺的地形图。　　　　　　　　　　　　　　　　　　　　　（D）

　　A. 1：10000　　B. 1：7000　　C. 1：5000　　D. 1：2000

　　【例 9-7】　比例尺为 1：10000 的地形图，其比例尺精度为（　　）。　　　　　　　　　　　　　　　　　　　　　　　　　（1.0m）

　　【例 9-8】　要求图上能显示实地 0.5m 的精度时，则采用的

测图比例尺应不小于（　　）。　　　　　　　　　　（1∶5000）

　　【例9-9】　图上两点距离与实际水平距离之比称为（　　）。
　　　　　　　　　　　　　　　　　　　　　　　　　　　（比例尺）

　　【例9-10】　衡量比例尺的大小是由比例尺的分母来决定，分母值越大，则（　　）。　　　　　　　　　（比例尺越小）

第二节　大比例尺地形图的分幅与编号

　　为了管理好我国的土地资源，不重复、不遗漏地测绘地形图，同时也为了能更科学的管理和使用地形图，需要将各种比例尺的地形图进行统一的分幅和编号。地形图分幅的方法有两种：一种是按经纬线分幅的梯形分幅法（又称国际分幅法）；另一种是按坐标网格分幅的矩形分幅法。国家基本比例尺地形图的分幅和编号采用前者，工程建设大比例尺地形图的分幅和编号采用后者。

一、梯形分幅和老图号的编号方法

1. 1∶100万比例尺地形图的分幅及编号

　　1∶100万比例尺地形图的分幅及编号采用的是国际通用的分幅编号法。它是我国基本比例尺地形图分幅与编号的基础。它是将

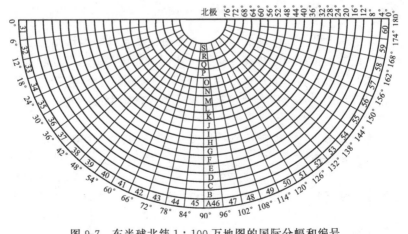

图9-7　东半球北纬1∶100万地图的国际分幅和编号

整个地球表面用子午线分成 60 个 6°的纵列，由经度 180°起，自西向东用阿拉伯数字 1～60 编排列号。同时由赤道起分别向南、北直至 88°止，按纬差 4°分成横列，每列依次用序号 A、B、C、D、…、V 表示，如图 9-7 所示。这样，每幅1：100 万地形图就是由经差 6°和纬差 4°的经纬线所分成的梯形图幅。显然每幅图的编号就是由该幅图所在的横列字母和纵列行号数所组成。为了区分南北两半球，故在编号前应加注 N 或 S 予以区别。由于我国的疆域整体位于北半球，故编号时省去了 N，图 9-8 为我国1：6000万比例尺地图的国际分幅和编号示意图。

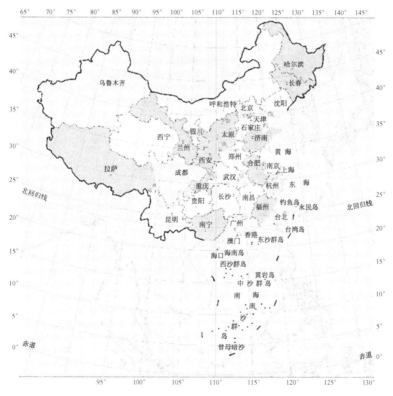

图 9-8　我国 1：6000 万比例尺地图的国际分幅和编号

随着纬度的增高，地形图面积迅速缩小。因此，规定在纬度60°~76°之间双幅合并，即每幅图经差12°，纬差4°。在76°~88°之间四幅合并，即每幅图经差24°，纬差4°。纬度88°以上单独为一幅。

2. 1∶50万、1∶25万、1∶10万地形图的分幅与编号

1∶50万、1∶25万、1∶10万地形图的分幅与编号，都是在1∶100万地形图的分幅和编号的基础上，分别加上各自的代号而成。如图9-9所示。

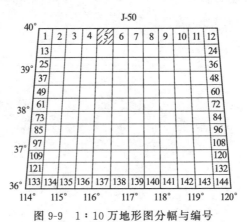

图 9-9　1∶10万地形图分幅与编号

将一幅1∶100万比例尺地形图分为4幅1∶50万比例尺地形图，则每幅的经差为3°，纬差为2°，分别用A、B、C、D表示。例如，J-50-B。

将一幅1∶100万地形图分为4行4列，共16幅1∶25万地形图，经差1°30′，纬差1°，从左至右，从上至下依次以［1］、［2］、［3］、…［16］为代号。例如J-50-[3]。

将一幅1∶100万地形图分为12行12列，共144幅1∶10万地形图，经差30′，纬差20′，从左至右，从上至下依次以1、2、3、…、144为代号。例如J-50-5。

每幅1∶50万地形图包括4幅1∶25万地形图，36幅1∶10万地形图；每幅1∶25万地形图包括9幅1∶10万地形图。但它们的图号之间没有直接的联系。

3. 1：5万、1：2.5万、1：1万地形图的分幅与编号

1：5万、1：1万地形图的分幅与编号都是从1：10万地形图的图号基础上延伸出来的；1：2.5万地形图的分幅与编号是从1：5万地形图的图号基础上延伸出来的。

将一幅1：10万地形图分为2行2列，共4幅1：5万地形图，经差15′，纬差10′，分别以A、B、C、D为代号，其编号是在1：10万地形图图号后加上各自的代号而成的，例如J-50-5-B。如图9-10所示。

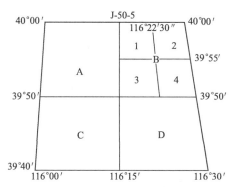

图9-10 1：5万、1：2.5万地形图分幅与编号

将一幅1：5万地形图分为2行2列，共4幅1：2.5万地形图，经差7′30″，纬差5′，分别以1、2、3、4为代号，其编号是在1：5万地形图图号后加上各自的代号而成的，例如J-50-5-B-3。如图9-10所示。

将一幅1：10万地形图分为8行8列，共64幅1：1万地形图，经差3′45″，纬差2′30″，分别以（1）、（2）、（3）、…、（64）为代号，其编号是在1：10万地形图图号后加上各自的代号而成的，例如J-50-5-(24)。如图9-11所示。

4. 1：5000、1：2000地形图的分幅与编号

1：5000、1：2000地形图的分幅与编号都是在1：1万地形图图号的基础上延伸出来的。如图9-12所示，将一幅1：1万地形图分为2行2列，共4幅1：5000地形图，经差1′52.5″，纬差1′15″，

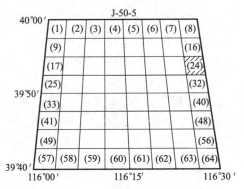

图 9-11　1：1 万地形图分幅与编号

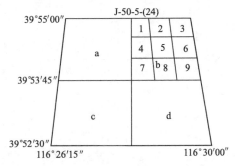

图 9-12　1：5000、1：2000 地形图分幅与编号

分别以 a、b、c、d 为代号，其编号是在 1：1 万地形图图号后加上各自的代号而成的，例如 J-50-5-(24)-b。

　　将一幅 1：5000 地形图分为 3 行 3 列，共 9 幅 1：2000 地形图，经差 37.5″，纬差 25″，分别以 1、2、3、…、9 为代号，其编号是在 1：5000 地形图图号后加上各自的代号而成的，例如 J-50-5-(24)-b-6。

　　表 9-3 为各种比例尺地形图的分幅与编号。

二、国家基本比例尺地形图新的分幅和编号

　　1992 年 12 月，我国发布了《国家基本比例尺地形图新的分幅和编号》（GB/T 13989），自 1993 年 3 月起实施。新测和更新的基本比例尺地形图，均按 GB/T 13989 进行分幅和编号。新的分幅和

表 9-3 各种比例尺地形图的分幅与编号

比例尺	图幅大小		分幅方法		基本地形图的编号方法	
	经差	纬差	分幅基础	分幅数	代号	举例(北京)
1：100 万	6°	4°			纬列 A～V 经列 1～60	J-50
1：50 万	3°	2°	1：100 万	4	A、B、C、D	J-50-B
1：25 万	1°30′	1°	1：100 万	16	[1]～[16]	J-50-[3]
1：10 万	30′	20′	1：100 万	144	1～144	J-50-5
1：5 万	15′	10′	1：10 万	4	A、B、C、D	J-50-5-B
1：2.5 万	7′30″	5′	1：5 万	4	1、2、3、4	J-50-5-B-3
1：1 万	3′45″	2′30″	1：10 万	64	(1)～(64)	J-50-5-(24)
1：5000	1′52.5″	1′15″	1：1 万	4	a、b、c、d	J-50-5-(24)-b
1：2000	37.5″	25″	1：5000	9	1～9	J-50-5-(24)-b-6

编号有以下特点：经、纬差没有改变，但划分方法不同，即全部由 1：100 万地形图逐次加密划分而成；另外，过去的列、行现在改为行、列。

1：5000 地形图列入国家基本比例尺地形图系列，基本比例尺地形图增至 8 种。编号在 1：100 万地形图编号后加上比例尺代码，再加上相应比例尺的行、列代码。1：5000～1：50 万比例尺地形图编号均由五个元素 10 位代码组成。如某图新的编号如下。

1：50 万地形图编号：J50 B 001 002

1：5 万地形图编号：J50 E 016 020

1：5000 地形图编号：

表 9-4 为我国基本比例尺代码。表 9-5 为各种比例尺地形图的分幅和编号。

表 9-4 我国基本比例尺代码

比例尺	1：50万	1：25万	1：10万	1：5万	1：2.5万	1：1万	1：5000
代码	B	C	D	E	F	G	H

表 9-5 各种比例尺地形图的分幅和编号

比例尺	图幅大小		分 幅 方 法				基本地形图的编号
	经差	纬差	分幅基础	行数	列数	分幅数	举例
1：100万	6°	4°	1：100万				J50
1：50万	3°	2°	1：100万	2	2	4	J50B001002
1：25万	1°30′	1°	1：100万	4	4	16	J50C002004
1：10万	30′	20′	1：100万	12	12	144	J50D009010
1：5万	15′	10′	1：100万	24	24	576	J50E021012
1：2.5万	7′30″	5′	1：100万	48	48	2304	J50F036045
1：1万	3′45″	2′30″	1：100万	96	96	9216	J50G060080
1：5000	1′52.5″	1′15″	1：100万	192	192	36864	J50H180160

三、矩形或正方形分幅和编号

如表 9-6 所示，大面积测图时，矩形或正方形图幅的编号，一般采用坐标编号法。即由图幅西南角的纵、横坐标（用阿拉伯数字，以千米为单位）作为它的图号，表示为"x-y"。1：5000、1：2000地形图，坐标取至 1km；1：1000 的地形图，坐标取至 0.1km；1：500 的地形图，坐标取至 0.01km。例如，西南角坐标为 $x=82600$m，$y=48600$m 的不同比例尺图幅号为：1：2000，82-48；1：1000，82.6-48.6；1：500，82.60-48.60。对于较大测区，测区内有多种测图比例尺时，应进行统一编号。

表 9-6 矩形或正方形分幅及面积

比例尺	矩形 分幅		正方形 分幅		
	图幅大小 /cm×cm	实地面积 /km×km	图幅大小 /cm×cm	实地面积 /km×km	一幅1：5000 图所含幅数
1：5000	50×40	5	40×40	4	1
1：2000	50×40	0.8	50×50	1	4
1：1000	50×40	0.2	50×50	0.25	16
1：500	50×40	0.05	50×50	0.0625	64

小面积测图，可采用自然序数法或行列编号法。自然序数法是将测区各图幅按某种规律，如从左到右，自上而下用阿拉伯数字顺序编号。行列编号法是从左到右，从上到下给横列和纵列编号，用"行-列"表示图幅编号，例如 A-2、B-3、…、C-4、D-1 等。

另外，如图 9-1 所示，在地形图的正上方标上图名，图名一般以本幅图内最著名最重要的地名来命名，如图中四化镇。在地形图的左上方标明接合图表，用以标明本幅图周围图幅的图名或编号。在地形图的左下方还应标明地形图所采用坐标系统、高程系统、测绘方法和时间等。

四、三北方向线

在中小比例尺地形图的下图廓外偏右处，绘有真子午线、磁子午线和坐标纵轴线这三个北方向线之间的角度关系图，称为三北方向线。绘制时真子午线应垂直下图廓边，如图9-13(a) 所示。在该图幅中，磁偏角为 9°50′（西偏）；坐标纵轴线偏于真子午线以西 0°05′；而磁子午线偏于坐标纵线以西 9°45′。利用该关系图，可以对图上任一方向的真方位角、磁方位角和坐标方位角进行换算。

五、坡度比例尺

在中小比例尺地形图的下图廓外偏左处，绘有坡度比例尺，如图 9-13(b) 所示，用于图解地面坡度和倾角。它按下式制成。

$$i = \tan\alpha = \frac{h}{dM} \quad \text{即} \quad d = \frac{h}{iM} \tag{9-3}$$

式中　i——地面坡度；

　　　α——地面倾角；

　　　h——两点间的高差；

　　　d——两点间的水平距离；

　　　M——测图比例尺分母。

使用时利用分规量出相邻点的水平距离，在坡度比例尺上即可读取地面坡度 i。

【例 9-11】　我国基本比例尺地形图均以（　　　　）比例尺的地形图为基础，按规定的经差和纬差划分图幅。　　　（1：100 万）

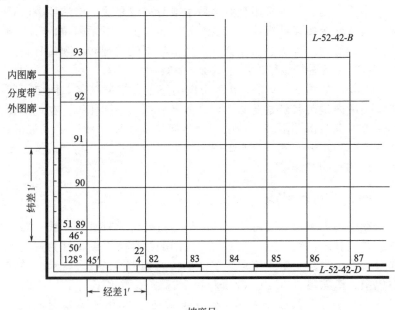

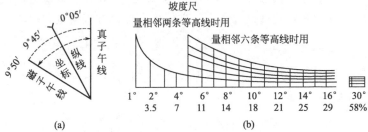

图 9-13 地形图的图廓和图廓外注记

【例 9-12】 工程建设大比例尺地形图的分幅和编号采用按坐标网格分幅的（   ）分幅法。   （矩形）

【例 9-13】 1∶5000、1∶2000 地形图的分幅与编号都是在（   ）地形图图号的基础上延伸出来的。   （1∶1 万）

【例 9-14】 比例尺为 1∶500 的地形图应采用（   ）分幅。   （矩形）

【例 9-15】 有一幅地形图，比例尺为 1∶1000，西南角坐标 $X=4000$，Y 坐标为 5000，则该图的编号为（   ）。   （4.0～5.0）

【例 9-16】　一幅 $50cm \times 50cm$ 图幅满幅图所测的实地面前为 $1km^2$，则该图测图比例尺为（　　）。　　　　　　　　(1/2000)

第三节　地物、地貌在图上的表示方法

《地形图图式》是测绘、出版地形图的基本依据之一，是识读和使用地形图的重要工具。它的内容概括了地物、地貌在地形图上表示的符号和方法，表 9-7 是国家标准《1∶500、1∶1000、1∶2000地形图图式》（GB/T 20257.1—2007）所规定的部分地物、地貌符号。

表 9-7　《1∶500、1∶1000、1∶2000 地形图图式》符号与注记

编号	符号名称	符号式样		
		1∶500	1∶1000	1∶2000
1	导线点 a. 土堆上的 I16、I23——等级、点号 84.46、94.40——高程 2.4——比高		2.0 ⊙ $\frac{I16}{84.46}$ a 2.4 ⊕ $\frac{I23}{94.40}$	
2	埋石图根点 a. 土堆上的 12、16——点号 275.46、175.64——高程 2.5——比高		2.0 ⊡ $\frac{12}{275.46}$ a 2.5 ⊕ $\frac{16}{175.64}$	
3	不埋石图根点 I9——点号 84.47——高程		2.0 ▢ $\frac{19}{84.47}$	
4	水准点 Ⅱ——等级 京石 5——点名点号 32.805——高程		2.0 ⊗ $\frac{Ⅱ京石5}{32.805}$	
5	卫星定位等级点 B——等级 14——点号 495.263——高程		3.0 ▲ $\frac{B14}{495.263}$	

编号	符号名称	符号式样		
		1：500	1：1000	1：2000
6	单幢房屋 　a. 一般房屋 　b. 有地下室的房屋 　c. 突出房屋 　d. 简易房屋 　混、钢——房屋结构 　e. 在 1：2000 图中代表 1：500 或 1：1000 图中的 c 或 d 　1、3、28——房屋层数 　—2——地下房屋层数	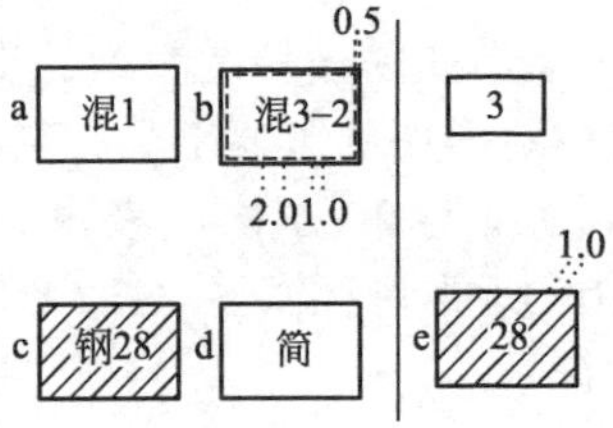 a 混1　b 混3-2 2.0 1.0 c 钢28　d 简		0.5 3 1.0 e 28
7	建筑中房屋	 建		
8	棚房 　a. 四边有墙的 　b. 一边有墙的 　c. 无墙的	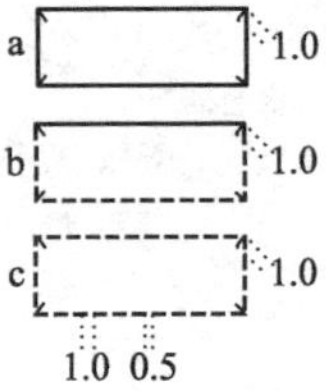 a □:1.0 b :1.0 c :1.0 1.0 0.5		
9	破坏房屋	 破 2.0 1.0		
10	体育馆、科技馆、博物馆、展览馆	 混凝土5科:0.6		
11	宾馆、饭店	 混凝 土5 H		
12	商场、超市	 混凝 土4 M		
13	剧院、电影院	 混凝 土2 ▨		

续表

编号	符号名称	符号式样		
		1：500	1：1000	1：2000
14	露天体育场、网球场、运动场、球场 　a. 有看台的 　　a1. 主席台 　　a2. 门洞 　b. 无看台的			
15	露天舞台、观礼台			
16	游泳场（池）			
17	电话亭			
18	厕所			
19	垃圾场			
20	垃圾台 　a. 依比例尺的 　b. 不依比例尺的			
21	亭 　a. 依比例尺的 　b. 不依比例尺的			
22	旗杆			
23	塑像、雕塑 　a. 依比例尺的 　b. 不依比例尺的			
24	路灯			

编号	符号名称	符号式样		
		1∶500	1∶1000	1∶2000
25	照射灯 　a. 杆式 　b. 桥式 　c. 塔式	a 4.0 ◁┤1.6　1.6	b ⊠ ▷ ⊠	c ⊠ 2.0
26	岗亭、岗楼 　a. 依比例尺的 　b. 不依比例尺的	a 〇　　　b 仚		
27	宣传橱窗、广告牌 　a. 双柱或多柱的 　b. 单柱的	a 1.0 ⊏⊐ 2.0 b 3.0 ⊤		
28	喷水池			
29	围墙 　a. 依比例尺 　b. 不依比例尺的	a ——— 10.0　0.5 b ———— 0.3 10.0　0.5		
30	栅栏、栏杆	10.0　1.0 ○—○—○—○		
31	篱笆	10.0　1.0 0.5		
32	活树篱笆	6.0　1.0 0.6		
33	台阶	0.6 1.0　1.0		

续表

编号	符号名称	符号式样		
		1：500	1：1000	1：2000
34	室外楼梯 　a. 上楼方向		混凝土8	
35	院门 　a. 围墙门 　b. 有门房的	a b　砖	0.6 1.0　45° 砖	
36	门墩 　a. 依比例尺的 　b. 不依比例尺的	a b	1.0	
37	街道 　a. 主干路 　b. 次干路 　c. 支路	a b c	0.35 0.25 0.15	
38	内部道路		1.0 1.0	
39	停车场	3.3　Ⓟ		
40	街道信号灯 　a. 车道信号灯 　b. 人行横道信号灯	a 1.0 1.3 8 1.6	b 3.6 8 1.6	
41	配电线 架空的 　a. 电杆 地面下的 　a. 电缆标	a 图 8.0　1.0　4.0	a 8.0	
42	陆地通信线 地面上的 　a. 电杆	a 1.0 0.5　8.0		

编号	符号名称	符号式样		
		1：500	1：1000	1：2000
43	管道检修井孔 　a. 给水检修井孔 　b. 排水（污水）检修井孔 　c. 排水暗井 　d. 煤气、天然气、液化气检修井孔 　e. 热力检修井孔 　f. 工业、石油检修井孔 　g. 不明用途的井孔	a　2.0 ⊖ b　2.0 ⊕ c　2.0 Ⓐ d　2.0 ⊖ e　2.0 ⊕ f　2.0 ⊕ g　2.0 ○		
44	管道其他附属设施 　a. 水龙头 　b. 消火栓 　c. 阀门 　d. 污水、雨水箅子	a　3.6 1.0 ⌐ b 　1.6 　2.0 ⊟ 3.0 c 　1.0 　1.6 ○ 3.0 d　⊕⌐0.5　⊞⌐1.0 　　2.0　　2.0		
45	等高级及其注记 　a. 首曲线 　b. 计曲线 　c. 间曲线 　25——高程	a b —— 25 c —— 1.0 　0.15 　0.3 　0.15 　6.0		
46	示坡线	0.8		
47	高程点及其注记 1520.3、－15.3——高程	0.5 • 1520.3　　• －15.3		
48	居民地名称说明注记 　a. 政府机关 　b. 企业、事业、工矿、农场 　c. 高层建筑、居住小区、公共设施	a　　　市民政局 　　　宋体(3.5) b 日光岩幼儿园　兴隆农场 　　宋体(2.5　3.0) c 二七纪念塔　兴庆广场 　　宋体(2.5～3.5)		

续表

编号	符号名称	符号式样		
		1：500	1：1000	1：2000
49	旱地			
50	菜地			
51	行树 a. 乔木行树 b. 灌木行对			
52	草地 a. 天然草地 b. 人工绿地			
53	花圃、花坛			

一、地物符号

在地形图上表示各种地物的形状、大小和它们的位置的符号，称为地物符号。如测量控制点，各类建（构）筑物，道路，水系及植被等。根据地物的形状大小和描绘方法的不同，地物符号又可分为以下四种。

1. 比例符号

将地物按照地形图比例尺缩绘到图上的符号，称为比例符号。如房屋、农田、湖泊、草地等。显然，比例符号不仅能反映出地物的平面位置，而且能反映出地物的形状与大小。

2. 非比例符号

有些重要地物，由于其尺寸较小，无法按照地形图比例尺缩小并表示到地形图上，只能用规定的符号来表示，称为非比例符号。如测量控制点、独立树、电杆、水塔、水井等。显然，非比例符号只能表示地物的实地位置，而不能反映出地物的形状与大小。非比例符号的中心位置与实际地物中心位置的关系随地物而异，如测量控制点、电杆、钻孔等，其中心位置以符号的几何图形中心表示；里程碑、岗亭、烟囱等，其中心位置以符号底线的中点表示；独立树、加油站等，地物中心在该符号底部直角顶点；气象站、路灯等，地物中心在其下方图形的中心点或交叉点；窑洞、亭等，地物中心在下方两端点间的中心点。在绘制非比例符号时，除图式中要求按实物方向描绘外，如窑洞、水闸、独立房屋等，其他非比例符号的方向一律按直立方向描绘，即与南图廓垂直。

3. 半比例符号

对于地面上的某些线状地物，如围墙、栅栏、小路、电力线、管线等，其长度可以按测图比例尺绘制，而宽度不能按比例尺绘制，表示这种地物的符号称为半比例符号。半比例符号的中心线就是实际地物中心线。

符号使用的界限是相对的，同一地物，在大比例尺图上采用比例符号，而在中、小比例尺图上采用非比例符号或半比例符号。如铁路、公路等地物，1：500～1：2000 地形图上用比例符号绘出，而在 1：5000 地形图则用半比例符号绘出。

4. 注记符号

地物注记就是用文字、数字或特定的符号对地形图上的地物作补充和说明，如图上注明的地名、控制点名称、高程、房屋层数、河流名称、深度、流向等。

【**例 9-17**】　在地形图上，长度和宽度都不按测图比例尺表示的地物符号是（　　）。　　　　　　　　　　　　（非比例符号）

【**例 9-18**】　在地形图上，长度和宽度都按测图比例尺表示的地物符号是（　　）。　　　　　　　　　　　　　（比例符号）

【**例 9-19**】　在地形图上，长度按测图比例尺而宽度不按比例尺表示的地物符号是（　　）。　　　　　　　　（半比例符号）

【**例 9-20**】　在 1∶500 的地形图上，铁路的符号用（　　）表示。　　　　　　　　　　　　　　　　　　　　（线状符号）

【**例 9-21**】　地形图上表示的（　　）属于注记符号。

（河流的流向）

二、地貌符号

地貌的形态按其起伏变化可分为以下四种类型：地势起伏小，地面倾斜角在 3°以下，比高不超过 20m 的，称为平坦地；地势起伏大，地面倾斜角在 3°～10°，比高不超过 150m 的，称为丘陵地；地势起伏变化悬殊，地面倾斜角在 10°～25°，比高在 150m 以上的，称为山地；绝大多数地面倾斜角超过 25°的，称为高山地。

在地形图上表示地貌的方法很多，而在测量上最常用的方法是等高线法。等高线又分为首曲线、计曲线、间曲线和助曲线；用等高线表示地貌不仅能表示出地面的起伏形态，而且能较好地反映地面的坡度和高程，因而得到广泛应用。

1. 等高线

等高线是地面上高程相等的各相邻点连成的闭合曲线。如图 9-14 所示，设有一高地被等间距的水平面所截，则各水平面与高地的相应的截线，就是等高线。将各水平面上的等高线沿铅垂方向投影到一个水平面上，并按规定的比例尺缩绘到图纸上，便得到用等高线来表示的该高地的地貌图。显然，等高线的形状是由高地表面形状来决定的，用等高线来表示地貌是一种很形象的方法。

2. 等高距与等高线平距

地形图上相邻两条等高线之间的高差称为等高距，常用 h 表示。如图 9-15 所示，其等高距 $h=2m$。等高距的大小根据地形图

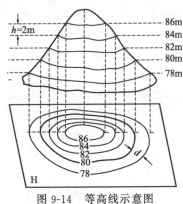

图 9-14 等高线示意图

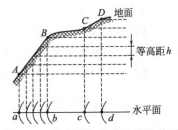

图 9-15 等高距与地面坡度的关系

比例尺和地面起伏情况等确定。在同一幅地形图中，只能采用同一种基本等高距。

等高线平距是地形图上相邻两条等高线之间的水平距离，用 d 表示，它随着地面的起伏情况而改变。相邻等高线之间的地面坡度为

$$i = \frac{h}{dM} \tag{9-4}$$

式中　i——相邻等高线之间的地面坡度；

　　　M——地形图比例尺分母。

因为同一幅地形图中，等高距是相等的，所以等高线平距 d 的大小可直接反映地面坡度情况。等高距、等高线平距与地面坡度的关系，如图 9-15 所示。显然，等高线平距越大，地面坡度越小；平距越小，坡度越大；平距相等，坡度相等。各种大比例尺地形图的基本等高距见表9-8。由此可见，根据地形图上等高线的疏、密可判断地面坡度的缓、陡。

表 9-8　大比例尺地形图的基本等高距

基本等高距/m　　　地形类别 比例尺	平地	丘陵地	山地	高山地
1：5000	0.5 或 1.0	1.0 或 2.0	2.0 或 5.0	5.0
1：2000	0.5 或 1.0	1.0	1.0 或 2.0	2.0
1：1000	0.5	0.5 或 1.0	1.0	1.0
1：500	0.5	0.5	0.5 或 1.0	1.0

3. 等高线的分类

如图 9-16 所示，为了更好地表示地貌特征，便于识图用图，地形图上采用以下四种等高线。

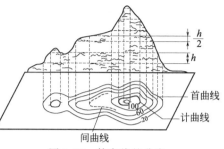

图 9-16　等高线的分类

（1）首曲线　在地形图上，从高程基准面起算，按规定的基本等高距描绘的等高线称为首曲线。首曲线一般用 0.15mm 宽的细实线绘制，首曲线是地形图上最主要的等高线。

（2）计曲线　为了方便用图和计算高程，从高程基准面零米起算，每隔五个基本等高距（即四条首曲线）加粗一条等高线，称为计曲线。例如等高距为 1m 的等高线中，高程 5m、10m、15m、20m 等 5m 的倍数的等高线为计曲线。一般只在计曲线上注记高程，字头指向高处。计曲线一般用 0.3mm 宽的粗实线绘制。

（3）间曲线　当首曲线不足以显示局部地貌特征时，可在相邻两条首曲线之间绘制 1/2 基本等高距的等高线，称为间曲线。间曲线一般用 0.15mm 宽的长虚线表示，描绘时可不闭合。

（4）助曲线　当首曲线和间曲线仍不足以显示局部地貌特征时，可在相邻两条间曲线之间绘制 1/4 基本等高距的等高线，称为助曲线。助曲线一般用 0.15mm 宽的短虚线表示，描绘时可不闭合。

4. 几种典型地貌的等高线

自然地貌的形态虽多种多样、千变万化，但仍可归结为几种典型地貌的综合。典型地貌主要有山头和洼地、山脊与山谷、鞍部、悬崖与陡崖等。了解和熟悉这些典型地貌等高线的特征，有助于识读、应用和测绘地形图。

（1）山头和洼地　地势向中间凸起而高于四周的高地称为山头；地势向中间凹下而低于四周的低地称为洼地。山头和洼地的等高线都是一组闭合的曲线，形状相似，可根据注记的高程来区分，内圈等高线较外圈等高线高程增加时，表示山头，如图 9-17 所示；

相反，内圈等高线较外圈等高线高程减小时，表示洼地，如图9-18所示。另外，还可以根据示坡线来区分这两种地形。示坡线用与等高线垂直相正交的小短线表示，其交点表示斜坡的上方，另一端则表示斜坡的下方。如图9-17、图9-18所示。

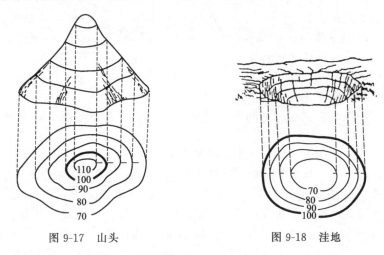

图9-17 山头　　　　　　　　　　图9-18 洼地

（2）山脊与山谷　山脊的等高线是一组凸向低处的曲线，如图9-19所示。山脊上最高点的连线是雨水分水的界线，称为山脊线或分水线。

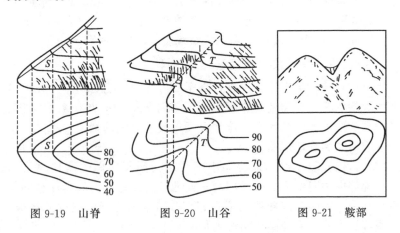

图9-19 山脊　　　　图9-20 山谷　　　图9-21 鞍部

山谷的等高线是一组凸向高处的曲线,如图 9-20 所示。山谷上最低点的连线是雨水汇集流动的地方,称为山谷线或集水线。

山脊与山谷由山脉的延伸与走向形成,山脊线与山谷线是表示地貌特征的线,所以又称为地性线。地性线构成山地地貌的骨架,在测图、识图和用图中具有重要意义。

(3) 鞍部　相邻两个山头之间的低注部分,形似马鞍,称为鞍部。如图 9-21 所示,鞍部的等高线是两组相对的山脊与山谷等高线的组合。鞍部等高线的特点是两组闭合曲线被另一组较大的闭合曲线包围。

(4) 峭壁、断崖与悬崖　峭壁是山区的坡度极陡处,坡度在 70°以上,如果用等高线表示非常密集,因此采用峭壁符号来代表这一部分等高线,如图 9-22(a) 所示。垂直的陡坡叫断崖,这部分等高线几乎重合在一起,故在地形图上通常用锯齿形的符号来表示,如图9-22(b) 所示。

山头上部向外凸出,腰部洼进的陡坡称为悬崖,它上部的等高线投影在水平面上与下部的等高线相交,下部凹进的等高线用虚线来表示,如图 9-22(c) 所示。

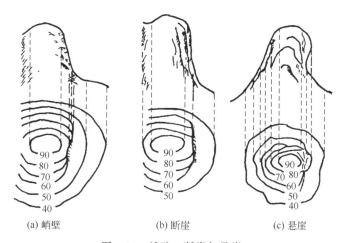

(a) 峭壁　　　　　(b) 断崖　　　　　(c) 悬崖

图 9-22　峭壁、断崖与悬崖

还有一些特殊地貌,如梯田、冲沟、雨裂、阶地等,表示方法参见《地形图图式》。

图 9-23 是一幅综合性地貌透视图和相应的等高线图，可对照阅读。

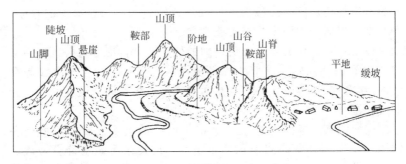

(a) 地貌透视图

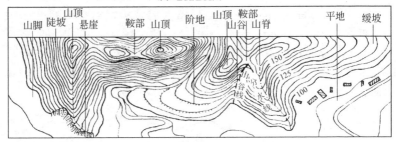

(b) 相应的等高线图

图 9-23 综合性地貌透视图和相应的等高线图

5. 等高线的特性

如上所述，用等高线来表示地貌，可归纳出等高线有如下特性。

（1）同一条等高线上各点的高程必相等，而高程相等的地面点却不一定在同一条等高线上。

（2）等高线是闭合曲线，如不在本幅图内闭合，则在相邻的其他图幅内闭合。但间曲线和助曲线作为辅助线，可以在图幅内中断。

（3）除悬崖、峭壁外，不同高程的等高线不能相交。

（4）山脊的等高线与山脊线成正交关系，同理，山谷的等高线也与山谷线成正交关系，即过等高线与山脊线或山谷线的交点作等高线的切线，始终与山脊线或山谷线垂直。

（5）在同一图幅内，等高线平距的大小与地面坡度成反比。平距大，地面坡度缓；平距小，则地面坡度陡；平距相等，则坡度相同。倾斜地面上的等高线是间距相等的平行直线。

【例 9-22】 地形图上表示地貌的主要符号是（　　）。

（等高线）

【例 9-23】 不属于等高线，按其用途的分类是（　　）。

（山脊线和山谷线）

【例 9-24】 等高距是两相邻等高线之间的（　　）。

（高程之差）

【例 9-25】 等高线平距是地形图上相邻两条等高线之间的（　　）。

（水平距离）

【例 9-26】 地形图上加粗的等高线称为（　　）。（计曲线）

【例 9-27】 等高线是地面（　　）相等的相邻点的连线。

（高程）

【例 9-28】 山脊线也称（　　）。　　　　（分水线）

【例 9-29】 在地形图上有高程分别为 66m、67m、68m、69m、70m、71m、72m 等高线，则需加粗的等高线为（　　）。

（70m）

【例 9-30】 山脊和山谷的等高线相似，判别的方法为（　　）。

（按凸向地性线的高低来判断）

【例 9-31】 等高线越密，表示相应的坡度越（　　）。（陡）

等高线是闭合曲线，如不在本幅图内闭合，则在相邻的其他图幅内（　　）。

（闭合）

【例 9-32】 等高线中间高、四边低，表示（　　）。（山头）

总结提高

本章主要介绍了大比例尺地形图的基本知识，大比例尺地形图是城乡建设和各项工程建设进行规划、设计、施工的重要基础资料之一。地形图上任一线段的长度 d 与地面上相应线段的实际

水平距离 D 之比，称为地形图的比例尺。按表示方法的不同，比例尺又分为数字比例尺、图式比例尺和复式比例尺三种形式。

为了管理好我国的土地资源，不重复、不遗漏地测绘地形图，同时也为了能更科学地管理和使用地形图，需要将各种比例尺的地形图进行统一的分幅和编号。地形图分幅的方法有两种：一种是按经纬线分幅的梯形分幅法；另一种是按坐标网格分幅的矩形分幅法。国家基本比例尺地形图的分幅和编号采用前者，工程建设大比例尺地形图的分幅和编号采用后者。

1992 年 12 月，我国发布了《国家基本比例尺地形图新的分幅和编号》(GB/T 13989)，自 1993 年 3 月起实施。新测和更新的基本比例尺地形图，均按 GB/T 13989 进行分幅和编号。新的分幅和编号全部由 1∶100 万地形图逐次加密划分而成；1∶5000 地形图列入国家基本比例尺地形图系列，基本比例尺地形图增至 8 种。编号在 1∶100 万地形图编号后加上比例尺代码，再加上相应比例尺的行、列代码。1∶5000～1∶50 万比例尺地形图编号均由五个元素 10 位代码组成。

《地形图图式》是测绘、出版地形图的基本依据之一，是识读和使用地形图的重要工具。其内容概括了地物、地貌在地形图上表示的符号和方法。在地形图上表示各种地物的形状、大小和它们的位置的符号，称为地物符号。分为比例符号、非比例符号、半比例符号和注记符号四种。地貌的形态按其起伏变化可分为平坦地、丘陵地、山地和高山地。

在地形图上表示地貌的方法很多，而在测量上最常用的方法是等高线法。等高线又分为首曲线、计曲线、间曲线和助曲线；用等高线表示地貌不仅能表示出地面的起伏形态，而且能较好地反映地面的坡度和高程，因而得到广泛应用。

 思考题与习题

1. 地形图与平面图的区别是什么？
2. 什么是地形图比例尺？比例尺有哪几种？
3. 什么是比例尺精度？它在测绘工作中有什么用途？
4. 地形图有哪几种分幅方法？它们各自在什么情况下使用？

5. 什么是地物？什么是地貌？

6. 地物符号中比例符号、非比例符号、半比例符号及注记符号在什么情况下使用？

7. 什么是等高线？分哪几类？

8. 在同一图幅中，等高距、等高线平距、地面坡度之间的关系是什么？

9. 等高线有哪些特性？

10. 试用等高线绘出山头、洼地、山脊、山谷和鞍部等典型地貌。

11. 根据测图比例尺推算出测量地物时需要精确的程度。

12. 试按照规定的符号，将图 9-24 所示 1：1000 地形图中的山顶、鞍部、山脊线和山谷线标出来（山顶△，鞍部○、山脊线—·—·—·、山谷线 ------- ）。

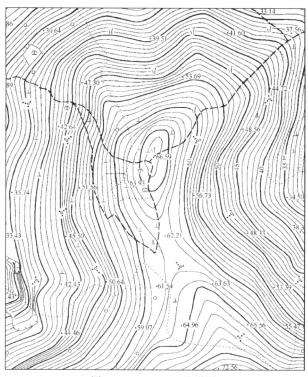

图 9-24　1：1000 地形图

第十章

大比例尺地形图测绘

导读

- **了解** 聚酯薄膜图纸的特性和绘制坐标方格网的方法；能使用对角线法绘制常用的坐标方格网；方格网绘好后，必须立即进行严格检查，以保证控制点展绘的精度。
- **理解** 开展绘控制点时，应先根据该控制点的坐标，确定其所在的方格，然后按一定的作业原则进行展绘，展绘结束后，还要进行检查，无误后方可使用。
- **掌握** 经纬仪测绘法测定碎部点的平距及碎部点的高程；然后根据实测数据，用量角器和比例尺把碎部点的平面位置展绘在图纸上，并在点的右侧注明其高程，最后对照实地描绘地物、地貌的过程。

第一节　测图前的准备工作

在控制测量结束后，以控制点为测站，测出各地物、地貌特征点的位置和高程，并按规定的比例尺缩绘到图纸上，按《1∶500，1∶1000，1∶2000地形图图式》规定的符号，勾绘出地物、地貌的位置、大小和形状，即成地形图。地物、地貌特征点通称为碎部点；测定碎部点的工作称为碎部测量，也称地形图测绘。

一、图纸准备

测绘地形图应选用优质绘图纸。对于临时测图，可直接将图纸固定在图板上进行测绘。

聚酯薄膜具有透明度好、伸缩性小、不怕潮湿等优点，聚酯薄膜图纸的厚度一般为0.07～0.1mm，测绘地形图应选用热定型处理后的聚酯薄膜图纸，其伸缩率小于 0.2‰，并可直接在测绘原图上着墨和复晒蓝图，使用保管都很方便。如果表面不清洁，还可用水清洗。缺点是易燃、易折和易老化，故使用保管时应注意防火、防折。

二、绘制坐标方格网

聚酯薄膜图纸分空白图纸和印有坐标方格网的图纸。印有坐标方格网的图纸有两种规格：一种为 50cm×50cm 的正方形分幅，另一种为 40cm×50cm 的矩形分幅。

聚酯薄膜图纸空白图纸一般是按公斤（千克）销售的，宽度分为两种：一种为 1.2m，另一种为 1.0m，其长度和质量有关。使用时要按照要求进行裁剪。为了把控制点准确地展绘在图纸上，应先在图纸上精确地绘制 10cm×10cm 的直角坐标方格网，然后根据坐标方格网展绘控制点。坐标方格网的绘制常用对角线法、坐标格网尺法或用 AutoCAD 软件绘制。

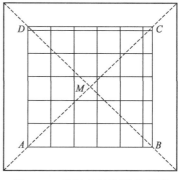

图 10-1 绘制坐标格网示意图

1. 对角线法

如图 10-1 所示，用对角线法绘制坐标方格网的方法是：用检验过的直尺先将图纸的对角相连，对角线交点为 M 点，以 M 为圆心，取适当长度为半径画弧，在对角线上分别画出 A、B、C、D 四点，连接这四点成一矩形 ABCD。从 A、B 两点起，各沿 AD、BC 每隔 10cm 定一点；从 A、D 两点起，各沿 AB、DC 每隔 10cm 定一点，连接对边的相应点，即得坐标方格网。

2. 坐标格网尺法

坐标格网尺是一种轴承钢特制的金属直尺，图10-2为五四型格网尺，适用于绘制50cm×50cm 及以下的方格网。尺子上有 6 个间隔 10cm 的方孔，每个方孔中有一个斜面。尺子左端的起始孔的斜

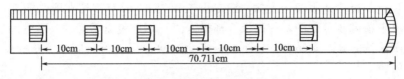

图 10-2 坐标格网尺

面上刻有一条细刻划线，是零点的指标线。其余各孔及尺子右末端的斜边均是以零点为圆心，各以 10cm、20cm、30cm、40cm、50cm 及 70.711cm 为半径的短弧线。而 70.711cm 则是 50cm × 50cm 正方形对角线的长度。

用坐标格网尺绘制方格网的方法如图 10-3 所示。

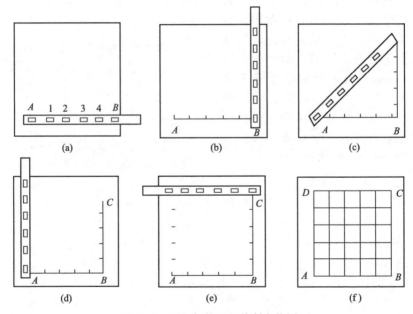

图 10-3   用坐标格网尺绘制方格网

（1）首先确定图幅在图纸中的位置，然后平行于图纸下边缘，将 4H 绘图铅笔削尖，沿尺边画一条直线。将尺子的零点对准直线左端适当位置，沿各孔画与直线相交的弧线，得 6 个交点，设两端交点为 A、B。如图 10-3(a) 所示。

（2）如图 10-3(b) 所示，将尺子零点对准点 B，目估使尺子垂直于 AB，沿各孔斜边画弧线。

（3）如图 10-3(c) 所示，将尺子零点对准点 A，并沿对角线放置，以尺子末端斜边画弧线，使其与右上方的弧线相交得 C 点。

（4）如图 10-3(d) 所示，将尺子零点对准点 A，目估使尺子垂直于 AB，沿各孔斜边画弧线。

（5）如图 10-3(e) 所示，将尺子零点对准点 C，目估使尺子与图纸上边缘平行，沿各孔斜边画弧线，第 6 根弧线与左上方的弧线相交得 D 点。

（6）连接 A、B、C、D 各点，即得边长为 50cm 的正方形。再连接正方形两对边的对应分点，即得边长为 10cm 的坐标方格网。如图 10-3(f) 所示。

如有大量图幅需要绘制坐标方格网时，可利用工作效率和精度较高的坐标展点仪或使用 CASS 软件中的"绘图处理/标准图幅 50cm×50cm"或"标准图幅 50cm×50cm"命令，直接生成坐标方格网图形。

方格网绘好后，必须立即进行严格检查，以保证控制点展绘的精度。规范规定：方格边长与理论长度（10cm）之差应小于图上 0.2mm；图廓边、图廓对角线的长度与其理论值之差应小于图上 0.3mm；网格线粗与刺孔应小于 0.1mm。若超过限差规定，应重新绘制。

三、控制点展绘

展绘控制点时，应先根据该控制点的坐标，确定其所在的方格，如图 10-4 所示，控制点 C 的坐标为 $x_C = 1352.136\text{m}$，$y_C = 961.007\text{m}$，由其坐标值可知 C 点的位置在 $lmnp$ 方格内。C 点与此方格西南角坐标差为 $\Delta x = 52.136\text{m}$，$\Delta y = 61.007\text{m}$，然后用 1:1000 比例尺从 p 和 n 点各沿 pl、nm 线向上量取 52.136m，得 a、b 两点；从 p、l 两点沿 pn、lm 量取 61.007m，得 c、d 两点；连接 ab 和 cd，其交点即为 C 点在图上的位置。同法，将其余控制点展绘在图纸上，并按《1:500，1:1000，1:2000 地形图图式》的规定，在点的右侧画一横线，横线上方注点名，下方注高程，如

图 10-4 所示的 A、B、…、E 各点。

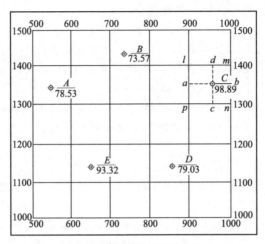

图 10-4　控制点展绘示意图

　　控制点展绘完成后，必须进行校核。其方法是用比例尺量出各相邻控制点之间的距离，与控制测量成果表中相应距离比较，其差值在图上不得超过 0.3mm，否则应重新展点。

　　【例 10-1】　测图前的准备工作主要有（　　　）。

（图纸准备、方格网绘制、控制点展绘）

　　【例 10-2】　大比例尺地形图上，坐标格网的方格大小是
（　　）。　　　　　　　　　　　　　　　　　（10cm×10cm）

　　【例 10-3】　展绘控制点时，应在图上标明控制点的（　　　）。

（点号和高程）

第二节　经纬仪测绘法

　　经纬仪测绘法就是将经纬仪安置在控制点上，绘图板安置于经纬仪近旁；用经纬仪测定碎部点的方向与已知方向之间的夹角；再用视距测量方法测出测站点至碎部点的平距及碎部点的高程；然后根据实测数据，用量角器和比例尺把碎部点的平面位置展绘在图纸上，并在点的右侧注明其高程，最后对照实地描绘地物、地貌。

一、碎部点的选择

碎部点的正确选择是保证成图质量和提高测图效率的关键。碎部点应尽量选在地物、地貌的特征点上。

测量地物时，碎部点应尽量选择在决定地物轮廓线上的转折点、交叉点、弯曲点及独立地物的中心点等，如房角点、道路的转折点、交叉点等。这些点测定之后，将它们连接起来，即可得到与地面物体相似的轮廓图形。由于地物的形状及不规则，所以一般规定主要地物凹凸部分在图上大于 0.4mm 均应表示出来。在地形图上小于 0.4mm 的，可用直线连接。

测量地貌时，碎部点应选择在最能反映地貌特征的山脊线、山谷线等地性线上，如山顶、鞍部、山脊、山脚、谷底、谷口、沟底、沟口、洼地、河川、湖泊等的坡度和方向变化处，可参考图 10-5 领会。根据这些特征点的高程勾绘等高线，就能得到与地貌最为相似的图形。

图 10-5　经纬仪测绘法与碎部点的选择

为了能真实地表示实地情况，测图时应根据比例尺、地貌复杂程度和测图目的，合理掌握地形点的选取密度。在平坦或坡度均匀地段，碎部点的间距和测碎部点的最大视距，应符合表 10-1 的规定。

表 10-1　碎部点的最大间距和最大视距

测图比例尺	地貌点最大间距/m	最大视距/m			
		主要地物点		次要地物点和地貌点	
		一般地区	城市建筑区	一般地区	城市建筑区
1∶500	15	60	50	100	70
1∶1000	30	100	80	150	120
1∶2000	50	180	120	250	200
1∶5000	100	300	—	350	—

二、一个测站上的测绘工作

图幅内的三角点，各等级控制点和图根点都可以作为测图的测站点。选定测站点后，将经纬仪安置在该点上，同时在经纬仪的一侧安置图板；用经纬仪测出起始方向和碎部点方向之间的水平夹角；再用视距测量的方法测出碎部点与该测站点之间的水平距离和高差；然后根据测定的数据用量角器和比例尺把碎部点展绘到图纸上，并在点的右侧注明其高程；再对照实地情况，按《1∶500，1∶1000，1∶2000 地形图图式》规定的符号绘出地形图。其具体步骤如下。

1. 安置仪器

量角器配合经纬仪测图法的原理如图 10-6 所示，首先在测站点 A 上安置经纬仪（包括对中、整平），测定竖盘指标差 x（一般应小于 $1'$），量取仪器高 i，设置水平度盘读数为 $0°00'$，后视另一控制点 B，则 AB 称为起始方向，记入手簿，见表 10-2。将图板安置在测站近旁，目估定向，以便对照实地绘图。连接图上相应控制点 A、B，并适当延

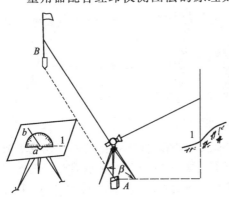

图 10-6　经纬仪测绘法示意图

长，得图上起始方向线 AB。然后，用小针通过量角器圆心的小孔插在 A 点，使量角器圆心固定在 A 点上。

表 10-2　碎部测量手簿

测站:A　　　　　后视点:B　　　　　仪器高 $i=1.45$m　　　　　指标差 $x=0$

测站高程:$H_A=264.34$m　观测者:李晓亮　记录者:张长江　观测日期:2018 年 9 月 15 日

点号	视距 Kn/m	中丝读数 l/m	竖盘读数 L	竖直角 $\pm\alpha$	高差 $\pm h$/m	水平角 β	水平距离 D/m	高程 /m	备注
1	45.0	1.45	92°25′	−2°25′	−1.90	36°44′	44.9	262.44	山脚
2	41.8	1.45	86°42′	+3°12′	+2.33	50°12′	41.7	266.67	山脊
3	35.2	2.45	90°08′	−0°08′	−0.08	167°25′	35.2	264.26	山脊
4	26.4	2.00	89°16′	+0°44′	+0.34	251°30′	26.4	264.68	排水沟

2. 立尺

立尺员应根据实地情况及本测站实测范围，与观测员、绘图员共同商定跑尺路线，然后依次将视距尺立在地物、地貌的特征点上。

3. 观测、记录与计算

观测员用经纬仪照准碎部点上的标尺，使中丝读数 l 在仪器高 i 值附近，读取视距间隔 Kn，然后使中丝读数 l 等于 i 值（如条件不允许，也可以任意读取中丝读数 l），再读竖盘读数 l 和水平角 β，记入测量手簿，并依据下列公式计算水平距离 D 与高差 h。

$$D=Kn\cos^2\alpha \tag{10-1}$$

$$h=\frac{1}{2}Kn\sin 2\alpha+i-l \tag{10-2}$$

或　　　　　　　　　　$$h=D\tan\alpha+i-l \tag{10-3}$$

显然有当 $i=l$ 时，$h=\dfrac{1}{2}Kn\sin 2\alpha$ 或 $h=D\tan\alpha$；当视线水平时，竖直角 $\alpha=0°$，$D=Kn$，$h=i-l$；这两种情况将使计算简单化。竖直角与高程的计算不再详述。

另外，每测量 20～30 个碎部点后，应检查起始方向变化情况。要求起始方向度盘读数不得超过 $4′$，如超出应重新进行起始方向定向。

4. 展点、绘图

如图 10-7 所示，在观测碎部点的同时，绘图员应根据测得和计算出的数据，在图纸上进行碎部点的展点和绘图。

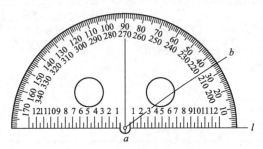

图 10-7 量角器

转动量角器，将碎部点 l 方向的水平角值 $\beta = 36°54'$ 对在起始方向线 ab 上，则量角器上 0°方向线便是碎部点 l 的方向。然后沿零方向线，按测图比例尺和所测的水平距离定出碎部点的位置，并在点的右侧注明其高程。同法，将所有碎部点的平面位置及高程，绘于图上。

然后，参照实地情况，按《地形图图式》规定的符号及时将所测的地物和等高线在图上表示出来。在描绘地物、地貌时，应遵守以下原则。

(1) 随测随绘，地形图上的线划、符号和注记一般在现场完成，并随时检查所绘地物、地貌与实地情况是否相符，有无漏测，及时发现和纠正问题，真正做到点点清、站站清。

(2) 地物描绘与等高线勾绘，必须按《地形图图式》规定的符号和定位原则及时进行，对于不能在现场完成的绘制工作，也应在当日内业工作中完成，要求做到天天清。

(3) 为了相邻图幅的拼接，一般每幅图均应测出图廓外 5mm。

量角器配合经纬仪测图法需要的人员和分工为：1 人观测，1 人记录计算，1 人绘图，1～2 人立尺。

三、测站点的增补

按照测图的要求，有些地形受条件的限制。图根点分布不太均

匀，或在图根点较稀少的地方
需要增补测站点。测站点的增
补常采用支导线法和内、外分
点法。

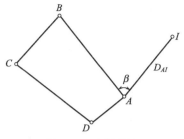

图 10-8　支导线法

1. 支导线法

如图 10-8 所示，A、B 点
为图根点，I 点为增补的测站
点，用支导线施测的方法为：在
图根点 A 上安置经纬仪，测出 AB 与 BI 所夹的水平角 β；然后用视
距测量的方法（或量距、电磁波测距仪测距）测定 A 点到 I 点的水
平距离 D 及高程 H；在图板上用量角器量出 β 角并画出直线 AI，
将 D_{AI} 按测图比例尺换算为图上长度，在直线 AI 上定出 I 点。

表 10-3 规定了支导线的最大边长和测量方法。

表 10-3　支导线的最大边长和测量方法

比　例　尺	最大边长/m	测 量 方 法
1：500	50	实量
1：1000	70	视距
	100	实量
1：2000	120	视距
	160	实量

2. 内、外分点法

内、外分点法就是在已知导线 AR 或延长线上定出的测站点，
其测定方法同支导线。

如图 10-9 所示，I 点为内分点，I' 为外分点。

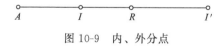

图 10-9　内、外分点

四、注意事项

（1）竖盘指标差应在每天工作前测定一次，要求小于 $1'$。

（2）每到一个测站上，首先进行测站检查，检查无误后，才能

开始测量。

（3）每测 20～30 个碎部点后，应检查起始方向变化情况。起始方向度盘读数不得超过 $4'$。

（4）一个测站的工作结束后，应检查地物、地貌有无漏测、测错，各类地物名称和地理名称注记是否齐全，确保无误后方可迁站。

五、地物、地貌的描绘

在测站上测出碎部点并展绘在图纸上后，即可对照实地着手描绘地物和勾绘等高线。

1. 地物的描绘

地物的描绘，主要是连接地物的特征点。能按比例尺表示的地物，如房屋、道路、河流等，按实地形状用直线或光滑的曲线描绘；不能按比例尺描绘的地物，则按《地形图图式》所规定的非比例尺符号表示。

2. 地貌的描绘

地貌主要用等高线来表示。能用等高线表示的地段，应先描绘出山脊线、山谷线等地性线，然后按碎部点的高程勾绘出等高线。不能用等高线表示的地貌，如悬崖、峭壁、土坎、冲沟、雨裂等，按《1：500，1：1000，1：2000 地形图图式》规定的符号画出。由于等高线是根据所测碎部点的高程勾绘出来的，等高线的高程是等高距的整倍数，而碎部点的高程往往不是等高距的整倍数，所以必须在相邻碎部点间用内插法定出等高线通过的点位。由于所选地貌的特征点是在地面坡度变化处，描绘等高线时，可把相邻两点间的坡度看成是均匀的。因此，按高差与平距成比例的关系进行内插，就可以定出两点间各条等高线通过的位置。

如图 10-10 所示，A、B 两点的高程分别为 69.6m 和 73.8m，它们在图上的水平投影距离为 20mm，取等高距为 1m，则 A、B 两点间共有高程为

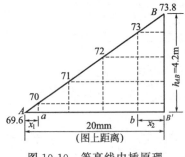

图 10-10　等高线内插原理

70m、71m、72m、73m 四条等高线通过。根据高差与平距成正比例的关系，先计算 70m 和 73m 两根等高线与 A、B' 两点平距 x_1、x_2。

$$x_1 = \frac{AB}{h_{AB}} \times h_1 = \frac{20\text{mm}}{4.2\text{m}} \times 0.4\text{m} = 1.9\text{m}$$

$$x_2 = \frac{AB}{h_{AB}} \times h_2 = \frac{20\text{mm}}{4.2\text{m}} \times 0.8\text{m} = 3.8\text{m}$$

根据 x_1、x_2 的值，即可定出 a(70m) 点、b(73m) 点，将 a、b 两点间等分确定出 71m、72m 等高线通过的位置，然后将中间的距离等分，确定出 71m、72m 点。在实际工作中，因内插法计算繁琐，通常采用目估法。

如图 10-11 所示，目估法是按照"取头定尾，平分中间"的方法，即目估确定头尾等高线通过的点，然后将这两条等高线之间的长度平分，从而确定其他等高线。

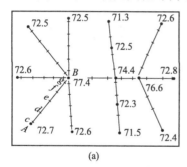 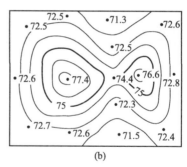

(a)　　　　　　　　　　(b)

图 10-11　等高线的勾绘

具体做法是：先按比例关系目估定出头尾高程为 70m 和 73m 的 a 点和 b 点，然后将 a、b 两点间的距离三等分，定出高程为 71m 和 72m 的两点。

用同样的方法求其他相邻碎部点间等高线位置，把相同高程的相邻点用光滑曲线连接起来，就是所要描绘的等高线。勾绘等高线时，要对照实地情况，先画出计曲线，再画首曲线，画的过程中还应注意等高线通过山脊线、山谷线的走向。

【**例 10-4**】　为了保证测图的精度，在一般地区，图上（　　）左右应有一个高程点。　　　　　　　　　　　　　　　　　　（2cm）

【**例 10-5**】　测量地物时，（　　）应尽量选择在决定地物轮廓线上的转折点、交叉点、弯曲点及独立地物的中心点等。

(碎部点)

【例 10-6】 每测量（　　）个碎部点后，应检查起始方向变化情况。要求起始方向度盘读数不得超过 4′，如超出，应重新进行起始方向定向。

(20～30)

【例 10-7】 量角器配合经纬仪测图法需要的人力资源和分工为（　　）。(1 人观测，1 人记录计算，1 人绘图，1～2 人立尺)

【例 10-8】 一个测站的工作结束后，应检查（　　）有无漏测、错测，各类地物名称和地理名称注记是否齐全，确保无误后方可迁站。

(地物、地貌)

【例 10-9】 勾绘等高线时，要对照实地情况，先画出（　　），再画首曲线，画的过程中还应注意等高线通过山脊线、山谷线的走向。

(计曲线)

第三节　地形图的拼接、检查与整饰

当测图面积大于一幅地形图的面积时，要分成多幅施测，由于测绘误差的存在，相邻地形图测完后应进行拼接。拼接时，如偏差在规定限值内，则取其平均位置修整相邻图幅的地物和地貌位置。否则，应进行检查、修测，直至符合要求。

一、地形图的拼接

地形图拼接时，若地物和等高线的接边差小于表 10-4 规定值的 2 倍时，两幅图可以拼接，若超过此限值，则需到实地检查，补测修正后再进行拼接。拼接方法为：用宽 5cm 的透明纸，先蒙在左图幅的接图边上如图 10-12 所示，将接图边、坐标格网、地物、地貌等用铅笔描绘在透明纸上，然后再将透明纸蒙在右图幅接图边上，使

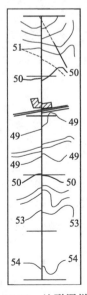

图 10-12　地形图拼接

透明纸与底图上坐标格网对齐，同样用铅笔描绘地物、地貌。若偏差在规定限值内，则取其平均位置绘在透明纸上，并以此修改相邻图幅的地物和地貌位置。

表 10-4　地形点点位中误差

地　区　类　别	点位中误差 /mm	相临地物点间距 中误差/mm	等高线高程中误差（等高距）			
			平地	丘陵地	山地	高山地
城市建筑区、平地、丘陵地	0.5	0.4	1/3	1/2	2/3	1
山地、高山地和施测困难的街区内部	0.75	0.6				

二、地形图的检查

为保证成图的质量，在地形图测完后，还必须进行全面的自检和互检工作，检查工作一般分为室内检查和野外检查两部分。

1. 室内检查

室内检查的主要内容为检查图根点的观测、记录和计算有无错误，闭合差及各种限差是否符合规定限值；符号运用是否恰当，等高线勾绘有无错误；图边拼接误差是否符合限差要求等。如发现问题，到野外进行实地检查，修改。

2. 野外检查

在野外将地形图对照实地地物、地貌进行查看，检查时应查明地物、地貌取舍是否正确，有无遗漏；等高线是否与实际地貌相符；图中使用的图式和注记是否正确等。如必要时应用仪器设站检查，检查时可在原已知点设站，重新测定测站周围部分地物和地貌点的平面位置和高程，看是否与原测点相同。若误差不超过表10-4规定的中误差的 $2\sqrt{2}$ 倍，即视为符合要求，否则应对照实地进行改正，若错误较多，退回原作业组，进行修测或重测。仪器检查量一般为整幅图的 $10\%\sim20\%$ 左右。

三、地形图的整饰

当地形图经过拼接和检查后，还应进行最后的清绘和整饰工作，使图面更加清晰、美观。整饰时应按照先图内后图外的顺序。图上的地物、地貌均按规定的图式进行注记和绘制，注意各种线条遇注记时应断开，最后按图式要求绘内、外图廓和接合图表，书写方格网坐标、图名、图号、地形图比例尺、坐标系、高程系和等高距、施测单位、绘图者及施测日期等。

最后进行地形图的清绘与整饰工作，使图面更加合理、清晰、美观。

四、地形图的验收

各种工作结束后，将地形图和有关资料一齐上缴，上缴的资料如下。

（1）控制点和图根点的展点图、水准线路图、点之记、观测与计算手簿、成果表；

（2）地形原图、图例簿、图幅结合表、接边纸；

（3）技术设计书、质量检查验收报告、技术总结等。

根据上缴的图纸资料，经有关部门验收合格并评定质量后，将铅笔原图着墨清绘，经晒蓝图后交付使用。

【例 10-10】 由于（   ）的存在，相邻地形图测完后应进行拼接。拼接时，如偏差在规定限值内，则取其平均位置修整相邻图幅的地物和地貌位置。   （测绘误差）

第四节 大比例尺数字化测图简介

随着电子技术、计算机技术的发展和全站仪的广泛应用，逐步构成了野外数据采集系统，将其与内业机助制图系统结合，形成了一套从野外数据采集到内业制图全过程的、实现数字化和自动化的测量制图系统，人们通常称之为数字化测图（简称数字测图）或机助成图。

如图 10-13 所示，数字化测图是以计算机为核心，在外连输入输出设备硬件、软件的条件下，通过计算机对地形空间数据进行处理而得到数字地图。这种方法改变了以手工描绘为主的传统测量方法，其测量成果不仅是绘制在图纸上的地图，还有方便传输、处

理、共享的数字信息，现已广泛应用于测绘生产、城市规划、土地
管理、建筑工程等行业与部门，并成为测绘技术变革的重要标志。

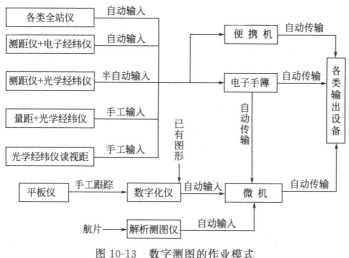

图 10-13　数字测图的作业模式

一、数字测图的原理和特点

1. 数字测图的基本思想

传统的地形测图（白纸测图）是将测得的观测值用图解的方法
转化为图形，其转化过程几乎都是在野外实现的，图形信息承载量
少，变更或修改极为不便，劳动强度较大，难以适应当前发展的需
要。而数字测图则不同，它希望尽可能缩短野外的作业时间，减轻
野外劳动强度，将大部分作业内容安排到室内去完成，把大量的手
工作业转化为电子计算机控制下的机械操作，图上内容可根据实际
地形、地物随时变更与修改，而且不会损失应有的观测精度。

数字测图就是将采集的各种有关的地物、地貌信息转化为数字
形式，经计算机处理后，得到内容丰富的电子地图，并可将地形图
或各种专题图显示或打印出来。这就是数字化测图的基本思想。

2. 数字测图的特点

（1）点位精度高　传统的测图方法，其地物点的平面位置误差

主要受展绘误差、测定误差、测定地物点的视距误差和方向误差、地形图上地物点的刺点误差等影响。实际的图上点位误差可达到±0.47mm（1：1000比例尺）。其地形点的高程测定误差（平坦地区，视距为150m）也达±0.06m，且随着倾角的增大误差也急剧增大。无论怎样提高测距和测角的精度，传统的图解测图方法精度变化不大。

而数字测图则不同，全站仪的测量数据作为电子信息可自动传输、记录、存储、处理和成图。在这全过程中原始测量数据的精度毫无损失，从而获得高精度的测量成果（距离在300m以内时测定地物点误差约为±15mm，测定地形点高程误差约为±18mm）。在数字测图中，野外采集的数据精度毫无损失，也与图的比例尺无关。

（2）改进了作业方式　传统的作业方式主要是人工记录、绘图。数字测图则使野外测量达到自动记录、成图，出错的概率小，绘制的地形图精确、规范、美观，同时也避免了因图纸伸缩带来的各种误差。

（3）图件更新方便　采用数字测图能克服白纸测图连续更新的困难。当测区发生大的变化时，可随时补测，始终保持图面整体的可靠性和现势性。

（4）增加了地图的表现力　可绘制各种比例尺的地形图，也可分层输出各类专题地图，满足不同用户的需要。

（5）可作为 GIS 的信息源　数字测图能及时准确地提供各类基础数据更新 GIS 的数据库，保证地理信息的可靠性和现势性，为 GIS 的辅助决策和空间分析发挥作用。

二、数字测图的作业过程

大比例尺数字测图一般经过野外数据采集、画草图或数据编码、数据处理和地图数据输出四个阶段。

1. 野外数据采集

（1）全站仪野外数据采集　数据采集工作是数字测图的基础，它是通过全站仪测定地形特征点的平面位置和高程，将这些点位信息自动记录和存贮在电子手簿中再传输到计算机中或直接将其记录到与全站仪相连的便携式计算机中。每一个地形特征点都有记录，包括点号、平面坐标、高程、属性编码和与其他点之间的连接关系等。属性编码指示了该点的性质，应根据规定的属性编码表在电子手簿或便携机上输入，因为计算机在进行数据处理时就是根据这些编码来区分不同的地图要素的；点与点之间的连接关系，它标明了哪些点按何种连接顺序构成了一个有意义的实体，通常采用绘草图或在便携机上采用边测边绘的方式来确定。

在利用全站仪进行野外数据采集的过程中，既可以像常规测图那样，先进行图根控制测量，再进行碎部测量，也可以采取图根控制测量和碎部测量同时进行的方法，充分体现了数字测图数据采集过程的灵活性。由于全站仪具有很高的测量精度，因此在通视良好、定向边较长的情况下，一个测站的测图范围可以比常规测图时增大。野外数据采集的碎部测量方法仍以极坐标法为主，同时在有关软件的支持下，也可以灵活采用其他方法，如方向直线交会法、单交会法、正交内插法、导线法、对称点法和填充法等。

野外数据采集包括两个阶段，即图根控制测量和地形特征点（碎部点）采集。有的测图软件可将两个阶段同步进行，也称一步测量法。数字地形图的精度主要取决于野外采集数据的精度。

① 设站与检核。测量碎部点前，先在测站上安置全站仪，经对中整平后，进行测站的设置，第一需要输入测站点号、后视点号和仪器高。第二选择定向点，照准后输入定向点号和水平度盘读数。第三选择另一已知点进行检核，输入检核点号，照准后进行测量。测量后将显示检核点的 x、y、H 差值，如果没有通过检核则不能继续测量，必须检查原因继续检核，直到通过为止。

② 碎部点测量。通常采用极坐标法进行碎部点测量，测定各个碎部点的三维坐标并记录在全站仪内存中，记录时注意棱镜高、点号和编码的正确性。如果没有任何选择全站仪默认点号为自动累计方式。若有特殊要求时，也可以采用点号手工输入方式。每站测量一定数量的碎部点后，应进行归零检查，归零差不得大于 $1'$。

（2）GNSS-RTK 野外数据采集　目前，因 GNSS-RTK 具有测量快捷、方便、精度高等优点，已被广泛用于碎部点数据采集工作中。在大比例尺数字测图工作中，采用 GNSS-RTK 技术进行碎部点数据采集，可不布设各级控制点，仅依据一定数量的基准控制点，不要求点间通视（但在影响 GPS 卫星信号接收的遮蔽地带，还应采用常规的测绘方法进行细部测量），仅需一人操作，在要测的碎部点上停留几秒钟，能实时测定点的位置并能达到厘米级精度，若并同时输入采集点的特征编码，通过电子手簿或便携机记录，在点位精度合乎要求的情况下，把一个区域内的地形点、地物点的坐标测定后，可在室外或室内用专业测图软件一次测绘成电子地图。

2. 画草图或数据编码

（1）草图法作业。野外利用全站仪测定碎部点的点位信息，自动记录在仪器的内存中。画草图并手工记录碎部点的属性信息及连接信息。到室内应用测图软件依据草图内容编辑成图。该法要求草图绘制必须清晰、易读、符号与图示相符、比例尽可能协调，草图点号和全站仪内存点位信息一一对应，观测不到的点可结合皮尺丈量，并在草图上标注丈量数据。因为该法是人工在草图上记录碎部点的属性信息及连接信息，适合任意地形条件下的外业作业，又称无码作业。

（2）简码法作业。相对草图法（无码作业）而言，此法也称带简编码的坐标数据文件自动绘图方式。编码法即利用 CASS 测图系统的地形地物编码方案，不需在野外画草图，只需将每个碎部点的编码和相邻点的连接关系直接输入到全站仪或电子记录手簿中去，CASS 测图系统就会自动根据碎部点的编码和连接信息生成图形。该法突出的优点是自动化程度较高，内业工作量相对较少，相对于草图法可节约 1 人。但这种作业模式要求观测员熟悉编码，并能在测站上随测随输入。其缺点是内外业工作量分配不均，外业编码工作量大，点位关系复杂时容易产生错误编码。

3. 数据处理

数据处理是数字测图过程的中心环节，它直接影响最后输出地形图的质量和数字地图在数据库中的管理。数据处理是通过相应的计算机软件来完成的，主要包括地图符号库、地物要素绘制。等高线绘制、文字注记、图形编辑、图形显示、图形裁剪、图幅接边和地图整饰等功能。通过计算机软件进行数据处理，生成可进行绘图输出的图形文件。

4. 地图数据输出

绘图输出是数字测图的最后阶段，可在计算机控制下通过数控绘图仪绘制完整的纸质地形图。除此之外，还可根据需要绘制不同规格和不同形式的图件，如开窗输出、分层输出和变比例输出等。

三、数字测图的软件

随着大比例尺数字测图方法的普及和日益广泛的应用，我国从20世纪80年代初有北京市测绘院、武汉大学测绘学院、清华大学、解放军信息工程大学测绘学院、上海市测绘院等几十家单位研制开发出了一大批性能优越、操作简便的大比例尺数字测图的软件。较有代表性的如清华山维新技术开发公司研制的 EPSW 电子平板测图系统，南方测绘仪器公司的 CASS 内、外业成图系统，广州开思 SCS 成图系统、武汉瑞得 RDMS 数字测图系统等。

四、数字测图内业

数字测图内业必须借助专业的数字测图软件来完成，CASS9.0地形地籍成图软件是南方测绘仪器公司开发的基于 AutoCAD 平台的数字测图系统。

1. 打开南方 CASS9.0 软件

如图 10-14 所示。打开南方 CASS9.0 软件的操作界面，CASS9.0 的操作界面主要分为顶部下拉菜单、右侧屏幕菜单和工具条三部分，每个菜单项均以对话框或命令行提示的方式与用户交互应答，操作灵活方便。

顶部下拉菜单中每一个菜单下面又分为一、二等多级菜单，这些菜单几乎包括了 CASS9.0 的所有图形编辑命令。右侧屏幕菜单是一个测绘专用交互绘图菜单，在使用该菜单的交互编辑功能绘制地形图时，必须先确定定点方式。CASS9.0 右侧屏幕菜单中定点方式主要包括"坐标定位"、"测点点号"、"电子平板"、"数字化

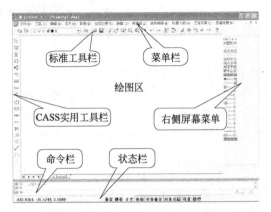

图 10-14　CASS9.0 软件的操作界面

仪"等。工具栏则主要包含 CASS9.0 中的常用功能，用户可根据需要进行打开和关闭，方便操作，提高了作业效率。

2. 数据传输

数字测图实质上是一个数据处理的过程，这里讲的数据预处理主要是指在数据传输到计算机上以后进行的数据格式的转换，即将下载的数据转换成绘图软件能够识别的数据格式。数据预处理是确定能否进行图形绘制的前提条件，是数字测图的关键阶段。

通过通信电缆把全站仪和计算机连接起来；设置全站仪通信参数如下：

① 打开南方 CASS9.0 数字化成图软件。

② 单击"数据处理"菜单，在弹出的下拉菜单中选择"读取全站仪数据"。如图 10-15 所示。

③ 在弹出的"全站仪内存数据转换"对话框中进行通信参数（通信口、波特率、校验、数据位、停止位）的设置；此设置要与全站仪上的参数设置一致，否则可能导致数据无法传输。如图 10-16所示。

④ 点击"选择文件"按钮，在弹出的"输入 CASS 坐标数据文件名"对话框中选择保存路径并输入保存为 dat 格式的文件名。

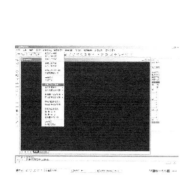

图 10-15 "读取全站仪数据"
下拉菜单

图 10-16 "全站仪内存数据
转换"对话框

如图 10-17 所示。

⑤ 输入文件名，点击保存后返回到"全站仪内存数据转换"对话框界面，然后点击"转换"按钮。如图 10-18 所示。

图 10-17 "输入 CASS 坐标数据
文件名"对话框

图 10-18 "全站仪内存数据转换"

⑥ 先在计算机上回车，再在全站仪上回车，开始数据转换。如图 10-19 所示。

⑦ 数据传输完成后，返回基本测量状态，关闭全站仪电源，断开连接。

图 10-19　计算机等待全站仪
信号提示

图 10-20　输入坐标数据文件

3. 利用屏幕坐标定位法绘制平面图

屏幕坐标定位法成图是将"坐标数据文件"中的碎部点展在计算机屏幕上，利用对象捕捉功能，对照草图上标明的点位，地物属性和连接关系，用鼠标在屏幕上捕捉点位，完成平面图的绘制。

（1）定显示区　定显示区的作用是根据输入坐标数据文件的数据大小定义屏幕显示区域的大小，以保证所有碎部点都能显示在屏幕上。单击"绘图处理"菜单，在弹出的下拉菜单中选择"定显示区"命令，然后在弹出的"输入坐标数据文件名"对话框中（如图10-20所示）选择或输入已采集的原始坐标文件相应的原始坐标文件，单击打开后系统将自动检索文件中所有点的坐标，找到最大和最小坐标值，并在屏幕命令区显示坐标范围，如下所示。

最小坐标（米）：X＝30049.824，Y＝40049.646
最大坐标（米）：X＝30300.004，Y＝40350.059

（2）展点　展点是将坐标数据文件中的各个碎部点点位及其属性（如点号、代码或高程等）显示在计算机屏幕上，以便绘图过程中能够更加直观地在图形编辑区内看到各测点之间的关系。操作方法是单击"绘图处理"菜单，在弹出的下拉菜单中选择"展野外测点点号"命令，这时命令行窗口会提示要求输入绘图比例尺，直接输入比例尺分母，回车后在弹出的"输入坐标数据文件名"对话框中选择或输入要展出的坐标数据文件名，然后单击"打

图 10-21　展野外测点点号

开"按钮，则数据文件中所有点以注记点号形式展现在屏幕上。如图 10-21 所示。

（3）选择"坐标定位法"　移动鼠标至屏幕右侧菜单区选定"坐标定位"项，即进入"坐标定位"项的绘图菜单。

（4）绘制平面图　CASS 软件将所有地物要素细分为如文字注记、控制点、居民地等菜单，系统中所有地形图图式符号都是按照图层来管理的，每一个菜单都对应一个图层，如沟渠、湖泊、池塘、水井等地物均放在"水系设施"这一层，所有表示植被的符号都放在"植被园林"这一层。绘图时根据野外作业时绘制的工作草图，首先选择右面侧屏幕菜单中对应的选项，然后从该选项所弹出的界面中选择相应的地形图图式符号，点击后根据弹出的提示进行绘制，在绘制过程中为了定位准确要启用对象捕捉中的捕捉节点功能来拾取点，其他捕捉模式如捕捉端点、交点等可根据实际情况选择。另外也可以直接输入该点的坐标。下面举例说明。

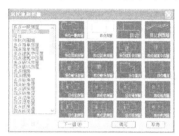

图 10-22　"居民地和垣栅"对话框

① 绘制普通矩形房屋　如图 10-22 所示是外业草图中的普通房屋。在右侧屏幕菜单处选择"居民地"，此时，屏幕中弹出"居民地和垣栅"对话框，如图 10-22 所示。

从中选择与草图相应的图式"四点房屋"，图标变亮表示该图标已被选中，单击"OK"键确认后，这时命令区提示：

已知三点/2. 已知两点及宽度/3. 已知四点＜1＞：

已知三点是指测矩形房子时测了三个点；"已知两点及宽度"则是指测矩形房子时测了两个点及房子的一条边；"已知四点"则是测了房子的四个角点。这里输入 1，回车（或直接回车默认选 1）；

输入点：首先选择"捕捉方式"中的"NOD"（节点）捕捉方式，然后移鼠标至绘图区 76 号点附近，出现黄色标记（不同的捕捉方式会出现不同形式的黄颜色光标），击鼠标左键，完成捕捉工作；

输入点：同上操作捕捉 75 号点；

输入点：同上操作捕捉 77 号点。

这样，即将 75，76，77 号点连成一间普通房屋。如图 10-23 所示。

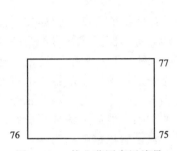

图 10-23　外业草图房屋编号

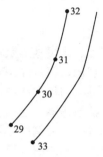

图 10-24　平行等外公路草图

【注意】　绘制已知三点的房屋时，捕捉点的顺序不同生成的图形可能不同。图 10-23 中的房屋在绘制的时候三点必须连续顺时针或逆时针连接才能生成对应的图形。若选择"已知两点及宽度"绘制四点房屋时，在连接已知两点后输入宽度时，沿连接两点时的前进方向，若该房屋在连线的左侧（或上侧）则宽度输入正值，若该房屋在连线的右侧（或下侧）则宽度输入负值。

②　绘制平行等外公路　如图 10-24 所示为外业草图绘制的平行等外公路。结合草图，移动鼠标至右侧屏幕菜单"交通设施"处按左键，系统便弹出如图10-25所示的对话框。然后选择"平行等外公路"。

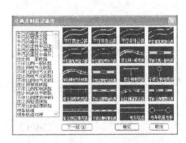

图 10-25　"交通及附属设施类"对话框

命令区提示：

第一点：使用对象捕捉选定节点 29，回车；

曲线 Q/边长交会 B/<指定点>：选定节点 30，回车；

曲线 Q/边长交会 B/隔一点 J/微导线 A/延伸 E/插点 I/回退 U/换向 H<指定点>：

选定节点 31，回车；

曲线 Q/边长交会 B/闭合 C/隔一闭合 G/隔一点 J/微导线 A/延伸 E/插点 I/回退 U/换向 H＜指定点＞：选定节点 32，回车；

曲线 Q/边长交会 B/闭合 C/隔一闭合 G/隔一点 J/微导线 A/延伸 E/插点 I/回退 U/换向 H＜指定点＞：直接回车（说明道路一边已绘制完毕）；

拟合线＜N＞？输入 Y，回车。（将该边拟合成光滑曲线，若直接回车则不拟合该线。）

边点式/2. 边宽式/（按 ESC 键退出）：＜1＞

选 1（缺省为 1），回车。（若选 2，要求输入公路宽度，输入宽度时沿道路前进方向左侧为正，右侧为负。）

对面一点：输入 33，回车。

这时平行等外公路就绘好了。

③ 绘制陡坎　陡坎的坎毛是沿前进方向的左侧自动生成的，故在绘制陡坎时一定要注意拾取点的先后顺序。绘制方法和绘制房屋、道路相同。在右侧屏幕菜单中选择"地貌土质"项，系统弹出"地貌和土质"对话框。然后选择"未加固陡坎"，对照草图输入坎高并依次连续拾取各点，完毕后对于下一个提示"曲线 Q/边长交会 B/闭合 C/隔一闭合 G/隔一点 J/微导线 A/延伸 E/插点 I/回退 U/换向 H＜指定点＞"直接按回车键即可。当命令行提示是否拟合时，如果要把点间连线拟合成光滑曲线，则键入"Y"，否则，键入"N"或直接回车确认。若坎毛的方向画反还可以通过"地物编辑"菜单下的"线型换向"命令改正过来，不必要重新绘制。

④ 植被填充　上面三个例子都是线状符号的绘制方法，对于点状符号只需从右侧屏幕菜单选择相应的地物后在绘图区捕捉拾取单个点，系统根据该地物的代码自动生成相应的符号，而植被填充属于面状符号的绘制，下面以绘制一块果园为例进行讲解。

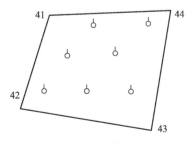

图 10-26　果园外业草图

如图 10-26 所示为外业草图绘制的一片果园，结合草图，移动鼠标至右侧屏幕菜单选择"植被园林"，系统便弹出如图 10-27 所示的植被类对话框。

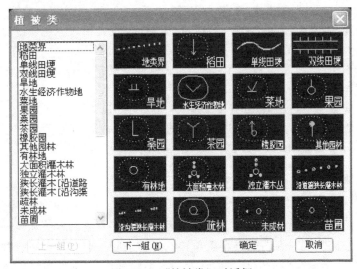

图 10-27 "植被类"对话框

然后选择"果园"，这时命令行提示：

请选择：(1) 绘制区域边界 (2) 绘出单个符号 (3) 查找封闭区域 <1>

三种绘制方法可根据实际情况选择，这里直接回车(缺省值为1)；

第一点：拾取节点 41，回车；

曲线 Q/边长交会 B/<指定点> 拾取节点 42，回车；

曲线 Q/边长交会 B/隔一点 J/微导线 A/延伸 E/插点 I/回退 U/换向 H<指定点> 拾取节点 43，回车；

曲线 Q/边长交会 B/闭合 C/隔一闭合 G/隔一点 J/微导线 A/延伸 E/插点 I/回退 U/换向 H<指定点> 拾取节点 44，回车；

曲线 Q/边长交会 B/闭合 C/隔一闭合 G/隔一点 J/微导线 A/延伸 E/插点 I/回退 U/换向 H<指定点> 拾取节点 41 (或直接输入 C 闭合)，回车；

此时命令行会提示"是否需要拟合"如果要把点间连线拟合成

光滑曲线，则键入"Y"，否则，键入"N"或直接回车确认，最后选择"是否要保留边界"后确认。

这样果园就绘成了，如图 10-26 所示。

4. 绘等高线

在地形图中，等高线是表示地貌起伏的一种重要手段。在数字化自动成图系统中，等高线是由计算机自动勾绘，首先由离散点和一套对地表提供连续的算法构建数字地面模型（DTM），即规则的矩形格网和不规则的三角形格网（TIN）。然后在矩形格网或不规则的三角形格网上跟踪等高线通过点，最后再利用适当的光滑函数对等高线通过点进行光滑处理，从而形成光滑的等高线。

（1）展高程点 选取"绘图处理"菜单下的"展高程点"项目，在弹出的数据文件的对话框中选择相应的坐标数据文件，选择"打开"，命令区提示：

注记高程点的距离（米）：直接回车，表示不对高程点注记进行取舍，全部展出来。这里注记高程点的距离实际就是注记高程点的密度，也可根据实际输入相应的数值。

（2）建立数字地面模型 数字地面模型（DTM），是以数字形式按一定的结构组织在一起，表示实际地形特征的空间分布，是地形属性特征的数字描述。使用 CASS 软件在 DTM 的基础上绘制等高线的方法：用鼠标左键点取"等高线"菜单下"建立 DTM"命令，将会弹出"建立 DTM"对话框，如图 10-28 所示。然后选择"生成 DTM 的方式"，"坐标数据文件名"（或直接输入），"结果显示"以及"是否考虑陡坎地性线"等项目。

这里如果要考虑坎高因素，则在建立 DTM 前系统自动沿着坎毛的方向插入坎底点（坎底点的高程等于坎顶线上已知点的高程减去坎高），这样新建坎底的点便参与建立三角网的计算。地性线主要是指山脊线和山谷线，等高线在通过不同的地性线时弯曲的方向不同。如果建三角网时考虑坎高或地性线，系统在建三角网时速度会减慢。

（3）修改数字地面模型 由于地形条件的限制，一般情况下利用外业采集的碎部点很难一次性生成理想的等高线，如楼顶上控制

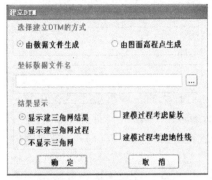

图 10-28 "建立 DTM"对话框   图 10-29 修改 DTM 命令汇集

点、桥面上的点等，不能反映真实地面高程；另外还因现实地貌的多样性和复杂性，自动构成的数字地面模型与实际地貌不一致，这时可以通过修改三角网来修改这些局部不合理的地方。修改三角网命令操作菜单如图 10-29 所示。

（4）绘制等高线　等高线的绘制可以在绘平面图的基础上叠加，也可以在"新建图形"的状态下绘制，操作过程如下：用鼠标选择"等高线"下拉菜单的"绘制等高线"项，在弹出"绘制等值线"对话框（如图 10-30 所示）中，输入"最小高程"，"最大高程"，"等高距"以及拟和方式，等后便自动生成等高线。直到命令区显示："绘制完成！"，便完成等高线的绘制。

图 10-30 "绘制等值线"对话框   图 10-31 "注记"对话框

5. 加注记

数字图测绘时，地物地貌除用一定的符号表示外，还需要加以文字注记，如用文字注明地名、河流、道路的材料等。

操作时，单击屏幕菜单的"文字注记"按钮，弹出图 10-31 所示的"注记"对话框，选中"注记文字"，单击"确定"按钮，命令行提示如下：

请输入图上注记大小（mm)<3.0>

请输入注记内容：

请输入注记位置（中心点）：

依照命令行提示操作后 CASS 自动将注记文字水平放置（位于 ZJ 图层），如果需要沿道路走向放置文字，则先创建一个字"迎"，然后使用 AutoCAD 的 Copy 命令复制到适当位置，再使用 Rotate 命令旋转文字至适当方向，最后使用 Ddedit 命令修改文字内容，如图 10-32 所示。

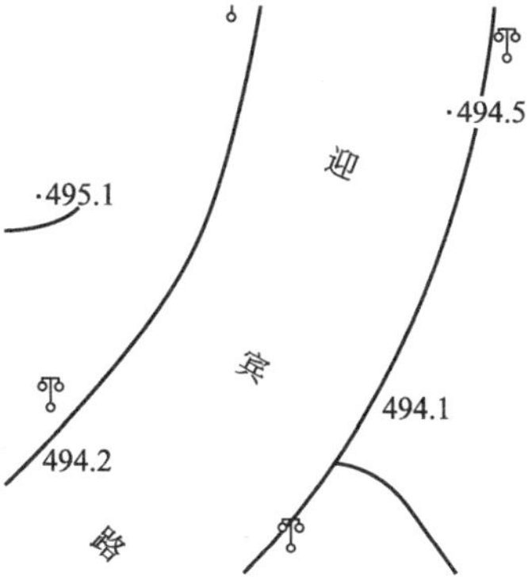

图 10-32 道路注记

6. 图形分幅

在图形分幅前，应做好分幅的准备工作。应了解图形数据文件中的最小坐标和最大坐标。

【注意】 在 CASS9.0 下侧信息栏显示的坐标和测量坐标是相反的，即 CASS9.0 系统中前面的数为 Y 坐标（东方向），后面的数为 X 坐标（北方向）。

将鼠标移至"绘图处理"菜单项，点击左键，弹出下拉菜单，选择"批量分幅"，命令区提示：

请选择图幅尺寸：(1) 50 * 50 (2) 50 * 40 <1> 按要求选择。此处直接回车默认选 1。

请输入分幅图目录名：输入分幅图存放的目录名，回车。如输入 C：\ CASS90 \ demo \。

输入测区一角：在图形左下角点击左键。

输入测区另一角：在图形右上角点击左键。

这样在所设目录下就产生了各个分幅图，自动以各个分幅图的左下角的东坐标和北坐标结合起来命名，如："29.50-39.50"

"29.50-40.00"等。如果要求输入分幅图目录名时直接回车，则各个分幅图自动保存在安装了 CASS9.0 的驱动器的根目录下。

7. 出图

数字地图产品的输出是指将数字测图系统处理的结果表示为某种用户需要的可以理解的形式的过程。其中，地图图形输出是其主要表现形式。

（1）屏幕显示　由光栅或液晶的屏幕显示图形、图像，其优点是代价低、速度快、色彩鲜艳，而且可以动态刷新；缺点是非永久性输出，关机后无法保留，而且幅面小、精度低、比例不准确，不宜作为正式输出设备。但值得注意的是，目前，也往往将屏幕上所显示的图形采用屏幕拷贝的方式记录下来，以在其他软件支持下直接使用。图 10-33 为通过屏幕输出的地图。

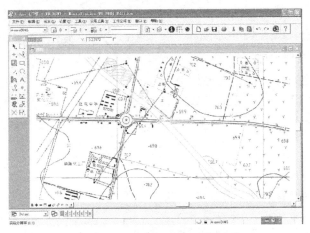

图 10-33　计算机屏幕显示地图

（2）矢量绘图　矢量制图通常采用矢量数据方式输入，根据坐标数据和属性数据将其符号化，然后通过制图指令驱动制图设备，如图 10-34 所示；也可以采用栅格数据作为输入，将制图范围划分为单元，在每一单元中通过点、线构成颜色、模式表示，其驱动设备的指令依然是点、线。矢量制图指令在矢量制图设备上可以直接实现，也可以在栅格制图设备上通过插补将点、线指令转化为需要输出的点阵单元，其质量取决于制图单元的大小。

矢量形式绘图以点、线为基本指令。在矢量绘图设备中通过绘图笔在四个方向（＋X，＋Y）、（＋X，－Y）、（－X，＋Y）、（－X、－Y）或八个方向［（＋X，0）、（＋X，＋Y）、（0，＋Y）、（－X，＋Y）、（－X，0）、（＋X，－Y）、（0，－Y）、

图 10-34　矢量绘图机

（＋X，－Y）］上的移动形成阶梯状折线组成。由于一般步距很小，所以线质量较高。在栅格设备上通过将直线经过的栅格点赋予相应的颜色来实现。矢量形式绘图的优点是表现方式灵活、精度高、图形质量好、幅面大；其缺点是速度较慢、价格较高。矢量形式绘图实现各种地图符号，采用这种方法形成的地图有点位符号图、线状符号图、面状符号图、等值线图、透视立体图等。

（3）打印输出　打印输出一般是直接由栅格方式进行的，可采用以下几种打印机。

① 行式打印机。打印速度快，成本低，但还通常需要由不同的字符组合表示象元的灰度值，精度太低，十分粗糙，且横纵比例不一，总比例也难以调整，是比较落后的方法。

② 点阵打印机。点阵打印可用每个针打出一个象元点，点精度达 0.141mm，可打印精美的、比例准确的彩色地图，且设备便宜，成本低，速度与矢量绘图相近，但渲染图比矢量绘图均匀，便于小型地理信息系统采用，目前主要问题是幅面有限，大的输出图需拼接。

③ 喷墨打印机。输出质量高、速度快，随着技术的不断完善与价格的降低，目前已经取代矢量绘图仪的地位，成为数字地图产品输出的主要设备。

④ 激光打印机。是一种既可用于打印又可用于绘图的设备，其绘图的基本特点是高品质、快速。费用较高，已得到广泛普及，但代表了计算机图形输出的基本发展方向。

【例 10-11】　数字测图实质上是一个（　　　）的过程。

（数据处理）

【例10-12】 陡坎的坎毛是沿前进方向的（　　）自动生成的，故在绘制陡坎时一定要注意拾取点的先后顺序。 （左侧）

【例10-13】 等高线的绘制可以在绘平面图的基础上（　　），也可以在"新建图形"的状态下绘制。 （叠加）

【例10-14】 矢量制图通常采用（　　）数据方式输入，根据坐标数据和属性数据将其符号化，然后通过制图指令驱动制图设备。 （矢量）

总结提高

本章主要介绍了聚酯薄膜图纸的特性和绘制坐标方格网的方法。用对角线法绘制常用的坐标方格网。方格网绘好后，必须立即进行严格检查，以保证控制点展绘的精度。

理解展绘控制点时，应先根据该控制点的坐标，确定其所在的方格，然后按一定的作业原则进行展绘。展绘结束后，还要进行检查，无误后方可使用。

掌握经纬仪测绘法测定碎部点的平距及碎部点的高程；然后根据实测数据，用量角器和比例尺把碎部点的平面位置展绘在图纸上，并在点的右侧注明其高程，最后对照实地描绘地物、地貌的过程。

碎部点的正确选择是保证成图质量和提高测图效率的关键。碎部点应尽量选在地物、地貌的特征点上。

按照测图的要求，有些地形受条件的限制。图根点分布不太均匀，或在图根点较稀少的地方需要增补测站点。测站点的增补常采用支导线法和内、外分点法。

数字化测图是以计算机为核心，在外连输入输出设备硬件、软件的条件下，通过计算机对地形空间数据进行处理而得到数字地图。这种方法改变了以手工描绘为主的传统测量方法，其测量成果不仅是绘制在图纸上的地图，还有方便传输、处理、共享的数字信息，现已广泛应用于测绘生产、城市规划、土地管理、建筑工程等行业与部门，并成为测绘技术变革的重要标志。

思考题与习题

1. 如何检查绘制的方格网和展绘的控制点质量？

2. 经纬仪测绘法是如何进行碎部测量的？

3. 目估法勾绘等高线的原理是什么？

4. 数字测图有哪些特点？

5. 数字测图的基本思想是什么？

6. 试述数字化测图的作业过程。

7. 试根据表 10-5 中的观测数据，解算各碎部点至测站点的水平距离和高程。

表 10-5　碎部点测量手簿

测站：A　　后视点：B　　仪器高 $i=1.55$m　　指标差 $x=0$
测站高程：$H_A=72.38$m　观测者：　　记录者：　　观测日期：2018 年　月　日

点号	视距 Kn /m	中丝读数 l/m	竖盘读数 L	竖直角 α /(° ′)	高差 $\pm h$ /m	水平角 β	水平距离 D/m	高程 /m	备注
1	45.2	1.55	91°28′			36°42′			
2	41.8	1.65	87°48′			56°52′			
3	36.7	2.15	90°02′			133°27′			
4	31.6	1.35	89°26′			226°33′			

注：竖盘为逆时针注记。

8. 根据图 10-35 所示各碎部点的平面位置和高程，用目估法勾绘出等高距为 1m 的等高线。

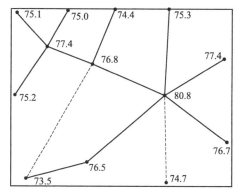

图 10-35　等高线的勾绘

第十一章

地形图的应用

导读

- **了解** 地形图中的自然地理、人文地理和社会经济信息，以及诸多因素对工程建设的综合影响；通过地形图图廓外的注记，可以了解和掌握图幅的范围以及与相邻图幅的关系，地形图的坐标系统、高程系统、等高距等。
- **理解** 在工程规划设计中，大比例尺地形图是确定点位和计算工程量的主要依据。
- **掌握** 在地形图上确定某点的高程和坐标、确定两点间的直线距离、确定某直线的坐标方位角、确定图上某直线的坡度；按设计线路绘制纵断面图；在地形图上按限制坡度选择最短路线；图形的面积量算；根据地形图等高线平整场地的方法。

第一节 地形图的阅读

地形图中包含有大量的自然地理、人文地理和社会经济信息，借助地形图可以了解诸多因素对工程建设的综合影响。在工程规划设计中，大比例尺地形图是必不可少的资料，它也是确定点位和计算工程量的主要依据。设计人员要利用地形图量距离、取高程、定方位、放设施，就必须全面掌握地形资料，熟悉地形图上的各种地物、地貌符号，熟悉等高线特征。正确地应用地形图是工程技术人员必须具备的基本技能。现以图 11-1 为例，说明阅读地形图的步骤和方法。

一、图廓外的有关注记

根据地形图图廓外的注记，可以了解地形的基本概况，可以掌握图幅的范围，了解与相邻图幅的关系，了解地形图的坐标系统、

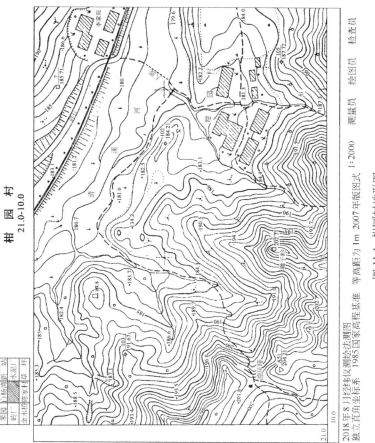

图 11-1　柑园村地形图

高程系统、等高距等。图 11-1 为整幅图中的一部分。从图廓外的注记中可以了解到测图的年、月（2018 年 8 月）、成图方法（经纬仪测绘法测图）、坐标系统（独立直角坐标系）、高程基准（1985 国家高程基准）、等高距（1m）、图式版本（2007 年版图式）、成图比例尺（1∶2000）、图名（柑园村）、图号（21.0—10.0）及相邻图幅的名称。

二、地貌阅读

图中的地貌主要根据等高线进行阅读，由等高线的特征来判别地面坡度的变化。从图 11-1 中可以看出，西、南两方向是起伏的山地，其中南面的狮子岭往北是一条山脊，其两侧是谷地，西北角小溪的谷源附近有两处冲沟地段；西南角附近有一个地名叫凉风垭的鞍部；东北角是起伏不大的山丘；清溪河沿岸是平坦的地带。从图中的高程注记和等高线注记来看，最高的山顶为图根点 A51，其高程为 204.21m，最低的等高线为 179.6m，图内最大高差约为 25m。

三、地物阅读

地物阅读的内容主要包括测量控制点、居民地、工业建筑、公路、铁路、管道、管线、水系、境界等。地物在地形图中是用图示符号来表达的。从图 11-1 中可看出，从北至南有李家院、柑园村两个居民地，两地之间以清溪河相隔，通过人渡相连。河的北部有铁路和简易公路；河的南部有四条小溪汇流入清溪河。从柑园村往东、西、南三方向各有小路通往相邻图幅，柑园村的北面有小桥、墓地、石碑；图的西南角有一庙宇和小三角点 A51；正南和东北角分别有 5 号、7 号埋石的图根点。

四、植被分布阅读

植被是指覆盖地球表面上的各种植物的总称，在地形图上表示出植物分布、类别特征、面积大小等。从图 11-1 中可以看出，本图的西、南方向及东北角山丘上都是树林和灌木，清溪河沿岸是稻田，柑园村东面是旱地、南面是果树林。李家院与柑园村周围都有零星树和竹林。

　　不同地区的地形图有不同的特点，要在识图实践中熟悉地形图所反映的地形变化规律，从中选择满足工程要求的地形，为工程建设服务。由于经济建设的发展，原有的地物、地貌、植被会发生变化，因此，通过地形图的阅读，了解到所需要的地形情况后，仍需要到实地勘察对照，才能对所需的地形、地貌有切合实际的了解。

第二节　地形图的基本应用

一、在图上确定某点的高程和坐标

1. 在图上确定某点的高程

　　在图上可根据等高线的高程确定某点的坐标。若该点在等高线上，点的高程就等于该等高线上的高程；若该点在两等高线之间，可采用内插法确定该点的高程。如图 11-2 所示，欲求 N

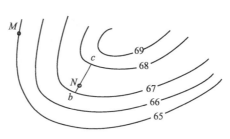

图 11-2　求点的高程

点的高程，先通过 N 点作相邻等高线的近似公垂线 bc，量出 bN、bc 的长度精确至 0.1mm，则 N 点的高程 H_N 用下式计算。

$$H_N = H_b + \frac{bN}{bc} \times h \tag{11-1}$$

式中　　H_b——b 点的高程；

　　　　h——等高距。

　　若量出 $bc = 9.9$mm，$bN = 3.1$mm，等高距 h 为 1m，$H_b = 67$m，则

$$H_N = 67 + \frac{3.1}{9.9} \times 1 = 67.31 \text{(m)}$$

当精度要求不高时，也可用目估内插法确定待定点的高程。

2. 在图上确定某点的坐标

点的坐标是根据地形图上标注的坐标格网的坐标值确定的。如图 11-3 所示为 1：1000 的地形图，现要求出图上 A 点的坐标 (x_A, y_A)。首先根据 A 点在图上的位置及周围的坐标网点 $abcd$ 绘出坐标方格（方格边长为 10cm×10cm），过 A 点作 ef 平行 ad，gh 平行 ab，然后在图上量取长度 ae 和 ag 精确至 0.1mm，则 A 点的坐标为

$$\begin{cases} x_A = x_a + ae \times M \\ y_A = y_a + ag \times M \end{cases} \tag{11-2}$$

式中　M——地形图比例尺的分母；

x_a，y_a——a 点的坐标值。

若量取 $ae = 30.5\text{mm}$，$ag = 72.0\text{mm}$，又已知 $x_a = 10200\text{m}$，$y_a = 20100\text{m}$，则 A 点的坐标为

$$x_A = 10200 + 0.0305 \times 1000 = 10230.5 (\text{m})$$

$$y_A = 20100 + 0.0720 \times 1000 = 20172.0 (\text{m})$$

考虑到图纸有伸缩，A 点的坐标可按下式计算。

$$\begin{cases} x_A = x_a + ae \times \dfrac{l}{ab} \times M \\ y_A = y_a + ag \times \dfrac{l}{ad} \times M \end{cases} \tag{11-3}$$

式中　ab，ad——其在图中实际量出的长度，精确至 0.1mm；

l——坐标方格的边长；

其他符号含义同前。

二、在图上确定两点间的直线距离

如图 11-3 所示，求 A、B 两点间的直线距离，可采用下述两种方法。

（1）图解法　当精度要求不高时，可用直尺直接在图上量出 A、B 两点间的距离 d_{AB}，再根据比例尺计算出两点间的距离 D_{AB}。

$$D_{AB} = d_{AB} M \tag{11-4}$$

式中 M——比例尺的分母。

（2）解析法 先求出图上两点的坐标，再用两点间的距离公式计算出两点间的直线距离。

如图 11-3 所示，求出坐标 $A(x_A, y_A)$ 和 $B(x_B, y_B)$ 后，则用下列公式计算。

$$D_{AB} = \sqrt{(x_B - x_A)^2 + (y_B - y_A)^2} \tag{11-5}$$

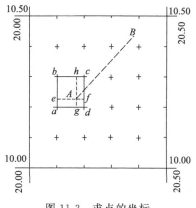

图 11-3 求点的坐标

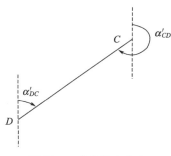

图 11-4 求坐标方位角

三、在图上确定某直线的坐标方位角

（1）图解法 此方法是先作出辅助线，然后在图上用量角器直接量取坐标方位角。如图 11-4 所示，需量出坐标方位角 α_{CD}，先过 C、D 点分别作出纵向坐标线的平行线，再用量角器量出方位角 α'_{CD}、α'_{DC} 的角值，即正、反坐标方位角。取平均值作为最后结果。

$$\alpha_{CD} = \frac{1}{2}(\alpha'_{CD} + \alpha'_{DC} \pm 180°) \tag{11-6}$$

（2）解析法 先按图解法求出图上两点的坐标，若两点坐标为 $C(x_C, y_C)$，$D(x_D, y_D)$，则方位角计算公式为

$$\alpha_{CD} = \tan^{-1}\frac{y_D - y_C}{x_D - x_C} = \tan^{-1}\frac{\Delta y_{CD}}{\Delta x_{CD}} \tag{11-7}$$

上式计算出的角值为象限角，再根据 Δx_{CD} 和 Δy_{CD} 的正、负

值求得直线 CD 的坐标方位角。

四、确定图上某直线的坡度

地面上的坡度是该直线两端点的高差与其水平距离之比。确定某直线的坡度，可先在地形图上求出两端点的高差 h，再用上述求距离的方法求出该直线的水平距离 D，则该直线的坡度 i 为

$$i = \frac{h}{D} \tag{11-8}$$

坡度 i 通常用百分率（％）或千分率（‰）表示。

如图 11-2 所示，欲求直线 MN 的坡度，已知 $H_M = 65\text{m}$，$H_N = 67.31\text{m}$，则 $h = 2.31\text{m}$，又知 $D_{MN} = 85.45\text{m}$，则直线 MN 的坡度 $i = 2.70\%$。

如果直线是跨越几条等高线，而且相邻等高线之间的平距不等，则表示地面坡度不均匀，所求得的坡度是两点间的平均坡度。

【例 11-1】 在图上可根据等高线的高程确定某点的坐标。若该点在等高线上，点的高程就等于该等高线上的高程；若该点在两等高线之间，可采用（ ）确定该点的高程。 （内插法）

【例 11-2】 用解析法确定地形图上 AB 直线坐标方位角时，不用求出 A、B 两点的（ ）。 （平面坐标）

【例 11-3】 在地形图上，量得 A 点高程为 21.17m，B 点高程为 16.84m，AB 实地距离为 279.50m，则直线 AB 的坡度为（ ）。 （C）

A. 6.8% B. 1.5% C. -1.5% D. 3.0%

【例 11-4】 在地形图中确定 AB 直线的坐标方位角，可以用解析法和（ ）。 （图解法）

第三节 地形图在工程建设中的应用

一、按设计线路绘制纵断面图

在道路、管线等工程设计中，为了综合比较设计线路的长度和坡度，以及进行挖、填土方量的概算，需要较详细地了解设计沿线

路方向的地面坡度变化情况，以便合理地选定线路的坡度。为此，可利用地形图上的等高线来绘制设计线路纵断面图，以此反映该线路地面起伏变化。

如图 11-5 所示，MN 为设计线路的一段，此段线路与等高线的交点分别为 1，2，3，…，9。欲绘出设计线路 MN 段的纵断面图，方法如图 11-6 所示。

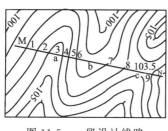

图 11-5　一段设计线路

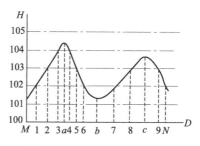

图 11-6　MN 方向纵断面图

（1）首先在图纸上绘制直角坐标系。以横轴 MD 表示水平距离。水平距离比例尺一般与地形图的比例尺相同。以纵轴 MH 表示高程，为了更明显地反映出地面的起伏情况，一般高程比例尺要比水平距离比例尺扩大 10～20 倍，然后在纵轴上注明高程，并按等高距作与横轴平行的等高线。高程起始值要选择恰当，使绘出的断面图位置适中。

（2）将 MN 线与等高线各交点至 M 点的距离截取到横轴上，定出各点在横轴上的位置 1，2，3，…，N。

（3）自横轴上的 1，2，3，…，N 各点作垂线，与各点在地形图上的高程值相对应的高程线相交，其交点就是纵断面上的点。

（4）把相邻点用平滑曲线连接起来，即为 MN 方向的纵断面图。

断面过山脊或山谷的坡度变化处的高程，可用比例内插法求得。

在纵断面图上按高程将直线 MN 两端点连起来，若 MN 连线与断面线相交，则说明 M、N 两点间不通视，两点间视线受阻。这对于架空线路、水文观测、控制点观测等是不利的。

二、在地形图上按限制坡度选择最短路线

在山区或丘陵地区进行各种道路和管道的工程设计时，坡度都要求有一定的限制。例如，公路坡度大于某一值时，动力车辆将行

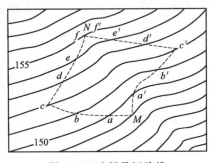

图 11-7　选择最短路线

驶困难；渠道坡度过小时，将影响渠道内水的流速。因此，在设计线路时，可按限定的坡度在地形图上选线，选出符合坡度要求的最短路线。

如图 11-7 所示，欲在 M、N 点之间修建一条由 M 点到 N 点的上山公路，坡度为 $i=4\%$。等高距为 1m，地形图比例尺分母 $M=1000$，可求得该线路通过图上相邻等高线之间的平距 d 为

$$d=\frac{h}{iM}=\frac{1}{0.04\times1000}=0.025 \text{（m）}$$

在图上选线时，以 M 点为圆心，$d=0.025$m 为半径画圆弧，交 150m 等高线于 a、a'点，再分别以 a、a' 点为圆心画圆弧，交 151m 等高线于 b、b'点，依次进行，直至交到 N 点。将这些交点依次连接起来便可得到多条符合坡度要求的线路，最后经过实地调查比较，综合各种因素从中确定一条最合理的线路。

作图时如果图上等高距大于 d，画圆弧交不到相邻的等高线，则说明实地坡度小于限定坡度，这时线路可按两点间最短路线的方向铺设。

【例 11-5】　利用地形图上的（　　）来绘制设计线路纵断面图，以此反映该线路地面起伏变化。　　　　　　（等高线）

【例 11-6】　在利用地形图绘制已知方向的纵断面图时，一般以横轴表示（　　），以纵轴表示（　　）。　（水平距离　高程）

【例 11-7】　在纵断面图中，为了明显地表示地面起伏变化情况，高程比例尺往往比平距比例尺大（　　）倍。　　（10～20）

【例 11-8】 下列不属于地形图基本应用的内容是 （　　）。(D)

A. 确定某点的坐标

B. 确定某点的高程

C. 确定某直线的坐标方位角

D. 确定土地的权属

【例 11-9】 地面上 A 点高程为 32.400m，现要从 A 点沿 AB 方向修筑一条坡度为 -2% 的道路，AB 的水平距离为 120m，则 B 点的高程为 （　　）。　　　　　　　　　　　　(A)

A. 30.000m　　B. 34.800m　　C. 32.640m　　D. 32.160m

三、图形的面积量算

各种土建工程、管道工程都需要求面积以便计算土石方工程量。对于规则的图形面积，将规则多边形划分成若干个规则的三角形、矩形、梯形等图形，在地形图上量取相应的线段长度后分别进行计算，最后进行叠加。对不规则的图形面积，可采用近似计算的方法。

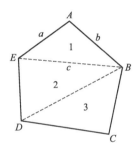

图 11-8　几何图形法求面积

1. 规则多边形面积量算

（1）几何图形法　将多边形划分成几个几何图形来计算。如图 11-8 所示，所求多边形 $ABCDE$ 的面积可分解成三个三角形 1、2、3，分别求出每个三角形的面积，再相加即得多边形 $ABCDE$ 的总面积。具体方法如下。

对三角形 1，用求两点直线距离的方法在图上量出三角形边的长度分别为 a、b、c，用三角形面积计算公式求得面积

$$S_1 = \sqrt{p(p-a)(p-b)(p-c)} \qquad (11-9)$$

式中，$p = \dfrac{a+b+c}{2}$。

同样可分别求出三角形 2、3 的面积 S_2、S_3，多边形 $ABCDE$ 的总面积 S 为

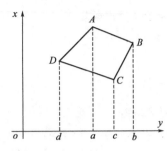

图 11-9　坐标计算法求面积

$$S=S_1+S_2+S_3 \quad (11-10)$$

（2）坐标计算法　当多边形图形面积较大时，可在地形图求出各点的坐标，用坐标计算法计算图形面积。如图 11-9 所示，任意四边形顶点 A、B、C、D 的坐标分别为 (x_A, y_A)、(x_B, y_B)、(x_C, y_C)、(x_D, y_D)，由此可知四边形 $ABCD$ 的面积 S 等于梯形 $DAad$ 面积加上

梯形 $ABba$ 面积再减去梯形 $DCcd$ 与梯形 $CBbc$ 的面积，即

$$S=\frac{1}{2}\big[(y_A-y_D)(x_D+x_A)+(y_B-y_A)(x_A+x_B)-$$
$$(x_C+x_D)(y_C-y_D)-(x_C+x_B)(y_B-y_C)\big]$$

$$(11-11)$$

2. 不规则曲线面积量算

（1）透明方格纸法　将毫米透明方格纸覆盖在欲求面积的图形上，如图 11-10 所示，然后数出图形占据的整格数目 n，将不完整方格数累计折成一整格数 n_1，可按下式计算出该图形的面积 A。

$$A=(n+n_1)aM^2 \qquad (11-12)$$

式中　a——透明方格纸小方格的面积；

　　　M——比例尺的分母。

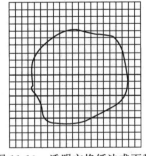

图 11-10　透明方格纸法求面积

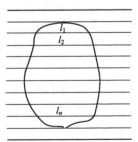

图 11-11　平行线法求面积

（2）平行线法　如图 11-11 所示，将画有平行线的透明纸覆盖到图形上，转动透明纸使平行线与图形的上、下边线相切。把相邻两平行线之间所截的部分图形视为近似梯形，量出各梯形的底边长度 l_1，l_2，$\cdots$，l_n，则各梯形面积分别为

$$S_1 = \frac{1}{2}(l_1+0)h$$

$$S_2 = \frac{1}{2}(l_1+l_2)h$$

$$\vdots$$

$$S_{n+1} = \frac{1}{2}(l_n+0)h$$

图形总面积为

$$S = S_1 + S_2 + \cdots + S_{n+1} = (l_1+l_2+\cdots+l_n)h \quad (11-13)$$

式中　h——透明纸平行线间距。

【例 11-10】　各种土建工程、管道工程都需要求面积以便计算土石方工程量。对不规则的图形面积，可采用（　　）的方法。

(近似计算)

【例 11-11】　下列不属于在地形图上量算图形的面积的方法是（　　）。

(D)

A. 平行线法　　　　　　　B. 几何图形法

C. 求积仪法　　　　　　　D. 等高线法

四、根据地形图等高线平整场地

在工业与民用建筑工程中，通常要对拟建地区的自然地貌加以改造，整理为水平或倾斜的场地，使改造后的地貌适于布置和修建建筑物，便于排泄地面水，满足交通运输和敷设地下管线的需要，这些工作称为平整场地。在平整场地中，为了使场地的土石方工程合理，应满足挖方与填方基本平衡，同时要概算出挖或填土石方工程量，并测设出挖、填土石方的分界线。场地平整的计算方法很多，其中设计等高线法是应用最广泛的一种，下面着重介绍这种方法。

1. 设计成水平场地

图 11-12 为 1∶1000 比例尺的地形图，拟在图上将 40m×40m

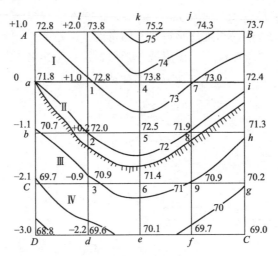

图 11-12 设计成水平场地

的场地平整为某一设计高程的水平场地。要求挖、填土石方量基本平衡，并计算出土石方量。设计计算步骤如下。

（1）绘制方格网 在地形图上的拟建场地内绘制方格网。方格网的大小取决于地形的复杂程度和土石方概算精度，通常为10m×10m 或 20m×20m，图 11-12 中为 10m×10m 方格网。

（2）计算设计高程 首先根据地形图上的等高线，计算出每个方格角点的地面高程，标注在相应点的右上方，再计算出每个方格的平均高程。最后把所有方格平均高程加起来除以方格总数 n，得到设计高程的公式为

$$H_{设计} = \left(\frac{H_A + H_a + H_1 + H_l}{4} + \frac{H_a + H_b + H_2 + H_1}{4} + \cdots \right) \div n$$

(11-14)

式中 H_A，H_a，……——相应方格角点的高程；

n——总方格数。

实际计算时，可根据方格角点的地面高程及方格角点在计算每格平均高程时出现的次数来进行计算。图中场地四周的角点 A、B、C、D 的地面高程，在计算平均高程中只出现一次，边线上的点 a、b、c、…、l 在计算中用到两次，中间的点 1、2、3、…、9

用到四次。将上式按各方格点在计算中出现的次数进行整理为

$$H_{\text{设计}} = \frac{\sum H_{\text{I}} + 2\sum H_{\text{II}} + 4\sum H_{\text{IV}}}{4n}$$

若场地某方格不是矩形，在计算设计高程时有的方格将用到三次，场地的设计高程计算式改写为

$$H_{\text{设计}} = \frac{\sum H_{\text{I}} + 2\sum H_{\text{II}} + 3\sum H_{\text{III}} + 4\sum H_{\text{IV}}}{4n}$$

式中，H_{I}、H_{II}、H_{III}、H_{IV} 分别为计算中出现 1、2、3、4 次方格的高程。

用上式计算图 11-12 的设计高程，得

$$
\begin{aligned}
H_{\text{设计}} = & [(72.8 + 73.7 + 69.0 + 68.8) + 2 \times (73.8 + 75.2 + \\
& 74.3 + 72.4 + 71.3 + 70.2 + 69.7 + 70.1 + 69.6 + \\
& 69.7 + 70.7 + 71.8) + 4 \times (72.8 + 73.8 + 73.0 + \\
& 72.0 + 72.5 + 71.9 + 70.9 + 71.4 + 70.9)] \div (4 \times 16) \\
= & 71.85(\text{m})
\end{aligned}
$$

(3) 绘出挖、填边界线 在地形图上根据等高线用内插方法定出高程为 71.85m 的设计等高点。连接各点，即为挖填边界线（图 11-12 中画有短线的曲线），在挖填线以上为挖方区域，以下为填方区域。

(4) 计算挖、填高度 各方格点挖填高度为该点的地面高程与设计高程之差，即 $h = H_{\text{地}} - H_{\text{设计}}$。将 h 计算值填于各方格点的左上角。"+"表示挖方，"−"表示填方。

(5) 计算挖、填土石方量 首先计算各方格内的挖、填土石方量，然后计算总的土石方量。现以图 11-12 中 I、II、IV 方格为例来说明计算方法。

方格 I 全为挖方，则

$$V_{\text{I挖}} = \frac{1}{4}(1.0 + 2.0 + 1.0 + 0) \times A_{\text{I挖}} = 1.0 A_{\text{I挖}}(\text{m}^3)$$

方格 II 既有挖方，又有填方，则

$$V_{\text{II挖}} = \frac{1}{4}(0 + 1.0 + 0.2 + 0) \times A_{\text{II挖}} = 0.3 A_{\text{II挖}}(\text{m}^3)$$

$$V_{\text{II填}} = \frac{1}{3}(0 + 0 - 1.1) \times A_{\text{II填}} = -0.37 A_{\text{II填}}(\text{m}^3)$$

方格Ⅳ全为填方，则

$$V_{Ⅳ填}=\frac{1}{4}(-2.1-3.0-2.2-0.9)\times A_{Ⅳ填}=-2.05A_{Ⅳ填}(\mathrm{m}^3)$$

式中，$A_{Ⅰ挖}$、$A_{Ⅱ挖}$、$A_{Ⅱ填}$、$A_{Ⅳ填}$为相应挖、填方面积，同法计算其他方格的挖、填方量，然后按挖、填方量分别计算总和，即为总的挖、填土石方量。

2. 设计成一定坡度的倾斜地面

若根据地貌的自然坡度，将上述地面设计成从上向下（北到南）坡为 -8% 的倾斜地面，要求挖、填方量平衡，设计计算步骤如下。

（1）绘制方格网。

（2）根据挖、填平衡，确定场地重心点的设计高程。按水平场地的设计计算方法，计算出场地重心的设计高程为 71.85m。

（3）确定倾斜面最高和最低点的设计高程　如图 11-13 所示，按设计要求，场地从上到下（北至南）以 -8% 为最大坡度，则 AB 为场地的最高边线，CD 为场地的最低边线。已知 AD 边长为 40m，则 A、D 两点的设计高差为

$$h_{DA}=D_{AD}i=40\times8\%=3.2(\mathrm{m})$$

由于场地重心（图形的中心）的设计高程定为 71.85m，且 AD、BC 均为最大坡度方向，所以 71.85m 也是 AD 及 BC 边线的中心点的设计高程，那么 A、D 两点的设计高程分别为

$$H_{A设}=71.85+\frac{3.2}{2}=73.45(\mathrm{m})$$

$$H_{D设}=71.85-\frac{3.2}{2}=70.25(\mathrm{m})$$

同理可计算出　　　　$H_{B设}=73.45(\mathrm{m})$

$$H_{C设}=70.25(\mathrm{m})$$

（4）确定挖、填边界线　在 AD 边线上，根据 A、D 的设计高程内插出 71m、72m、73m 的设计等高线的位置。通过这些点分别作 AB 的平行线（图11-13中的虚线），这些虚线就是坡度为 -8% 的设计等高线。设计等高线与图上同高程的原等高线相交于 a、b、c、d、e、f 点，这些交点的连线即为挖填边界线（画

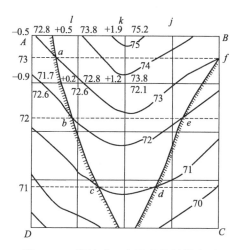

图 11-13　设计成一定坡度的倾斜地面

有短线的曲线)。图中两连线 abc、def 之间为挖方范围,其余为填方范围。

(5) 确定方格角点的挖、填高度　根据原图的等高线按内插法求出各方格角点的地面高程,并注在角点的右上方。同法,根据设计等高线求出各方格角点的设计高程,注在角点的右下方。按式 $h = H_{地} - H_{设计}$ 计算出各角点的挖、填高度,并注在角点的左上方。

(6) 计算挖、填方量　根据方格角点的挖、填高度,可按前述介绍的方法分别计算各方格内的挖、填土石方量及整个场地的总挖、填土石方量。

【例 11-12】　在土地平整测量中,最理想的方案就是保持填挖方(　　)。　　　　　　　　　　　　　　　　　　　(平衡)

五、在地形图上确定经过某处的汇水面积

在实际工作中,修筑道路时有时要跨越河流或山谷,这时就必须架桥或修涵洞;兴修水库必须筑坝拦水。而桥梁、涵洞孔径的大小,水坝的设计位置与坝高,水库的蓄水量等,都要根据汇

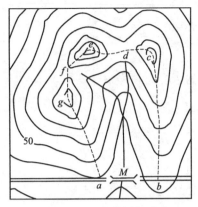

图 11-14 汇水范围的确定

集于这个地区的水流量来确定。汇集水流量的面积称为汇水面积。

由于雨水是沿山脊线（分水线）向两侧山坡分流，所以汇水面积的边界线是由一系列的山脊线连接而成的。如图 11-14 所示，一条公路经过山谷，拟在 M 处架桥或修涵洞，其孔径大小应根据流经该处的流水量决定，而流水量又与山谷的汇水面积有关。从图上可以看出，由山脊线 $bcdefga$ 所围成的闭合图形就是 M 上游的汇水范围的边界线，量测该汇水范围的面积，再结合气象水文资料，便可进一步确定流经公路 M 处的水量，从而对桥梁或涵洞的孔径设计提供依据。

确定汇水面积的边界线时，应注意以下几点。

（1）边界线（除公路 ab 段外）应与山脊线一致，且与等高线垂直；

（2）边界线是经过一系列的山脊线、山头和鞍部的曲线，并与河谷的指定断面（公路或水坝的中心线）闭合。

本章主要介绍了地形图应用的有关内容，阅读地形图的步骤和方法。通过阅读地形图图廓外的注记，可以掌握图幅的范围，了解与相邻图幅的关系，了解地形图的坐标系统、高程系统、等高距等。通过阅读地形图中的内容，可以了解地形、地貌的基本概况，建筑物以及植被等情况。

在地形图的基本应用中，着重介绍了在地形图上如何确定某点的高程和坐标。确定某点的高程时，可用内插法或目估内插法来确定；确定某点的坐标时，必须考虑图纸伸缩的影响；确定两点间的直线距离或某直线的坐标方位角可用图解法或解析法；确定图上某直线的坡度，则需先求出该直线两端点的高差 h，再求出该直线的水平距离 D，高差与其水平距离之比，就是某直线的坡度。

地形图在工程建设中的应用中，着重介绍了按设计线路绘制纵断面图的方法，这种方法主要是利用地形图上的等高线来绘制设计线路纵断面图，以此反映该线路地面的起伏变化。

在地形图上按限制坡度选择最短路线的方法，是根据工程的需要，对在山区或丘陵地区进行各种道路和管道的坡度进行一定的限制，以保证安全行车和过水。

图形的面积量算，主要是计算工程的土石方工程量，其方法主要有几何图形法、坐标计算法、透明方格纸法和平行线法四种，其中前两种主要用于规则多边形面积的量算，后两种主要用于不规则曲线面积的量算。

在工业与民用建筑工程中，通常要对拟建地区的自然地貌加以改造，整理为水平或倾斜的场地，使改造后的地貌适于布置和修建建筑物，便于排泄地面水，满足交通运输和敷设地下管线的需要，为了使场地的土石方工程合理，应满足挖方与填方基本平衡的原则，同时要概算出挖或填土石方工程量，并测设出挖、填土石方的分界线。其中设计成水平场地是使用最广泛的一种方法，有时为了工程的需要，也可设计成一定坡度的倾斜地面。

 思考题与习题

1. 简述阅读地形图的步骤和方法。
2. 简述利用地形图确定某点的高程和坐标的方法。
3. 简述利用地形图确定两点间的直线距离的方法。
4. 简述利用地形图确定某直线的坐标方位角的方法。

5. 简述利用地形图计算面积的方法。

6. 如何计算场地的设计高程？

7. 用图 11-1 完成以下作业。

(1) 求图根点 A51，$\dfrac{5}{202.71}$，$\dfrac{7}{185.71}$ 的坐标；

(2) 求 A51 至 $\dfrac{7}{185.71}$ 方向的坐标方位角；

(3) 求 A51 至 $\dfrac{7}{185.71}$ 之间的水平距离；

(4) 绘出 A51 至 $\dfrac{5}{202.71}$ 方向的纵断面图。

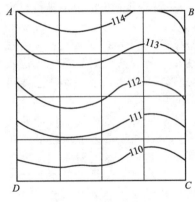

图 11-15 场地平整

8. 如图 11-15 所示为 40m×40m 的 *ABCD* 坡地，已绘成 10m×10m 的方格，要求将该场地平整为一水平场地，且使挖、填土方基本平衡。

(1) 求该场地的设计高程；

(2) 在图上绘出挖、填边界线；

(3) 计算挖、填土方量。

第十二章

施工测量的基本知识

导读

- **了解** 工程建筑物的施工放样必须遵循"由整体到局部""先控制后碎部"的原则和工作程序。进行施工放样之前应熟悉建筑物的总体布置图和各个建筑物结构设计图，检查、校核设计图上轴线间距离和各部位高程的注记。
- **理解** 施工测设与地形图测绘的工作目的不同。测绘地形图是通过测量水平角、水平距离和高差，经过计算求得地面特征点的空间位置元素，根据这些数据并配上相应的符号绘制成地形图。而施工测设是把图上设计建筑物的特征点标定在实地上，与测量过程相反。
- **掌握** 测设的基本工作就是测设已知水平距离、已知水平角和已知高程。施工测量与施工有着密切的联系，它贯穿于施工的全过程，是直接为施工服务的。测设的质量将直接影响到施工的质量和进度。

第一节　施工测量概述

一、概述

工程建设一般分为三个阶段，即勘测规划设计阶段、施工阶段和运行管理阶段。勘测规划设计阶段的主要测量任务是测绘大比例尺地形图和其他地形资料。工程技术人员根据建筑工程的有关要求和地形资料进行规划设计。在设计工作完成后，就要在实地进行施工。在施工阶段所进行的测量工作称为施工测量，又称测设或放样。

工程建筑物的施工放样必须遵循"由整体到局部""先控制后碎部"的原则和工作程序。首先是根据工程总平面图和地形条件建立施工控制网，然后进行场地平整，根据施工控制网点在实地定出各个建筑物的主轴线和辅助轴线，再根据主轴线和辅助轴线标定建筑物的各个细部点，以及进行工程施工中各道工序的细部测设，构件与设备安装的测设工作；在工业或大型民用建筑竣工后，为了便于管理、维修和扩建，还需进行竣工测量，绘制竣工平面图；有些高大和特殊的建（构）筑物在施工期间和建成后还要定期进行变形观测，以便积累资料，掌握变形规律，为工程设计、维护和使用提供资料。采用这样的工作程序，能确保建筑物几何关系的正确，而且使施工放样工作可以有条不紊地进行，避免误差的累积。

施工放样的进度与精度，直接影响施工进度和施工质量。因此，进行施工放样之前应熟悉建筑物的总体布置图和各个建筑物结构设计图，检查、校核设计图上轴线间距离和各部位高程的注记。在施测过程中，对建筑物重要部位一般要再采用一种施测方法进行检核，检查无误后才可进行施工。

二、施工测量的特点

施工测设与地形图测绘的工作目的不同。测绘地形图是通过测量水平角、水平距离和高差，经过计算求得地面特征点的空间位置元素，根据这些数据并配上相应的符号绘制成地形图。而施工测设是把图上设计建筑物的特征点标定在实地上，与测量过程相反。例如，水平角度的观测是在测站上测量两个已知方向之间的夹角。而水平角度放样是根据设计图上的角度值，以某一已知方向为依据，在测站上将另一待定方向标定在实地上。但不论是测量或测设，其测量的基本元素还是水平角、水平距离和高差。测量或测设所使用的仪器设备和工作方法基本相同，只是工作程序相反。其本质都是确定点的位置。

与地形图测绘相比较，施工测设精度要求较高，其误差大小将直接影响建（构）筑物的尺寸和形状。测设精度的要求又取决于建（构）筑物的大小、材料、用途和施工方法等因素。如工业建筑测设精度高于民用建筑；钢结构建筑物的测设精度高于钢筋混凝土结构建筑物；装配式建筑物的测设精度高于非装配式建筑物；高层建筑物的测设精度高于低层建筑物等。

施工测设与施工有着密切的联系，它贯穿于施工的全过程，是直接为施工服务的。测设的质量将直接影响到施工的质量和进度。测设人员除应充分了解设计内容及对测设的精度要求，熟悉图上设计建筑物的尺寸、数据以外，还应与施工单位密切配合，随时掌握工程进度及现场变动情况，使测设精度和速度能满足施工的需要。

施工现场工种多，交叉作业干扰大，地面变动较大并有机械的振动，易使测量标志被毁。因此，测量标志从形式、选点到埋设均应考虑便于使用、保管和检查，如有损坏，应及时恢复。在高空或危险地段施测时，应采取安全措施，以防止事故发生。

第二节　测设的基本工作

建（构）筑物的测设工作实质上是根据已建立的控制点或已有的建筑物，按照设计的角度、距离和高程把图纸上建（构）筑物的一些特征点（如轴线的交点）标定在实地上。因此，测设的基本工作就是测设已知水平距离、已知水平角和已知高程。

一、测设已知水平距离

已知水平距离的测设，就是从地面一已知点开始，沿给定的方向，定出直线上另外一点，使得两点间的水平距离为给定的已知值。例如，在施工现场，把房屋轴线的设计长度、道路、管线的中线在地面上标定出来；按设计长度定出一系列点等。

1. 钢尺测设法

如图 12-1 所示，设 A 为地面上已知点，D 为设计的水平距离，要在地面上沿给定 AB 方向上测设水平距离 D，以定出线段的另一端点 B。具体做法是从 A 点开始，沿

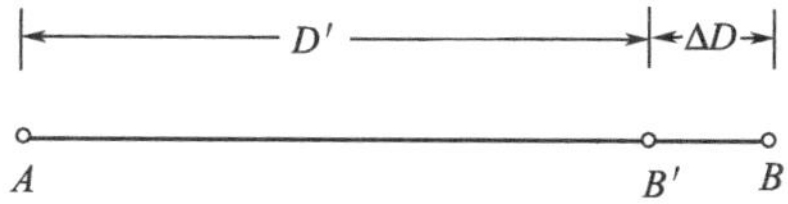

图 12-1　用钢尺测设水平距离

AB 方向用钢尺边定线边丈量，按设计长度 D 在地面上定出 B' 点的位置。若建筑场地不平整，丈量时可将钢尺一端抬高，使钢尺保持水平，用吊垂球的方法来投点。往返丈量 AB' 的距离，若相对误差在限差以内，取其平均值 D'，并将端点 B' 加以改正，求得 B 点的最后位置。改正数 $\Delta D = D - D'$。当 ΔD 为正时，向外改正；反之，则向内改正。

若测设精度要求较高，可在定出 B' 点后，用经过检定后的钢尺精确往返丈量 AB' 的距离，并加尺长改正 Δl_1、温度改正 Δl_t 和倾斜改正 Δl_h 三项改正数，求出 AB' 的精确水平距离 D'。根据 D' 与 D 的差值 $\Delta D = D - D'$ 沿 AB 方向对 B' 点进行改正。故设计的水平距离有下列等式成立。

$$D = D' + \Delta l_1 + \Delta l_t + \Delta l_h \tag{12-1}$$

【**例 12-1**】 在图 12-2 的倾斜地面上，需要在 AC 方向上测设长度为 $D = 49.338\text{m}$ 的一段水平距离并定出 C_0 点，现有 30m 的钢卷尺一把，其尺长方程式为

$$l = 30 - 0.003 + 1.25 \times 10^{-5} \times 30 \times (t - 20)$$

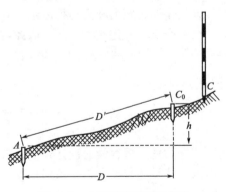

图 12-2 水平距离的测设方法

经过测定，AC_0 两点的高差为 $h = 1.3\text{m}$，测设时的温度为 $t = 18\,^{\circ}\!\text{C}$，试计算在 AC 方向沿倾斜地面应量出的名义长度。

解：首先计算需测设水平距离的尺长、温度、高差三项改正数。

(1) 尺长改正 Δl_1

$$\Delta l_1 = D\frac{\Delta l_1}{l} = 49.338 \times \frac{0.003}{30} = 0.005(\text{m})$$

（2）温度改正 Δl_t

$$\Delta l_t = 1.25 \times 10^{-5} \times 30 \times \frac{49.338}{30} = -0.001(\text{m})$$

（3）倾斜改正 Δl_h

$$\Delta l_h = -\frac{h^2}{2D} = -\frac{1.3^2}{2 \times 49.338} = -0.017(\text{m})$$

根据式(12-1) 求得应测设的名义长度为

$$D' = D - \Delta l_1 - \Delta l_t - \Delta l_h = 49.338 - 0.005 + 0.001 + 0.017 = 49.351(\text{m})$$

答：在 AC 方向上，从 A 点沿倾斜地面丈量距离 49.351m，测设出 C_0，即可使 A，C_0 两点间的水平距离为 49.338m。

2. 电磁波测距仪测设法

由于电磁波测距仪的普及，目前水平距离的测设，尤其是长距离的测设多采用电磁波测距仪或全站仪。如图 12-3 所示，安置测距仪于 A 点，瞄准 AB 方向，指挥装在对中杆上的棱镜前后移动，使仪器显示值略大于测设的距离，定出 B' 点。在 B' 点安置反光棱镜，测出竖直角 α 及斜距 L（必要时加测气象改正），计算水平距离。

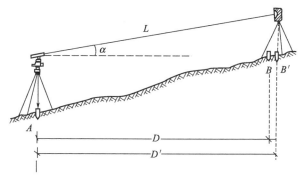

图 12-3　测距仪测设水平距离

$$D' = L\cos\alpha \tag{12-2}$$

求出 D' 与应测设的水平距离 D 之差 $\Delta D = D - D'$。根据 ΔD

的符号在实地用钢尺沿测设方向将 B' 改正至 B 点，并用木桩标定其点位。为了检核，应将反光镜安置于 B 点，再实测 AB 距离，其不符值应在限差之内，否则应再次进行改正，直至符合限差为止。若用全站仪测设，仪器可直接显示水平距离。测设时，反光镜在已知方向上前后移动，使仪器显示值等于测设距离即可。

二、测设已知水平角

已知水平角的测设，就是根据地面已知的一条直线的方向，在该直线的一个端点安置经纬仪，定出另外一个方向，使得两方向线间的水平角等于设计的水平角值。

1. 直接测设法

当测设水平角的精度要求不高时，可用盘左、盘右取平均值的方法，获得欲测设的角度。如图 12-4 所示，设地面上已有 OA 方向线，测设水平角 $\angle AOC$ 等于已知角值 β。测设时将经纬仪安置在 O 点，用盘左位置照准 A 点，读取度盘读数为 L，松开水平制动螺旋，旋转照准部，当度盘读数增加到 $L+\beta$ 角

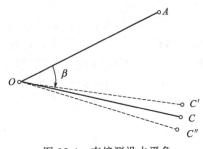

图 12-4 直接测设水平角

值时，在视线方向上定出 C' 点。用盘右位置照准 A 点，然后重复上述步骤，测设 β 角得另一点 C''，取 C' 和 C'' 两点连线的中点 C，则 $\angle AOC$ 就是要测设的 β 角，OC 方向线就是所要测设的方向。这种测设角度的方法通常称为正倒镜分中法。

2. 精确测设法（归化法）

当测设水平角的精度要求较高时，应采用作垂线改正的方法，如图 12-5 所示。在 O 点安置经纬仪，先用一般方法测设 β 角值，在地面上定出 C' 点，再用测回法观测 $\angle AOC$ 多个测回（测回数由精度要求或按有关规范来定），取各测回平均值为 β_1，即 $\angle AOC' = \beta_1$，当 β 和 β_1 的差值 $\Delta\beta$ 超过限差（$\pm10''$）时，需进行改正。根据 $\Delta\beta$

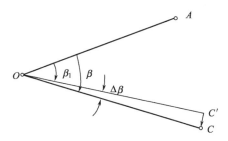

图 12-5 精确测设水平角

和 OC' 的长度计算出改正值 CC'。

$$CC' = OC' \times \tan\Delta\beta = OC' \times \frac{\Delta\beta}{\rho} \qquad (12\text{-}3)$$

式中，$\rho = 206265''$。

过 C' 点作 OC 的垂线，再以 C' 点沿垂线方向量取 CC'，定出 C 点。则 $\angle AOC$ 就是要测设的 β 角。当 $\Delta\beta = \beta - \beta_1 > 0$ 时，说明 $\angle AOC'$ 偏小，应从 OC' 的垂线方向向外改正；反之，则应向内改正。

【例 12-2】 已知地面上 A、O 两点，要测设直角 AOC。

解： 在 O 点安置经纬仪，盘左、盘右测设直角取中数得 C' 点，量得 $OC' = 50\mathrm{m}$，用测回法观测三个测回，测得 $\angle AOC' = 89°59'30''$。

$$\Delta\beta = 90°00'00'' - 89°59'30'' = 30''$$

$$CC' = OC' \times \frac{\Delta\beta}{\rho} = 50 \times \frac{30''}{206265''} = 0.007(\mathrm{m})$$

过 C' 点作 OC 的垂线 $C'C$ 向外量 $C'C = 0.007\mathrm{m}$ 定得 C 点，则 $\angle AOC$ 即为直角。

【例 12-3】 用归化法放样一个直角后，测得放样出的角度为 $89°59'30''$，在放样方向上量距为 $100\mathrm{m}$，则放样点的改化量的绝对值为（ ）。 (C)

A. $8''$ B. 20mm   C. 14.5mm   D. 不能确定

三、测设已知高程

在工程施工中，测设已知高程的点一般采用水准测量的方法，将设计的高程测设到作业面上。已知高程的测设，就是根据已给定的点位，利用附近已知水准点，在点位上标定出给定高程的位置。例如，平整场地，基础开挖，建筑物地坪标高位置确定等，都要测设出已知的设计高程。

1. 视线高法

在建筑工程设计和施工的过程中，为了使用和计算方便，一般将建筑物的室内地坪假设为±0.000，建筑物各部分的高程都是相对于±0.000测设的，测设时一般采用视线高法。

如图 12-6 所示，欲根据某水准点的高程 H_R，测设 A 点，使其高程为设计高程 H_A。则 A 点尺上应读的前视读数为

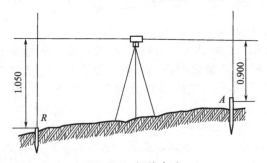

图 12-6　视线高法

$$b_{应} = (H_R + a) - H_A \qquad (12\text{-}4)$$

测设方法如下。

（1）安置水准仪于 R，A 中间，整平仪器；

（2）后视水准点 R 上的水准尺，读得后视读数为 a，则仪器的视线高 $H_i = H_R + a$；

（3）将水准尺紧贴 A 点木桩侧面上下移动，直至前视读数为 $b_{应}$ 时，在木桩侧面沿尺子底部画一横线，此线即为室内地坪±0.000 的位置。

【例 12-4】　如图 12-6 所示，R 为水准点，$H_R = 75.678\text{m}$，A 为建筑物室内地坪±0.000待测点，设计高程 $H_A = 75.828\text{m}$，若后视读数 $a = 1.050\text{m}$，试求 A 点尺读数为多少时尺子底部就是设计高程 H_A。

解：$b_应 = H_R + a - H_A = 75.678 + 1.050 - 75.828 = 0.900(m)$

如果地面坡度较大，无法将设计高程在木桩顶部或一侧标出时，可立尺于桩顶，读取桩顶前视读数，根据下式计算出桩顶改正数。

桩顶改正数＝桩顶前视读数－应读前视读数

假如应读前视读数是 1.600m，桩顶前视读数是 1.150m，则桩顶改正数为 －0.450m，表示设计高程的位置在自桩顶往下量 0.450m 处，可在桩顶上注"向下 0.450m"即可。如果改正数为正，说明桩顶低于设计高程，应自桩顶向上量改正数得设计高程。

2. 高程传递法

当开挖较深的基槽将高程引测到建筑物的上部时，由于测设点与水准点之间的高差很大，无法用水准尺测定点位的高程，此时应采用高程传递法。即用钢尺和水准仪将地面水准点的高程传递到低处或高处上所设置的临时水准点，然后再根据临时水准点测设所需的各点高程。

（1）测设临时水准点　如图 12-7 所示为深基坑的高程传递，将钢尺悬挂在坑边的木杆上，下端挂 10kg 重锤，放入油桶中，在地面上和坑内各安置一台水准仪，分别读取地面水准点 A 和坑内水准点 B 的水准尺读数 a 和 d，并读取钢尺读数 b 和 c，则可根据

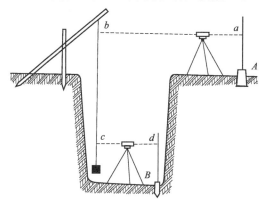

图 12-7　高程传递法

已知地面水准点 A 的高程 H_A，按下式求得临时水准点 B 的高程 H_B。

$$H_B = H_A + a - (b - c) - d \qquad (12\text{-}5)$$

为了进行检核，可将钢尺位置变动 $10 \sim 20\text{cm}$，同法再次读取这四个数，两次求得的高程相差不得大于 3mm。

当需要将高程由低处传递至高处时，可采用同样方法进行，由下式计算

$$H_A = H_B + d + (b - c) - a \qquad (12\text{-}6)$$

（2）测设设计高程　如图 12-7 所示，已知水准点 A 的高程 H_A，深基坑内 B 的设计高程为 H_B。测设方法同上，观测时两台水准仪同时读数，坑口的水准仪读取 A 点水准尺和钢尺上读数分别为 a、b，坑底水准仪在钢尺上的读数为 c。B 点所立尺上的前视读数 d 应为

$$d = H_A + a - (b - c) - H_B \qquad (12\text{-}7)$$

【**例 12-5**】　设水准点 A 的高程 $H_A = 73.363\text{m}$，B 点的设计高程 $H_B = 62.000\text{m}$，坑口的水准仪读取 A 点水准尺和钢尺上读数分别为 $a = 1.531\text{m}$、$b = 12.565\text{m}$，坑底水准仪在钢尺上的读数 $c = 1.535\text{m}$。B 点所立尺上的前视读数 d 应为

$$d = H_A + a - (b - c) - H_B = 73.363 + 1.531 - (12.565 - 1.535) - 62.000 = 1.864 (\text{m})$$

用同样方法，可从低处向高处测设已知高程的点。

第三节　测设平面点位的方法

测设点的平面位置，就是根据已知控制点，在地面上标定出一些点的平面位置，使这些点的坐标为给定的设计坐标。例如，在工程建设中，要将建筑物的平面位置标定在实地上，其实质就是将建筑物的一些轴线交叉点、拐角点在实地标定出来。

根据设计点位与已有控制点的平面位置关系，结合施工现场条件，测设点的平面位置的方法有直角坐标法、极坐标法、前方交会法等。

一、直角坐标法

直角坐标法是根据直角坐标原理进行点位的测设。当建筑施工场地有彼此垂直的主轴线或建筑方格网，待测设的建（构）筑物的轴线平行而又靠近基线或方格网边线时，常用直角坐标法测设点位。

如图 12-8(a)、(b) 所示，Ⅰ、Ⅱ、Ⅲ、Ⅳ点是建筑方格网的顶点，其坐标值已知，1、2、3、4 为拟测设的建筑物的四个角点，在设计图纸上已给定四个角点的坐标，现用直角坐标法测设建筑物的四个角桩。测设步骤如下。

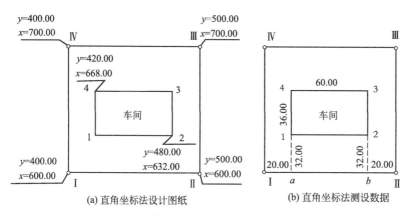

(a) 直角坐标法设计图纸　　(b) 直角坐标法测设数据

图 12-8　直角坐标法

首先根据方格顶点和建筑物角点的坐标，计算出测设数据。然后在Ⅰ点安置经纬仪，瞄准Ⅱ点，在Ⅰ、Ⅱ方向上以Ⅰ点为起点分别测设 $D_{Ia}=20.00\text{m}$，$D_{ab}=60.00\text{m}$，定出 a、b 点。搬仪器至 a 点，瞄准Ⅱ点，用盘左、盘右测设 $90°$ 角，定出 a 点至 4 点方向线，在此方向上由 a 点测设 $D_{a1}=32.00\text{m}$，$D_{14}=36\text{m}$，定出 1、4 点。再搬仪器至 b 点，瞄准Ⅰ点，同法定出点 2、3。这样建筑物的四个角点位置便确定了，最后要检查 D_{12}、D_{34} 的长度是否为 60.00m，房角 4 和 3 是否为 $90°$，误差是否在允许范围内。

直角坐标法计算简单，测设方便，精度较高，应用广泛。

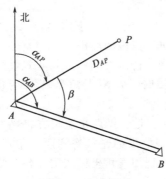

图 12-9 极坐标法

二、极坐标法

极坐标法是在控制点上测设一个角度和一段距离来确定点的平面位置。此法适用于测设点离控制点较近且便于量距的情况。若用全站仪测设则不受这些条件限制。

如图 12-9 所示，A、B 为控制点，其坐标 X_A、Y_A、X_B、Y_B 为已知，P 为设计的建筑物特征点，其坐标 X_P、Y_P 可在设计图上查得。现欲将 P 点测设于实地，先按下列公式计算出测设数据水平角 β 和水平距离 D_{AP}。

$$\left.\begin{aligned}\alpha_{AB} &= \tan^{-1}\frac{Y_B - Y_A}{X_B - X_A} \\ \alpha_{AP} &= \tan^{-1}\frac{Y_P - Y_A}{X_P - X_A} \\ \beta &= \alpha_{AB} - \alpha_{AP}\end{aligned}\right\} \tag{12-8}$$

$$D_{AP} = \sqrt{(X_P - X_A)^2 + (Y_P - Y_A)^2} \tag{12-9}$$

测设时，在 A 点安置经纬仪，瞄准 B 点，采用正倒镜分中法测设出 β 角以定出 AP 方向，沿此方向上用钢尺测设距离 D_{AP}，即定出 P 点。

【**例 12-6**】 如图 12-9 所示。已知 $X_A = 100.00\text{m}$，$Y_A = 100.00\text{m}$，$X_B = 80.00\text{m}$，$Y_B = 150.00\text{m}$，$X_P = 130.00\text{m}$，$Y_P = 140.00\text{m}$。求测设数据 β、D_{AP}。

解：将已知数据代入式(12-8) 和式(12-9) 可计算得

$$\alpha_{AB} = \tan^{-1}\frac{Y_B - Y_A}{X_B - X_A} = \tan^{-1}\frac{150.00 - 100.00}{80.00 - 100.00} = 111°48'05''$$

$$\alpha_{AP} = \tan^{-1}\frac{Y_P - Y_A}{X_P - X_A} = \tan^{-1}\frac{140.00 - 100.00}{130.00 - 100.00} = 53°07'48''$$

$$\beta = \alpha_{AB} - \alpha_{AP} = 111°48'05'' - 53°07'48'' = 58°40'17''$$

$$D_{AP} = \sqrt{(X_P - X_A)^2 + (Y_P - Y_A)^2}$$

$$= \sqrt{(130.00-100.00)^2+(140.00-100.00)^2} = \sqrt{30^2+40^2}$$
$$=50(m)$$

如果用全站仪按极坐标法测设点的平面位置，则更为方便，甚至不需预先计算放样数据。如图 12-10 所示，A、B 为已知控制点，P 点为待测设的点。将全站仪安置在 A 点，瞄准 B 点，按仪器上的提示分别输入测站点 A、后视点 B 及待测设点 P 的坐标后，仪器即自动显示水平角 β 及水平距离 D 的测设数据。

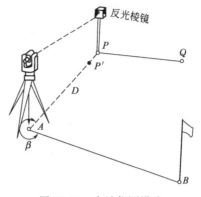

图 12-10　全站仪测设法

水平转动仪器直至角度显示为 $0°00'00''$，此时视线方向即为需测设的方向。在该方向上指挥持棱镜者前后移动棱镜，直到距离改正值显示为零，则棱镜所在位置即为 P 点。

三、前方交会法

1. 角度交会法

角度交会法是在两个控制点上用两台经纬仪测设出两个已知数值的水平角，交会出待定点的平面位置。为了提高放样精度，通常用三个控制点三台经纬仪进行交会。此法适用于待测设点离控制点较远或量距较困难的地区。

如图 12-11(a)、(b) 所示。A、B、C 为已有的三个控制点，其坐标为已知，需放样点 P 的坐标也已知。先根据控制点 A、B、C 的坐标和 P 点设计坐标，计算出测设数据 β_1、β_2、β_4，计算公式见式(12-8)。测设时，在 A、B、C 点各安置一台经纬仪，分别测设 β_1、β_2、β_4，定出三个方向，其交点即为 P 点的位置。由于测设有误差，往往三个方向不交于一点，而形成一个误差三角形，如果此三角形最长边不超过 $1cm$，则取三角形的重心作为 P 点的最终位置。应用此法放样时，宜使交会角 γ_1、γ_2 在 $30°\sim120°$

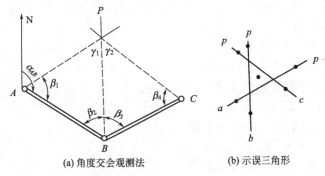

(a) 角度交会观测法　　　　　(b) 示误三角形

图 12-11　角度交会法

之间。

2. 距离交会法

距离交会法是在两个控制点上各测设已知长度交会出点的平面

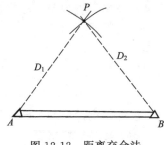

图 12-12　距离交会法

位置。距离交会法适用于场地平坦，量距方便，且控制点离待测设点的距离不超过一整尺长的地区。

如图 12-12 所示，A、B 为控制点，P 为待测设点。先根据控制点 A、B 坐标和待测设点 P 的坐标，按式（12-9）计算出测设距离 D_1、D_2。测设时，以 A 点为圆心，以 D_1 为半径，用钢尺在地面上画弧；以 B 点为圆心，以 D_2 为半径，用钢尺在地面上画弧，两条弧线的交点即为 P 点。

第四节　已知坡度直线的测设

在平整场地、敷设管道及修建道路等工程中，需要在地面上测设给定的坡度线。坡度线的测设是根据附近水准点的高程、设计坡度和坡度线端点的设计高程，用高程测设的方法将坡度线上各点的设计高程，标定在地面上。测设方法有水平视线法和倾斜视线法两种。

1. 水平视线法

如图 12-13 所示，A、B 为设计坡度线的两端点，其设计高程分别为 H_A 和 H_B，AB 设计坡度为 i，在 AB 方向上每隔距离 d 定一木桩，要求在木桩上标定出坡度为 i 的坡度线。施测方法如下。

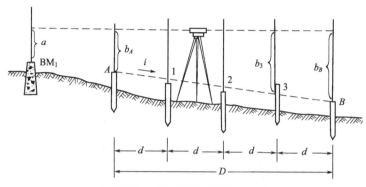

图 12-13　水平视线法测设坡度线

① 沿 AB 方向，定出间距为 d 的中间点 1、2、3 的桩点位置。

② 计算各桩点的设计高程。

第 1 点的设计高程：$H_1 = H_A + id$

第 2 点的设计高程：$H_2 = H_1 + id$

第 3 点的设计高程：$H_3 = H_2 + id$

B 点的设计高程：$H_B = H_3 + id$

或　　　　　　　　　　$H_B = H_A + iD$（检核）

坡度 i 有正有负，计算设计高程时，坡度应连同其符号一并运算。

③ 安置水准仪于水准点 BM_1 附近，后视读数 a，得仪器视线高 $H_i = H_1 + a$，然后根据各点设计高程计算测设各点的应读前视尺读数 $b_{应} = H_i - H_{设}$。

④ 将水准尺分别贴靠在各木桩的侧面，上、下移动尺子，直至尺读数为 $b_{应}$ 时，便可利用水准尺底面在木桩上画一横线，该线即在 AB 的坡度线上。或立尺于桩顶，读得前视读数 b，再根据

$b_{应}$ 与 b 之差，自桩顶向下画线。

2. 倾斜视线法

如图 12-14 所示，AB 为坡度线的两端点，其水平距离为 D，设 A 点的高程为 H_A，要沿 AB 方向测设一条坡度为 i 的坡度线，则先根据 A 点的高程、坡度 i_{AB} 及 A、B 两点间的距离计算 B 点的设计高程，即

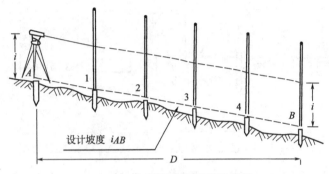

图 12-14　倾斜视线法测设坡度线

$$H_B = H_A + i_{AB}D \tag{12-10}$$

再按测设已知高程的方法将 A、B 两点的高程测设在相应的木桩上。然后将水准仪（当设计坡度较大时，可用经纬仪）安置在 A 点上，使基座上一个脚螺旋在 AB 方向上，其余两个脚螺旋的连线与 AB 方向垂直，量取仪器高 i，再转动 AB 方向上的脚螺旋和微倾螺旋，使十字丝的横丝对准 B 点水准尺上等于仪器高 i 处，此时，仪器的视线与设计坡度线平行。然后在 AB 方向的中间各点 1、2、3、4 的木桩侧面立尺，上、下移动水准尺，直至尺上读数等于仪器高 i 时，沿尺子底面在木桩上画一红线，则各桩上红线的连线就是设计坡度线。

工程建设一般分为三个阶段，即勘测规划设计阶段、施工阶

段和运行管理阶段。在施工阶段所进行的测量工作称为施工测量，又称测设或放样。

工程建筑物的施工放样也必须遵循"由整体到局部""先控制后碎部"的原则和工作程序。首先是根据工程总平面图和地形条件建立施工控制网，然后进行场地平整，根据施工控制网点在实地定出各个建筑物的主轴线和辅助轴线，再根据主轴线和辅助轴线标定建筑物的各个细部点。在工程建筑物竣工后，还需进行竣工测量，另外在施工期间和建成后还要定期进行变形观测。

施工测设与地形图测绘的工作目的不同。测绘地形图是通过测量水平角、水平距离和高差，经过计算求得地面特征点的空间位置元素，根据这些数据并配上相应的符号绘制成地形图。而施工测设是把图上设计建筑物的特征点标定在实地上，与测量过程相反。但本质都是确定点的位置。

建筑物的测设工作实质上是根据已建立的控制点或已有的建筑物，按照设计的角度、距离和高程把图纸上建筑物的一些特征点标定在实地上。因此，测设的基本工作，就是测设已知水平距离、已知水平角和已知高程。

测设已知水平距离有钢尺测设法、电磁波测距仪测设法和全站仪测设法；测设已知水平角有直接测设法和精确测设法；测设已知高程有视线高法和高程传递法。

测设点的平面位置的方法有直角坐标法、极坐标法、前方交会法等。已知坡度直线的测设有水平视线法和倾斜视线法两种。

 思考题与习题

1. 简述施工测量的特点。

2. 测设已知水平距离、水平角及高程是如何进行的？

3. 测设点的平面位置有哪些方法？各适用于什么场合？

4. 如何用水准仪测设已知坡度的坡度线？

5. 在地面上要测设一段 84.200m 的水平距离 AB，现先用一般方法定出 B' 点，再精确丈量 $AB' = 84.248m$，丈量所用钢尺的

尺长方程式为 $l_t = 30 + 0.007 + 1.25 \times 10^{-5} \times 30 \times (t-20)$，作业时温度 $t = 11℃$，工作钢尺与检定钢尺的拉力相同，AB' 两点的高差 $h = -0.96\text{m}$。如何改正 B' 点才能得到 B 点的准确位置？

6. 要测设 $\angle ACB = 110°$，先用一般方法定出 B' 点，再精确测量 $\angle ACB' = 110°00'05''$，已知 CB' 的距离为 $D = 180\text{m}$，问如何移动 B' 点才能使角值为 $110°$，应移动多少距离？

7. 设水准点 A 的高程为 16.163m，现要测设高程为 15.000m 的 B 点，仪器架在 AB 两点之间，在 A 尺上读数为 1.036m，则 B 尺上读数应为多少？如何进行测设？如欲使 B 桩的桩顶高程为 15.000m，如何进行测设？

8. 要在 AB 方向测设一条坡度 $i = -3\%$ 的坡度线，已知 A 点高程为 72.428m，AB 的水平距离为 100m，则 B 点的高程应为多少？

9. 设 A、B 为控制点，已知 $X_A = 158.27\text{m}$，$Y_A = 161.34\text{m}$，$X_B = 116.09\text{m}$，$Y_B = 185.12\text{m}$，P 点的设计坐标为 $X_P = 162.00\text{m}$，$Y_P = 212.00\text{m}$。试分别用极坐标法、角度交会法及距离交会法计算测设 A 点所需的放样数据。

10. 设 A、B 为建筑方格网上的控制点，M、N、E、F 为一建筑物的轴线点，其已知坐标和设计坐标见表 12-1。试叙述用直角坐标法测设 M、N、E、F 四点的测设方法。

表 12-1　已知控制点和待测轴线点的坐标

点　名		坐　标	
		X/m	Y/m
控　制	A	1000.000	800.000
	B	1000.000	1000.000
测设点	M	1051.500	848.500
	N	1051.500	911.800
	E	1064.200	848.500
	F	1064.200	911.800

11. 已知水准点 A 的高程 $H_A = 77.732\text{m}$，P 点的设计高程 $H_P = 78.000\text{m}$，水准仪安置在 A、P 之间，当水准仪水准管气泡居中时，读取 A 点水准尺中丝读数 $a = 1.638\text{m}$，试问如何测设 P 点？

第十三章

建筑施工测量

导读

- **了解** 建筑物四周外廓主要轴线的交点决定了建筑物在地面上的位置，称为定位点或角点，建筑物的定位就是根据设计条件，将这些轴线交点测设到地面上，作为细部轴线放线和基础放线的依据。由于设计条件和现场条件不同，建筑物的定位方法也有所不同。
- **理解** 施工控制网是专为工程建设和工程放样而布设的测量控制网，施工控制网不仅是施工放样的依据，也是工程竣工测量的依据，同时还是建筑物沉降观测以及将来建筑物改建、扩建的依据。施工控制网与测图控制网相比较，具有控制点密度大、控制范围小、精度要求高和受干扰性大、使用频繁的特点。
- **掌握** 建筑物的定位分别有根据控制点定位、根据建筑方格网和建筑基线定位和根据与原有建筑物和道路的关系定位三种方法。

第一节　建筑工程施工控制网

在工程勘测设计阶段，为测绘地形图而建立的平面和高程控制网，在精度方面主要考虑满足测图的要求，而没有考虑工程建设的需要；在控制点位的分布方面主要考虑测图的方便，而没有考虑建筑物的放样需要。因此，原有的测图控制点，在精度和密度分布方面都难以同时满足测图与施工定位两个方面的要求。为了保证建筑物的放样精度，必须在施工之前重新建立施工控制网。

施工控制网的建立，也应遵循"先整体，后局部"的原则，由高精度到低精度进行建立。即首先在施工现场，根据建筑设计总平面图和现场的实际情况，以原有的测图控制点为定位条件，建立起统一的施工平面控制网和高程控制网。然后以此为基础，测设建筑物的主轴线，再根据主轴线测设建筑物的细部。

一、施工控制网的特点

施工控制网与测图控制网相比较，具有以下两个特点。

1. 控制点密度大、控制范围小、精度要求高

施工控制网的精度要求应以建筑限差来确定，而建筑限差又是工程验收的标准。因此，施工控制网的精度要比测图控制网的精度高。

通常建筑场地比测图范围小，在小范围内，各种建筑物分布错综复杂，放样工作量大，这就要求施工控制点要有足够的密度，且分布合理，以便放样时有机动选择使用控制点的余地。

2. 受干扰性大，使用频繁

现代化的施工常常采用立体交叉作业的方式，施工机械的频繁活动，人员的交叉往来，施工标高相差悬殊，这些都造成了控制点间通视困难，使控制点容易被碰动，不易保存。此外，建筑物施工的各个阶段都需要测量定位，控制点使用频繁。这就要求控制点埋设必须稳固，使用方便，易于长久保存，长期通视。

二、施工控制点的坐标换算

供工程建设施工放样使用的平面直角坐标系，称为施工坐标，也称为建筑坐标。由于建筑设计是在总体规划下进行的，因此建筑物的轴线往往不能与测图坐标系的坐标轴相平行或垂直，此时施工坐标系通常选定独立坐标系，这样可使独立坐标系的坐标轴与建筑物的主轴线方向相一致，坐标原点 O 通常设置在建筑场地的西南角上，纵轴记为 A 轴，横轴记为 B 轴，用 AB 坐标确定各建筑物的位置。

如图 13-1 所示，xOy 为测图坐标系，$AO'B$ 为施工坐标系，则 P 点的测图坐标为 (x_P, y_P)，P 点的施工坐标为 (A_P, B_P)，施工坐标原点 O' 在测图坐标系中的坐标为 $(x_{O'}, y_{O'})$，α 角为测图坐标系纵轴 x 与施工坐标系纵轴 A 之间的夹角。

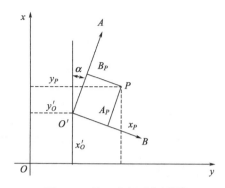

图 13-1 施工坐标系与测图
坐标系之间的关系

将 P 点的施工坐标换算成测图坐标，其公式为

$$\left.\begin{array}{l} x_P = x_{O'} + A_P \cos\alpha - B_P \sin\alpha \\ y_P = y_{O'} + A_P \sin\alpha + B_P \cos\alpha \end{array}\right\} \tag{13-1}$$

若将 P 点的测图坐标换成施工坐标，其公式为

$$\left.\begin{array}{l} A_P = (x_P - x_{O'})\cos\alpha + (y_P - y_{O'})\sin\alpha \\ B_P = -(x_P - x_{O'})\sin\alpha + (y_P - y_{O'})\cos\alpha \end{array}\right\} \tag{13-2}$$

上式中，$x_{O'}$、$y_{O'}$ 与 α 的数值是个常数，可在设计资料中查找，或在建筑设计总平面图上用图解的方法求得。

【例 13-1】 在建筑物放样中，放样点的坐标系和控制点的坐标系不同时，要先进行坐标换算，使放样点的坐标和控制点的坐标在同一坐标系内，才能进行计算（ ）。 （放样数据）

【例 13-2】 为了便于放样，施工坐标系的坐标轴与建筑物的主轴线方向应（ ）。 （一致）

第二节 建 筑 基 线

建筑场地的施工控制基准线称为建筑基线。建筑基线的布置，主要根据建筑物的分布、场地的地形和原有测图控制点的情况而定。建筑基线的布设形式，如图 13-2 所示，图（a）为三点直线形，图（b）为四点直角形，图（c）为五点十字形，图（d）为四点丁

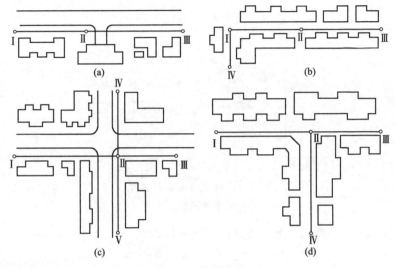

图 13-2　建筑基线

字形。

　　建筑基线布设的位置，应尽量临近建筑场地中的主要建筑物，且与其轴线相平行，以便采用直角坐标法进行放样。为了便于检查建筑基线点位有无变动，基线点不得少于三个。基线点位应选在通视良好而不受施工干扰的地方。为能使点位长期保存，要埋设永久性的标志。测设建筑基线的方法主要有根据建筑红线测设建筑基线和根据附近已有控制点测设建筑基线。

　　【例 13-3】　施工场地上有相互垂直的主轴线，可用（　　　）测设。　　　　　　　　　　　　　　　　　　　　（直角坐标法）

第三节　　建筑方格网

一、建筑方格网的布置

　　如图 13-3 所示，在大型的建筑场地上，由正方形或矩形的格网组成的建筑场地的施工控制网，称为建筑方格网。建筑方格网的布置，应根据建筑设计总平面图上各种建筑物、道路、管线的分布

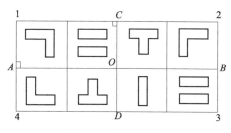

图 13-3　建筑方格网

情况，并结合现场地形情况拟定。

　　布置建筑方格网时，先要选定两条互相垂直的主轴线，如图 13-3 中的 AOB 和 COD，再全面布设格网。当建筑场地占地面积较大时，通常是分两级布设，首级为基本网，先测设十字形、口字形或田字形的主轴线，然后再加密次级的方格网。当场地面积不大时，尽量布置成全面方格网。

　　方格网的主轴线，应布设在整个建筑场地的中央，其方向应与主要建筑物的轴线平行或垂直，并且长轴线上的定位点不得少于 3 个。主轴线的各端点应延伸到场地的边缘，以便控制整个场地。主轴线上的点位，必须建立永久性标志，以便长期保存。

　　当方格网的主轴线选定后，就可根据建筑物的大小和分布情况加密格网。方格网的转折角应严格为 90°，相邻格网点要保持通视，点位要能长期保存。

　　建筑方格网的主要技术要求，可参见表 13-1 的规定。

表 13-1　建筑方格网的主要技术要求

等　级	边长/m	测角中误差/(″)	边长相对中误差
Ⅰ级	100～300	5	≤1/30000
Ⅱ级	100～300	8	≤1/20000

二、建筑方格网的测设

1. 主轴线的测设

由于建筑方格网是根据场地主轴线布置的，因此在测设时，应

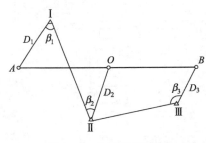

图 13-4 主轴线的测设

首先根据场地原有的测图控制点，测设出主轴线的三个主点。

如图 13-4 所示，Ⅰ、Ⅱ、Ⅲ 三点为附近已有的测图控制点，其坐标已知；A、O、B 三点为选定的主轴线上的主点，其坐标可算出，则根据三个测图控制点 Ⅰ、Ⅱ、Ⅲ，采用极坐标法就可测设出 A、O、B 三个主点。

测设三个主点的过程：先将 A、O、B 三点的施工坐标换算成测图坐标；再根据它们的坐标与测图控制点 Ⅰ、Ⅱ、Ⅲ 的坐标关系，计算出放样数据 β_1、β_2、β_3 和 D_1、D_2、D_3，如图 13-4 所示；然后用极坐标法测设出三个主点 A、O、B 的概略位置为 A'、O'、B'。

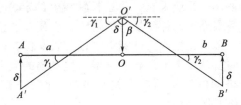

图 13-5 主轴线的调整

当三个主点的概略位置在地面上标定出来后，要检查三个主点是否在一条直线上。由于测量误差的存在，使测设的三个主点 A'、O'、B' 不在一条直线上，如图 13-5 所示，故安置经纬仪于 O' 点上，精确检测 $\angle A'O'B'$ 的角值 β，如果检测角 β 的值与 180° 之差，超过了表 13-1 规定的容许值，则需要对点位进行调整。

调整三个主点的位置时，应先根据三个主点间的距离 a 和 b 按下列公式计算调整值 δ，即

$$\delta = \frac{ab}{a+b} \times \left(90° - \frac{\beta}{2}\right) \times \frac{1}{\rho} \tag{13-3}$$

式中，$\rho = 206265''$。

将 A'、O'、B' 三点沿与轴线垂直方向移动一个改正值 δ，但 O' 点与 A'、B' 两点移动的方向相反，移动后得 A、O、B 三点。为了保证测设精度，应再重复检测 $\angle AOB$，如果检测结果与 $180°$ 之差仍旧超过限差时，需再进行调整，直到误差在容许值以内为止。

除了调整角度之外，还要调整三个主点间的距离。先丈量检查 AO 及 OB 的距离，若检查结果与设计长度之差的相对误差大于表 13-1 的规定，则以 O 点为准，按设计长度调整 A、B 两点。调整需反复进行，直到误差在容许值以内为止。

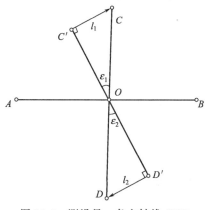

图 13-6　测设另一条主轴线 COD

当主轴线的三个主点 A、O、B 定位好后，就可测设与 AOB 主轴线相垂直的另一条主轴线 COD。如图 13-6 所示，将经纬仪安置在 O 点上，照准 A 点，分别向左、向右测设 $90°$；并根据 CO 和 OD 的距离，在地面上标定出 C、D 两点的概略位置为 C'、D'；然后分别精确测出 $\angle AOC'$ 及 $\angle AOD'$ 的角值，其角值与 $90°$ 之差为 ε_1 和 ε_2，若 ε_1 和 ε_2 大于表 13-1 的规定，则按式(13-4)求改正数 l，即

$$l = L\varepsilon/\rho \tag{13-4}$$

式中，L 为 OC' 或 OD' 的距离。

根据改正数，将 C'、D' 两点分别沿 OC'、OD' 的垂直方向移动 l_1、l_2；得 C、D 两点。然后检测 $\angle COD$，其值与 $180°$ 之差应在规定的限差之内，否则需要再次进行调整。

2. 方格网点的测设

采用角度交会法定出格网点。其作业过程：如图 13-3 所示用两台经纬仪分别安置在 A、C 两点上，均以 O 点为起始方向，分别向左、向右精确地测设出 $90°$ 角，其角度观测应符合表 13-2 中的规定。在测设方向上交会点 1，交点 1 的位置确定后，进行交角的检测和调整，同法测设出主方格网点 2、3、4，这样就构成了田字形的主方格网。主方格网测定后，以主方格网点为基础，进行加密其余各格网点。

表 13-2   方格网测设角度观测要求

方格网等级	经纬仪型号	测角中误差/(″)	测回数	测微器两次读数/(″)	半测回归零差/(″)	一测回 2C 值互差/(″)	各测回方向互差/(″)
Ⅰ级	DJ1	5	2	≤1	≤6	≤9	≤6
	DJ2	5	3	≤3	≤8	≤13	≤9
Ⅱ级	DJ2	8	2	—	≤12	≤18	≤12

【例 13-4】 建筑方格网的布置，应根据建筑设计总平面图上各种建筑物、道路、管线的分布情况，并结合（   ）而拟定。

(现场地形情况)

【例 13-5】   方格网的主轴线，应布设在整个建筑场地的中央，其方向应与主要建筑物的轴线平行或垂直，并且长轴线上的定位点不得少于（   ）。

(3 个)

第四节   高程控制测量

施工高程控制网的建立与施工平面控制网一样。当建筑场地面积不大时，一般按四等水准测量或等外水准测量来布设。当建筑场地面积较大时，可分为两级布设，即首级高程控制网和加密高程控制网。首级高程控制网采用三等水准测量测设，在此基础上，采用四等水准测量测设加密高程控制网。

首级高程控制网，应在原有测图高程网的基础上，单独增设水准点，并建立永久性标志。场地水准点的间距，宜小于 1km。距离建筑物、构筑物不宜小于 25m；距离振动影响范围以外不宜小于 5m；距离回填土边线不宜小于 15m。凡是重要的建筑物附近均应设水准点。整个建筑场地至少要设置三个永久性的水准点。并应布设成闭合水准路线或附合水准路线，以控制整个场地。

加密高程控制网，是在首级高程控制网的基础上进一步加密而得，一般不能单独埋设，要与建筑方格网合并，即在各格网点的标志上加设一突出的半球状标志，各点间距宜在 200m 左右，以便施工时安置一次仪器即可测出所需高程。

第五节　民用建筑施工测量

民用建筑是指住宅、医院、办公楼和学校等，施工测量就是按照设计要求，配合施工进度，将民用建筑的平面位置和高程测设出来。民用建筑的类型、结构和层数各不相同，因而施工测量的方法和精度要求也有所不同，但施工测量的过程基本一样，主要包括建筑物定位、细部轴线放样、基础施工测量和墙体施工测量等。在进行施工测量前，应做好以下准备工作。

一、测设前的准备工作

1. 熟悉图纸

设计图纸是施工测量的主要依据，测设前应充分熟悉各种有关的设计图纸，以便了解施工建筑物与相邻地物的相互关系，以及建筑物本身的内部尺寸关系，准确无误地获取测设工作中所需要的各种定位数据。与测设工作有关的设计图纸主要有：建筑总平面图；建筑平面图；基础平面图及基础详图；立面图；剖面图。在熟悉图纸的过程中，应仔细核对各种图纸上相同部位的尺寸是否一致，同一图纸上总尺寸与各有关部位尺寸之和是否一致，以免发生错误。

2. 现场踏勘

为了解施工现场上地物、地貌以及现有测量控制点的分布情况，应进行现场踏勘，以便根据实际情况考虑测设方案。

3. 确定测设方案和准备测设数据

在熟悉设计图纸、掌握施工计划和施工进度的基础上，结合现场条件和实际情况，拟定测设方案。测设方案包括测设方法、测设步骤、采用的仪器工具、精度要求、时间安排等。

如图 13-7 所示，在每次现场测设之前，应根据设计图纸和测量控制点的分布情况，准备好相应的测设数据并对数据进行检核，

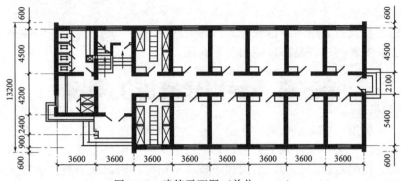

图 13-7　建筑平面图（单位：mm）

需要时还可绘出测设略图，把测设数据标注在略图上，使现场测设时更方便快速，并减少出错的可能。如果是用全站仪按极坐标法测设，由于全站仪能自动计算方位角和水平距离，则只需准备好每个角点的坐标即可。

二、建筑物的定位和放线

在建筑物的定位和放线过程中，普遍采用了全站仪，在使用全站仪的过程中，必须根据定位和放线的精度选择使用全站仪。

1. 建筑物的定位

建筑物四周外廓主要轴线的交点决定了建筑物在地面上的位置，称为定位点或角点，建筑物的定位就是根据设计条件，将这些轴线交点测设到地面上，作为细部轴线放线和基础放线的依据。由于设计条件和现场条件不同，建筑物的定位方法也有所不同，下面介绍三种常见的定位方法。

（1）根据控制点定位　如果待定位建筑物的定位点设计坐标是已知的，且附近有高级控制点可供利用，可根据实际情况选用极坐标法、角度交会法或距离交会法来测设定位点。在这三种方法中，极坐标法适用性最强，是用得最多的一种定位方法。

（2）根据建筑方格网和建筑基线定位　如果待定位建筑物的定位点设计坐标是已知的，且建筑场地已设有建筑方格网或建筑基线，可利用直角坐标法测设定位点，当然也可用极坐标法等其他方法进行测设，但直角坐标法所需要的测设数据的计算较为方便，在使用全站仪或经纬仪和钢尺实地测设时，建筑物总尺寸和四大角的精度容易控制和检核。

（3）根据与原有建筑物和道路的关系定位　如果设计图上只给出新建筑物与附近原有建筑物或道路的相互关系，而没有提供建筑物定位点的坐标，周围又没有测量控制点、建筑方格网和建筑基线可供利用，可根据原有建筑物的边线或道路中心线，将新建筑物的定位点测设出来。

具体测设方法随实际情况的不同而不同，但基本过程是一致的，就是在现场先找出原有建筑物的边线或道路中心线，再用全站仪或经纬仪和钢尺将其延长、平移、旋转或相交，得到新建筑物的一条定位轴线，然后根据这条定位轴线，用经纬仪测设角度（一般是直角），用钢尺测设长度，得到其他定位轴线或定位点，最后检核四个大角和四条定位轴线长度是否与设计值一致。下面说明其具体测设的方法。

如图 13-8 所示，先用钢尺沿已有建筑物的东、西墙，延长一段距离 l 得 a、b 两点，用木桩标定。将经纬仪安置在 a 点上，照准 b 点，然后延长该方向线 14.240m 得 c 点，再继续沿 ab 方向从 c 点起量 25.800m 得 d 点，cd 线就是用于测设拟建建筑物平面位置的建筑基线。

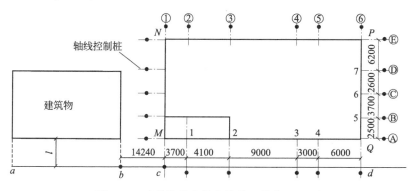

图 13-8　建筑物的定位和放线（单位：mm）

将经纬仪分别安置在 c、d 两点上，后视 a 点并转 90°沿视线

方向量出距离 $l+0.240\text{m}$，得 M、Q 两点，再继续量出 15.000m 得 N、P 两点。M、N、P、Q 四点即为拟建建筑物外轮廓定位轴线的交点。最后还要检查 NP 的距离是否等于 25.800m，$\angle PNM$ 和 $\angle NPQ$ 是否等于 90°，误差分别在 1/5000 和 40″ 之内即可。

2. 建筑物的放线

建筑物的放线，是指根据现场上已测设好的建筑物定位点，详细测设其他各轴线交点的位置，并将其延长到安全的地方做好标志。然后以细部轴线为依据，按基础宽度和放坡要求用白灰撒出基础开挖边线，

（1）测设细部轴线交点　如图 13-8 所示，在 M 点安置经纬仪，照准 Q 点，把钢尺的零端对准 M 点，沿视线方向拉钢尺分别定出 1、2、3、…各点，同理可定出其他各点。测设完最后一个点后，用钢尺检查各相邻轴线桩的间距是否等于设计值，误差应小于 1/3000。

（2）引测轴线　在基槽或基坑开挖时，定位桩和细部轴线桩均会被挖掉，为了使开挖后各阶段施工能准确地恢复各轴线位置，应把各轴线延长到开挖范围以外的地方并做好标志，这个工作称为引测轴线，具体有设置龙门板和轴线控制桩两种形式。

1）龙门板法

① 如图 13-9 所示，在建筑物四角和中间隔墙的两端，距基槽边线约 2m 以外，牢固地埋设大木桩，称为龙门桩，并使桩的一侧平行于基槽。

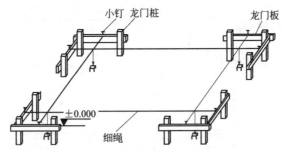

图 13-9　龙门桩与龙门板

② 根据附近水准点，用水准仪将 ±0.000 标高测设在每个龙门桩的外侧上，并画出横线标志。如果现场条件不允许，也可测设

比±0.000 高或低一定数值的标高线，同一建筑物最好只用一个标高，如因地形起伏大用两个标高时，一定要标注清楚，以免使用时发生错误。

③ 在相邻两龙门桩上钉设木板，称为龙门板，龙门板的上沿应和龙门桩上的横线对齐，使龙门板的顶面标高在一个水平面上，并且标高为±0.000，或比±0.000 相差一定的数值，龙门板顶面标高的误差应在±5mm 以内。

④ 根据轴线桩，用经纬仪将各轴线投测到龙门板的顶面，并钉上小钉作为轴线标志，称为轴线钉，投测误差应在±5mm 以内。对小型的建筑物，也可用拉细线绳的方法延长轴线，再钉上轴线钉，如事先已打好龙门板，可在测设细部轴线的同时钉设轴线钉，以减少重复安置仪器的工作量。

⑤ 用钢尺沿龙门板顶面检查轴线钉的间距，其相对误差不应超过 1/3000。

恢复轴线时，将经纬仪安置在一个轴线钉上方，照准相应的另一个轴线钉，其视线即为轴线方向。往下转动望远镜，便可将轴线投测到基槽或基坑内。也可用细线绳将相对的两个轴线钉连接起来，借助于垂球，将轴线投测到基槽或基坑内。

2）轴线控制桩法　由于龙门板需要较多木料，而且占用场地，使用机械开挖时容易被破坏，因此也可以在基槽或基坑外各轴线的延长线上测设轴线控制桩，作为以后恢复轴线的依据。即使采用了龙门板，为了防止被碰动，对主要轴线也应测设轴线控制桩。

轴线控制桩一般设在开挖边线 4m 以外的地方，并用水泥砂浆加固。最好是附近有固定建筑物和构筑物，这时应将轴线投测在这些物体上，使轴线更容易得到保护，但每条轴线至少应有一个控制桩是设在地面上的，以便今后能安置经纬仪来恢复轴线。

（3）撒开挖边线　先按基础剖面图给出的设计尺寸，计算基槽的开挖宽度 2d，如图 13-10 所示。

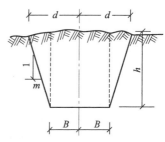

图 13-10　基槽宽度

$$d = B + mh \tag{13-5}$$

式中，B 为基底宽度，可由基础剖面图查取；h 为基槽深度；m 为边坡坡度的分母。

根据计算结果，在地面上以轴线为中线往两边各量出 d，拉线并撒上白灰，即为开挖边线。如果是基坑开挖，则只需按最外围墙体基础的宽度、深度及放坡确定开挖边线。

三、基础施工测量

为了控制基槽开挖深度，当基槽挖到接近槽底设计高程时，应在槽壁上测设一些水平桩，使水平桩的上表面离槽底设计高程为某一整分米数（例如 0.5m），用以控制挖槽深度。如图 13-11 所示，一般在基槽各拐角处均应打水平桩，在直槽上则每隔 10m 左右打一个水平桩，然后拉上白线，线下 0.5m 即为槽底设计高程。

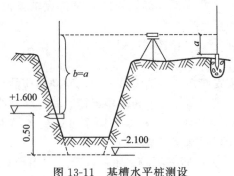

图 13-11　基槽水平桩测设

测设水平桩时，以画在龙门板或周围固定地物的 ±0.000 标高线为已知高程点，用水准仪进行测设。水平桩上的高程误差应在 ±10mm 以内。

【**例 13-6**】　设龙门板顶面标高为 ±0.000，槽底设计标高为 $-2.1m$，水平桩高于槽底 0.5m，即水平桩高程为 $-1.6m$，用水准仪后视龙门板顶面上的水准尺，读数 $a = 1.286m$，则水平桩上标尺的应有读数为

$$0 + 1.286 - (-1.6) = 2.886 (m)$$

测设时沿槽壁上下移动水准尺，当读数为 2.886m 时沿尺底水平地将桩打进槽壁，然后检核该桩的标高，如超限便进行调整，直至误差在规定范围以内。

如果是机械开挖，一般是一次挖到设计槽底或坑底的标高，因此要在施工现场安置水准仪，边挖边测，随时指挥挖土机调整挖土

深度，使槽底或坑底的标高略高于设计标高（一般为10cm，留给人工清土）。挖完后，为了给人工清底和打垫层提供标高依据，还应在槽壁或坑壁上打水平桩，水平桩的标高一般为垫层面的标高。当基坑底面积较大时，为便于控制整个底面的标高，应在坑底均匀地打一些垂直桩，使桩顶标高等于垫层面的标高。

垫层打好后，根据龙门板上的轴线钉或轴线控制桩，用经纬仪或用拉线挂垂球的方法，把轴线投测到垫层面上，并用墨线弹出基础中心线和边线，以便砌筑基础或安装基础模板。对于采用钢筋混凝土的基础，可用水准仪将设计标高测设于模板上。

四、墙体施工测量

1. 首层楼房墙体施工测量

（1）**墙体轴线测设**　基础工程结束后，应对龙门板或轴线控制桩进行检查复核，以防基础施工期间发生碰动移位。复核无误后，可根据轴线控制桩或龙门板上的轴线钉，用经纬仪法或拉线法，把首层楼房的墙体轴线测设到防潮层上，并弹出墨线，然后用钢尺检查墙体轴线的间距和总长是否等于设计值，用经纬仪检查外墙轴线四个主要交角是否等于90°。符合要求后，把墙轴线延长到基础外墙侧面上并弹线和做出标志，作为向上投测各层楼墙体轴线的依据。同时还应把门、窗和其他洞口的边线，也在基础外墙侧面上做出标志。

墙体砌筑前，根据墙体轴线和墙体厚度，弹出墙体边线，照此进行墙体砌筑。砌筑到一定高度后，用吊锤线将基础外墙侧面上的轴线引测到地面以上的墙体上。如果轴线处是钢筋混凝土柱，则在拆柱模后将轴线引测到柱身上。

（2）**墙体标高测设**　墙体砌筑时，其标高用墙身皮数杆控制。如图13-12所示，在皮数杆上根据设计尺寸，按砖和灰缝厚度画线，并标明门、窗、过梁、楼板等的标高位置。杆上标高注记从±0.000向上增加。

墙身皮数杆一般立在建筑物的拐角和内墙处，固定在木桩或基础墙上。为了便于施工，采用里脚手架时，皮数杆立在墙的外边；

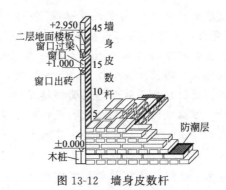

图 13-12　墙身皮数杆

采用外脚手架时，皮数杆应立在墙里边。立皮数杆时，先用水准仪在立杆处的木桩或基础墙上测设出±0.000 标高线，测量误差在±3mm以内，然后把皮数杆上的±0.000 线与该线对齐，用吊锤校正并用钉钉牢，必要时可在皮数杆上加两根斜撑，以保证皮数杆的稳定。

墙体砌筑到一定高度后（1.5m 左右），应在内、外墙面上测设出+0.5000 标高的水平墨线，称为"+50 线"。外墙的+50 线作为向上传递各楼层标高的依据，内墙的+50 线作为室内地面施工及室内装修的标高依据。

2. 二层以上楼房墙体施工测量

（1）墙体轴线投测　每层楼面建好后，为了保证继续往上砌筑墙体时，墙体轴线均与基础轴线在同一铅垂面上，应将基础或首层墙面上的轴线投测到楼面上，并在楼面上重新弹出墙体的轴线，其相对误差不得大于 1/3000，检查无误后，以此为依据弹出墙体边线，再往上砌筑。在这个测量工作中，从下往上进行轴线投测是关键，一般多层建筑常用吊锤线法。

（2）墙体标高传递　多层建筑物施工中，要由下往上将标高传递到新的施工楼层，以便控制新楼层的墙体施工，使其标高符合设计要求。标高传递一般可有以下两种方法。

① 利用皮数杆传递标高　一层楼墙体砌完并建好楼面后，把皮数杆移到二层继续使用。为了使皮数杆立在同一水平面上，用水准仪测定楼面四角的标高，取平均值作为二楼的地面标高，并在立杆处绘出标高线，立杆时将皮数杆的±0.000 线与该线对齐，然后

以皮数杆为标高的依据进行墙体砌筑。如此用同样方法逐层往上传递高程。

② 利用钢尺传递标高 在标高精度要求较高时，可用钢尺从底层的＋50线起往上直接丈量，把标高传递到第二层，然后根据传递上来的高程测设第二层的地面标高线，以此为依据立皮数杆。在墙体砌到一定高度后，用水准仪测设该层的＋50线，再往上一层的标高可以此为准用钢尺传递，依次类推，逐层传递标高。

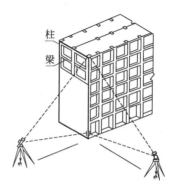

图 13-13 框架结构吊装测量

（3）框架结构吊装测量 近年来我国高层建筑越来越多地采用装配式钢筋混凝土框架结构。如图13-13所示，以梁、柱组成框架作为建筑物的主要承重构件，楼板置于梁上，此种结构形式为框架结构建筑物。若柱、梁为现浇时，要严格校正模板的垂直度。校核方法是首先用吊锤法或经纬仪投测法，将轴线投测到相应的柱面上，定出标志，然后在柱面上（至少两个面）弹出轴线，并以此作为向上传递轴线的依据。在架设立柱模板时，把模板套在柱顶的搭接头上，并根据下层柱面上已弹出的轴线，严格校核模板的位置和垂直度。按此方法将各轴线逐层传递上去。

框架结构建筑物的构件吊装中，柱的观测和校正是重要的环节，它直接关系到整个结构的质量。柱的吊装观测方法详见本章第六节中"柱的安装测量"。此外还应注意以下几点。

① 随着工序的进展，荷载的变化对每根柱均需重复多次校正和观测垂直偏移值。

② 多节柱分节吊装时，要确保下节柱的位置正确，否则可能会导致上层形成无法矫正的累积偏差。

在施工测量中，由于高层建筑的体形大、层数多、高度高、造型多样化、建筑结构复杂、设备和装修标准高，因此，在施工过程中对建筑物各部位的水平位置、轴线尺寸、垂直度和标高的要求都十分严格，对施工测量的精度要求也高。为确保施工测量符合精度要求，应事先认真研究和制定测量方案，拟定出各种误差控制和检核措施，所用的测量仪器应符合精度要求，并按规定认真检校。

第六节　工业建筑施工测量

一、厂房控制网的测设

对于单一的中小型工业厂房而言，测设一个简单的矩形控制网即可满足放样的要求。矩形控制网的测设可以采用直角坐标法、极坐标法和角度交会法等。现以直角坐标法为例，介绍依据建筑方格网建立厂房控制网的方法。

如图 13-14 所示，根据测设方案与测设略图，将经纬仪安置在建筑方格网点 M 上，分别精确照准 L、N 点。自 M 点沿视线方向分别量取 $Mb = 36.00\text{m}$ 和 $Mc = 29.00\text{m}$，定出 b、c 两点。然后，将经纬仪分别安置于 b、c 两点上，用测设直角的方法分别测出 bS、cP 方向线，沿 bS 方向测设出 R、S 两点，沿 cP 方向测设出 Q、P 两点，分别在 P、Q、R、S 四个点上钉上木桩，做好标志。最后检查控制桩 P、Q、R、S 各点的直角是否符合精度要求，一般情况下其误差不应超过 $\pm 10''$，各边长度相对误差不应超过 $1/10000 \sim 1/25000$。

然后，可按放样略图测设距离指标桩，以便对厂房进行细部放样工作。

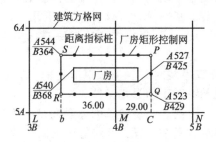

图 13-14　矩形控制网示意图

二、厂房柱列轴线与柱基测设

图 13-15 是某厂房的平面示意图，Ⓐ、Ⓑ、Ⓒ轴线及①、②、③、…等轴线分别是厂房的纵、横柱列轴线，又称定位轴线。纵向轴线的距离表示厂房的跨度，横向轴线的距离表示厂房的柱距。在进行柱基测设时，应注意定位轴线不一定是柱的中心线，一个厂房的柱基类型很多，尺寸不一，放样时应特别注意。

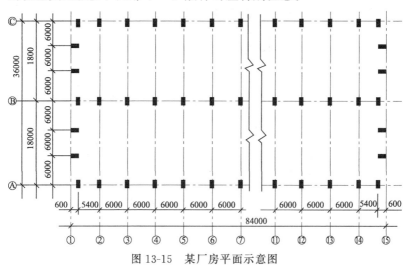

图 13-15　某厂房平面示意图

1. 厂房柱列轴线的测设

在厂房控制网建立以后，即可按柱列间距和跨距用钢尺从靠近的距离指标桩量起，沿矩形控制网各边定出各柱列轴线桩的位置，并在桩顶上钉入小钉，作为桩基放线和构件安置的依据。如图 13-16 所示。

2. 柱基测设

柱基的测设应以柱列轴线为基线，按基础施工图中基础与柱列轴线的关系尺寸进行。现以图 13-17 中Ⓒ轴与⑤轴交点处的基础详图为例，说明柱基的测设方法。

首先将两台经纬仪分别安置在Ⓒ轴与⑤轴一端的轴线控制桩上，瞄准各自轴线另一端的轴线控制桩，交会定出轴线交点作为该

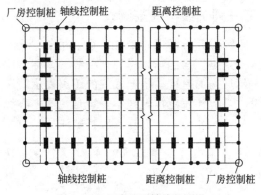

图 13-16 厂房柱列轴线的测设

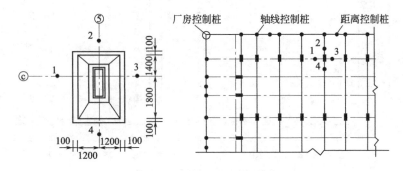

图 13-17 柱基测设示意图

基础的定位点（注意：该点不一定是基础中心点）。沿轴线在基础开挖边线以外 $1 \sim 2m$ 处的轴线上打入四个小木桩 1、2、3、4，并在桩上用小钉标明位置。木桩应钉在基础开挖线以外一定位置，留有一定空间以便修坑和立模。再根据基础详图的尺寸和放坡宽度，量出基坑开挖的边线，并撒上石灰线，此项工作称为柱列基线的放线。

3. 柱基施工测量

当基坑挖到一定深度后，用水准仪在坑壁四周离坑底 $0.3 \sim 0.5m$ 处测设几个水平桩，用于检查坑底标高和作为打垫层的依据，如图 13-18 所示。图中垫层标高桩在打垫层前测设。

基础垫层做好后，根据基坑旁的定位小木桩，用拉线吊锤球法将基础轴线投测到垫层上，弹出墨线，作为柱基础立模和布置钢筋的依据。

立模板时，将模板底线对准垫层上的定位线，并用锤球检查模板是否垂直。最后将柱基顶面设计高程测设在模板内壁。

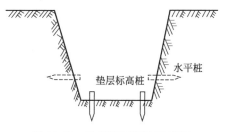

图 13-18　柱基施工测量示意图

三、厂房预制构件安装测量

在装配式工业厂房的构件安装测量中，精度要求较高，特别是柱的安装就位是关键，应引起足够重视。

1. 柱的安装测量

柱的安装就位及校正，是利用柱身的中心线、标高线和相应的基础顶面中心定位线、基础内侧标高线进行对位来实现的。故在柱就位前必须做好以下准备工作。

（1）柱身弹线及投测柱列轴线　如图 13-19 所示，在柱子安装之前，首先将柱子按轴线编号，并在柱身三个侧面弹出柱子的中心线，并且在每条中心线的上端和靠近杯口处画上"▶"标志。并根据牛腿面设计标高，向下用钢尺量出 −60cm 的标高线，并画出"▼"标志，以便校正时使用。

如图 13-20 所示，在杯形基础上，由柱列轴线控制桩用经纬仪把柱列轴线投测到杯口顶面上，并弹出墨线，用红油漆画上"▶"标志，作为柱子吊装时确定轴线的依据。当柱子中心线不通过柱列轴线时，还应在杯形基础顶面四周弹出柱子中心线，仍用红油漆画上"▶"标志。同时用水准仪在杯口内壁测设一条 −60cm 标高线，并画"▼"标志，用以检查杯底标高是否符合要求。然后用 1∶2 水泥砂浆放在杯底进行找平，使牛腿面符合设计高程。

（2）柱子安装测量的基本要求

① 柱子中心线应与相应的柱列中心线一致，其允许偏差为

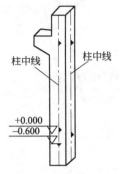

图 13-19　柱子弹线示意图

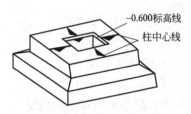

图 13-20　杯口弹线示意图

±5mm。

②　牛腿顶面及柱顶面的实际标高应与设计标高一致，其允许偏差为：当柱高≤5m时应不大于±5mm；柱高>5m时应不大于±8mm。

③　柱身垂直允许误差：当柱高≤5m时应不大于±5mm；当柱高在5~10m时应不大于±10mm；当柱高超过10m时，限差为柱高的1‰，且不超过20mm。

2. 柱子安装时的测量工作

柱子被吊装进入杯口后，先用木楔或钢楔暂时进行固定。用铁锤敲打木楔或者钢楔，使柱脚在杯口内平移，直到柱中心线与杯口顶面中心线平齐。并用水准仪检测柱身已标定的标高线。

然后用两台经纬仪分别在相互垂直的两条柱列轴线上，相对于柱子的距离为1.5倍柱高处同时观测，如图13-21所示，进行柱子校正。观测时，将经纬仪照准柱子底部中心线上，固定照准部，逐渐向上仰望远镜，通过校正使柱身中心线与十字丝竖丝相重合。

柱子校正时的注意事项如下。

（1）校正用的经纬仪事前应经过严格校正，因为校正柱子垂直度时，往往只用盘左或盘右观测，仪器误差影响很大。操作时还应注意使照准部水准管气泡严格居中。

（2）柱子在两个方向的垂直度都校正好后，应再复查平面位置，看柱子下部的中心线是否仍对准基础的轴线。

（3）为了提高工作效率，一般可以将经纬仪安置在轴线的一

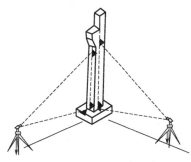

图 13-21　柱身校正示意图

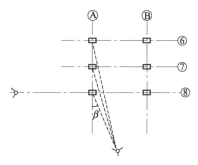

图 13-22　柱子校正示意图

侧，与轴线成 10°左右的方向线上（为保证精度，与轴线角度不得大于 15°），一次可以校正几根柱子，如图 13-22 所示。当校正变截面柱时，经纬仪必须放在轴线上进行校正，否则容易出现差错。

（4）考虑到过强的日照将使柱子产生弯曲，使柱顶发生位移，当对柱子垂直度要求较高时，柱子垂直度校正应尽量选择在早晨无阳光直射或阴天时校正。

3. 吊车梁及屋架的安装测量

吊车梁安装时，测量工作的任务是使柱子牛腿上的吊车梁的平面位置、顶面标高及梁端中心线的垂直度都符合要求。屋架安装测量的主要任务同样是使其平面位置及垂直度符合要求。

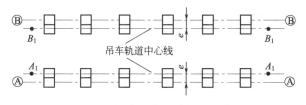

图 13-23　吊车梁中心线投测示意图

（1）准备工作　首先在吊车梁顶面和两端弹出中心线，再根据柱列轴线把吊车梁中心线投测到柱子牛腿侧面上，作为吊装测量的依据。投测方法如图 13-23 所示，先计算出轨道中心线到厂房纵向柱列轴线的距离 e，再分别根据纵向柱列轴线两端的控制桩，采用平移轴线的方法，在地面上测设出吊车轨道中心线 A_1A_1 和

B_1B_1。将经纬仪分别安置在 A_1A_1 和 B_1B_1 一端的控制点上，严格对中、整平，照准另一端的控制点，仰视望远镜，将吊车轨道中心线投测到柱子的牛腿侧面上，并弹出墨线。

同时根据柱子 ± 0.000 位置线，用钢尺沿柱侧面量出吊车梁顶面设计标高线，画出标志线作为调整吊车梁顶面标高用。

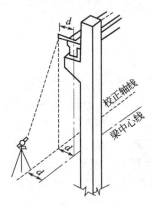

图 13-24　吊车梁安装示意图

（2）吊车梁吊装测量　如图 13-24 所示，吊装吊车梁应使其两个端面上的中心线分别与牛腿面上的梁中心线初步对齐，再用经纬仪进行校正。校正方法是根据柱列轴线用经纬仪在地面上放出一条与吊车梁中心线相平行的校正轴线，水平距离为 d。在校正轴线一端点处安置经纬仪，固定照准部，上仰望远镜，照准放置在吊车梁顶面的横放直尺，对吊车梁进行平移调整，使吊车梁中心线上任一点距校正轴线水平距离均为 d。在校正吊车梁平面位置的同时，用吊锤球的方法检查吊车梁的垂直度，不满足时在吊车梁支座处加垫块校正。

在吊车梁就位后，先根据柱面上定出的吊车梁设计标高线检查梁面的标高，并进行调整，不满足时用抹灰调整。再把水准仪安置在吊车梁上，进行精确检测实际标高，其误差应在 ± 3mm 以内。

（3）屋架的安装测量　如图 13-25 所示，屋架的安装测量与吊车梁安装测量的方法基本相似。屋架的垂直度是靠安装在屋架上的三把卡尺，通过经纬仪进行检查、调整。屋架垂直度允许误差为屋架高度的 $1/250$。

四、烟囱施工放样

烟囱是典型的高耸构筑物，其特点是基础小、筒身高、抗倾覆性能差，其对称轴通过基础圆心的铅垂线。因而施工测量的工作主要是严格控制其中心位置，确保主体竖直。按施工规范规定：筒身中心轴线垂直度偏差最大不得超过 110mm；当筒身高度 $H>100m$ 时，其偏差不应超过 $0.05H$ ％，烟囱圆环的直径偏差不得大于 30mm。其放样方法和步骤如下。

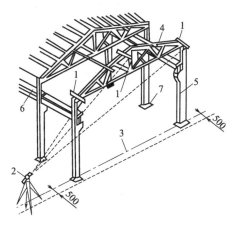

图 13-25　屋架安装示意图
1—卡尺；2—经纬仪；3—定位轴线；4—屋架；5—柱；6—吊木架；7—基础

1. 烟囱基础施工测量

首先按照设计施工平面图的要求，根据已知控制点或原有建筑物与基础中心的尺寸关系，在施工场地上测设出基础中心位置 O 点。如图 13-26 所示，在 O 点上安置经纬仪，任选一点 A 作为后视点，同时在此方向上定出 a 点，然后，顺时针旋转照准部依次测设 $90°$ 直角，测出 OC、OB、OD 方向上的 C、c、B、b、D、d 各点，并转回 OA 方向归零校核。其中 A、B、C、D 各控制桩至烟囱中心的距离应大于其高度的 $1\sim1.5$ 倍，并应妥善保护。a、b、c、d 四个定位桩，应尽量靠近所建构筑物但又不影响桩位的稳固，用于修坑和恢复其中心位置。

然后，以基础中心点 O 为圆心，以 $r+\delta$ 为半径（δ 为基坑的放坡宽度，r 为构筑物基础的外侧半径）在场地上画圆，撒上石灰线以标明土方开挖范围。

当基坑开挖快到设计标高时，可在基坑内壁测设水平桩，作为检查基础深度和浇筑混凝土垫层的依据。

浇筑混凝土基础时，应在基础中心位置埋设钢筋作为标志，并在浇筑完毕后把中心点 O 精确地引测到钢筋标志上，刻上"＋"字，作为筒体施工时控制筒体中心位置和筒体半径的依据。

2. 烟囱筒身施工测量

（1）引测筒体中心线　筒体施工时，必须将构筑物中心引测到施工作业面上，以此为依据，随时检查作业面的中心是否在构筑物的中心铅垂线上。通常是每施工一个作业面高度引测一次中心线。具体引测方法是：先在施工作业面上横向设置一根控制方木和一根带有刻度的旋转尺杆，如图 13-26 所示，尺杆零端铰接于方木中心。方木的中心下悬挂质量为 8～12kg 的锤球。平移方木，将锤球尖对准基础面上的中心标志，如图 13-27 所示，即可检核施工作业面的偏差，并在正确位置继续进行施工。

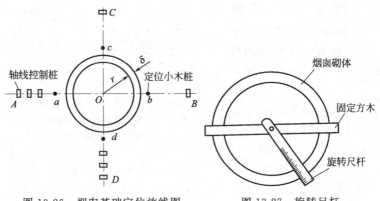

图 13-26　烟囱基础定位放线图　　图 13-27　旋转尺杆

筒体每施工 10m 左右，还应向施工作业面用经纬仪引测一次中心，对筒体进行检查。检查时，把经纬仪安置在各轴线控制桩上，瞄准各轴线相应一侧的定位小木桩 a、b、c、d，将轴线投测到施工面边上，并做标记，然后将相对的两个标记拉线，两线交点为烟囱中心线。如果有偏差，应立即进行纠正。

对高度较高的混凝土烟囱，为保证精度要求，可采用激光经纬仪进行烟囱铅垂定位。定位时将激光经纬仪安置在烟囱基础的"十"字交点上，在工作面中央处安放激光铅垂仪接收靶，每次提升工作平台前和后都应进行铅垂定位测量，并及时调整偏差。

（2）筒体外壁收坡的控制　为了保证筒身收坡符合设计要求，除了用尺杆画圆控制外，还应随时用靠尺板来检查。靠尺板形状如图 13-28 所示，两侧的斜边是严格按照设计要求的筒壁收坡系数制作的。在使用过程中，把斜边紧靠在筒体外侧，如筒体的收坡符合要求，则锤球线正好通过下端的缺口。如收坡控制不好，可通过坡度尺上小木尺读数反映其偏差大小，以便使筒体收坡及时得到控制。

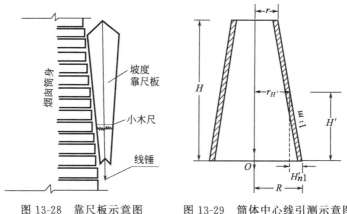

图 13-28　靠尺板示意图　　　图 13-29　筒体中心线引测示意图

在筒体施工的同时，还应检查筒体砌筑到某一高度时的设计半径。如图 13-29 所示，某高度的设计半径 $r_{H'}$ 可由图示计算求得。

$$r_{H'} = R - H'm \qquad (13\text{-}6)$$

式中　R——筒体底面外侧设计半径；

　　　m——筒体的收坡系数。

收坡系数的计算公式为

$$m = \frac{R - r}{H} \qquad (13\text{-}7)$$

式中　r——筒体顶面外侧设计半径；

　　　H——筒体的设计高度。

（3）筒体的标高控制　筒体的标高控制是用水准仪在筒壁上测出 $+0.500\text{m}$（或任意整分米）的标高控制线，然后以此线为准用钢尺量取筒体的高度。

第七节　竣工总平面图的编绘

由于施工过程中的设计变更、施工误差和建筑物的变形等原因，使得建（构）筑物的竣工位置往往与原设计位置不完全相符。为了确切地反映工程竣工后的现状，为工程验收和以后的管理、维修、扩建、改建、事故处理提供依据，需要开展竣工测量和编绘竣工总平面图。

竣工总平面图一般应包括坐标系统，竣工建（构）筑物的位置和周围地形，主要地物点的解析数据，此外还应附必要的验收数据、说明、变更设计书及有关附图等资料。竣工总平面图的编绘包括竣工测量和资料编绘两方面内容。

一、竣工测量

在每一个单项工程完成后，必须由施工单位进行竣工测量，提交工程的竣工测量成果，作为编绘竣工总平面图的依据。竣工测量的内容如下。

（1）工业厂房及一般建筑物　各房角坐标、几何尺寸，地坪及房角标高，附注房屋结构层数、面积和竣工时间等。

（2）地下管线　测定检修井、转折点、起终点的坐标，井盖、井底、沟槽和管顶等的高程，附注管道及检修井的编号、名称、管径、管材、间距、坡度和流向。

（3）架空管线　测定转折点、结点、交叉点和支点的坐标，支架间距、基础标高等。

（4）特种构筑物　测定沉淀池、烟囱、煤气罐等及其附属构筑物的外形和四角坐标，圆形构筑物的中心坐标，基础面标高，烟囱高度和沉淀池深度等。

（5）交通线路　测定线路起终点、交叉点和转折点坐标，曲线元素，路面、人行道、绿化带界线等。

（6）室外场地　测定围墙拐角点坐标，绿化地边界等。

竣工测量与地形图测量的方法相似，不同之处主要是竣工测量要测定许多细部点的坐标和高程，因此图根点的布设密度要大一些，细部点的测量精度要精确至厘米。

二、竣工总平面图的编绘

编绘竣工总平面图的依据有：设计总平面图、单位工程平面图、纵横断面图和设计变更资料；施工放线资料、施工检查测量及竣工测量资料；有关部门和建设单位的具体要求。

竣工总平面图应包括测量控制点、厂房、辅助设施、生活福利设施、架空与地下管线、道路等建筑物和构筑物的坐标、高程，以及厂区内净空地带和尚未兴建区域的地物、地貌等内容。

编绘时，先在图纸上绘制坐标格网，再将设计总平面图上的图面内容，按其设计坐标用铅笔展绘在图纸上，以此作为底图，并用红色数字在图上表示出设计数据。每项工程竣工后，根据竣工测量成果用黑色绘出该工程的实际形状，并将其坐标和高程注在图上。黑色与红色之差，即为施工与设计之差。随着施工的进展，逐渐在底图上将铅笔线都绘成墨线，经过清绘和整饰，即为完整的竣工总平面图。

对于大型企业和较复杂的工程，如将厂区地上、地下所有建筑物和构筑物都绘在一张总平面图上，这样将会形成图上的内容太多，线条密集，不易辨认。为了使图面清晰醒目，便于使用，可根据工程的密集与复杂程度，按工程性质分类编绘竣工总平面图。如综合竣工总平面图、工业管线竣工总平面图、分类管道竣工总平面图及厂区铁路、道路竣工总平面图等。

总结提高

本章简要介绍了在各种建筑工程中施工测量的方法和手段，施工控制网是专为工程建设和工程放样而布设的测量控制网。施工控制网不仅是施工放样的依据，也是工程竣工测量的依据，同时还是建筑物沉降观测以及将来建筑物改建、扩建的依据。施工控制网与测图控制网相比较，具有控制点密度大、控制范围小、精度要求高和受干扰性大，使用频繁的特点。

建筑场地的施工控制基准线称为建筑基线。建筑基线的布置，主要根据建筑物的分布、场地的地形和原有测图控制点的情况而定。

在大型的建筑场地上，由正方形或矩形的格网组成的建筑场地的施工控制网，称为建筑方格网。建筑方格网的布置，应根据建筑设计总平面图上各种建筑物、道路、管线的分布情况，并结合现场地形情况拟定。

施工高程控制网的建立，与施工平面控制网一样。当建筑场地面积不大时，一般按四等水准测量或等外水准测量来布设。当建筑场地面积较大时，可分为两级布设，即首级高程控制网采用三等水准测量测设，加密高程控制网采用四等水准测量测设。

民用建筑施工测量就是按照设计要求，配合施工进度，将民用建筑的平面位置和高程测设出来。施工测量的过程主要包括建筑物定位、细部轴线放样、基础施工测量和墙体施工测量等。

工业建筑施工测量主要包括厂房控制网的测设、厂房柱列轴线与柱基测设、厂房预制构件安装测量等。

烟囱是典型的高耸构筑物，其特点是：基础小，筒身高，抗倾覆性能差，其对称轴通过基础圆心的铅垂线。因而施工测量的工作主要是严格控制其中心位置，确保主体竖直。

由于施工过程中的设计变更、施工误差和建筑物的变形等原因，使得建（构）筑物的竣工位置往往与原设计位置不完全相符。为了确切地反映工程竣工后的现状，为工程验收和以后的管理、维修、扩建、改建、事故处理提供依据，需要开展竣工测量和编绘竣工总平面图。

思考题与习题

1. 在工业厂房施工测量中，为什么要建立独立的厂房控制网？在控制网中距离指标桩是什么？其设立的目的是什么？

2. 如何进行柱子吊装的竖直校正工作？应注意哪些具体要求？

3. 高耸构筑物测量有何特点？在烟囱筒身施工测量中如何控

制其垂直度？

4. 简述工业厂房柱列轴线如何进行测设。它的具体作用是什么？

5. 简述吊车梁的安装测量工作。

6. 简述工业厂房柱基的测设方法。

7. 民用建筑施工测设前有哪些准备工作？

8. 设置龙门板或引桩的作用是什么？如何设置？

9. 民用建筑条形基础施工过程中要进行哪些测量工作？

10. 民用建筑墙体施工过程中，如何投测轴线？如何传递标高？

11. 在高层建筑施工中如何控制建筑物的垂直度和传递标高？

12. 简述施工控制网的布设形式和特点。

13. 建筑基线常用形式有哪几种？基线点为什么不能少于三个？

14. 建筑方格网如何布置？主轴线应如何选定？

15. 用极坐标法如何测设主轴线上的三个定位点？试绘图说明。

16. 建筑方格网的主轴线确定后，方格网点该如何测设？

17. 施工高程控制网如何布设？布设时应满足什么要求？

第十四章
水利工程测量

导读

- **了解** 水利水电工程中，在大坝设置水闸是为了达到泄水和挡水的目的。水闸由闸门、闸墩、闸底板、两边侧墙、闸室上游防冲板和下游溢流面等结构物组成。水闸的施工放样包括测设水闸的主要轴线 AB 和 CD、闸墩中线、闸孔中线、闸底板的范围以及各细部的平面位置和高程等。

- **理解** 土坝具有可就地取材、施工简便的特点。筑造土坝时，施工放样的内容包括：坝轴线的测设，坝身控制测量，清基开挖线、坡脚线的放样，坝体边坡线的放样及修坡桩的测设等。

- **掌握** 渠道在勘测设计阶段、施工管理阶段的主要测量内容。施工测量的精度应以满足设计和施工要求为准。渠道测量的主要内容包括：渠道及配套建筑物平面位置的测定、渠道纵断面高程测量、渠道横断面高程测量三部分。

第一节　渠　道　测　量

渠道一般分为灌溉渠道、排水渠道和引水渠道三类。渠道工程包括渠首、渠道、渡槽、倒虹吸、涵洞、节制分水闸、桥等一系列配套构筑物。在勘测设计阶段的主要测量内容有踏勘、选线、中线测量、纵横断面测量以及相关的工程调查工作等。其主要目的是计算工作量、优化设计方案，和为工程设计提供资料。在施工管理阶段，需进行施工测量。施工测量应按设计和施工的要求，测设中线和高程的位置，以作为工程细部测量的依据。施工测量的精度，应以满足设计和施工要求为准。渠道测量的内容主要包括：渠道及配套建筑物平面位置的测定、渠道纵断面高程测量、渠道横断面高程测量三部分。

一、选线测量

1. 踏勘和初测

踏勘的目的是为了通过实地调查和简单测量，通过分析、比较，确定一个最优方案或几个较优方案作为初测的依据。

初测的主要任务是沿踏勘确定的渠道线路测绘中线两侧宽约 100~200m 的带状地形图，以供"纸上定线"用。地形图比例尺一般为 1/5000~1/2000，等高线间距 0.5~1.0m。

2. 渠道和堤线选线的一般原则

渠道和堤线中线的选择好坏将直接影响到工程的质量、进度、费用和效益等重要问题。为了解决问题，提高经济效益，选线时应考虑以下几个方面。

（1）选线应尽量短而直，力求避开障碍物，以减少工程量和水流损失。

（2）灌溉渠道应尽量选在地势较高地带，以便自流灌溉，扩大灌溉面积；排水渠应尽量选在排水区地势较低的地方，以便增大汇水面积。

（3）中线应选在土质较好、坡度适宜的地带，以防渗漏、冲刷、淤塞、坍塌。

（4）要避免经过大挖方、大填方地段，渠道建筑物要少，尽量利用旧沟渠，以便达到省工、省料和少占耕地的目的。

（5）因地制宜、综合利用。灌溉渠道以发展农田灌溉为主，也应适当考虑综合利用。

具体选线时，必须通过深入、细致的调查研究，根据当时当地的具体情况，全面、正确地加以对待。

3. 布设水准点

实地选线之前，通常先沿计划渠线布设足够数量的水准点，作为全线的高程控制。沿渠布设水准点的间距以 1~2km 为宜。水准点的位置一般选在渠线附近，处于便于引测和不受施工影响的地方。渠线长度在 10km 以内的小型渠道，一般可按等外水准测量的方法和精度要求施测。对于大型渠道，则应按三等或四等水准测量的方法和精度要求进行。

4. 实地选线

实地选线的任务则是把已经过"纸上定线"或者已在踏勘中确定了渠道走向的渠道中心线恰当地选定在实地上。通常是从渠道引水口开始，根据选线条件选定渠道中心线和一系列转折点，设立标志，以便后续测量工作的进行。

二、中心导线测量

渠道和堤线选线测量之后，需进行渠道控制测量，包括平面控制测量和高程控制测量。渠、堤的平面控制宜用中心导线的形式布设，高程测量宜沿中心导线点进行。

1. 导线点布设

导线点的位置应满足以下要求。

（1）导线点应选择在开阔的地方，以利于测角、量边和细部测量。

（2）导线点应选在稳固的地方，以便安置仪器和保存点位。

（3）导线边长最长不超过 400m，最短不短于 50m，当地形平坦，视线清晰时，亦不应长于 500m。

（4）附合于两高级点间的电磁波测距中心导线长度不超过 50km；电磁波测距附合高程路线的长度：四等不超过 80km，五等不超过 30km。

（5）导线点应尽量靠近渠、堤中心线的可能位置。此外，在与道路、大沟相交处，严重地质不良地段和沿途重要建筑物附近，均应设置导线点。

设计阶段，应在施工区外适当留设水准点。为便于恢复已测量过的路线和施工放样的需要，均应在中心导线上及其附近埋设一定数量的标石。平面和高程控制的埋石点宜共用，并利用中心导线的转折点和公里桩。埋石点的间距可在表 14-1 中选择。

表 14-1　平高控制埋石点的间距

阶　　段		平面控制点	高程控制点
规划阶段		每隔 3~5km 埋设 2 坐标石	应联测平面控制点的埋石点
设 计 阶 段	线路上	每隔 3~5km 埋设 2 坐标石	每隔 1~3km 埋设 1 坐标石
	主要建筑物处	每处埋设 2 坐标石	每处埋设 1 坐标石

2. 导线测量实施

（1）精度要求　作为中心导线起、闭点的点位，其中误差相对于邻近基本平面控制点不应大于 ± 1m，高程中误差相对于邻近基本高程控制点不应大于 ± 0.05m。渠、堤测量的中心导线点及中心线桩的测量精度，应符合表 14-2 的规定。

表 14-2　中心导线点及中心线桩的测量精度

点 的 类 别	对邻近图根点的 点位中误差/m	对邻近基本控制点的高 程中误差/m
	平地、丘陵地、 山地、高山地	平地、丘陵地、 山地、高山地
中心导线点或中心线桩	± 2.0	± 0.1

注：1. 中心导线点及中心线桩对本渠道渠首的高程中误差不应大于 ± 0.1m；

2. 仅考虑规划阶段的需要时，测量精度可放宽半倍。

（2）测量方法　中心导线宜用电磁波测距导线施测。中心导线点的平面位置和高程以及纵断面里程的施测可一次完成。中心导线上所有各点，除施测标顶、桩顶高程外，还应施测地表高程。

（3）中心导线点的编号　中心导线点的编号可用里程加控制点号的方法。不在渠、堤中心线上的点，仅需编控制点点号，不加里程。转折点的编号应为 TP_1、TP_2、TP_3、…、TP_n。

三、中线测量

当中线的起点、转折点（交点桩）、终点在地面上标定后，接着就沿选定的中线测量转角，测设中桩，定出线路中线或实地选定线路中线平面位置，这一过程称为中线测量。中线测量的主要内容有测设中线交点桩、测定转折角、测设里程桩和加桩。如果中线转弯且转角大于 6°，还应测设曲线的主点及曲线细部点的里程桩等。

1. 测设中线交点桩

测定中线交点桩有两种情况。

（1）中线的起点、转折点（交点桩）和终点桩在踏勘选线时已选定了位置并已埋设。

（2）交点桩在选线时没有实地埋设，只在图纸上确定了交点桩的位置。

测定交点桩的位置及坐标可采用极坐标法、直角坐标法、方向交会法或距离交会法，并做好点之记。由于定位条件和现场情况的不同，测设方法应根据具体情况合理选择。

2. 测定转折角

当渠道或管道中线的转折角大于 6° 的情况下应在转折点（交点）上架设仪器测定转折角。如图 14-1 所示的 JD_1、JD_2、JD_3 交点桩，JD_1 处的转折角为 α_1，即 AB 的延长线和 BC 线的夹角。JD_2 处的转折角为 α_2，JD_3 处的转折角为 α_3。将经纬仪置于 JD_1 点上，对中整平，倒镜（盘右）后视 A 点，度盘置 $0°00'00''$，照准部不动倒转望远镜（盘左）得 AB 的延长线，松开照准部，向 BC（JD_2）方向转动照准部，使水平度盘读数改变 α_1 即得 BC（JD_2）方向，同法可测得其他转折角。

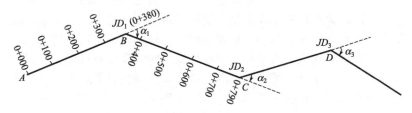

图 14-1　渠道（堤线）中线示意图

从路线前进方向看，路线向右偏转折称为右偏角，向左偏称为左偏角。图 14-1 中，沿 A、B、C、D，α_1、α_3 为右偏角，α_2 为左偏角。左偏角 α_2 用上述方法测定其角值 $\alpha_2 = 360° - L$，式中 L 为照准前视方向的水平度盘读数。转折角 α 的观测精度要求见表 14-3。

表 14-3　转折角测量精度表

仪器	转折角测回数	测角中误差	半测回差	测回差
J2	2 个"半测回"	30″	18″	——
J6	2 个测回	30″	——	24″

3. 圆曲线的测设

渠、堤圆曲线上的点可用偏角法、切线支距法和极坐标法测设，其测设方法参见第十六章。圆曲线测设应符合下列要求。

(1) 沿曲线桩丈量的曲线距离与理论计算的距离比较，其不符值应不大于曲线长度的 1/1000。

(2) 测设曲线的横向误差应不大于 0.2m。

(3) 另外，测设曲线的工作非常繁重，费时较多。因此，在曲线测设中应注意下列几点。

① 当交角为 6°时，"切曲差"与曲线长度之比，即 $\dfrac{2T-L}{L} \approx \dfrac{1}{1088}$，亦即在量距允许误差之内。即使曲线半径为 500m，曲线长度亦仅 52.36m，外矢距 $E = 0.69$m，对于渠、堤定线和土方量计算影响很小，可以忽略不计。因此，无论是选线测量还是定线测量，当交角小于 6°时，均可不测曲线，也不计算曲线长度。

② 当交角为 12°时，若测设曲线的半径 $R = 500$m，则 $L = 104.72$m，$\dfrac{2T-L}{L} \approx \dfrac{1}{272}$，$E = 2.75$m。因此，当交角为 6°～12°时，定线测量中应测设曲线起点、中点和终点，并计算曲线长度 L，这样可以使曲线桩距在 50m 之内。

③ 当交角大于 12°时，定线测量中，曲线桩一般为计算土石方量的横断面中心桩，曲线的测试工作不能简化。并且规定：$L \leqslant 100$m 时，测设曲线起点、中点、终点，计算曲线长度；$L > 100$m 时，按 50m 间距测设曲线桩，计算曲线长度。

4. 测设里程桩和加桩

当渠道（堤线）路线选定后，首要工作就是在实地标定其中心线的位置，并实地打桩。中心线的标定可以利用花杆或经纬仪进行定线。为了便于计算渠道线路长度和绘制纵横断面图，应按表14-4要求沿中线每隔 50m、100m、1000m 打一木桩标定中线位置，这一木桩称为整数桩。整数桩的桩号都是以起点到该桩的水平距离进行编号。起点桩的桩号为 0+000，若每隔 100m 打一里程桩，以后的桩号依次为 0+100、0+200、0+300、0+400 等。"+"前面的数字是千米数，"+"后面的是米数，如 3+500 表示该桩至渠道起点的距离为 3500m。

表 14-4　纵横断面测量间距表

阶段	横断面间距/m		纵断面点间距/m	
	平　地	丘陵地、山地	平　地	丘陵地、山地
规划	200～1000	100～500	基本点距同左,特殊部位应加点	
设计	100～200	50～100		

渠、堤中心线上，除在地面设置五十米桩、百米桩、千米桩等整数桩以外，还应在下列地点增设加桩，并用木桩在地面上标定。

（1）中心线与横断面的交点。

（2）中心线上地形有明显变化的地点。

（3）圆曲线桩。

（4）拟建的建筑物中心位置。

（5）中心线与河、渠、堤、沟的交点。

（6）中心线穿过已建闸、坝、桥、涵之处。

（7）中心线与道路的交点。

（8）中心线上及其两侧（横断面施测范围内）的居民地、工矿企业建筑物处。

（9）开阔平地进入山地或峡谷处。

（10）设计断面变化的过渡段两端。

上述加桩一律按对起点的里程进行编号，如在距起点 352.1m 处遇有道路，其加桩编号为 0+352.1。每个点既要测出里程，又要测出桩顶高和地面高。无论是整数桩或是加桩均用直径 5cm、长 30cm 左右的木桩打入地下，应注意露出地面 5～10cm。桩头一侧削平，并朝

向起点，以便注记桩号，桩号可用红漆注
记在木桩上。注记形式见图14-2。

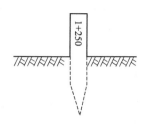

图14-2　里程桩注记图

　　加桩和部分整数桩可与中心导线一
同测定，也可先测中心导线后测设加
桩。其高程可用图根级附合水准（少数
点亦可用间视法施测）、电磁波测距三
角高程方法测定。测量中误差应符合表
14-2的规定。

　　在中线测量过程中，如遇局部改线、计算错误或分段测量，均
会造成里程桩号的不连续，这种现象称为断链。桩号重叠称长链，
桩号间断称短链。发生断链时，应在测量成果和有关文件中注明，
并在实地打断链桩，断链桩不宜设在圆曲线上，桩上应注明路线来
向和去向的里程及应增减的长度。一般在等号前后分别注明来向、
去向的里程，如3+870.42、3+900，短链29.58m。

　　所测渠道或堤线较长时应绘出草图，作为设计时参考。草图的绘
制方法：用一条直线表示中线，在中线上用小黑点表示里程桩的位置，
点旁写桩号。转弯处用箭头指出转角方向，注明转角度数。沿线的地
形、建筑物、村庄等用目测勾绘下来并注记地质、水位、植被等情况
（见图14-3），以便为绘制断面图和设计、施工提供参考。

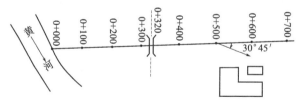

图14-3　渠道中线测量草图

　　山丘地区的中线测量除用上述方法确定外，还应概略确定中线
的高程位置。具体作业方法如下：从渠道的起点开始，用皮尺或绳
尺大致沿山坡等高线向前量距，按设计要求规定的里程间隔打一木
桩，在打木桩时用水准仪测量其高程。

四、纵断面测量

　　纵断面测量就是沿着地面上已经定出的线路，测出所有中线桩

处地面的高程，并根据各桩的里程和测得的高程绘制线路的纵断面图，供设计单位使用。

为提高测量精度和成果检查，根据"从整体到局部，先控制后碎部"的原则，纵断面测量分两步进行：首先是沿线路方向设置若干水准点，建立线路的高程控制，称为基平测量；然后是根据各水准点的高程分段进行中桩水准测量，称为中平测量。

1. 基平测量

（1）水准点的设置　渠、堤高程控制点可根据需要和用途设置为永久性或临时性水准点。线路起、终点或需长期观测的重点工程以及一些需长期观测高程的重要建筑物附近应设置永久性水准点。水准点的密度应根据地形和工程需要来定，在重丘区和山区每隔0.5～1km设置一个，在平原和微丘区每隔1～2km设置一个。水准点应统一编号，以"BM_i"表示，i为水准点序号，为便于寻找，应绘点之记。

（2）水准点的高程系统　渠、堤水准点的高程系统一般应与国家水准点进行联测，以获得绝对高程。当引测有困难时，也可参考地形图选定一个与实地高程接近的数值作为起始水准点的假定高程。

（3）测量方法　根据等级要求采用四等或五等水准进行，使用不低于S3水准仪，采用一组往返或两组单程在两水准点之间进行观测。精度要求详见有关测量规范。

2. 中平测量

中平测量是在基平测量设置的水准点间进行单程符合水准测量，在每个测站上观测转点以传递高程，观测中桩以测地面高程。观测点为整桩点和加桩点。

（1）水准测量法　如图14-4所示，该渠道每隔100m打1个里程桩，在坡度变化的地方设有加桩0＋070、0＋250、0＋350等。

先将仪器安置于水准点 BM_{II1} 和0＋000桩之间整平仪器，后视水准点 BM_{II1} 上的水准尺，其读数为1.123，记入表中第3栏（见表14-5），旋转仪器照准前视尺（0＋000桩）读数为1.201，记入表格第5栏。

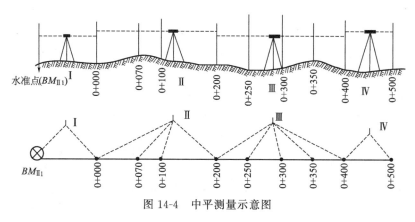

图 14-4　中平测量示意图

表 14-5　中平测量记录

测站	测点桩号	后视读数 /m	视线高 /m	前视读数 /m	间视 /m	高程 /m	备注
1	2	3	4	5	6	7	8
I	$BM_{Ⅱ1}$	1.123	73.246			72.123	已知
Ⅱ	0+000	2.113	74.158	1.201		72.045	
	0+070				0.98	73.18	
	0+100				1.25	72.91	
	0+200	2.653	74.826	1.985		72.173	
Ⅲ	0+250				2.70	72.13	
	0+300				2.72	72.11	
	0+350				0.85	73.98	
	0+400	1.424	74.562	1.688		73.138	
Ⅳ	0+500	1.103	74.224	1.441		73.121	
Ⅴ	$BM_{Ⅱ2}$					73.137	已知 73.140
检核		$\Sigma a = 8.416$		$\Sigma b = 7.402$		$\Sigma a - \Sigma b = 1.014$	

已知点 $BM_{Ⅱ1}$、$BM_{Ⅱ2}$ 的高差 $73.140 - 72.123 = 1.017$

$f_h = 1.014 - 1.017 = -0.003(\text{m})$，$f_{h容} = \pm 40\sqrt{L} = \pm 28(\text{mm})$

第一站测完后，将仪器迁至 0+100 桩与 0+200 桩之间，此时以 0+000 桩上的尺为后视尺，照准后视尺读数为 2.113，记入与

0+000桩对齐的第 3 栏内，并计算视线高：72.045＋2.113＝74.158（m），计入相应栏内。转动仪器，照准立在0+200桩上的前视尺，读数为1.985，记入表格第 5 栏，并与0+200桩对齐。为加快观测速度，仪器不迁站紧接着读0+070、0+100桩上立的水准尺，读数分别为0.98、1.25，记入表格第 6 栏，应分别与各自的桩号对齐。前视读数由于传递高程必须读至 mm，0+070、0+100这些桩为中间桩，不传递高程，可读至 cm，又称间视点。

在两个水准点之间的中平测量完成后，就进行内业计算。

首先计算水准路线的闭合差。由于中线桩的中视读数不影响到路线的闭合差，因此只要计算后视点的后视读数 a 和前视点的前视读数 b，水准路线观测高差为 $\sum h_{测}=\sum a-\sum b$，水准路线理论高差为 $\sum h_{理}=H_{终}-H_{始}$，则 $f_h=\sum h_{测}-\sum h_{理}$。

在闭合差满足条件的情况下，不必进行闭合差的调整，可直接进行中线桩高程的计算。中视点的地面高程以及前视转点高程一律按所属测站的视线高程进行计算，每一测站的各项计算按下列公式进行。

视线高程＝后视点高程＋后视读数；

转点高程＝视线高程－前视读数；

中桩高程＝视线高程－中视读数

如上述中间桩0+070、0+100，前视桩0+200的高程计算分别为

$$0+070\ 的高程＝74.158-0.98＝73.18(m)$$
$$0+100\ 的高程＝74.158-1.25＝72.91(m)$$
$$0+200\ 的高程＝74.158-1.985＝72.173(m)$$

将上述高程分别记入表格第 7 栏，并与各自的桩号对齐。

进行中桩高程测量时，测量控制桩应在桩顶立尺，测量中线桩应在地面立尺。

（2）用全站仪进行中平测量 如果全站仪竖直角观测精度不低于 $2''$，测距精度不低于 $(5+5\times10^{-6}\times D)$mm，边长不超过 2km，观测时采用对向观测，测定高程的精度可达到四等水准测量的精度要求。因此，只要满足上述条件，用全站仪进行中平测量，完全可以达到测量中桩地面高程的精度要求。实际中一般采用单向观测计

算高差的公式，计算中桩的地面高程。用全站仪进行中平测量的地面点 P 的高程 H_P 为

$$H_P = H_A + h = H_A + S\sin\alpha + \frac{1-k}{2R}S^2\cos^2\alpha + i - l \qquad (14\text{-}1)$$

式中　H_A——测站的点位高程；

S——倾斜距离；

α——垂直角；

R——地球半径 6371km；

k——大气折光系数，可由对向观测得到；

i——仪器高；

l——中丝读数。

用全站仪进行中平测量的要求和步骤如下。

① 中平测量在基平测量的基础上进行，并遵循先中线后中平测量的顺序；

② 测站应选择渠（堤）中线附近的控制点且高程应已知，测站应与渠（堤）中线桩位通视；

③ 测量前应准确丈量仪器高度、反射棱镜高度、预置全站仪的测量改正数；

④ 将测站高程、仪器高及反射棱镜高输入全站仪；

⑤ 中平测量仍需在二个高程控制点之间进行。

五、横断面测量

横断面是指过中线桩上垂直于中线方向的断面，横断面测量应进行横断面点的平面位置和高程的测定。进行横断面测量时首先要确定横断面的方向，然后在这个方向上测定各整数桩、加桩等中线桩两侧地面起伏点与中线桩点间的距离和高差，从而绘制横断面图。

1. 横断面测量要求

（1）技术要求　渠、堤横断面的间距，应按阶段的不同在任务书中规定，但某些特殊部位还应加测横断面。具体在以下几个部位：

① 中心线与道路的交点；

② 中心线上地形有明显变化的地点；

③ 圆曲线桩；

④ 拟建的建筑物中心位置；

⑤ 中心线与河、渠、堤、沟的交点；

⑥ 中心线穿过已建闸、坝、桥、涵之处；

⑦ 开阔平地进入山地或峡谷处。

渠、堤中心线与河流、沟渠、道路相交时，应先测出其交角，然后按以下规定施测横断面：

① 交角在 85°～95°时，可只沿渠、堤中心线施测一条所交河、渠的横断面；

② 交角小于 85°或大于 95°时，应通过河、渠中心点垂直于所交河、渠和沿中心线方向各测一条横断面。

横断面点的密度，应以能充分反映地形变化为原则。在平坦地区，最大点距不得大于 30m。地形变换转折点必须测出。

横断面点的距离以中心线桩为零点起算，面向中心线前进方向（或面向水流下游）划分左、右。

（2）横断面测量精度　横断面点对中线桩平面位置中误差（即纵向平面位置中误差）不超过表 14-6 的测量精度要求。

表 14-6　横断面点的测量精度

点的类别	对中线桩平面位置中误差/m		对邻近基本高程控制点的高程中误差/m
	平地、丘陵地	山地、高山地	平地、丘陵地、山地、高山地
横断面点	±1.5	±2.0	±0.3

为了避免出现粗差，转点间高差测量的往返测量允许较差分别为：平地、丘陵地不得大于 0.1m，山地不得大于 0.2m。转站点数不得超过 2 站，山地路线全长不得大于 400m。

2. 横断面方向的确定

横断面测量的首要工作就是确定线路中线的垂直方向，常用的方法有方向架法和经纬仪法。

3. 横断面测量方法

横断面方向确定以后，便测定从中桩至左右两侧边坡的距离和高差，根据所用仪器不同，一般常采用标杆皮尺法、水准仪法、经纬仪法、水准仪配合皮尺法和全站仪法。

在地形起伏较大地区，一般采用经纬仪法。安置经纬仪于中桩点，确定横断面方向；然后用经纬仪测横断面方向上各个变坡点的视距、中丝读数和竖直角。最后计算出变坡点至中桩点的水平距离和高差，边测量边计算，将计算的结果记录于表 14-7 的分母和分子中，同时在现场绘制横断面草图。

表 14-7 横断面测量记录表

左　　侧				桩号	右　　侧			
$\dfrac{-0.6}{8.5}$	$\dfrac{+0.3}{4.8}$	$\dfrac{+0.7}{7.5}$	$\dfrac{-1.0}{5.1}$	k2+020	$\dfrac{+0.5}{4.5}$	$\dfrac{+0.9}{1.8}$	$\dfrac{1.6}{7.5}$	$\dfrac{+0.5}{10.0}$
平	$\dfrac{-0.3}{7.9}$	$\dfrac{-1.0}{6.2}$	$\dfrac{-0.7}{4.8}$	k2+000	$\dfrac{+0.7}{3.2}$	$\dfrac{+1.1}{2.8}$	$\dfrac{-0.4}{7.0}$	$\dfrac{+0.9}{6.5}$

横断面测量的记录表格如表 14-7 所示，表中按前进方向分左、右侧，中间一格为桩号，自下至上桩号由小到大填写。分数形式表示各测段的高差和距离，分母表示测点间的距离，分子表示高差，"＋"号表示升坡，"－"号表示降坡，自中桩由近及远逐段记录。

全站仪法则更方便。安置全站仪于任意一点上（一般安置在测量控制点上），先观测中桩点，再观测横断面方向上各个变坡点，观测数据包括水平角、竖直角、斜距、棱镜高、仪器高等。其测量结果可根据相应软件来计算。也可采用全站仪纵横断面测量一体化技术。

六、纵、横断面图的绘制

纵横断面测量完成后，整理外业观测成果，经检查无误后，即可绘制纵横断面图。

1. 纵断面图绘制

纵断面图是在印有毫米格纸上绘制的。绘图时既要布局合理，又要反映出地面起伏变化，为此就必须选择适当的比例尺。纵断面图制图比例尺可参照表 14-8 选取，通常高程比例尺比水平距离比例尺大 10 倍。

表 14-8　纵断面图制图比例尺

阶段	水平比例尺	竖直比例尺	
		平　地	丘陵地、山地
规划	1：10000～1：50000	1：50～1：200	1：100～1：500
设计	1：5000～1：25000		

　　以表 14-5 的数据为例，具体绘制方法是：先在断面图上按水平距离比例尺定出各整数桩和加桩的位置，并注上桩号。将整数桩和加桩的实测高程计入地面高程栏内（见图14-5），按高程比例尺在相应的纵线上标定出来，根据高程、水平距离将各点定出后，把这些点连成线，即为纵断面的地面线，如图 14-5 所示。

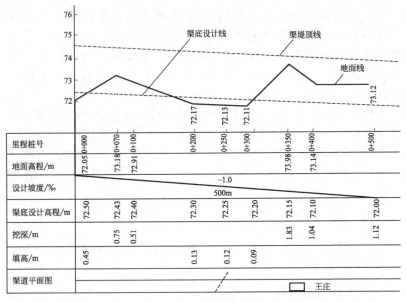

图 14-5　渠道纵断面图

　　纵断面线绘好后，就可以设计渠底线（管道坑底线）和堤顶线。渠底的坡度就是渠底（坑底）上两点间的高差与水平距离之比。由渠底起点的设计高程和渠底设计坡度，按式(14-2) 可以推算出渠道各里程桩和终点底部的设计高程。并填入图 14-5 中的渠底设计高程栏内。

$$H = H_0 - iD \tag{14-2}$$

式中　H——待求里程桩的设计高程，m；

$\quad\quad$ H_0——起点桩的设计高程，m；

$\quad\quad$ i——渠道底部的设计坡度，‰；

$\quad\quad$ D——待求里程桩至起点桩的水平距离，m。

例如，设渠道起点（0＋000）桩的设计高程为 72.50m，渠道设计坡度为 1‰，则 0＋070 桩的设计高程为 $H = 72.50 - 0.001 \times 70 = 72.43$(m)。

根据起点和终点的渠底设计高程，在图纸上展绘它们的位置，然后连接成线即为渠底设计线。在图纸展绘出渠堤起点和终点的顶点位置连接成线即为渠堤顶设计线（见图 14-5）。

地面高程与渠底设计高程之差就是挖深和填高的数量。将各里程桩和加桩的挖深或填高的数量分别填入到挖方深度或填高栏内。最后在图表上应绘出渠道路线平面图，注明路线左右的地物、地貌的大概情况，以及圆曲线位置和转角、半径的大小。

2. 横断面图的绘制

绘制横断面图的目的在于套绘标准断面图，计算土方量。绘制横断面图的方法基本上与纵断面图相似，也是绘在毫米格纸上。但横断面图上高程、距离比例尺一般采用相同比例尺。

绘制横断面图时，应符合下列要求。

（1）根据横断面的长度和比高，合理选择制图比例尺。比例尺选择见表 14-9。

表 14-9　横断面制图比例尺

横断面长度/m	水平比例尺	竖直比例尺	
		平　　地	丘陵地、山地
＜100	＞1：500	1：50～1：100	1：100～1：200
100～200	1：500～1：1000	1：50～1：100	1：100～1：200
200～500	1：1000～1：2000	1：50～1：200	1：100～1：500
＞500	＜1：2000	1：50～1：200	1：100～1：500

（2）一张图上绘制多条横断面时，应按里程的先后顺序，由左至右，由上往下排列。

（3）同一列中各断面的中心线桩，宜位于同一垂线上，且为毫米格纸上的粗线。中心线桩的位置应用醒目的粗线标出，或用"▽"标示。

（4）制图时应预留套绘设计断面线的位置和注记中心线桩填、挖数值的位置。

图14-6是根据表14-7的数据绘制的0+000桩的横断面图，纵横比例尺均为1：100。地面线是根据横断面测量测得的左右立尺点的高程及相对中心桩的距离绘制而成的。

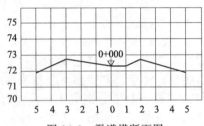

图 14-6　渠道横断面图

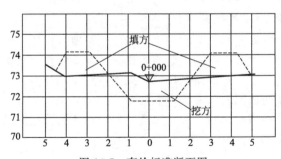

图 14-7　套绘标准断面图

七、横断面面积与土方计算

渠道纵横断面图绘制完成后，即可进行土方计算。

1. 确定填挖断面

计算土方量之前，应绘制标准断面图。标准断面图既可直接绘在横断面图上，也可制成模片进行套绘。标准模片的制作可根据渠底设计宽度、深度和渠道内外坡比，在透明的聚酯薄膜上绘制而成。标准断面绘成后，即可将标准断面套在横断面图上。套绘方法是根据纵断面图上各里程桩的设计高程，在横断面图上表示出来，作一标记。然后将标准断面的渠底中点对准该标记，渠底线应与毫米纸的方格网线平行，这样即套绘完毕。地面线与设计断面线（标准断面线）所围成的面积即为挖方或填方面积，在地面线以上的部分为填方，在地面线以下的部分为挖方（见图 14-7）。

2. 填挖横断面面积的量测

（1）积距法　如图 14-8 所示，按单位宽度 b（通常用 1m 或 2m）把横断面分成若干个梯形与三角形条块，每个条块的近似面积为其平均高度 h_i 乘以宽度 b，即

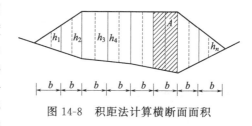

图 14-8　积距法计算横断面面积

$$F_i = h_i b$$

则横断面面积为

$$F = bh_1 + bh_2 + bh_3 + \cdots + bh_n = b \sum_{i=1}^{n} h_i \tag{14-3}$$

当 $b = 1m$ 时，则 F 在数值上等于各个小条块平均高度之和 $\sum h_i$。

（2）坐标法　当要求量算精度较高时，其横断面面积计算一般采用解析法，先算得设计线与地面线所围成面积的各转点坐标（图 14-9），按顺时针编号，则断面即可按下式计算。

或

$$\left. \begin{array}{l} F = \dfrac{1}{2} \sum x_i (y_{i+1} - y_{i-1}) \\[2mm] F = \dfrac{1}{2} \sum y_i (x_{i-1} - x_{i+1}) \end{array} \right\} \tag{14-4}$$

式中　F——横断面面积；

x_i，y_i——横断面各转折点相应坐标。

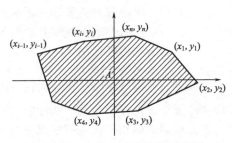

图 14-9　坐标法计算横断面面积

3. 土方量计算

（1）相邻两断面填挖一致　若相邻两断面均为填方或挖方，且面积大小相近，则可假设两断面之间为一棱柱体，其体积计算可采用平均断面法，即相邻两断面的挖或填面积的平均值，按下式计算。

$$F = \frac{F_1 + F_2}{2} \tag{14-5}$$

式中　F_1，F_2——相邻两断面挖方或填方的面积；

F——平均值。

则两断面间的挖（填）土方量为

$$V = Fd \tag{14-6}$$

式中，d 为相邻两断面之间的水平距离，m。

若相邻两断面均为填方或挖方，而面积相差甚大，则与棱台更为接近。其计算公式为

$$V = \frac{1}{3}(F_1 + F_2)d\left(1 + \frac{\sqrt{m}}{1+m}\right) \tag{14-7}$$

式中，$m = \dfrac{F_1}{F_2}$ 且 $F_2 > F_1$。

如表 14-10 所示，计算土方量时，是将纵断面图上各里程桩的地面高程、设计高程、填挖量及各断面的填挖方面积分别填入表内，然后求取相邻两断面挖方或填方面积的平均值，填入表内，平均断面面积乘以两断面间的水平距离即为挖方或填方量，分别填入表中相应栏内。

（2）相邻断面填挖不一致　如果相邻两断面的中心桩，其中一个为挖，另一个为填，则应先找出不填不挖的位置，该位置称为"零点"。如图 14-10 所示，设零点 O 到前一里程桩的距离为 x，相邻两断面间的距离为 d，挖土深度或填土高度分别为 a、b，则

表 14-10　土方量计算表

桩 号	地面高程	渠底设计高程	填/m	挖/m	断面面积/m² 挖	断面面积/m² 填	平均断面面积/m² 挖	平均断面面积/m² 填	距离/m	体积/m³ 挖	体积/m³ 填
0+000	72.05	72.50	0.45		13.82	0	8.32	1.01	70	582.4	70.7
0+070	73.18	72.43		0.75	2.81	2.01	3.48	1.80	30	104.4	54
0+100	72.91	72.40		0.51	4.15	1.58	8.63	0.79	100	863	79
0+200	72.17	72.30	0.13		13.11	0	13.08	0	50	654	0
0+250	72.13	72.25	0.12		13.05	0	12.22	0	50	611	0
0+300	72.11	72.20	0.09		11.38	0	8.32	0.63	50	416	31.5
0+350	73.97	72.15		1.82	5.25	1.25	5.18	1.18	50	259	59
0+400	73.14	72.10		1.04	5.10	1.10	6.08	1.21	100	608	121
0+500	72.12	72.00		0.12	7.06	1.32	总计			4097.8	415.2

$$\frac{x}{d-x}=\frac{a}{b}$$

即　　$x=\dfrac{ad}{a+b}$　　(14-8)

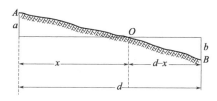

图 14-10　确定零点桩位置的方法

例如，设 0+000 桩至 0+100 桩有一"零点"，该"零点"至 0+000 桩的距离为 x，0+000 桩挖深 0.5m，0+100 桩填高 0.3m，则 $x=0.5\times100/(0.5+0.3)=62.5$m。那么"零点"的桩号为 0+062.5，该桩号求得后，应到实地补设该桩，并补测断面，以便将两桩之间的土方分成两部分计算，使计算结果更准确可靠。

八、渠堤断面的放样

在渠道施工前，先进行渠道放样。渠道横断面有三种情况：挖方断面；填方断面；半挖半填断面。堤线一般为填方断面。为了开挖方便，必须将设计断面与地形横断面的交点测设到地面上，并用木桩或白灰粉标定出来。放样时，以中心桩为起点，沿垂直于渠道中线的方向，向两侧分别丈量开口桩、内堤肩桩、外堤肩桩和外坡脚桩的距离；同时分别钉一木桩，然后将两相邻断面上同名木桩用白灰粉连接起来，即得施工边线。为了使断面形状具体化，在小型渠道施工中，可以用绳子从开口桩经内、外堤肩桩至外坡脚桩联系起来，组成施工坡架，如图 14-11 所示。一般每隔几百米竖一个坡架。

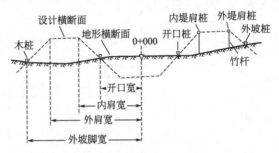

图 14-11　渠堤断面的放样图

【例 14-1】　渠道包括渠首、渠道、渡槽、倒虹吸、（　　　）、节制分水闸、桥等一系列配套建筑物。　　　　　　　　　　（涵洞）

【例 14-2】　渠道横断面有三种情况：①挖方断面；②填方断面；③（半挖半填断面）。

【例 14-3】　如果相邻两断面的中心桩，其中一个为挖，另一个为填，则应先找出不填不挖的位置，该位置称为（　　　）。　（零点）

【例 14-4】　纵断面图是在印有毫米格纸上绘制的。绘图时既要布局合理，又要反映出（　　　）。　　　　　（地面起伏变化）

第二节　土坝的施工放样

土坝具有可就地取材、施工简便的特点。筑造土坝时施工放样的内容包括：坝轴线的测设，坝身控制测量，清基开挖线、坡脚线的放样，坝体边坡线的放样及修坡桩的测设等。

一、坝轴线的测设

对于中、小型土坝的坝轴线位置，一般由工程设计和勘测人员组成选线小组，根据坝址的地质和地形情况，经过方案比较，在现场直接选定。

当坝轴线的两端点在地面确定后，应埋设永久性标志。为了防止施工时端点被破坏，可用经纬仪将其向两端延长到不受施工干扰易于保存的地方。

二、坝身控制测量

坝轴线是土坝施工放样的主要依据，但是，要进行土坝的细部放样时，在施工干扰较大的情况下，仅有一条轴线是不能满足施工需要的，因此，还必须进行坝身控制测量。坝身控制测量包括平面控制测量和高程控制测量。

1. 平面控制测量

（1）平行于坝轴线的控制线的测设　如图 14-12 所示，M、N 是坝轴线的两个端点，M'、N' 是轴线上的引桩。将经纬仪设置在 M 点，照准 N 点，固定视

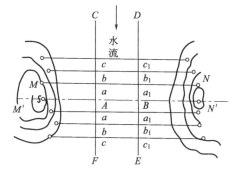

图 14-12　轴线平行线测设图

线，向河床两侧平坦的地面上定出 A、B 两点。测设时应分别在坝轴线的端点 A、B 安置经纬仪，定出坝轴线的两条垂线 CF 和 DE，在垂线上按规定的轴距（如 5m、10m、20m、30m 等）用钢尺丈量出各平行控制线距坝轴线的距离，得各平行线的位置 a，b…点，然后用木桩在实地标定。在 B 点安置经纬仪的方法与 A 点安置经纬仪测设基本相同。同理可定出 a'，b'…点，aa'，bb'…直线即为坝轴线 AB 的平行线，把各平行线延长到两边山坡上，并埋设标志。

（2）垂直于坝轴线的控制线的测设　垂直于坝轴线的控制线一般按每隔 10～20m 设置。通常是将坝轴线上与坝顶设计高程一致的地面点作为坝轴线里程桩的起点，称为零号桩。其桩号为 $0+000$，从零

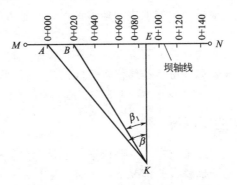

图 14-13 测定坝轴线的控制线里程桩

号桩起，每隔一定距离分别设置一条垂直于坝轴线的直线。

测定零号桩的方法，如图 14-13 所示，在坝轴线端点 M 附近安置水准仪，后视水准点上的水准尺，得读数为 a，则零号桩上的应有读数 b 可按式（14-9）计算，即

$$b=(H_0+a)-H_顶 \tag{14-9}$$

式中　b——零号桩上水准尺的读数，m；

　　　H_0——水准点的高程，m；

　　　$H_顶$——坝顶的设计高程，m。

在坝轴线的另一个端点 N 安置经纬仪，照准 M 点，固定照准部，扶尺员持水准尺在经纬仪视线方向沿山坡上下移动，当水准仪中丝读数为 b 时，则该立尺点即为坝轴线上零号桩的位置。零号桩位置确定后，可沿坝轴线由 0+000 起按选定的距离（图 14-13 中为 20m）丈量，并顺序钉里程桩，其桩号依次为 0+020、0+040、…，直至另一端坝顶与地面的交点为止。当地面坡度较陡，直接丈量里程有困难时，可用交会法测设出适当位置 P，该点应位于下游或上游便于测距的地方，在 E 点测设垂直线 EK，并精确丈量 EK 距离。观测水平角 β，计算 AE 的距离为

$$\overline{AE}=\overline{EK}\tan\beta \tag{14-10}$$

如果要测设 0+020 的里程桩，可用下式算得 β_1 角，即

$$\beta_1=\arctan\frac{\overline{AE}-20}{\overline{EK}} \tag{14-11}$$

再用两台经纬仪，分别安置于 K 和 N 点。设在 N 点的仪器照准 M 点，固定照准部；设在 K 点的仪器测设角 β_1；两台仪器视线的交点即为 B 点。其他里程桩可按上述方法放样。

在各里程桩上分别安置经纬仪，照准坝轴线上较远的一个端点 M 或 N，照准部旋转 $90°$，即可得到一系列与坝轴线垂直的直线。将这些垂线也投测到围堰上或山坡上，用木桩或混凝土桩标志各垂直线的端点。这些端点桩称为横断面方向桩，是施测横断面以及放样清基开挖线、坝坡面的控制桩。

2. 高程控制测量

用于土坝施工放样的高程控制，除在施工范围外布设三等或四等精度的永久性水准点外，还应在施工范围内设置临时性水准点。临时性水准点应布置在施工范围内不同高度的地方，以便安置 $1\sim 2$ 次仪器就能放出需要的高程点。临时水准点应根据施工进度及时设置，并与永久水准点构成附合或闭合水准路线，按等外精度施测。

三、清基开挖线的放样

清基开挖线就是坝体与地面的交线。为了使坝体与地面紧密结合，在坝体填筑前，必须清除坝基自然表面的松散土壤、树根等杂物。在清理基础时，为了不超量开挖自然表土、节省人力物力，测量人员应根据设计图，结合地形情况放出清基开挖线，以确定施工范围。

放样清基开挖线，一般可用图解法量取放样数据。如图 14-14 所示点在坝轴线上的里程为 $0+080$，A、C 为坝体的设计断面与地面上、下游的交点，量取图上 BA、BC 的距离为 d_1、d_2。放样时，在 B 点安置经纬仪，定出横断面方向，从 B 点分别向上、下游方向测设 d_1、d_2，标出清基开挖点 A 和 C。用上述方法定出各断面的清基开挖点，各开挖点的连线即为清基开挖线，如图 14-15 所示。由于清基开挖有一定的深度和坡度，所以应按估算的放坡宽度确定清基开挖线。当从断面图上量取 d_i 时，应按深度和坡度加上一定的放坡长度。

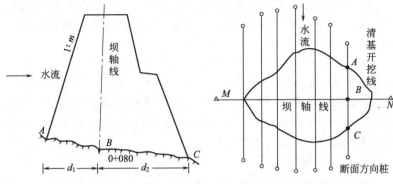

图 14-14 图解法放样清基开挖点的数据　图 14-15 标定清基开挖线

四、坡角线的放样

清基以后，应放出坡角线，即坝体与地面的交线。以便填筑坝体。下面介绍两种放样方法。

1. 平行线法

坝身控制测量时，设置平行于坝轴线的直线，其与坝坡面相交处的高程可按式(14-12) 计算，即

$$H_i = H_{顶} - \frac{1}{m}\left(d_i - \frac{b}{2}\right) \tag{14-12}$$

式中　　H_i——第 i 条平行线与坝坡面相交处的高程，m；

　　　　$H_{顶}$——坝顶的设计高程，m；

　　　　d_i——第 i 条平行线与坝轴线之间的距离，简称轴距，m；

　　　　b——坝顶的设计宽度，m；

　　　　$\frac{1}{m}$——坝坡面的设计坡度。

各条平行线与坝坡面相交处的高程经计算后，即可在各平行线上用高程放样的方法测设 H_i 的坡角点，具体的施测方法与测定轴线上零号桩位置的方法相同。

各个坡脚点的连线，即为坡体的坡角线。但是，为确保坡面碾压密实，一般坡脚处填土范围应当大一些，多余的填土部分称为余坡，余坡的厚度取决于土质及施工方法，一般为 0.3～0.5m。

2. 趋近法

清基完工后，先恢复坝轴线上各里程桩的位置，并测定桩点地面高程；将经纬仪安置于各里程桩上，定出各断面方向；在断面方向上的坡脚点附近（可根据设计断面预先估计距离）立尺。用视距法测定立尺点的轴距 d' 及高程 H'_A。如图14-16所示。图中 A 点到 B 点的轴距 d 可按式（14-13）计算，即

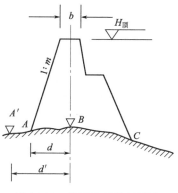

图 14-16　趋近法标定坡脚点

$$d = \frac{b}{2} + m(H_{顶} - H'_A) \qquad (14\text{-}13)$$

式中　b——坝顶设计宽度；

m——坝坡面设计坡度的分母；

$H_{顶}$——坝顶设计高程；

H'_A——立尺点 A' 的高程。

若计算的轴距 d 与实测的轴距 d' 不等，说明该立尺点 A' 不是该断面的坡脚点。应在断面方向移动立尺点的位置，重复上述的观测计算。经几次试测，直至实测的轴距与计算的轴距之差在容许范围内为止，这时的立尺点即为坡脚点。按上述方法，施测其他断面的坡脚点。

五、坝体边坡线的放样

坝体坡角线放出后，即可在坡角线范围内填土，土坝施工时是分层上料，每层填土厚度约 0.5m，上料后即进行碾压，为了保证坝体的边坡符合设计要求，每层碾压后应及时确定上料边界。各个断面上料桩的标定通常采用轴距杆法或坡度尺法。

1. 轴距杆法

根据土坝的设计坡度，按式（14-13）计算坝坡面不同高程点至坝轴线的距离，该距离为坝体筑成后的实际轴距。放样上料桩时，

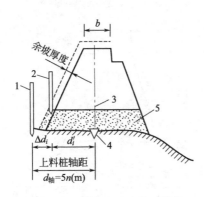

图 14-17　轴距杆法放样上料桩

1—轴距杆；2—上料桩；3—坝轴线；

4—里程桩；5—第一层填土

必须加上余坡厚度的水平距离为 $\Delta d_i = d_轴 - d_i'$，据此可定出上料桩的位置。随着坝体增高，轴距杆可逐渐向坝轴线移近，如图 14-17 所示。

2. 坡度尺法

坡度尺是根据坝体设计的边坡坡度用木板制成的直角三角形尺。例如，坝坡面的设计坡度若为 $i = 1：2$，则坡度尺的一直角边长为 1m，另一直角边应为 2m，即构成坡度为 1：2 的坡度板。在较长的一条直角边上安装一个水准管。放样时，将绳子一头系于坡脚桩上，另一头系在坝体横断面方向的竹竿上，将三角板斜边靠着绳子，当绳子拉到水准气泡居中时，绳子的坡度即等于应放样的坡度，如图 14-18 所示。

六、修坡桩的测设

坝体修筑到设计高程后，要根据设计的坡度修整坝坡面，修坡是根据标明削去厚度的修坡桩进行的。修坡桩常用水准仪或经纬仪施测。

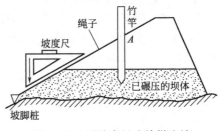

图 14-18　用坡度尺法放样边坡

1. 水准仪法

在已填筑的坝坡面上，钉上若干排平行于坝轴线的木桩。木桩的纵、横间距都不易过大，以免影响修坡质量。用钢卷尺丈量各木桩至坝轴线的距离，并按式(14-12)计算桩的坡面设计高程。

用水准仪测定各木桩的坡面高程，各点坡面高程与各点设计高程之差即为该点的削坡厚度。

2. 经纬仪法

首先依据设计坡度计算出坡倾角。例如，当坝坡面的设计坡度为 $i=1:2$ 时，则坡面的倾角为

$$\alpha = \arctan \frac{1}{2} = 26°33'54''$$

在填筑的坝顶边缘上安置经纬仪，量取仪器高度 i。将望远镜视线向下倾斜 α 角，此时视线平行于设计坡面。然后，沿视线方向每隔几米树立标尺，设中丝读数为 v，则该立尺点的修坡厚度为

$$\delta = i - v \qquad (14\text{-}14)$$

若安置经纬仪地点的高程与坝顶设计高程不符，则计算

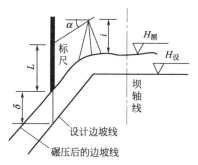

图 14-19　用经纬仪法测定削坡量

削坡量时应加改正数，如图 14-19 所示。此时，实际修坡厚度应按式（14-15）计算，即

$$\delta' = (i - L) + (H_{测} - H_{设}) \qquad (14\text{-}15)$$

式中　i——经纬仪的仪器高，m；

　　　L——经纬仪的中丝读数，m；

　　　$H_{测}$——安置仪器的坝顶实测高程，m；

　　　$H_{设}$——坝顶设计高程，m。

【例 14-5】　建筑土坝时的施工放样其内容包括：坝轴线的测设，坝身控制测量，（　　　），坡脚线的放样，坝体边坡线的放样及修坡桩的测设等。　　　　　　　　　　　　　（清基开挖线）

【例 14-6】　（　　　）是根据坝体设计的边坡坡度用木版制成的直角三角形尺。　　　　　　　　　　　　　　　　　（坡度尺）

【例 14-7】　清基开挖线就是坝体与地面的。　　　　（交线）

第三节　水闸的施工放样

在水利水电工程中，为了达到泄水或挡水的目的，常在大坝上

设置水闸，图 14-20 是三孔水闸的平面位置示意图。水闸由闸门、闸墩、闸底板、两边侧墙、闸室上游防冲板和下游溢流面等结构物组成。由于水闸一般建在土质地基上，因此通常以较厚的钢筋混凝土底板作为整体基础，闸墩和两边侧墙就浇筑在底板上，与底板接成一个整体。

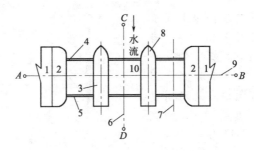

图 14-20　水闸平面位置示意图

1—坝体；2—侧墙；3—闸墩；4—检修闸门；

5—工作闸门；6—水闸中线；7—闸孔中线；

8—闸墩中线；9—水闸中心轴线；10—闸室

　　水闸的施工放样包括测设水闸的主要轴线 AB 和 CD，闸墩中线、闸孔中线、闸底板的范围以及各细部的平面位置和高程等。

一、 水闸主要轴线的放样

　　水闸主要轴线的放样，就是在施工现场标定轴线端点的位置。如图 14-21 所示的 A、B 和 C、D 点的位置。

　　主要轴线端点的位置，可从水闸设计图上量出坐标，然后将施工坐标换算成测图坐标，利用测图控制点进行放样。对于独立的小型水闸，也可在现场直接选定。

　　主要轴线端点 A、B 确定后，应精密测设 AB 的长度，并标定终点 O 的位置。在 O 点安置经纬仪，测设出 AB 的垂线 CD。其测设误差应小于 $10''$。主轴线测定后，应向两端延长至施工影响范围之外，每端各埋设两个固定标志以表示方向。其目的是检查端点位置是否发生移动，并作为恢复端点位置的依据。

二、 水闸底板的放样

闸孔较多的大中型水闸底板是分块浇筑的，底板放样的目的首先是放出每块底板立模线的位置以便装置模板进行浇筑。闸底板的放样，如图 14-21 所示，根据底板的设计尺寸，由主要轴线的交点 O 起，在 CD 轴线上，分别向上、下游各测设底板长度的一半，得 G、

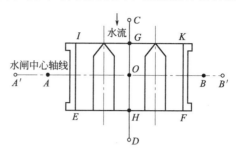

图 14-21　水闸主要轴线的放样

H 两点，然后分别在 G、H 点上分别安置经纬仪，测设与 CD 轴线相垂直的两条方向线。两方向线分别与边墩中线的交点 E、F、I、K，即为闸底板的 4 个角点。

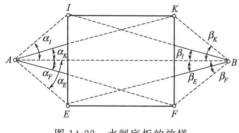

图 14-22　水闸底板的放样

如果施工现场测设较困难，也可用水闸轴线的端点 A、B 作为控制点，同时假设 A 点的坐标为一整数，根据闸底板 4 个角点到 AB 轴线的距离及 AB 的长度，可推算出 B 点及 4 个角点的坐标，通过坐标反算求得放样角度，即可在 A、B 两点架设经纬仪，用前方交会法放样 4 个角点。如图 14-22 所示。

闸底板的高程放样则是根据底板的设计高程及临时水准点的高程，采用水准测量的方法，根据水闸的不同结构和施工方法，在闸墩上标志出底板的高程位置。

三、闸墩的放样

闸墩的放样，先放出闸墩中线，再以中线为依据放样闸墩的轮

廓线。

放样时，首先根据计算出的有关放样数据，以水闸主要轴线 AB 和 CD 为依据，在现场定出闸孔中线、闸墩中线、闸墩基础开挖线以及闸底板边线等。待水闸基础打好混凝土垫层后，在垫层上再精确地放出主要轴线和闸墩平面位置的轮廓线。

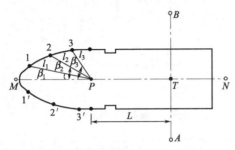

图 14-23　用极坐标法放样闸墩的曲线部分

闸墩平面位置的轮廓线分为直线和曲线。直线部分可根据平面图上设计的有关尺寸，用直角坐标法放样。闸墩上游一般设计成椭圆曲线，如图 14-23 所示。放样时，应根据计算出的曲线上相隔一定距离的点的坐标，求出椭圆的对称中心点 P 至各点的放样数据 β_i 和 l_i。根据已标定的水闸轴线 AB 和闸墩中线 MN 定出两轴线的交点 T，沿闸墩中线从 T 点测设距离 L 定出 P 点，在 P 点安置经纬仪，以 PM 方向为后视用极坐标法放样点 1、点 2、点 3 等。由于 PM 两侧曲线对称，左侧的曲线点也可按上述方法放出。施工人员根据测设的曲线立模。闸墩椭圆部分的模板，可根据需要放样出曲线上的点，即可满足立模的要求。

闸墩各部位的高程，根据施工场地布设的临时水准点，按高程放样在模板内侧标出高程点。随着墩体的增高，可在墩体上测定一条高程为整米数的水平线，并用红漆标出来，作为继续往上浇筑时量算高程的依据，也可用钢卷尺从已浇筑的混凝土高程点上直接丈量放出设计高程。

四、下游溢流面的放样

为了减少水流面通过闸室下游时的能量，常把闸室下游溢流面设计成抛物面。由于溢流面的纵剖面是一条抛物线。因此，纵剖面上各点的设计高程是不同的。抛物线的方程式注写在设计图上，根据放样的要求和精度，可选择不同的水平距离。通过计算求出纵剖面上相应点的高程，才能放出抛物面，其放样步骤如下。

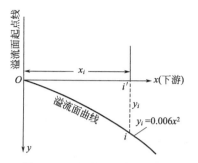

图 14-24　溢流面局部坐标系

（1）如图 14-24 所示采用局部坐标系，以闸室下游水平方向线为 x 轴，闸室底板下游高程为溢流面的起点，该点称为变坡点，也就是局部坐标系的原点 O。通过原点的铅垂方向为 y 轴，即溢流面的起始线。

（2）沿 x 轴方向每隔 1~2m 选择一点，则抛物线上各相应点的高程可按下式计算。

即
$$H_i = H_0 - y_i \tag{14-16}$$
或
$$y_i = 0.007x$$

式中　H_i——i 点的设计高程，m；

　　　H_0——下游溢流面的起始高程，m，可从设计的纵断面图上查得；

　　　y_i——与 O 点相距水平距离为 x_i 的 y 值，即高差，m。

（3）在闸室下游两侧设置垂直的样板架，根据选定的水平距离，在两侧样板架上作一垂线。再用水准仪按放样已知高程点的方法，在各垂线上标出相应点的位置。

（4）将各高程标志点连接起来即为设计的抛物面与样板架的交线，该交线就是抛物线。施工人员根据抛物线安装模板，浇筑混凝土后即为下游溢流面。

【例 14-8】　水闸是由闸门、闸墩、闸底板、（　　）、闸室上游防冲板和下游溢流面等结构物所组成。　　　　　　（两边侧墙）

【例 14-9】　闸墩的放样，是先放出闸墩中线，再以中线为依据放样闸墩的（　　）。　　　　　　　　　　　　　　　（轮廓线）

【例 14-10】　水闸的施工放样，包括测设水闸的主要轴线 AB 和 CD，闸墩中线、（　　）、闸底板的范围以及各细部的平面位置和高程等。　　　　　　　　　　　　　　　　（闸孔中线）

总 结 提 高

　　本章主要介绍了渠道、土坝和水闸的施工放样内容和过程。

　　渠道一般分为灌溉渠道、排水渠道和引水渠道三类。渠道工程包括渠首、渠道、渡槽、倒虹吸、涵洞、节制分水闸、桥等一系列配套建筑物。在勘测设计阶段的主要测量内容有踏勘、选线、中线测量、纵横断面测量以及相关的工程调查工作等。其主要目的是计算工作量、优化设计方案、为工程设计提供资料。在施工管理阶段，需进行施工测量。施工测量应按设计和施工的要求，测设中线和高程的位置作为工程细部测量的依据。施工测量的精度，应以满足设计和施工要求为准。渠道测量的内容主要包括渠道及配套建筑物平面位置的测定、渠道纵断面高程测量、渠道横断面高程测量三部分。

　　土坝具有就地取材，施工简便等特点。因此，中小型水坝常修筑成土坝。为了确保按设计要求施工，必须将图上设计的位置，正确地测设到施工场地。土坝施工放样的主要内容包括坝轴线的测设、坝身控制测量、清基开挖线的放样、坡脚线和坝体边坡线的放样以及修坡桩的标定等。

　　水闸是由闸墩、闸门、闸底板、两边侧墙、闸室上游防冲板和下游溢流面等结构物所组成的。水闸的施工放样，包括测设水闸的轴线、闸墩中线、闸孔中线、闸底板的范围以及各细部的平面位置和高程等。

 思考题与习题

　　1. 简述渠道测量的工作步骤。

　　2. 简述渠道和堤线测量成果。

　　3. 简述渠道选线原则及工作步骤。

　　4. 如图 14-25 所示，已知设计渠道的主点 A、B、C 的坐标，在此渠道附近有导线点 1、2、…，试求出根据 1、2 两点，用极坐标法测设 A、B 两点所需的测设数据，并提出校核方法和所需校核数据。

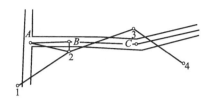

图 14-25　渠道中线测设

5. 简述横断面测量方法。

6. 根据下面渠道纵断面水准测量图（图 14-26），按表 14-5 的格式完成记录手簿的绘制，填写观测数据，计算出各点高程（0+000 的高程为 35.150m）。

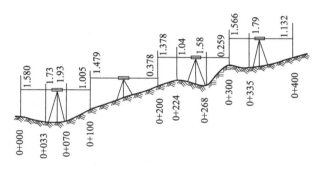

图 14-26　渠道纵断面水准测量

7. 根据第 6 题计算的成果绘制渠道纵断面图（水平比例尺为 1∶1000，高程比例尺为 1∶50），并绘出起点设计高程为 34.5m，坡度为 2.7% 的渠道。

8. 简述横断面图绘制步骤。

9. 土坝施工放样的高程控制是如何进行的？

10. 水闸底板的放样如何进行？

11. 水闸轴线是如何放样的？

第十五章

公路工程测量

导读

- **了解** 初测工作主要是沿小比例尺地形图上选定的线路，去实地测绘大比例尺带状地形图，以便在该地形图上进行比较精密的纸上定线。
- **理解** 路基的放样工作，在放样前首先要熟悉设计图纸和施工现场情况。通过熟悉图纸，了解设计意图及对测量的精度要求，掌握道路中线与边坡脚和边坡顶的关系，并从中找出施测数据，才能进行路基放线。
- **掌握** 定测的概念。定测的具体工作有：定线测量；中线测量；纵断面高程测量；横断面测量。

公路工程测量是指公路工程在勘测设计、施工和管理阶段所进行的测量工作。其主要任务是为线路工程设计提供地形图、断面图及其他基础测量资料；按设计要求将设计的线路、桥涵、隧道及其他附属物、构筑物的位置标定于实地，以指导施工，为线路工程的竣工验收、质量评定提供必要的资料。

线路工程包括：道路桥梁工程，管线工程，铁路工程等。本章主要介绍公路工程测量中的一些基本理论和方法。

第一节　概　　述

公路的勘测设计一般是分阶段进行的，通常按其工作的顺序可划分为可行性研究、初测、定测三个阶段。

建设项目的可行性研究工作，应根据该地区的资源开发，利用工业布局、农业发展等情况，结合各种线路工程规划，通过深入勘察和研究，对建设项目在技术、规则和经济上是否合理和可行，进行全面分析、论证，作多种方案以供选择。

　　在经过可行性调查研究定出方案后，需要实地进行初测。初测工作主要是沿小比例尺地形图上选定的线路，去实地测绘大比例尺带状地形图，以便在该地形图上进行比较精密的纸上定线。

　　设计人员在初测的图纸上考虑各种综合因素后在图纸上设计出规则的图纸资料，将这些资料测设到实地的工作称为定测。这部分工作包括两方面的内容，一是把设计在图上的中线在实地标出来，即实地放样；二是沿实地标出的中线测绘纵、横断面图。

　　【例 15-1】　公路的勘测设计分为（可行性研究、初测、定测）三个阶段。

第二节　新建公路的初测

　　初步测量又称踏勘测量，简称初测，它是在视察的基础上，根据已经批准的计划任务书和视察报告，对拟定的几条路线方案进行初测，初测阶段的测量工作有导线测量、水准测量和地形测量。

一、导线测量

　　根据在 1∶5 万或 1∶10 万比例尺地形图上标出的经过批准规划的线路位置，结合实际情况，选择线路转折点的位置，打桩插旗，标定点位，在图上标明大旗位置，并记录沿线特征。大旗插完后需绘制线路的平、纵断面图，以确定地形图测绘的范围。

　　初测导线的选点工作是在插大旗的基础上进行的。导线点的位置应满足以下几项要求。

　　（1）尽量接近线路通过的位置，如大桥及隧道口附近，严重地质不良地段以及越岭垭口地点；

　　（2）视野开阔，测绘方便，地层稳固，便于保存；

　　（3）点间的距离以不小于 50m 且不大于 400m 为宜；

　　（4）当导线边比较长时，应在导线边上加设转点，以方便测图。

　　导线点位一般用大木桩标志，并钉上小钉。为防止破坏，可将本桩打入与地面齐平，并在距点 30～50cm 处设置指示桩，在指示桩上注明点名。

导线利用全站仪观测，水平角观测一个测回，一般观测左、右角以便检核。公路勘测中要求上、下半测回角值相差：高速公路及一级公路为 ±20″，二级公路及以下公路为 ±60″。导线边用全站仪往返观测。

初测导线也可布设成 D 级或 E 级带状 GPS 控制网。在道路的起点、终点和中间部分尽可能搜集国家等级控制点，考虑加密导线时，作为起始点应有联测方向，一般要求 GPS 网每 3km 左右布设一对点，每对点之间的间距约为 0.5km，并保证点对之间通视。

利用已知控制点进行联测时，要注意所用的控制点与被检核导线的起算点是否处于同一投影带内。若在不同带时应进行换带计算。然后进行检核计算。

【例 15-2】 初测阶段的测量工作有导线测量、水准测量和（　　　）。 （地形测量）

二、公路水准测量

公路水准测量的任务是沿着线路设立水准点，并测定各水准点的高程，并在此基础上测定导线点和桩点的高程。前者称为基平测量，后者称为中平测量。

初测阶段，要求每 1~2km 设立一个水准点，在山区水准点密度应加大。遇有 300m 以上的大桥和隧道，大型车站或重点工程地段应加设水准点。水准点应选在离线路 100m 的范围内，设在未被风化的基岩或稳固的建筑物上，亦可在坚实地基上埋设。

基平测量应采用不低于 S3 的水准仪用双面水准尺，中丝法进行往返测量，或两个水准组各测一个单程。读数至 mm，闭合差限差为 $\pm 40\sqrt{L}$（mm）（L 为相邻水准点之间的路线长度，以 km 计），限差符合要求后，取红黑面高差的平均数作为本站测量成果。

基平测量视线长度≤150m，满足相应等级水准测量规范要求。在跨越 200m 以上的大河或深沟时，应按跨河水准测量方法进行。

中平测量一般可使用 S3 级水准仪，采用单程。水准路线应起闭于基平测量中所测位置的水准点上。闭合差限差为±50$\sqrt{L}$（mm）（L为相邻水准点之间的路线长度，以 km 计），在加桩较密时，可采用间视法。在困难地区，加桩点的高程路线可起闭于基平测量中测定过高程的导线点上，其路线长度一般不宜大于 2km。

三、地形测量

公路勘测中的地形测量，主要是以导线点为依据，测绘线路数字带状地形图。其比例尺多数采用 1∶2000 和 1∶1000，测绘宽度为导线两侧各 100～200m。对于地物、地貌简单的平坦地区，比例尺可采用 1∶5000，但测绘宽度每侧不应小于 250m。地形点的分布及密度应能反映出地形的变化，以满足正确内插等高线的需要。若地面横坡大于 1∶3 时，地形点的图上间距一般不大于图上15mm，地面横向坡度小于 1∶3 时，地形点的图上间距一般不大于图上 20mm。对于地形复杂或是需要设计大型构筑物地段，应测绘专项工程地形图，比例尺采用 (1∶500)～(1∶1000)，测绘范围视设计需要而定。

四、初测后应提交的资料

1. 初测后应提交的测量资料

① 线路（包括比较线路）的数字带状地形图及重点工程地段的数字地形图；

② 横断面图，比例尺为 1∶200；

③ 各种测量表格，如各种测量记录本，水准点高程误差配赋表，导线坐标计算表。

2. 初步勘测的说明书

① 线路勘测的说明书；

② 选用方案和比较方案的平面图，比例尺为 1∶10000 或 1∶2000；

③ 选用方案和比较方案的纵断面图，比例尺横向 1∶10000，竖向 1∶1000；

④ 有关调查资料。

第三节 公路详细测量

定测的主要任务是把图纸上初步设计的公路测设到实地，并要根据现场的具体情况，对不能按原设计之处做局部的调整。另外，在定测阶段还要为下一步施工设计准备必要的资料。

定测的具体工作如下。

（1）定线测量，将批准了的初步设计的中线移设于实地上的测量工作，也称放线。

（2）中线测量，在中线上设置标桩并量距，包括在路线转向处放样曲线。

（3）纵断面高程测量，测量中线上诸标桩的高程，利用这些高程与已量距离，测绘纵断面图。

（4）横断面测量。

一、定线测量

常用的定线测量方法有穿线放线法、拨角放线法、导线法三种。当相邻两交点互不通视时，需要在其连线或延长线上测设出转点，供交点、测角、量距或延长直线时瞄准使用。

1. 穿线放线法

穿线放线法其基本原理是根据初测导线和初步设计的线路中的相对位置，图解出放样的数据，然后将纸上的线路中心放样到实地。相邻两直线延长相交得线路的交点（或称转向点），其点位用 JD 表示。具体测设步骤如下。

（1）量支距 图 15-1 为初步设计后略去等高线和地物的带状平面图。C_{47}、C_{48}、…、C_{52} 为初测导线点，JD_{14}、JD_{15}、JD_{16} 为设计线路中心的交点。所谓

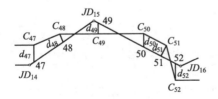

图 15-1 穿线放线法

支距，就是从各导线点作垂直于导线边的直线，交线路中心线于47、48、…、52 等点，这一段垂线长度称为支距，如 d_{47}、d_{48}、…、d_{52} 等。然后以相应的比例尺在图上量出各点的支距长度，便得出支距法放样的数据。

（2）放支距　采用支距法放线时，将经纬仪安置在相应的导线上，例如导线点 C_{47} 上，以导线点 C_{48} 定向，拨直角，在视线方向上量取该点上的支距长度 d_{47}，定出线路中心线上的 47 号点，同法逐一放出 48、49、…各点。为了检查放样工作，每一条直线边上至少放样三个点。

（3）穿线　由于原测导线、图解支距和放样的误差影响，同一条直线段上的各点放样出来以后，一般不可

图 15-2　穿线

能在同一条直线上。由于线路本身的要求，必须将它们调整到同一直线上，这项工作称为穿线。如图 15-2 所示，50、51、52 为支距法放样出的中心线标点，由于图解数据和测设工作的误差，使测设的这些点位不严格在一条直线上，这时可用经纬仪或全站仪视准法，定出一条直线，使之尽可能靠近这些测设点，该项工作称为穿线，根据穿线的结果得到中线直线段上的 A、B 点。

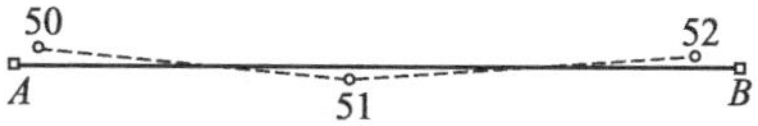

（4）测设交点　当相邻两条直线在实地放出后，就要求出线路中心的交点。交点是线路中线的重要控制点，是放样曲线主点和推算各点里程的依据。

如图 15-3 所示。测设交点时，可先在 49 号点上安置全站仪，以 48 号点定向，用正倒镜分中的办法，在 48 至 49 直线上设立两个木桩 a 和 b，使 a、b 分别位于 51 至 50 延长线的两侧，称为骑马桩，钉上小钉，并在其间拉一细线。然后安置仪器于 50 号点，延长 51 至 50 直线，在仪器视线与骑马桩间的细线相交处钉交点桩。钉上小钉，表示点位。同时在桩的顶面用红油漆写明交点号数。为了寻找点位及标记里程方便，在曲线外侧，距交点桩的30cm 处，钉一标志桩，面向交点桩的一面应写明交点及定测的里程。穿线、交点工作完成后，考虑到中线测定和其他工程勘测的需要，还要用正倒镜分中法在定测的线路中心线上，于地势较高处设

置线路中心线标桩，习惯上称为"转点桩"。转点桩距离约为400m，在平坦地区可延长至500m。在大桥和隧道的两端以及重点构筑物工程地段则必须设置。设置转点时，正倒镜分中法定点较差在 5～20mm 之间。

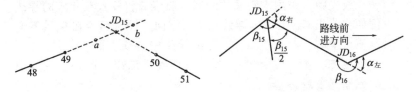

图 15-3　测设交点　　　　　　　图 15-4　路线转角的定义

（5）测交角 β　中桩交点以后，就可测定两直线的交角。《公路勘测规范》规定：高速公路、一级公路应使用不低于 DJ6 级经纬仪，采用方向观测法测量右测角 β 一测回，两半测回间应变动度盘位置，角值相差的限差在 $\pm 20''$ 以内取平均值，取位至 $1''$；二级公路及二级以下公路角值相差的限差在 $\pm 60''$ 以内取平均值，取位至 $30''$。偏角（亦称转向角）α 按下式计算：

$$\alpha_右 = 180° - \beta_右 \qquad \beta_右 < 180°$$

或　　　　　$$\alpha_左 = \beta_右 - 180° \qquad \beta_右 > 180°$$

推算的偏角 α 取至 $10''$，当 $\beta_右 < 180°$，推算的偏角 α 为右转角，反之为左转角。如图 15-4 所示。

2. 拨角定线法

如图 15-5 所示，首先根据导线点的坐标和交点的设计坐标，用坐标反算方法计算出测设数据，用极坐标法、距离交会法或角度交会法测设交点。拨角放线时首先标定分段放线的起点 JD_{13}。这时可将经纬仪置于 C_{45} 点上，以 C_{46} 定向，拨 β_0 角，量取水平距离 L_0，即可放样 JD_{13}。然后迁仪器至 JD_{13}，以 C_{45} 点定方向，拨 β_1 角，量取 L_1 定交点 JD_{14}。同法放样其余各交点。

为了减少拨角放线的误差积累，每隔 5km，将放样的交点与初测导线点联测，求出交点的实际坐标（或设计坐标）进行比较，求得闭合差。若方向和坐标闭合差超过 $\pm(1/2000)$，则应查明原因，改正放样的点位。

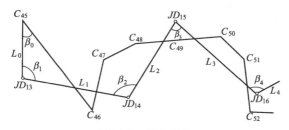

图 15-5 拨角定线

3. 导线法

当交点位于陡壁、涤沟、河流及建筑物内时，人往往无法到达，不能将交点标定于实地。这种情况称为虚交，此时可采用全站仪导线法、全站仪自由设站法或用 GPS-RTK 实时动态定位的方法进行。

4. 转点的测设

路线测量中，当相邻两交点互不通视时，需要在其连线或延长线上定出一点或数点以供交点、测角、量距或延长直线时瞄准之用。这样的点称为转点，其测设方法如下。

（1）在两交点间设转点 如图 15-6 所示，设 JD_5、JD_6 为相邻两交点，互不通视，ZD' 为粗略定出的转点位置。将经纬仪置于 ZD'，用正倒镜分中法延长直线 JD_5-

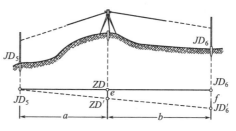

图 15-6 在两个不通视交点测设转点

ZD' 至 JD_6'。如果 JD_6' 与 JD_6 重合或偏差 f 在路线容许移动的范围内，则转点位置即为 ZD'，这时应将 JD_6 移至 JD_6'，并在桩顶上钉上小钉表示交点位置。

当偏差 f 超过容许范围或 JD_6 不许移动时，则需重新设置转点。设 e 为 ZD' 应横向移动的距离，仪器在 ZD' 用视距测量方法测出 a、b 距离，则

$$e = \frac{a}{a+b}f \qquad (15\text{-}1)$$

将 ZD' 沿偏差 f 的相反方向横移 e 至 ZD。将仪器移至 ZD，延长直线 ZD_5-ZD 看是否通过 JD_6，或偏差 f 是否小于容许值。

否则应再次设置转点，直至符合要求为止。

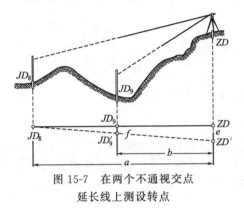

图 15-7 在两个不通视交点
延长线上测设转点

（2）在两交点延长线上设转点 如图 15-7 所示，设 JD_8、JD_9 互不通视，ZD' 为其延长线上转点的概略位置。仪器置于 ZD'，盘左瞄准 JD_8，在 JD_9 处标出一点；盘右再瞄准 JD_8，在 JD_9 处也标出一点，取两点的中点得 JD_9'。若 JD_9' 与 JD_9 重合或偏差 f 在容许范围内，即可将 JD_9' 代替 JD_9 作为交点，ZD' 即作为转点。否则应调整 ZD' 的位置。设 e 为 ZD' 应横向移动的距离，用视距测量方法测量出 a、b 距离，则

$$e = \frac{a}{a-b} f \qquad (15\text{-}2)$$

将 ZD' 沿与 f 相反方向移动 e，即得新转点 ZD。置仪器于 ZD，重复上述方法，直至 f 小于容许值为止。最后将转点和交点 JD_9 用木桩标定在地上。

【**例 15-3**】 将批准的初步设计的中线移设于实地上的测量工作也称（　　）。　　　　　　　　　　　　　　　（放线）

【**例 15-4**】 常用的定线测量方法有（　　）三种。
　　　　　　　　　　　（穿线放线法、拨角放线法、导线法）

二、中线测量

如图 15-8 所示。中线测量的任务是沿定测的线路中心线丈量距离，设置百米桩及加桩，并根据测定的交角，设计的曲线半径 R 与缓和曲线的长度计算曲线元素，放样曲线的主点和曲线的细部点（见第十六章）。

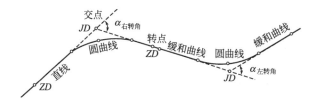

图 15-8 路线中线

1. 里程桩及桩号

在路线定测中，当路线的交点，转角测定后，即可沿路线中线设置里程桩（由于路线里程桩一般设置在道路中线上，故又称中桩），以标定中线的位置。里程桩上写有桩号，表达该中桩至路线起点的水平距离。如果中桩距起点的距离为 1234.56m，则该桩桩号记为 k1+234.56，如图 15-9(a) 所示。

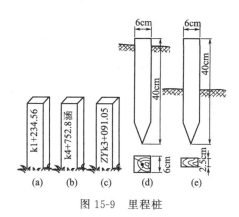

图 15-9 里程桩

中桩分整桩和加桩两种，如图 15-9 所示。路线中桩的间距，不应大于表 15-1 的规定。整桩是按规定间隔（一般为 10m、20m、50m）桩号为整倍数设置的里程桩。如百米桩、千米桩均属于整桩。加桩分为地形加桩、地物加桩、曲线加桩与关系加桩，如图 15-9(b) 和图 15-9(c) 所示。

① 地形加桩是指沿中线地面起伏变化处，地面横坡有显著变化处以及土石分界处等地设置的里程桩。

表 15-1 中桩间距

直 线/m		曲 线/m			
平原微丘区	山岭重丘区	不设超高的曲线	$R>60$	$30<R<60$	$R<30$
≤50	≤25	25	20	10	5

注：表中 R 为曲线半径，以 m 计。

② 地物加桩是指沿中线在拟建桥梁、涵洞、管道、防护工程等人工构建物处，与公路、铁路、田地、城镇等交叉处及需拆迁等处理的地物处所设置的里程桩。

③ 曲线加桩是指在曲线交点（如曲线起、中、终）处设置的桩。

④ 关系加桩是指路线上的转点（ZD）桩和交点（JD）桩。

钉桩时，对于交点桩、转点桩、距路线起点每隔 500m 处的整桩、重要地物加桩（如桥、隧位置桩）以及曲线主点桩，均应打下断面为 6cm×6cm 的方桩 [图 15-9(d)]，桩顶露出地面约 2cm，并在桩顶中心钉一小钉，为了避免丢失，在其旁边钉一指示桩 [图 15-9(e)]。交点桩的指示桩应钉在圆心和交点连线外离交点约 20cm 处，字面朝向交点。曲线主点的指示桩字面朝向圆心。其余里程桩一般使用板桩，一半露出地面，以便书写桩号，字面一律背向路线前进方向。中桩测设的精度要求见表 15-2。

表 15-2 中线量距精度和中桩桩位限差

公路等级	距离限差	桩位纵向误差/m		桩位横向误差/cm	
		平原微丘区	山岭重丘区	平原微丘区	山岭重丘区
高速公路、一级公路	1/2000	$S/2000+0.05$	$S/2000+0.1$	5	10
二级及以下公路	1/1000	$S/1000+0.10$	$S/1000+0.1$	10	15

注：表中 S 为转点或交点至桩位的距离，以 m 计。

曲线测量闭合差，应符合表 15-3 的规定。

表 15-3 曲线测量闭合差

公路等级	纵向闭合差		横向闭合差/cm		曲线偏角闭合差/(″)
	平原微丘区	山岭重丘区	平原微丘区	山岭重丘区	
高速公路、一级公路	1/2000	1/1000	10	10	60
二级及以下公路	1/1000	1/500	10	15	120

在书写曲线加桩和关系加桩时，应先写其缩写名称，后写桩号，如图 15-9 所示，曲线主点缩写名称有汉语拼音缩写和英文缩写两种，见表 15-4，目前我国公路主要采用汉语拼音的缩写名称。

表 15-4　中线控制桩点缩写名称

标志名称	简称	汉语拼音缩写	英文缩写
转角点	交点	JD	IP
转点	转点	ZD	TP
圆曲线起点	直圆点	ZY	BC
圆曲线中点	曲中点	QZ	MC
圆曲线终点	圆直点	YZ	EC
公切点	公切点	GQ	CP
第一缓和曲线起点	直缓点	ZH	TS
第一缓和曲线终点	缓圆点	HY	SC
第二缓和曲线起点	圆缓点	YH	CS
第二缓和曲线终点	缓直点	HZ	ST

2. 断链处理

中线丈量距离，在正常情况下，整条路线上的里程桩号应当是连续的。但是当出现局部改线，或者在事后发现距离测量中有错误，都会造成里程的不连续，这在线路中称为"断链"。

断链有长链与短链之分，当原路线记录桩号的里程长于地面实际里程时为短链，反之则叫长链。出现断链后，要在测量成果和有关设计文件中注明断链情况，并要在现场设置断链桩。断链桩要设置在直线段中的 10m 整倍数上为宜，桩上要注明前后里程的关系及长（短）多少距离。

【例 15-5】　中桩分整桩和（　　）两种。　　　　（加桩）

【例 15-6】　断链有长链与短链之分，当原路线记录桩号的里程长于地面实际里程时为（　　），反之则叫（　　）。

（短链，长链）

三、水准测量

定测阶段的水准测量也称为线路的纵断面测量，它是根据基平测量中设置的水准点，施测中线上所有中桩点的地面高程，然后按测得的中桩点高程和其里程（桩号）绘制纵断面图。纵断面图反映沿中线的地面起伏情况。它是设计路面高程、坡度和计算土方量的重要依据。

纵断面测量一般都采用间视水准测量的方法，间视点的标尺读数需要读到 cm，路线水准闭合差不应超过 $\pm50\sqrt{L}$ mm（L 为路线长的千米数）。

在纵断面测量中，当线路穿过架空线路或跨越涵管时，除了要测出中线与它们相交处（一般都已设置了加桩）的地面高程外，还应测出架空线路至地面的最小净空和涵管内径等，这些参数还需要注记在纵断面上。线路跨越河流时，应进行水深和水位测量，以便在纵断面图上反映河床的断面形状及水位高。

四、横断面测量

定测阶段的横断面测量，是要在每个中桩点测出垂直于中线的地面线，地物点至中桩的距离和高差，并绘制成横断面图。横断面图反映垂直于线路中线方向上的起伏情况。它是进行路基设计、土石方计算及施工中确定路基填挖边界的依据。

横断面施测的宽度，根据路基宽度及地形情况确定，一般为中线两侧各测 15～50m。地面点距离和高差精度为 0.1m。检测限差应符合表 15-5 的规定。

表 15-5　横断面检测限差

路线	距离/m	高程/m
高速公路、一级公路	$\pm(L/100+0.1)$	$\pm(h/100+L/200+0.1)$
二级及以下公路	$\pm(L/50+0.1)$	$\pm(h/50+L/100+0.1)$

注：1. L 为测点至中桩的水平距离，m。

2. h 为测点至中桩的高差，m。

横断面测量应逐桩施测，其方向应与路线中线垂直，曲线段与测点的切线垂直。

整个横断面测量可分为标定横断面方向、施测横断面和绘制横断面。

1. 标定横断面方向

（1）直线段横断面方向的
测设 在直线段上，横断面方
向可利用经纬仪测设直角后得
到，但通常是采用十字方向架
来测定。

方向架的结构如图 15-10
（a）所示，它是由相互垂直的
照准杆 aa'、bb' 构成的十字
架，cc' 为定向杆，支撑十字

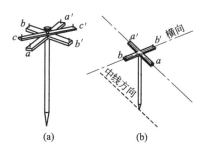

图 15-10 使用方向架测设
直线的横断面方向

架的杆约高 1.2m。工作时，将方向架置于中线桩点上，以方向架
对角线上的两个小钉，瞄准线路中心的标桩，并固定十字架，这时
方向架另一个所指方向即为横断面方向，如图 15-10（b）所示。

（2）圆曲线横断面方向的测设 在曲线段上，横断面的方向与
该点处曲线的切线方向相垂直，标定的方法如下。

方向架法：如图 15-11 所示，将方向架置于 ZY 点，使照准杆
aa' 指向交点 JD，这时照准杆 bb' 方向指向圆心。旋松定向杆 cc'，
使其照准圆曲线上的第一个细部点 P_i，旋紧定向杆 cc' 的制动钮。
将方向架置于 P_i 点，使照准杆 bb' 指向 ZY 点，这时定向杆 cc' 所
指的方向就是圆心方向。

（3）缓和曲线横断面方向的测设 若要用方向架在缓和曲线上
标定横断面方向，可在方向架的竖杆上套一简易木质水平度盘，这
样便能使其根据偏角关系来标定横断面方向，标定方法如图 15-12
所示，P_1、P_2 为回旋线上的两点，若要测设 P_1 点的横断面方向，
则先要根据公式（公式推导参见第八章第三节）计算出回旋线在
P_1 点的切线角 β_1 为

$$\beta_1 = \frac{l_1^2}{RL_h} \frac{90}{\pi} \tag{15-3}$$

根据坐标计算公式（公式推导参见第八章第三节）计算出 P_1、
P_2 点在图示独立坐标系中的坐标（x_1', y_1'）、（x_2', x_2'），由此求
出弦线 P_1P_2 与 P_1 点切线的水平夹角 δ_1 为

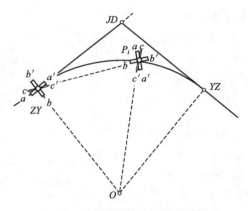

图 15-11　在圆曲线上测设横断面方向

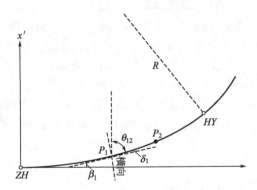

图 15-12　用方向架在缓和曲线上标定横断面方向

$$\delta_1 = 90° - \beta_1 - \theta_{12} \tag{15-4}$$

在 P_1 点上将简易木质水平度盘（也可以用经纬仪）对准 P_2 点，将水平度盘读数配置为 $0°00'00''$，则水平度盘读数为 δ_1 的方向即为回旋线在 P_1 点的切线方向，$90° + \delta_1$ 方向即为横断面方向。

2. 施测横断面

施测横断面的方法主要有水准仪施测法、经纬仪施测法、花杆皮尺法、全站仪法等。

（1）水准仪施测法　如图 15-13 所示，当横向坡度小，测量精度较高时，横断面测量常采用水准仪施测法，欲测中心标桩（k0

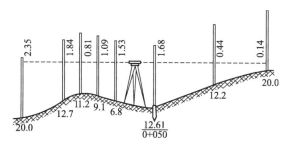

图 15-13 水准仪施测法

+050.00）处的横断面，可用方向架定出横断面方向后在此方向上插两根花杆，并在适当位置安置水准仪。持水准尺者在线路中线标桩上以及在两根花杆所标定的横断面方向内选择的坡度变化点上逐一立尺，并读取各点的标尺读数，用皮尺量出各点的距离，然后将这些观测数据记入横断面测量手簿中，如表 15-6 所示。各点的高程可由视线高程推算而得。

表 15-6　横断面测量记录

$\dfrac{\text{前视读数}}{\text{距离}}$（左侧）					$\dfrac{\text{后视读数}}{\text{桩号}}$	$\dfrac{\text{前视读数}}{\text{距离}}$（右侧）	
2.35	1.84	0.81	1.09	1.53	1.68	0.44	0.14
20.0	12.7	11.2	9.1	6.8	0+050	12.2	20.0

　　如果横断面方向上坡度较大，一次安置仪器不能施测线路两侧的坡度变化点时，可用两台水准仪分别施测左右两侧的断面。

　　水准仪施测横断面的精度较高，但在横向坡度大或地形复杂的地区则不宜采用。

　　（2）经纬仪施测法　当横向坡度变化较大时，横断面的施测常采用经纬仪进行。首先在欲测横断面的中线桩点上安置经纬仪，并用钢尺量出仪器高，然后照准横断面方向，并将水平方向制动。持尺者在经纬仪视线方向的坡度变化点上立尺。观测者用视距测量的方法读取视距读数，中丝读数，垂直角 α。并计算出各个地形特征点与中桩的平距和高差。

　　（3）花杆皮尺法　当横断面精度要求较低时，多采用花杆皮

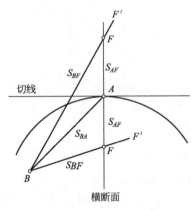

图 15-14　全站仪对边测量

（4）全站仪法

① 全站仪对边测量　在中桩测设后，移动反光棱镜到大致的横断面方向上某变坡点 F' 处，全站仪照准反光棱镜后，读出水平读盘读数，计算机即可计算出导线点至立镜点的坐标方位角，如图 15-14 所示，A 为中桩，B 为导线点。由于 A、B 点的坐标已知，α_{BF}、α_{AF} 可以计算得出，则 F 点的坐标为

$$\left.\begin{array}{l} x_F = x_A + S_{AF}\cos\alpha_{AF} = x_B + S_{BF}\cos\alpha_{BF} \\ y_F = y_A + S_{AF}\sin\alpha_{AF} = y_B + S_{BF}\sin\alpha_{BF} \end{array}\right\} \qquad (15\text{-}5)$$

把 S_{AF}、S_{BF} 看作是未知数，解方程得

$$\left.\begin{array}{l} S_{AF} = \dfrac{(x_B - x_A)\sin\alpha_{BF} - (y_B - y_A)\cos\alpha_{BF}}{\sin(\alpha_{BF} - \alpha_{AF})} \\[4mm] S_{BF} = \dfrac{(x_B - x_A)\sin\alpha_{AF} - (y_B - y_A)\cos\alpha_{AF}}{\sin(\alpha_{BF} - \alpha_{AF})} \end{array}\right\} \qquad (15\text{-}6)$$

由计算机算出 S_{AF}、S_{BF}，在 BF' 方向上放样 S_{BF}，得 F 点，该点必在 A 点的横断面上。定 F 点高程 H_F，至于该点究竟在线路的哪一侧，可以按以下方法判断：在计算 S_{AF} 时，α_{AF} 始终取前进方向的右侧，即 $\alpha_{AF} = \alpha_Q + 90°$，$\alpha_Q$ 为中桩切线方位角，直线部分则为该直线的方位角。这样，若计算出来的 S_{AF} 为正，则该点在路线的右侧；反之，若 S_{AF} 为负，则在线路左侧。因此，反光镜立在线路中线的哪一侧，不必由立镜员报出，可由计算机自动判断。再移镜至该横断面的另一变坡处，同法测设中桩至导线点的距离，测出该点的高程。最后，可根据断面上各变坡点高程与中桩高程之差和变坡点至中桩的距离绘出横断面图，也可根据横断面上各变坡点设计高程，直接计算出各变坡点的填挖高度。

横断面测量虽然操作比较简单，但是工作量较大，而且测量是否准确，对于整个线路设计有着重要的影响，因此，作业中必须加强责任心，结合地形选择适当的仪器和工具，确保要求的测量精度和进度。另外，作业中要加强检测。例如《公路勘测规程》中规定，对于横断面测量应用高精度方法进行检测，其检测限差规定见表15-5。

② 全站仪直接测量 全站仪直接测量的操作方法与经纬仪施测法相同，两者区别在于全站仪是使用光电测距的方法测定地形特征点与中桩的平距和高差。这种方法适合于任何地形条件。

【例 15-7】 施测横断面的方法主要有全站仪法、经纬仪施测法（ ）、花杆皮尺法等。 （水准仪施测法）

五、纵横断面图的绘制

1. 纵断面图的绘制

纵断面图是以中桩的里程为横坐标，以中桩的地面高程为纵坐标绘制的，展绘比例尺，里程（横向）比例尺应与线路带状地形图的比例尺一致，高程（纵向）比例尺通常比里程（横向）大 10 倍，如里程比例尺为 1：1000，则高程比例尺为 1：100。纵断面图应使用透明的毫米格纸的背面自左至右进行展绘和注记，图幅设计应视线路长度，高差变化及晒印的条件而定。纵断面图包括图头、图尾、注记、展线四部分。图头内容包括高程比例尺和测图比例尺。设计应注记的主要内容（如桩号、地面高、设计高、设计纵坡、平曲线等），因工程不同也不一样。

当中线加桩较密，其桩号注记不下时，可注记最高和最低高程变化点的桩号，但绘地面线时，不应漏点。中线有断链，应在纵断面图上注记断链桩的里程及线路总长应增减的数值，增值为长链，地面线应相互搭接或重合；减值为短链，地面线应断开。

纵断面图是进行线路竖向设计的主要依据。不同的线路工程其具体内容有所不同，下面以道路设计纵断面图为例，说明纵断面图的绘制方法。

如图 15-15 所示，在图的上半部，从左至右绘有两条贯穿全图的线：一条是细线，表示中线方向的地面线，是以中桩的里程为横

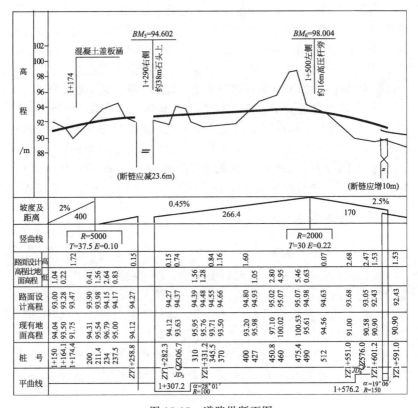

图 15-15　道路纵断面图

坐标，以中桩的地面高程为纵坐标绘制的，里程的比例尺一般与线路带状地形图的比例尺一致，高程比例尺则是里程比例尺的若干倍（一般取 10 倍），以便更明显地表示地面的起伏情况，例如里程比例尺为 1：1000 时，高程比例尺可取 1：100；另一条是粗线，表示带有竖曲线在内的纵坡设计线，根据设计要求绘制。

在图的顶部，是一些标注，例如水准点位置、编号及其高程，桥涵的类型、孔径、跨数、长度、里程桩号及其设计水位，与某公路、铁路交叉点的位置、里程及其说明等，根据实际情况进行标注。

图的下部绘有七栏表格，注记有关测量和纵坡设计的资料，自下而上分别是平曲线、桩号、地面高程、设计高程、设计与地面的高差、竖曲线、坡度及距离。其中平曲线是中线的示意图，其曲线部分用成直角的折线表示，上凸的表示曲线右偏，下凸的表示曲线左偏，并注明交点编号和曲线半径，带有缓和曲线的应注明其长度，在不设曲线的交点位置，用锐角折线表示；里程栏按横坐标比例尺标注里程桩号，一般标注百米桩和千米桩；地面高程栏按中平测量成果填写各里程桩的地面高程；设计高程栏填写设计的路面高程；设计与地面的高差栏填写各里程桩处，设计高程减地面高程所得的高差；竖曲线栏标绘竖曲线的示意图及其曲线元素；坡度栏用斜线表示设计纵坡，从左至右向上斜的表示上坡，下斜的表示下坡，并在斜线上以百分比注记坡度的大小，在斜线下注记坡长。

【**例 15-8**】　纵断面图是以中桩的里程为横坐标，以中桩的地面高程为纵坐标绘制的，横向比例尺应与线路带状地形图的比例尺一致，纵向比例尺通常比横向大（　　　）倍。　　　　　　(10~20)

2. 横断面图的绘制

根据横断面测量得到的各点间的平距和高差，在毫米方格纸上绘出各中桩的横断面图。水平方向表示距离，竖直方向表示高程。为了便于土方计算，一般水平比例尺应与竖直比例尺相同，一般采用 1∶100 或 1∶200 的比例尺绘制横断面图。如图 15-17 中的细实线所示，绘制时，先标定中桩位置，由中桩开始，逐一将特征点画在图上，再直接连接相邻点，即绘出横断面的地面线。

横断面图画好后，经路基设计，先在透明纸上按与横断面图相同的比例尺分别绘出路堑、路堤和半填半挖的路基设计线，称为标准断面图，然后按纵断面图上该中桩的设计高程把标准断面图套在实测的横断面图上。也可将路基断面设计线直接画在横断面图上，绘制成路基断面图。

图 15-16 粗实线所示为半填半挖的路基断面图。根据横断面的填、挖面积及相邻中桩的桩号，可以算出施工

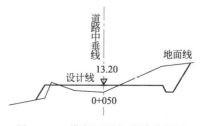

图 15-16　横断面图与设计路基图

的土、石方量。

　　【例 15-9】　在横断面图上，水平方向表示（距离），竖直方向表示（　　）。　　　　　　　　　　　　　　　　　（高程）

第四节　道路施工测量

　　道路施工测量的主要任务包括：恢复中线测量，施工控制桩，边桩和竖曲线的测设。

　　在恢复中线测量后，就要进行路基的放样工作，在放样前首先要熟悉设计图纸和施工现场情况。通过熟悉图纸，了解设计意图及对测量的精度要求，掌握道路中线与边坡脚和边坡顶的关系，并从中找出施测数据，方能进行路基放线。常采用的路基有如下几种形式，如图 15-17 所示。只有深刻了解了典型的路基、路面结构，才能很好地进行施工测量。

　　所谓的典型路基、路面就是在公路建设中经常出现和采用的几种特例。以上几种路基形式归纳起来分为：一般路堤；一般路堑；半挖半填路基；陡坡路基；沿河路基及挖渠填筑路基。在施工测量中应认真研究其特点，从中找出放样规律，为后续工作打下基础。

　　不同等级的公路，其路面形式、结构是不同的。高速公路、一级公路是汽车专用公路，通常用中央隔离带分为对向行驶的四车道（当交通量加大时，车道路数可按双数增加）。二、三级公路一般在保证汽车正常运行的同时，允许自行车、拖拉机和行人通行，车道为对向行驶的双车道。四级公路一般情况采用 3.5m 的单车道路面和 6.5m 的路基。当交通量较大时，可采用 6.0m 的双车道和 7.0m 的路基。

　　【例 15-10】　道路施工测量的主要任务包括（　　）。

　　　　　　（恢复中线测量、施工控制桩、边桩和竖曲线的测设）

一、恢复中线测量

　　道路勘测完成到开始施工这一段时间内，有一部分中线桩可能被碰动或丢失，因此施工前应进行复核，按照定测资料配合仪器先在现场寻找、若直线段上转点丢失或移位，可在交点桩上用经纬仪

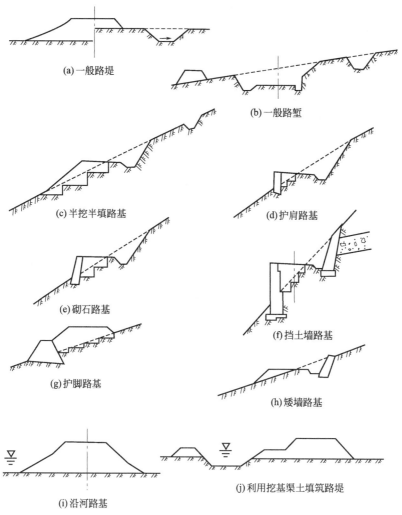

(a) 一般路堤

(b) 一般路堑

(c) 半挖半填路基

(d) 护肩路基

(e) 砌石路基

(f) 挡土墙路基

(g) 护脚路基

(h) 矮墙路基

(i) 沿河路基

(j) 利用挖基渠土填筑路堤

图 15-17　典型路基横断面图

按原偏角值进行补桩或校正，若交点桩丢失或移位，可根据相邻直线校正的两个以上转点放线，重新交出交点位置，并将碰动和丢失的交点桩和中线桩校正和恢复好。在恢复中线时，应将道路附属物，如涵洞、检查井和挡土墙等的位置一并定出。对于部分改线地段，应重新定线，并测绘相应的纵横断面图。

二、施工控制桩的测设

由于中线桩在路基施工中都要被挖掉或堆埋，为了在施工中能控制中线位置，应在不受施工干扰、便于引用、易于保存桩位的地方，测设施工控制桩。测设方法主要有平行线法和延长线法两种，可根据实际情况互相配合使用。

1. 平行线法

如图 15-18 所示，平行线法是在设计的路基宽度以外，测设两排平行于中线的施工控制桩。为了施工方便，控制桩的间距一般取 10～20m。平行线法多用于地势平坦、直线段较长的道路。

图 15-18　平行线法

2. 延长线法

如图 15-19 所示，延长线法是在道路转折处的中线延长线上，以及曲线中点至交点的延长线上测设施工控制桩。每条延长线上应设置两个以上的控制桩，量出其间距及与交点的距离，做好记录，据此恢复中线交点。延长线法多用于地势起伏较大、直线段较短的道路。

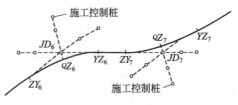

图 15-19　延长线法

三、路基边桩的测设

路基边桩测设就是根据设计断面图和各中桩的填挖高度，把路基两旁的边坡与原地面的交点在地面上钉设木桩（称为边桩），作为路基的施工依据。

每个断面上在中桩的左、右两边各测设一个边桩，边桩距中桩的水平距离取决于设计路基宽度、边坡坡度、填土高度或挖土深度以及横断面的地形情况。边桩的测设方法如下。

1. 图解法

图解法是将地面横断面图和路基设计断面图绘在同一张毫米方格纸上，设计断面高出地面部分采用填方路基，其填土边坡线按设计坡度绘出，与地面相交处即为坡脚；设计断面低于地面部分采用挖方路基，其开挖边坡线按设计坡度绘出，与地面相交处即为坡顶。得到坡脚或坡顶后，用比例尺直接在横断面图上量取中桩至坡脚点或坡顶点的水平距离，然后到实地，以中桩为起点，用皮尺沿着横断面方向往两边测设相应的水平距离，即可定出边桩。

2. 解析法

解析法是通过计算求出路基中桩至边桩的距离，从路基断面图中可以看出，路基断面大体分平坦地区和倾斜地区两种情况。分别介绍如下。

（1）平坦地面　如图 15-20 所示，平坦地面的路堤与路堑的路基放线数据可按下列公式计算。

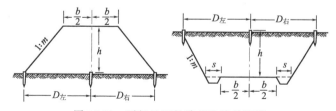

图 15-20　平坦地面的路基边桩的测设

路堤

$$D_{左} = D_{右} = \frac{b}{2} + mh \qquad (15\text{-}7)$$

路堑

$$D_左 = D_右 = \frac{b}{2} + s + mh \tag{15-8}$$

式中　$D_左$，$D_右$——道路中桩至左、右边桩的距离；

　　　　b——路基的宽度；

　　　　$1/m$——路基边坡坡度；

　　　　h——填土高度或挖土深度；

　　　　s——路堑边沟顶宽。

（2）倾斜地面　图 15-21 为倾斜地面路基横断面图，设地面为左边低、右边高，则由图可知

路堤

$$D_左 = \frac{b}{2} + m(h + h_左) \tag{15-9}$$

$$D_右 = \frac{b}{2} + m(h - h_右) \tag{15-10}$$

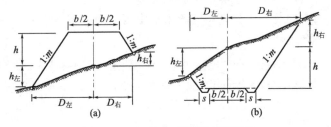

图 15-21　倾斜地面路基边桩测设

路堑

$$D_左 = \frac{b}{2} + s + m(h - h_左) \tag{15-11}$$

$$D_右 = \frac{b}{2} + s + m(h + h_右) \tag{15-12}$$

　　式中，b、m 和 s 均为设计时已知，因此 $D_左$、$D_右$ 随 $h_左$、$h_右$ 而变，而 $h_左$、$h_右$ 为左、右边桩地面与路基设计高程的高差，由于边桩位置是待定的，故 $h_左$、$h_右$ 均不能事先知道。在实际测设工作中，是沿着横断面方向，采用逐渐趋近法测设边桩。

现以测设路堑左边桩为例进行说明。如图 15-21(b) 所示，设路基宽度为 10m，左侧边沟顶宽度为 2m，中心桩挖深为 5m，边坡坡度为 1：1，测设步骤如下。

① 估计边桩位置　根据地形情况，估计左边桩处地面比中桩地面低 1m，即 $h_左＝1m$，则代入式(15-11)得左边桩的近似距离为

$$D_左＝\frac{10}{2}＋2＋1×(5-1)＝11(m)$$

在实地沿横断面方向往左侧测量 11m，在地面上定出点 1。

② 实测高差　用水准仪实测点 1 与中桩的高差为 1.5m，则点 1 距中桩的平距应为

$$D_左＝\frac{10}{2}＋2＋1×(5-1.5)＝10.5(m)$$

此值比初次估算值小，故正确的边桩位置应在点 1 的内侧。

③ 重估边桩位置　正确的边桩位置应在距离中桩 10.5～11m 之间，重新估计边桩距离为 10.8m，在地面上定出点 2。

④ 重测高差　测出点 2 与中桩的实际高差为 1.2m，则点 2 与中桩的平距应为

$$D_左＝\frac{10}{2}＋2＋1×(5-1.2)＝10.8(m)$$

此值与估计值相符，故点 2 即为左侧边桩位置。

四、路基边坡的放样

当路基边桩放出后，为了指导施工，使填、挖的边坡符合设计要求，还应把边坡放样出来。

1. 用麻绳竹竿放样边坡

(1) 当路堤不高时，采用一次挂绳法。如图 15-22 所示。

(2) 当路堤较高时，可选用分层挂线法，如图 15-23 所示。每层挂线前应标定公路中线位置，并将每层的面用水准仪抄平，方可挂线。

2. 用固定边坡架放样边坡

如图 15-24 所示，开挖路堑时，在坡顶外侧即开口桩处立固定

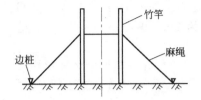

图 15-22 麻绳竹竿放样边坡

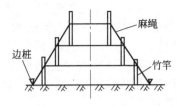

图 15-23 分层挂线放样边坡

图 15-24 固定架放样边坡

边坡架。

五、路面放样

1. 路面放样

在铺设公路路面时，应先把路槽放样出来，具体放样方法如下。从最近的水准点出发，用水准仪测出各桩的路基设计标高，然后在路基的中线上按施工要求每隔一定的间距设立高程桩，用放样已知高程点的方法，使各桩桩顶高程等于将来要铺设的路面标高。如图 15-25 所示。

用皮尺由高程桩（M 桩）沿横断面方向左、右各量路槽宽度的一半，钉出路槽边桩 A、B，使其桩顶标高等于铺设路面的设计标高。在 A、B、M 桩旁边挖一小坑，在坑中钉一木桩，使桩顶的标高符合路槽底的设计标高，即可开挖路槽。

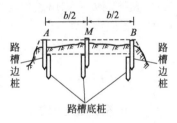

图 15-25 路槽放样示意图

2. 路拱放样

所谓路拱就是在保证行车平稳的情况下，为有利于路面排水，使路中间按一定的曲线形式（抛物线、圆曲线）进行加高，并向两侧倾斜而形成的拱。

（1）抛物线形式的路拱放样 如图 15-26 所示。抛物线的方程为

$$x^2 = 2py \tag{15-13}$$

当 $x = 0.5B$ 时，$y = f$（f 为路拱高），将 $x = 0.5B$ 代入 $x^2 = 2py$ 得

$$2p = \frac{B^2}{4f} \qquad (15\text{-}14)$$

该路拱的抛物线方程为

$$y = \frac{x^2}{2p} = \frac{4f}{B^2} x^2$$

$$(15\text{-}15)$$

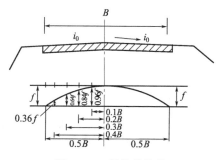

图 15-26　抛物线路拱

f 可按路拱坡度 i_0 确定：$f = Bi_0/2$（i_0 为横坡坡度）。

放样方法如下。从中桩沿横断面方向，左、右分别量取 x_1、x_2、x_3 等分别打桩，使桩顶高分别为 y_1、y_2、y_3 等。

（2）圆弧路拱的放样　如图 15-27 所示。圆弧路拱是在两个斜面中间用圆弧连接的路拱。

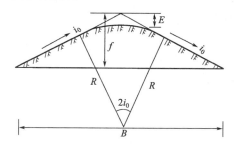

图 15-27　圆弧路拱

从图 15-27 中可以看出：圆曲线的曲线长 $L = 2i_0R$。

通常情况下 $L = 2.0\text{m}$，则圆曲线的半径 $R = 1/i_0$。

外矢距 $\qquad\qquad E = \dfrac{T^2}{2R} = \dfrac{1}{2} i_0^2 R \left(T = \dfrac{1}{2} L \right) \qquad (15\text{-}16)$

拱矢高 $\qquad\qquad\qquad f = \dfrac{1}{2} i_0^2 B \qquad\qquad\qquad (15\text{-}17)$

式中　R——圆弧半径；

$\qquad f$——拱矢高；

B——路面宽度；

E——外矢距；

i_0——路面的横坡度。

这样就可以将路拱做成模板，用模板进行放样。

六、公路竣工测量

公路在竣工验收时的测量工作称为竣工测量。在施工过程中，由于修改设计变更了原来的设计中线的位置或者是增加了新的建（构）筑物，如涵洞、人行通道等，使建（构）筑物的竣工位置往往与设计位置不完全一致。为了给公路运营投产后改建、扩建和管理养护中提供可靠的资料和图纸，应该测绘公路竣工总图。竣工测量的内容与线路测设基本相同，包括：中线竣工测量，纵、横断面测量，竣工总图的编制。

1. 中线竣工测量

中线竣工测量一般分两步进行。首先，收集该线路设计的原始资料、文件及修改设计资料、文件，然后根据现有资料情况分两种情况进行。当线路中线设计资料齐全时，可按原始设计资料进行中桩测设，检查各中桩是否与竣工后线路中线位置相吻合。当设计资料缺乏或不全时，则采用曲线拟合法。即先对已修好的公路进行分中，将中线位置实测下来并以此拟合平曲线的设计参数。

2. 纵、横断面测量

纵、横断面测量是在中桩竣工测量后，以中桩为基础，将道路纵、横断面情况实测下来，看是否符合设计要求。其测量方法同前。

当竣工测量的误差符合要求时，应对曲线的交点桩，长直线的转点桩等路线控制桩或坐标法施测时的导线点，埋设永久桩，并将高程控制点移至永久性建筑物上或牢固的桩上，然后重新编制坐标、高程一览表和平曲线要素表。

3. 竣工总图的编制

对于已确实证明按设计图施工，没有变动的工程，可以按原设计图上的位置及数据绘制竣工总图，各种数据的注记均利用原图资料。对于施工中有变动的，按实测资料绘制竣工总图。

不论利用原图绘制还是实测竣工总图，其图式符号、各种注记、线条等格式都应与设计图完全一致，对于原设计图没有的图式符号、可以按照《1∶500，1∶1000，1∶2000 地形图图式》设计图例。

编制竣工总图时，若竣工测量所得出的实测数据与相应的设计数据之差在施工测量的允许误差内，则应按设计数据编绘竣工总图，否则按竣工测量数据编绘。

第五节　地下管线施工测量

管道施工测量的主要任务，就是根据工程进度的要求，向施工人员随时提供中线方向和标高位置。

一、施工前的测量工作

1. 熟悉图纸和现场情况

施工前，要收集管道测量所需要的管道平面图、纵横断面图、附属构筑物图等有关资料，认真熟悉和核对设计图纸，了解精度要求和工程进度安排等，还要深入施工现场，熟悉地形，找出各交点桩、里程桩、加桩和水准点位置。

2. 恢复中线

管道中线测量时所钉设的交点桩和中线桩等，在施工时可能会有部分碰动和丢失，为了保证中线位置准确可靠，应进行复核，并将碰动和丢失的桩点重新恢复。在恢复中线时，应将检查井、支管等附属构筑物的位置同时测出。

3. 测设施工控制桩

在施工时中线上各桩要被挖掉，为了便于恢复中线和附属构筑物的位置，应在不受施工干扰、引测方便、易于保存桩位的地方，测设施工控制桩。施工控制桩分中线控制桩和附属构筑物控制桩两种，如图 15-28 所示。

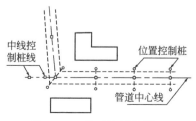

图 15-28　管道控制桩设置

4. 加密施工水准点

为了在施工过程中引测高程方便，应根据原有水准点，在沿线附近每 100～150m 增设一个临时水准点，其精度要求由管线工程性质和有关规范确定。

二、管道施工测量

1. 槽口放线

槽口放线是根据管径大小、埋设深度和土质情况，决定管槽开挖宽度，并在地面上钉设边桩，沿边桩拉线撒出灰线，作为开挖的边界线。

若埋设深度较小、土质坚实，管槽可垂直开挖，这时槽口宽度即等于设计槽底宽度，若需要放坡，且地面横坡比较平坦，槽口宽度可按下式计算。

$$D_左 = D_右 = \frac{b}{2} + mh \qquad (15\text{-}18)$$

式中　$D_左$，$D_右$——分别为管道中桩至左、右边桩的距离；

　　　　b——槽底宽度；

　　　　$1/m$——边坡坡度；

　　　　h——挖土深度。

2. 施工过程中的中线、高程和坡度测设

管槽开挖及管道的安装和埋设等施工过程中，要根据进度反复地进行设计中线、高程和坡度的测设。下面介绍两种常用的方法。

（1）坡度板法　管道施工中的测量任务主要是控制管道中线设计位置和管底设计高程。因此，需要设置坡度板。如图 15-29 所

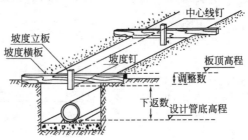

图 15-29　坡度板的埋设

示，坡度板跨槽设置，间隔一般为 10～20m，编写板号。根据中线控制桩，用经纬仪把管道中心线投测到坡度板上，用小钉作标记，称为中线钉，以控制管道中心的平面位置。

当槽深在 2.5m 以上时，应待开挖至距槽底 2m 左右时再埋设在槽内。如图 15-30 所示。坡度板应埋设牢固，板面要保持水平。

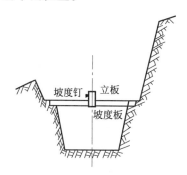

图 15-30　深槽坡度板

坡度板设好后，根据中线控制桩，用经纬仪把管道中心线投测至坡度板上，钉上中心钉，并标上里程桩号。施工时，用中心钉的连线可方便地检查和控制管道的中心线。

再用水准仪测出坡度板顶面高程，板顶高程与该处管道设计高程之差，即为板顶往下开挖的深度。为方便起见，在各坡度板上钉一坡度立板，然后从坡度板顶面高程起算，从坡度板上向上或向下量取高差调整数，钉出坡度钉，使坡度钉的连线平行于管道设计坡度线，并距设计高程一整分米数，称为下返数，施工时，利用这条线可方便地检查和控制管道的高程和坡度。高差调整数可按下式计算。

高差调整数＝（板顶高程－管底设计高程）－下返数

若高差调整数为正，往下量取；若高差调整数为负，往上量取。

例如，预先确定下返数为 1.5m，某桩号的坡度板的板顶实测高程为78.868m，该桩号管底设计高程为 77.200m，则高差调整数为：（78.868－77.200）－1.5＝0.168（m），即从板顶沿立板往下量0.168m，钉上坡度钉，则由这个钉下返 1.5m 便是设计管底位置。

坡度钉是控制高程的标志，所以在坡度钉钉好后，应重新进行水准测量，检查结果是否有误。

（2）平行轴腰桩法　当现场条件不便采用坡度板时，对精度要求较低的管道，可采用平行轴腰桩法来测设中线、高程及坡度控制标志。如图 15-31 所示，开挖前，在中线一侧（或两侧）测设一排（或两排）与中线平行的轴线桩，平行轴线桩与管道中心的间距为 D_1，各桩间隔

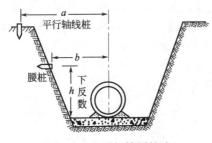

图 15-31 平行轴腰桩法

20m 左右，各附属构筑物位置也相应设桩。

管槽开挖时至一定深度以后，为方便起见，以地面上的平行轴线桩为依据，在高于槽底约 1m 的槽坡上再钉一排平行轴线桩，它们与管道中线的间距为 D_2，称为腰桩。用水准仪测出各腰桩的高程，腰桩高程与该处相对应的管底设计高程之差，即是下返数。施工时，根据腰桩可检查和控制管道的中线和高程。

三、顶管施工测量

当管线穿越铁路、公路或其他建筑物时，如果不便采用开槽的方法施工，这时就常采用顶管施工法。顶管施工测量的主要任务，是控制好管道中线方向、高程和坡度。

1. 中线测设

如图 15-32 所示，先挖好顶管工作坑，根据地面上标定的中线控制桩，用经纬仪或全站仪将顶管中心线引测到坑下，在前后坑底和坑壁设置中线标志。将经纬仪安置于靠近后壁的中线点上，后视前壁上的中线点，则经纬仪视线即为顶管的设计中线方向。

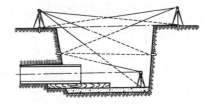

图 15-32 顶管中线测设

在顶管内前端水平放置一把直尺，尺上标明中心点，该中心点与顶管中心一致。每顶进一段（0.5～1m）距离，用经纬仪在直尺上读出管中心偏离设计中线方向的数值，据此校正顶进方向。

如果使用激光经纬仪或激光准直仪，则沿中线发射一条可见光束，使管道顶进中的校正更为直观和方便。

2. 高程测设

先在工作基坑内设置临时水准点，将水准仪安置于坑内，后视临时水准点，前视立于管内各测点的短标尺，即可测得管底各点的高程。将测得的管底高程与管底设计高程进行比较，即可得到顶管高程和坡度的校正数据。

如果将激光经纬仪或激光准直仪的安置高度和视准轴的倾斜坡度与设计的管道中心线相符合，则可以同时控制顶管作业中的方向和高程。

四、竣工测量

管道竣工测量包括管道竣工平面图和管道竣工纵断面图的测绘。管道竣工纵断面图的测绘应在回填土之前进行，用水准测量方法测定管顶的高程和检查井内管底的高程，距离用钢尺丈量。竣工平面图主要测绘管道的起点、转点、中点、检查井及附属构筑物的平面位置和高程，测绘管道与附近重要地物（道路、永久性房屋、高压电线杆等）的位置关系。使用全站仪进行管道竣工测量将会成倍提高工作效率。

【**例 15-11**】 管道施工测量的主要任务就是根据工程进度的要求，向施工人员随时提供中线方向和（标高位置）。

本章主要介绍了公路工程在勘测设计、施工和管理阶段所进行的测量工作。其主要任务是为线路工程设计提供地形图、断面图及其他基础测量资料；按设计要求将设计的线路、桥涵、隧道及其他附属物、构筑物的位置标定于实地，以指导施工，为线路工程的竣工验收、质量评定提供必要的资料。

公路的勘测设计一般是分阶段进行的，通常按其工作的顺序可划分为可行性研究、初测、定测三个阶段。

初测工作主要是沿小比例尺地形图上选定的线路，去实地测绘大比例尺带状地形图，以便在该地形图上进行比较精密的纸上定线。设计人员在初测的图纸上考虑各种综合因素后在图纸上设计出规则的图纸资料，将这些资料测设到实地的工作称为定测。定测的具体工作有：定线测量；中线测量；纵断面高程测量；横断面测量。

道路施工测量的主要任务包括：恢复中线测量，施工控制桩、边桩和竖曲线的测设。

在恢复中线测量后，就要进行路基的放样工作，在放样前首先要熟悉设计图纸和施工现场情况。通过熟悉图纸，了解设计意图及对测量的精度要求，掌握道路中线与边坡脚和边坡顶的关系，并从中找出施测数据，方能进行路基放线。

管道施工测量的主要任务，就是根据工程进度的要求，向施工人员随时提供中线方向和标高位置。

公路在竣工验收时的测量工作，称为竣工测量。在施工过程中，由于修改设计变更了原来的设计中线的位置或者是增加了新的建（构）筑物，如涵洞、人行通道等，使建（构）筑物的竣工位置往往与设计位置不完全一致。为了给公路运营投产后改建、扩建和管理养护中提供可靠的资料和图纸，应该测绘公路竣工总图。

竣工测量的内容与线路测设基本相同，包括中线竣工测量，纵、横断面测量和竣工总图的编制。

 思考题与习题

1. 在公路定测和初测阶段分别有哪些测量工作？

2. 试述测角放线法和拨角放线法的主要步骤。作业中如何检核或调整定线中的错误？

3. 什么叫断链？如何处置断链后的情况？

4. 如何确定曲线的横断面？

5. 如何设置施工控制桩？

第十六章

曲线测设

导读

- **了解** 当路线由一个方向转到另一个方向时，必须用曲线来连接。曲线的形式较多，其中，圆曲线是最常用的曲线形式。
- **理解** 当地形变化比较小，圆曲线的长度小于 40m 时，只要测设圆曲线的三个主点就能够满足设计与施工的需要。如果圆曲线较长，或地形变化比较大时，则在完成测定三个圆曲线的主点以后，还需要按一定的桩距 l，进行圆曲线的详细测设。
- **掌握** 用全站仪极坐标法测设综合曲线的细部点的方法，仪器可以安置在路线的交点、转点等已知坐标的点，其测设的速度快、精度高，是现在经常采用的方法。

第一节　圆曲线的测设

当路线由一个方向转到另一个方向时，必须用曲线来连接。曲线的形式较多，其中圆曲线是最常用的曲线形式。圆曲线的测设一般分两步进行：首先是圆曲线主点的测设，即圆曲线的起点（直圆点 ZY）、中点（曲中点 QZ）和终点（圆直点 YZ）的测设；然后在各主点之间进行加密，按照规定桩距测设曲线的其他各桩点，称为圆曲线的详细测设。

一、圆曲线测设元素的计算

如图 16-1 所示，已知路线中线交点（JD）的偏角为 α 和圆曲线的半径为 R，要计算的圆曲线的元素有：切线长 T，曲线长 L，外矢距 E，切线长度与曲线长度之差（切曲差）D。各元素可以按

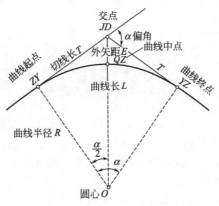

图 16-1 圆曲线示意图

照式(16-1) 计算。

切线长： $$T = R\tan\frac{\alpha}{2}$$

曲线长： $$L = R\alpha\,\frac{\pi}{180°}$$

外矢距： $$E = \frac{R}{\cos\frac{\alpha}{2}} - R = R\left(\sec\frac{\alpha}{2} - 1\right)$$

切曲差： $D = 2T - L$

(16-1)

二、圆曲线主点里程的计算

如图 16-1 所示。一般已知交点 JD 的里程，是从前一直线段推算而得，然后再由交点的里程推算其他各主点的里程。由于路线中线不经过交点，所以圆曲线的中点、终点的里程必须从圆曲线起点的里程沿着曲线长度推算。根据交点的里程和曲线测设元素，就能够计算出各主点的里程。

$$ZY\ 点里程 = JD\ 点里程 - T$$
$$YZ\ 点里程 = ZY\ 点里程 + L$$
$$QZ\ 点里程 = YZ\ 点里程 - \frac{L}{2}$$
$$JD\ 点里程 = QZ\ 点里程 + \frac{D}{2}(校核)$$

(16-2)

【例 16-1】 已知某交点的里程为 k1＋213.35m，测得偏角 $\alpha_{右}=46°30'$，圆曲线的半径 $R=150m$，求圆曲线的元素和主点里程。

解：(1) 圆曲线计算元素 将各参数代入式(16-1)，可得

切线长：$T=R\tan\dfrac{\alpha}{2}=150\times\tan23°15'=64.445(\mathrm{m})$

曲线长：$L=R\alpha\dfrac{\pi}{180°}=150\times46°30'\times\dfrac{\pi}{180°}=121.737(\mathrm{m})$

外矢距：$E=R\left(\sec\dfrac{\alpha}{2}-1\right)=150\times(\sec23°15'-1)=13.258(\mathrm{m})$

切曲差：$D=2T-L=2\times64.445-121.737=7.153(\mathrm{m})$

(2) 主点里程的计算 根据以上计算的结果，代入式(16-2)，可得

$$
\begin{array}{rl}
JD & \text{k1}+213.35 \\
-)\,T & 64.44 \\
\hline
ZY & \text{k1}+148.91 \\
+)\,L & 121.74 \\
\hline
YZ & \text{k1}+270.65 \\
-)\,L/2 & 60.87 \\
\hline
QZ & \text{k1}+209.78 \\
+)\,D/2 & 3.57 \\
\hline
JD & \text{k1}+213.35
\end{array}
$$

通过对交点 JD 的里程校核，说明计算正确。

三、圆曲线主点的测设

如图 16-2 所示，圆曲线元素及主点里程计算无误后，即可进行主点测设，其测设步骤如下。

1. 测设圆曲线起点（ZY）和终点（YZ）

安置经纬仪在交点 JD_2 上，后视中线方向的相邻点 JD_1，自 JD_2 沿着中线方向量取切线长度 T，得曲线起点 ZY 点位置，插

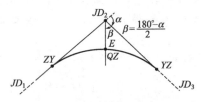

图 16-2　圆曲线主点测设示意图

上测钎；逆时针转动照准部，测设水平角（180°－α）得 YZ 点方向，然后从 JD_2 出发，沿着确定的直线方向量取切线长度 T，得曲线终点 YZ 点位置，也插上测钎。再用钢尺丈量插测钎点与最近的直线桩点距离，如果两者的水平长度之差在允许的范围内，则在测钎处打下 ZY 桩与 YZ 桩。如果误差超出允许的范围，则应该找出原因，并加以改正。

2. 测设圆曲线的中点(QZ)

经纬仪在交点 JD_2 上照准前视点 JD_3 不动，水平度盘置零，顺时针转动照准部，使水平度盘读数为 β [β＝（180°－α）/2]，得曲线中点的方向，在该方向从交点 JD_2 丈量外矢距 E，插上测钎。同样按照以上方法丈量与相邻桩点距离进行校核，如果误差在允许的范围内，则在测钎处打下 QZ 桩。

【例 16-2】　在圆曲线要素计算中，首先要知道（　　）方可计算其他要素。　　　　　　　　　　　　　　　　　　（C）

A. 转折角 α　　　　　　　　　　B. 曲线半径 R

C. 转折角和曲线半径　　　　　D. 转折角和曲线半径都不需要

【例 16-3】　已知圆曲线半径为 R，偏角为 α，则切曲差 q 的计算方法是（A）。

A. $q＝2T－L$　　　　　　　　　　B. $q＝T－L$

C. $q＝2T＋L$　　　　　　　　　　D. $q＝T＋L$

四、圆曲线的详细测设

当地形变化比较小，圆曲线的长度小于 40m 时，只要测设圆曲线的三个主点就能够满足设计与施工的需要。如果圆曲线较长，或地形变化比较大时，则在完成测定三个圆曲线的主点以后，还需要按照表 16-1 中所列的桩距 l，在曲线上测设整桩与加桩。这就是圆曲线的详细测设。

表 16-1　中桩间距

直线/m		曲线/m			
平原微丘区	山岭重丘区	不设超高的曲线	$R>60$	$30<R<60$	$R<30$
≤50	≤25	25	20	10	5

注：表中 R 为平曲线的半径，以 m 计。

圆曲线详细测设的方法比较多，下面仅介绍常用的三种方法。

1. 偏角法

偏角法测设圆曲线上的细部点是以圆曲线的起点 ZY 或终点 YZ 作为测站点，计算出测站点到圆曲线上某一特定的细部点 P_i 的弦线与切线 T 的偏角——弦切角 Δ_i 和弦长 C_i 来确定 P_i 点的位置。按照整桩号法测设细部点时，该细部点就是圆曲线上的里程桩。可以根据曲线的半径 R 按照表 16-1 来选择桩距（弧长）为 l 的整桩。R 越小，则 l 也越小。

用偏角法测设圆曲线的细部点，因测设距离的方法不同，分为长弦偏角法和短弦偏角法两种。长视距法是测设 ZY 或 YZ 点至细部点的距离（长弦），适合于用经纬仪加测距仪（或用全站仪）；短弦偏角法是从 ZY 点开始，沿选定的桩点，逐点迁移仪器进行测设适合于用经纬仪加钢尺。

（1）测设数据的计算　为方便计算工程量和便于施工，细部点的点位通常采用整桩号法，从 ZY 点出发，将曲线上靠近起点 ZY 的第一个桩的桩号凑整成大于 ZY 桩号且是桩距 l 的最小倍数的整桩号，然后按照桩距 l 连续向圆曲线的终点 YZ 测设桩位，这样设置桩的桩号均为整数。按照整桩号法测设细部点时，该细部点就是圆曲线上的里程桩。

如图 16-3 所示，P_1 为圆曲线上的第一个整桩，它与圆

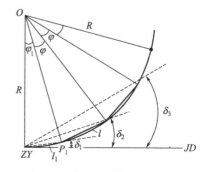

图 16-3　偏角法详细测设圆曲线

曲线起点的弧长为 $l_1(l_1 < l)$，P_1 点以后各相邻点之间的弧长为 l，圆曲线的最后一个整桩到圆曲线的终点的弧长为 l_{n+1}。若 l_1 对应的圆心角为 φ_1，$\varphi_1 = \dfrac{l_1}{R} \times \dfrac{180°}{\pi}$，$l$ 对应的圆心角为 φ，$\varphi = \dfrac{l}{R} \times \dfrac{180°}{\pi}$。$l_{n+1}$ 对应的圆心角为 φ_{n+1}，同时，弦切角是同弧所对应的圆心角的一半，可以按下式计算（角度单位为度）。

① 长弦偏角法

$$\left.\begin{array}{l} \varphi_i = \varphi_1 + (i-1)\varphi \\[2mm] \delta_i = \dfrac{\varphi_i}{2} \\[2mm] C_i = \varphi_i \times \dfrac{\pi}{180°} \times R \end{array}\right\} \tag{16-3}$$

② 短弦偏角法

第一个点：
$$\left.\begin{array}{l} \delta_1 = 180° - \dfrac{\varphi_1}{2} \\[2mm] c_1 = 2R\sin\dfrac{\varphi_1}{2} \end{array}\right\} \tag{16-4}$$

其余各点：
$$\left.\begin{array}{l} \delta = 180° - \varphi \\[2mm] c = 2R\sin\dfrac{\varphi}{2} \end{array}\right\} \tag{16-5}$$

根据最后一个整桩再一次测设终点，以作检核。

$$\left.\begin{array}{l} l_{n+1} = L - l_1 - (n-1)l \\[2mm] \varphi_{n+1} = \dfrac{l_{n+1}}{R} \times \dfrac{180°}{\pi} \\[2mm] c_{n+1} = 2R \times \sin\dfrac{\varphi_{n+1}}{2} \\[2mm] \delta_{n+1} = 180° - \dfrac{\varphi + \varphi_{n+1}}{2} \end{array}\right\} \tag{16-6}$$

【例 16-4】 已知 JD 的桩号为 $k3 + 135.12$，偏角 $\alpha = 40°20'$，设计圆曲线半径 $R = 120\text{m}$，桩距 $l_0 = 20\text{m}$。求用偏角法测设该圆曲线的测设元素。

解：（1）采用长弦偏角法计算。

$$\varphi_1 = \frac{l_1}{R} \times \frac{180°}{\pi} = \frac{8.95}{120} \times \frac{180°}{\pi} = 4°16'24''$$

$$\varphi_0 = \frac{l_0}{R} \times \frac{180°}{\pi} = \frac{20}{120} \times \frac{180°}{\pi} = 9°32'57''$$

依据式（16-3）计算测设数据，如表 16-2 所示。

表 16-2　长弦偏角法圆曲线细部点测设数据（$R = 120\text{m}$）

曲线里程桩桩号	相邻桩点间弧长 l_i/m	偏角 δ_i/(° ′ ″)	弦长 c_i/m
ZY　k3+091.05	8.95	0　00　00	0
P_1　+100.00	20.00	2　08　12	8.95
P_2　+120.00		6　54　41	28.88
P_3　+120.00	20.00	11　41　10	48.61
P_4　+120.00	20.00	16　27　39	68.01
YZ　k3+175.52	15.52		82.74

（2）采用短弦偏角法计算。

依据式（16-4）和式（16-5），计算测设数据见表 16-3。

表 16-3　圆曲线细部点短弦偏角法测设数据（$R = 120\text{m}$）

曲线里程桩桩号	相邻桩点间弧长 l_i/m	偏角 δ_i/(° ′ ″)	相邻桩点弦长 c_i/m
ZY　k3+091.05	8.95	0　00　00	8.95
P_1　+100.00	20.00	177　51　48	19.98
P_2　+120.00	20.00	170　27　03	19.98
P_3　+120.00		170　27　03	19.98
P_4　+120.00	20.00	171　31　13	15.51
YZ　k3+175.52	15.52		

（2）测设方法

1）长弦偏角法　仍按上例，具体测设步骤如下。

① 安置经纬仪（或全站仪）于曲线起点（ZY）上，瞄准交点（JD），使水平度盘读数设置为 $0°00'00''$；

② 水平转动照准部，使度盘读数为 $2°08'12''$，沿此方向测设弦长 $C_1 = 8.95\text{m}$，定出 P_1 点；

③ 再水平转动照准部，使度盘读数为 $6°54'41''$，沿此方向测设弦长 $C_2 = 28.88\text{m}$，定出 P_2 点；以此类推，测设 P_3、P_4 点；

④ 测设至曲线终点 （YZ） 作为检核，水平转动照准部，使度盘读数为 $=20°10'00''$。在方向上测设弦长 $C_{YZ} = 82.74\text{m}$，定出一点。此点如果与 YZ 不重合，其闭合差一般应按如下要求：半径方向 （路线横向） 不超过 0.1m；切线方向 （路线纵向） 不超过 $L/1000$ （L 为曲线长）。

2） 短弦偏角法　仍按上例，具体测设步骤如下。

① 安置经纬仪 （或全站仪） 于曲线起点 （ZY） 上，瞄准交点 （JD），使水平度盘读数设置为 $0°00'00''$；

② 水平转动照准部，使度盘读数为 $2°08'12''$，沿此方向测设弦长 $C_1 = 8.95\text{m}$，定出 P_1 点；

③ 将仪器安置在 P_1 点，后视 ZY 点，再逆时针水平转动照准部，拨角 $170°27'03''$，沿此方向测设弦长 19.98m，定出 P_2 点；以此类推，在 P_2 点后视 P_1 点定出 P_3 点，在 P_3 点后视 P_2 点定出 P_4 点；

④ 在 P_4 点后视 P_3 点测设至曲线终点 （YZ） 作为检核，其闭合差要求见表 16-4。

【**例 16-5**】　某圆曲线半径为 R，第一段弧长为 C，偏角为 δ，现欲放样半径为 $R/2$ 的圆曲线，第一段弧长仍为 C，则其相应偏角为 （C）。

A. $\delta/4$　　　　B. $\delta/2$　　　　C. 2δ　　　　D. δ

表 16-4　曲线测量闭合差

公路等级	纵向闭合差		横向闭合差/cm		曲线偏角闭合差/('')
	平原微丘区	山岭重丘区	平原微丘区	山岭重丘区	
高速公路、一级公路	1/2000	1/1000	10	10	60
二级及二级以下公路	1/1000	1/500	10	15	120

2. 切线支距法

切线支距法又称直角坐标法，是以圆曲线的起点 ZY （对于前半曲线）或终点 YZ（对于后半曲线）为坐标原点，以切线 T 为 x 轴，以通过原点的半径为 y 轴，建立独立坐标系，按照圆曲线上特定点在直角坐标系中的坐标 (x_i,y_i) 来对应细部点 P_i。

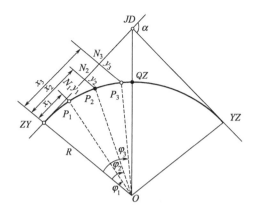

图 16-4　切线支距法详细测设圆曲线

（1）测设数据的计算　如图 16-4 所示，细部点的点位仍采用整桩号法。则该点坐标可以按下式计算。

$$
\left.
\begin{aligned}
\varphi_1 &= \frac{l_1}{R} \times \frac{180^\circ}{\pi} \\
\varphi &= \frac{l}{R} \times \frac{180^\circ}{\pi} \\
\varphi_i &= \varphi_1 + (i-1)\varphi \\
x_i &= R\sin\varphi_i \\
y_i &= R(1-\cos\varphi_i)
\end{aligned}
\right\}
\tag{16-7}
$$

（2）切线支距法测设步骤

① 安置仪器在交点位置，定出 JD 到 ZY 和 JD 到 YZ 两条直线段的方向，如图 16-4 所示。

② 自 ZY 点出发沿着到 JD 的方向，依次水平丈量 P_i 点的横坐标 x_i，得到在横坐标轴上的垂足 N_i。

③ 在各个垂足点上用经纬仪标定出与切线垂直的方向，然后在该垂直方向上依次量取对应的纵坐标，就可以确定对应的 P_i 点。

④ 在该曲线段的放样完成后，应量取各个相邻桩点之间的距离与计算出的弦长 C 进行比较，如果两者之间的差异在允许的范围之内，则曲线测设合格，在各点打上木桩。

⑤ 同样方法可以进行从 YZ 点到 QZ 点之间曲线段的细部点的测设工作，完成后应进行校核。

该方法适用于平坦开阔地区,各个测点之间的误差不易累积。

3. 弦线支距法

弦线支距法又称"长线支距法",也是一种直角坐标法。此法以每段圆曲线的起点为原点,以每段曲线的弦长为横轴,垂直于弦的方向为纵轴,曲线上各点用该段的纵横坐标值来测设。实际工作中,先可以是 ZY

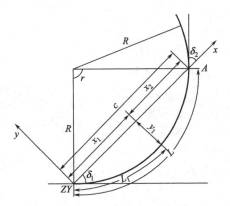

图 16-5 弦线支距法测设圆曲线

至 YZ 之间的距离,也可以是任意的,图 16-5 中以 ZY 至 A,A 应根据实地需要选择。

(1) 测设所需数据的计算 测设所需数据的计算公式如下。

$$\left.\begin{array}{l} x_i = L_i - \dfrac{\left(\dfrac{L}{2}\right)^3 - \left(\dfrac{L}{2} - L_i\right)^3}{6R^2} \\[4ex] y_i = \dfrac{\left(\dfrac{L}{2}\right)^2 - \left(\dfrac{L}{2} - L_i\right)^2}{2R} - \dfrac{\left(\dfrac{L}{2}\right)^4 - \left(\dfrac{L}{2} - L_i\right)^4}{24R^3} \\[4ex] c = 2R\sin\dfrac{r}{2} \end{array}\right\} \quad (16\text{-}8)$$

式中　L_i——置仪器点至测设点 i 的圆曲线长;

　　　　L——分段的圆曲线长。

(2) 弦线支距法的测设步骤

① 安置仪器于 $ZY(YZ)$ 点,后视交点,拨角 δ_1 定出圆曲线第一段弦的方向,在弦的方向上按 x_i、y_i 值测设圆曲线上各点。

② 若圆曲线较长,则置仪器于 A 点,后视 ZY 点或 YZ 点,拨角 δ_2 定出第二段弦的方向,按同样方法继续测设圆曲线上其他点。

第二节　综合曲线的测设

车辆在曲线路段行驶时，由于受到离心力的影响，车辆容易向曲线的外侧倾倒，直接影响车辆的安全行驶以及舒适性。为了减少离心力对行驶车辆的影响，在曲线段路面的外侧必须有一定的超高，而在曲线段内侧要有一定量的加宽。这样就需要在直线段与圆曲线之间、两个半径不同的圆曲线之间插入一条起过渡作用的曲线，这样的曲线称为缓和曲线。因此，缓和曲线是在直线段与圆曲线、圆曲线与圆曲线之间设置的曲率半径连续渐变的曲线。缓和曲线可以采用回旋线（辐射螺旋线）、三次抛物线、双纽线等线型。由缓和曲线和圆曲线组成的平面曲线称为综合曲线。我国交通部颁布实施的《公路工程技术标准》（JTG B01—2003）规定：当公路平曲线半径小于不设超高的最小半径时，应设缓和曲线。缓和曲线采用回旋曲线。缓和曲线的长度应根据其计算行车速度 v 求得，并尽量大于表 16-5 中所列的数值。

表 16-5　各级公路缓和曲线最小长度

公 路 等 级	高速公路			一		二		三		四		
计算行车速度/(km/h)	120	100	80	60	100	60	80	40	60	30	40	20
缓和曲线最小长度/m	100	85	70	50	85	50	70	35	50	25	35	20

一、缓和曲线点的直角坐标

如图 16-6 所示。从直线段连接处起，缓和曲线上各点单位曲率半径 ρ 和该点离缓和曲线起点的距离 l 成反比，即 $\rho_i = \dfrac{c}{l_i}$，其中，c 是一个常数，称为缓和曲线变更率。在与圆曲线连接处，l_i 等于缓和曲线全长 l_0，ρ 等于圆曲线半径 R，故 $c = Rl_0$，c 一经确定，缓和曲线的形状也就确定。c 越小，半径变化越快；反之，c 越大，半径变化越慢，曲线也就越平顺。当 c 为定值时，缓和曲线长度视所连接的圆曲线半径而定。

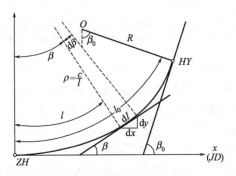

图 16-6 缓和曲线示意图

由上述可知，缓和曲线是按线性规则变化的，其任意点的半径为

$$\rho = \frac{c}{l_i} = \frac{Rl_0}{l_i}$$

缓和曲线上各点的直角坐标为

$$\left.\begin{array}{l} x_i = l_i - \dfrac{l_i^5}{40R^2l_0^2} = l_i - \dfrac{l_i^5}{40c^2} \\[3mm] y_i = \dfrac{l_i^3}{6Rl_0} = \dfrac{l_i^3}{6c} \end{array}\right\} \tag{16-9}$$

缓和曲线终点的坐标为（取 $l_i = l_0$，并顾及 $c = Rl_0$）

$$\left.\begin{array}{l} x_0 = l_0 - \dfrac{l_0^3}{40R^2} \\[3mm] y_0 = \dfrac{l_0^2}{6R} \end{array}\right\} \tag{16-10}$$

二、有缓和曲线的圆曲线要素计算

综合曲线的基本线型是在圆曲线与直线之间加入缓和曲线，成为具有缓和曲线的圆曲线，如图 16-7 所示，图中虚线部分为一转向角为 α、半径为 R 的圆曲线 AB，现欲在两侧插入长度为 l_0 的缓和曲线。圆曲线的半径不变而将圆心从 O' 移至 O 点，使得移动后

的曲线离切线的距离为
P。曲线起点沿切线向
外侧移至 E 点，设
$DE=m$，同时将移动后
圆曲线的一部分（图中
的 $C\sim F$）取消，从 E
点到 F 点之间用弧长为
l_0 的缓和曲线代替，故
缓和曲线大约有一半在
原圆曲线范围内，另一
半在原直线范围内，缓

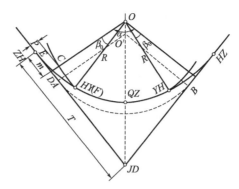

图 16-7　具有缓和曲线的圆曲线

和曲线的倾角 β_0 即为 $C\sim F$ 所对的圆心角。

1. 缓和曲线常数的计算

缓和曲线的常数包括缓和曲线的倾角 β_0、圆曲线的内移值 P
和切线外移量 m，根据设计部门确定的缓和曲线长度 l_0 和圆曲线
半径 R，其计算公式如式(16-11)。

$$\left.\begin{array}{l} \beta_0=\dfrac{l_0}{2R}\times\dfrac{180°}{\pi}=\dfrac{l_0}{2R}\rho \\[2mm] P=\dfrac{l_0^2}{24R}-\dfrac{l_0^4}{2688R^3}\approx\dfrac{l_0^2}{24R} \\[2mm] m=\dfrac{l_0}{2}-\dfrac{l_0^3}{240R^2}\approx\dfrac{l_0}{2} \end{array}\right\} \quad (16\text{-}11)$$

2. 有缓和曲线的圆曲线要素计算

在计算出缓和曲线的倾角 β_0、圆曲线的内移值 P 和切线外移
量 m 后，就可计算具有缓和曲线的圆曲线要素。

$$\left.\begin{array}{ll} 切线长： & T=(R+P)\tan\dfrac{\alpha}{2}+m \\[2mm] 曲线长： & L=R(\alpha-2\beta_0)\times\dfrac{\pi}{180°}+2l_0=R\alpha\times\dfrac{\pi}{180°}+l_0 \\[2mm] 外矢距： & E=(R+P)\sec\dfrac{\alpha}{2}-R \\[2mm] 切曲差： & D=2T-L \end{array}\right\} \quad (16\text{-}12)$$

三、综合曲线上圆曲线段细部点的直角坐标

在计算出缓和曲线常数之后，从图 16-7 不难看出，圆曲线部分细部点的直角坐标计算公式为

$$\left.\begin{array}{l} x_i = R\sin\varphi_i + m \\ y_i = R(1-\cos\varphi_i) + P \end{array}\right\} \tag{16-13}$$

式中 φ_i——$\dfrac{180°}{\pi R} \times (l_i - l_0) + \beta_0$；

     β_0, P, m——缓和曲线常数；

     l_i——细部点到 ZH 或 HZ 的曲线长；

     l_0——缓和曲线全长。

四、曲线主点里程的计算和主点的测设

具有缓和曲线的圆曲线主点包括：直缓点（ZH），缓圆点（HY），曲中点（QZ），圆缓点（YH），缓直点（HZ）。

1. 曲线主点里程的计算

曲线上各点的里程从一已知里程的点开始沿曲线逐点推算。一般已知 JD 的里程，它是从前一直线段推算而得，然后再从 JD 的里程推算各控制点的里程。

$$\left.\begin{array}{l} ZH_{里程} = JD_{里程} - T \\ HY_{里程} = ZH_{里程} + l_0 \\ QZ_{里程} = HY_{里程} + (L/2 - l_0) \\ YH_{里程} = QZ_{里程} + (L/2 - l_0) \\ HZ_{里程} = JD_{里程} + T - D \end{array}\right\} \tag{16-14}$$

计算检核条件为：$HZ_{里程} = JD_{里程} + T - D$

2. 曲线主点的测设

（1）ZH，QZ，HZ 点的测设 ZH，QZ，HZ 点可采用圆曲线主点的测设方法。经纬仪安置在交点（JD），瞄准第一条直线上的某已知点（D_1），经纬仪水平度盘置零。由 JD 出发沿视线方向丈量 T，定出 ZH 点。经纬仪向曲线内转动 $\dfrac{\alpha}{2}$，得到分角线方向，

在该方向线上沿视线方向从 JD 出发丈量 E，定出 QZ 点。继续转动 $\dfrac{\alpha}{2}$，在该线上丈量 T，定出 HZ 点。如果第二条直线已经确定，则该点就应位于该直线上。

（2）HY，YH 点的测设　ZH 和 HZ 点测设好后，分别以 ZH 和 HZ 点为原点建立直角坐标系，利用式（16-7）计算出 HY，YH 点的坐标，采用切线支距法确定出 HY、YH 点的位置。

通过式（16-7）计算出 HY、YH 点的坐标，在 ZH、HZ 点确定后，可以采用切线支距法进行放样。如以 $ZH \sim JD$ 为切线，ZH 为切点建立坐标系，按计算的直角坐标放样出 HY 点，同样可以测设出 YH 点的具体位置。

在以上主点确定后，应及时复核距离，然后分别设立对应的里程桩。

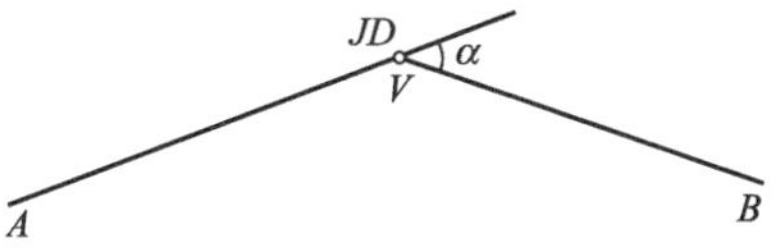

图 16-8　综合曲线计算

【例 16-6】 图 16-8 中的综合曲线，已知 $JD=\mathrm{k}5+324.00$，$\alpha_{右}=22°00'$，$R=500\mathrm{m}$，缓和曲线长 $l_0=60\mathrm{m}$。求缓和曲线元素，曲线主点里程桩桩号。

解：（1）计算综合曲线元素

缓和曲线的倾角　$\beta_0=\dfrac{l_0}{2R}\times\dfrac{180°}{\pi}=3°26'.3$

圆曲线的内移值　$P=\dfrac{l_0^2}{24R}-\dfrac{l_0^4}{2688R^3}\approx\dfrac{l_0^2}{24R}=0.3(\mathrm{m})$

切线外移量　$m=\dfrac{l_0}{2}-\dfrac{l_0^3}{240R^2}\approx\dfrac{l_0}{2}=30.00(\mathrm{m})$

切线长度　$T=(R+P)\times\tan\dfrac{\alpha}{2}+m=127.24(\mathrm{m})$

曲线长度　$L=R(\alpha-2\beta_0)\dfrac{\pi}{180°}+2l_0=251.98(\mathrm{m})$

外矢距　$E=(R+P)\times\sec\dfrac{\alpha}{2}-R=9.66(\mathrm{m})$

切曲差 $\qquad D=2T-L=2.5(\mathrm{m})$

（2）计算曲线主点里程桩桩号

JD	k5+324.00
$-T$	127.24
ZH	k5+196.76
$+l_0$	60.00
HY	k5+256.76
$+(L-2l_0)/2$	65.99
QZ	k5+322.75
$+\quad(L-2l_0)/2$	65.99
YH	k5+388.74
$+\quad l_0$	60.00
HZ	k5+448.74

校核计算：

JD	k5+324.00
$+T$	127.24
$-D$	2.50
HZ	k5+448.74

【例 16-7】 缓和曲线的（　　）用符号 ZH 表示。　　（A）

A. 直缓点 　　　　　　　　B. 曲中点

C. 缓直点 　　　　　　　　D. 缓圆点

第三节　综合曲线详细测设

当地形变化比较小，而且综合曲线的长度小于 40m 时，测设几个主点就能够满足设计与施工的需要，不需要进行详细测设。如果综合曲线较长，或地形变化比较大时，则在完成测定曲线的主点以后，还需要进行曲线的详细测设。

按照选定的桩距在曲线上测设桩位，通常有两种方法。

（1）整桩号法　从 ZH（或 ZY）点出发，将曲线上靠近起点 ZH 点（或 ZY）的第一个桩的桩号凑整成大于 ZH 点（或 ZY）桩号的且是桩距 l 的最小倍数的整桩号，然后按照桩距 l 连续向圆曲线的终点 HZ 点（或 YZ）测设桩位，这样设置的桩的桩号均为整数。

（2）整桩距法　从综合曲线的起点 ZH 点（或 ZY）和终点 HZ 点（或 YZ）出发，分别向圆曲线的中点 QZ 以桩距 l 连续设桩，由于这些桩均为零桩号，因此应及时设置百米桩和千米桩。

综合曲线详细测设的方法比较多，下面仅介绍几种常用的方法。

一、切线支距法

切线支距法是以曲线起点 ZY（或终点 YZ）为独立坐标系的原点，切线为 x 轴，通过原点的半径方向为 y 轴，根据独立坐标系中的坐标 (x_i, y_i) 来测设曲线上的细部点 P_i。在本章第二节已介绍过桩位采用整桩号法的圆曲线如何进行切线支距法详细测设。这里介绍桩位采用整桩距法，如何进行带有缓和曲线的圆曲线的切线支距法详细测设。

1. 测设数据的计算

如图 16-9 所示，从 ZH（或 HZ）点开始，用式(16-9)计算缓和曲线段上各点坐标[式中，l_i 为第 i 个细部点距 ZH（或 HZ）点的里程]。

从 HY（或 YH）点开始至 QZ 点，用公式(16-13)计

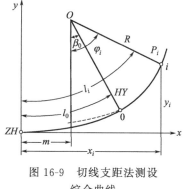

图 16-9　切线支距法测设综合曲线

算圆曲线段各点坐标[式中，$\varphi_i = \dfrac{180°}{\pi R}(l_i - l_0) + \beta_0$，$\beta_0$、$P$ 和 m 为前述的缓和曲线常数，l_i 为细部点到 ZH 或 HZ 的曲线长，l_0 为缓和曲线全长]。

【例 16-8】　以例 16-3 综合曲线的数据为例，已知 $JD=$ k5+324.00，$\alpha_{右}=22°00'$，$R=500$m，缓和曲线长 $l_0=60$m。求算缓和曲线切线支距法测设数据。

解：利用综合曲线坐标计算公式，计算测设数据如表 16-6 所示。

表 16-6　切线支距法测设综合曲线

点号	桩号	x/m	y/m	曲线说明	备注
ZH	k5+196.76	0.00	0.00	JD:k5+324.00	
1	k5+206.76	10.00	0.01	α:右 $22°00'$	$l=10$m

点　号	桩　号	x/m	y/m	曲线说明	备　注
2	k5+216.76	20.00	0.04	$R=500m$	
3	k5+226.76	30.00	0.15	$l_0=60m$	
4	k5+236.76	40.00	0.36		
5	k5+246.76	49.99	0.69	$\beta_0=3°26'.3$	
HY	k5+256.76	59.99	1.20	$x_0=59.98m$	
6	k5+276.76	79.91	2.80	$y_0=1.2m$	$l=20m$
7	k5+296.76	99.97	5.19	$P=0.30m$	
8	k5+316.76	119.51	8.38	$m=30.00m$	
QZ	k5+322.75	125.40	9.48		
8'	k5+328.73	119.51	8.38	$T=127.24m$	
7'	k5+348.73	99.77	5.19	$L=251.98m$	
6'	k5+368.73	79.91	2.80	$E=9.66m$	
YH	k5+388.73	59.98	1.20	$D=2.50m$	
5'	k5+398.73	49.99	0.69		
4'	k5+408.73	40.00	0.36		
3'	k5+418.73	30.00	0.15	$\varphi=2°17'.5$	$l=10m$
2'	k5+428.73	20.00	0.04		
1'	k5+438.73	10.00	0.01		
HZ	k5+448.73	0.00	0.00		

2. 测设步骤

用切线支距法测设圆曲线细部点的具体步骤如下。

（1）安置仪器在交点位置，定出 JD 到 ZH 和 JD 到 HZ 两条直线段的方向。

（2）如图 16-9 所示，视量距方便情况，自 ZH 点出发沿着到 JD 的方向，水平丈量 P_i 点的横坐标 x_i，得到在横坐标轴上的垂足 N_i；或自点 JD 出发沿着到 ZH 的方向，水平丈量 $(L-x_i)$ 得到在横坐标轴上的垂足 N_i。

（3）在各个垂足点上用经纬仪标定出与切线垂直的方向，然后在该确定的方向上依次量取对应的纵坐标，就可以确定对应的碎部点 P_i。

（4）同样方法可以进行从 YZ 点到 QZ 点之间曲线段的细部点的测设工作，完成后也应该进行校核。该方法适用于平坦开阔地区，各个测点之间的误差不易累积。

二、偏角法

采用偏角法测设综合曲线，通常是由 ZH（或 HZ）点测设缓和曲线部分，然后再由 HY（或 YH）测设圆曲线部分。因此，偏角值可分为缓和曲线上的偏角值和圆曲线上的偏角值。

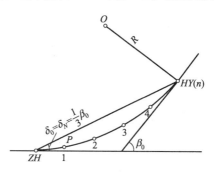

图 16-10 偏角法测设综合曲线

1. 测设数据的计算

（1）缓和曲线上各点偏角值计算 如图 16-10 所示，P 为缓和曲线上一点，根据式（16-9），缓和曲线上点的直角坐标为

$$x_i = l_i - \frac{l_i^5}{40R^2 l_0^2} = l_i - \frac{l_i^5}{40c^2}$$
$$y_i = \frac{l_i^3}{6Rl_0} = \frac{l_i^3}{6c}$$

则偏角为

$$\delta_i \approx \tan\delta_i = \frac{y_i}{x_i} \approx \frac{l_i^2}{6Rl_0} \qquad (16\text{-}15)$$

实际应用中，缓和曲线全长一般都选用 10m 的整倍数。为计算和编制表格方便，缓和曲线上测设的点都是间隔 10m 的等分点，即采用整桩距法。设 δ_1 为缓和曲线上第一个等分点的偏角；δ_i 为第 i 个等分点的偏角，则按式（16-13）可得

第 2 点偏角： $\delta_2 = 2^2 \delta_1$

第 3 点偏角： $\delta_2 = 3^2 \delta_1$

第 4 点偏角： $\delta_2 = 4^2 \delta_1$

......

第 N 点即终点偏角：$\delta_N = N^2 \delta_1 = \delta_0$

所以
$$\delta_1 = \frac{1}{N^2} \delta_0 \qquad (16\text{-}16)$$

而
$$\delta_0 = \frac{l_0^2}{6Rl_0} = \frac{l_0}{6R} = \frac{1}{3}\beta_0$$

因此，由 $\beta_0 \to \delta_0 \to \delta_1$ 这样的顺序计算出 δ_1，然后按 2^2、3^2、…、N^2 的倍数乘以 δ_1 即可求出缓和曲线段各点的偏角。另外，也可先计算出点的坐标，然后再反算偏角

$$\delta_i = \tan^{-1} \frac{y_i}{x_i} \qquad (16\text{-}17)$$

这种计算方法较准确，但与前种方法计算结果相差不大，有时显得没有必要。

（2）缓和曲线上各点弦长计算　偏角法测设时的弦长，严密的计算方法是用坐标反算而得，但较为复杂。由于缓和曲线半径一般较大，因此常以弧长代替弦长进行测设。

（3）圆曲线段测设数据计算　圆曲线段测设时，通常以 HY（或 YH）点为坐标原点，以其切线方向为横轴建立直角坐标系，其测设数据计算与单纯圆曲线相同。

【例 16-9】　以例 16-3 综合曲线的数据为例，已知 $JD =$ k5+324.00，$\alpha_{右} = 22°00'$，$R = 500\text{m}$，缓和曲线长 $l_0 = 60\text{m}$。求算偏角法测设综合曲线的测设数据。

解：（1）计算曲线副点之偏角

缓和曲线上各副点之偏角

$$l_0 = 60\text{m}, \qquad \Delta_H = \delta_0 = \frac{\beta_0}{3} = 1°08'.8$$

$$l_1 = 20\text{m}, \qquad \delta_1 = \frac{1}{9}\Delta_H = 0°7'.6$$

$$l_1 = 40\text{m}, \qquad \delta_2 = \frac{4}{9}\Delta_H = 0°30'.6$$

圆曲线上各副点之偏角 $\Delta(C = 20\text{m})$ 为

$$\Delta = \frac{C}{2R} \times \frac{180°}{\pi}$$

（2）偏角法测设综合曲线数据表（表 16-7）

表 16-7　偏角法测设综合曲线数据计算

点号	桩号	总偏角	曲线说明	备注
ZH	k5+196.76	$0°00'.0$	JD:k5+324.00	
1	k5+216.76	$0°07'.6$	α:右 $22°00'$	
2	k5+236.76	$0°30'.6$	$R=500$m	
HY	k5+256.76	$1°08'.8$ ($0°00'.0$)	$l_0=60$m	
3	k5+276.75	$1°08'.8$	$\beta_0=3°26'.3$	
4	k5+296.76	$2°17'.6$	$x_0=59.98$m	
5	k5+316.76	$3°26'.3$	$y_0=1.2$m	
QZ	k5+322.74	$3°46'.9$	$P=0.30$m	
6	k5+336.76	$4°35'.0$	$m=30.00$m	
7	k5+356.76	$5°43'.8$	$T=127.24$m	
8	k5+376.76	$6°52'.5$	$L=251.98$m	
YH	k5+388.73	$7°37'.7$ ($358°51'.2$)	$E=9.66$m	
$2'$	k5+408.73	$359°29'.4$	$D=2.50$m	
$1'$	k5+428.73	$359°52'.4$	$\alpha-2\beta_0=$ $15°07'.4$	
HZ	k5+448.73	$0°00'.0$	$\Delta=1°08'45''$	

注：表中数字序号即为测设顺序。

2. 综合曲线测设步骤

偏角法测设综合曲线步骤如下。

(1) 如图 16-10 所示，在 ZH 点上安置经纬仪，以切线方向定向，使度盘读数为零；

(2) 拨偏角 δ_1（缓和曲线上第点 1 偏角值），沿视线方向量取 l_1 长，定第点 1；

(3) 拨偏角 δ_2（缓和曲线上第点 2 偏角值），由第点 1 量取 l_1 长，并使 l_1 的末端与视线方向相交，则交点即为第点 2；

(4) 按上述方法依次测设缓和曲线上以后各点直至 HY 点，并以主点（HY）进行检核；

(5) 将仪器迁至 HY 点，以 ZH 点定向，度盘读数对准（$\beta_0-\delta_0=2\delta_0$）或（$360°-2\delta_0$），纵转望远镜后，再转动照准部使水平度盘读数为零，此时望远镜视线方向即为该点切线方向；

(6) 按本章第二节圆曲线详细测设方法测设综合曲线上的圆曲

线段；

（7）同样方法测设综合曲线的另一半。测设后要进行检核，并对闭合差进行调整，其方法与圆曲线的调整相同。

三、极坐标法

用极坐标法测设综合曲线的细部点是用全站仪进行路线测量的最合适的方法。仪器可以安置在任何控制点上，包括路线上的交点、转点等已知坐标的点，其测设的速度快、精度高。

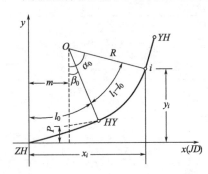

图 16-11　综合曲线细部点坐标计算

用极坐标法进行测设前首先要计算各点的坐标，包括测站点、曲线主点和细部点的坐标，然后根据坐标反算测站点与放样点之间的坐标方位角和水平距离，最后根据计算的方位角和水平距离进行实地放样。

1. 综合曲线细部点坐标计算

（1）第一段缓和曲线部分　如图 16-11 所示，第一段缓和曲线部分，即 ZH 点到 HY 点之间，依据式(16-9)，缓和曲线的参数方程为

$$\left.\begin{array}{l} x_i = l_i - \dfrac{l_i^5}{40R^2 l_0^2} \\[3mm] y_i = \dfrac{l_i^3}{6Rl_0} = \dfrac{l_i^3}{6c} \end{array}\right\}$$

根据坐标转换平移公式将该参数方程转换为公路中线控制坐标系中的坐标为

$$\left.\begin{array}{l} x_i = x_{ZY} + \left(l_i - \dfrac{l_i^5}{40R^2 l_0^2}\right)\cos\alpha_0 - \left(\dfrac{l_i^3}{6Rl_0}\right)\sin\alpha_0 \\[4mm] y_i = y_{ZY} + \left(l_i - \dfrac{l_i^5}{40R^2 l_0^2}\right)\sin\alpha_0 + \left(\dfrac{l_i^3}{6Rl_0}\right)\cos\alpha_0 \end{array}\right\} \qquad (16\text{-}18)$$

式中　l_i——缓和曲线上某一点的桩号与直缓点（ZH）的桩号的里程之差；

　　　l_0——缓和曲线的长度；

　　　R——圆曲线半径；

　　　α_0——缓和曲线切线的方位角。

（2）圆曲线部分　如图 16-11 所示，仍采用推导缓和曲线建立的坐标系，设 i 是圆曲线上任意一点。依据式（16-13）知，i 点的坐标（x_i，y_i）可表示为

$$\left. \begin{array}{l} x_i = R\sin\varphi_i + m \\ y_i = R(1-\cos\varphi_i) + P \end{array} \right\}$$

$$\varphi_i = \frac{180^\circ}{\pi R}(l_i - l_0) + \beta_0$$

式中　β_0, P, m——分别为前述的缓和曲线常数；

　　　l_i——细部点到 ZH 或 HZ 的曲线长；

　　　l_0——缓和曲线全长；

　　　R——圆曲线半径。

利用坐标轴旋转平移，可将该参数方程转化为测量坐标系下的参数方程

$$\left. \begin{array}{l} x_i = x_{ZH} + (R\sin\varphi_i + m)\cos(\alpha_0 + \beta_0) - [R(1-\cos\varphi_i) + P]\sin(\alpha_0 + \beta_0) \\ y_i = x_{ZH} + (R\sin\varphi_i + m)\sin(\alpha_0 + \beta_0) + [R(1-\cos\varphi_i) + P]\cos(\alpha_0 + \beta_0) \end{array} \right\}$$

$$(16-19)$$

（3）第二段缓和曲线上的中桩坐标计算　第二段缓和曲线（即 YH 点到 HZ 点）上的中桩坐标计算。首先，根据交点桩 JD 的坐标计算出缓直点 HZ 的坐标。然后，以 HZ 为原点，计算独立坐标系内第二段缓和曲线内各点坐标。方法同第一段缓和曲线上的中桩计算方法。但是，坐标轴旋转的转角不再是 α_0，而是 $\alpha_0 \pm \alpha$。α_0 为直缓点 ZH 至交点桩 JD 的方位角；α 为公路的转向角。

2. 测设数据计算

如图 16-12 所示，可以在通视良好的地方选一点 C（C 点能够

观测到所有要放中线桩的位置），C 点的坐标可以利用支导线测量的方法测出。欲放中线上的 D 点，在 C 点架设全站仪后，后视 B 点，只要知道夹角 θ 和距离 s 即可进行放线。D 点的坐标可以由设计单位给出，也可以利用几何关系求得。

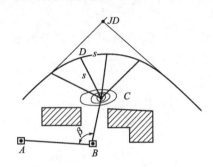

图 16-12　全站仪极坐标法测设

后视方位角 　　　　　　　　$\alpha_0 = \arctan \dfrac{y_B - y_C}{x_B - x_C}$

前视方位角 　　　　　　　　$\alpha = \arctan \dfrac{y_D - y_C}{x_D - x_C}$

夹角 　　　　　　　　　　　$\theta = \alpha_0 - \alpha$

前视距离 　　　　　　　　　$s = \sqrt{(x_D - x_C)^2 + (y_D - y_C)^2}$

求出夹角 θ 和距离 s 后，就可以利用极坐标法进行放线。

3. 测设实施

在选定的测站点安置仪器，瞄准后视点（另一已知控制点），建立坐标系。按照放样示意图上的数据，依次拨出一个角度，定出方向线（某点的方位角方向），在方向线上测设出计算的距离，就定出各个放样点。

测设完成后，如果放样时使用的仪器是全站仪，则可用各点的坐标进行校核，如果是经纬仪，则测定相邻各个碎部点之间的弦长与计算结果进行比较。在限差内，说明满足要求，可以在各点打下木桩，反之，应该查明原因及时进行改正。

第四节　困难地段的曲线测设

在进行曲线的测设时，由于受到地物或地貌等条件的限制，经常会遇到各种各样的障碍，导致不能按照前述的方法进行曲线的测设，这时可以根据具体情况，提出具体的解决方法。

一、路线交点不能安置仪器

路线交点有时落在河流里或其他不能安置仪器的地方，形成虚交点，这时可通过设置辅助交点进行曲线主点测设。常见的发生虚交的情况有以下几种。

（1）交点落入河流中间，无法在河流中间定出交点的具体位置。

（2）道路依山修筑，在山路转弯时，交点在山中或半空中无法实际得到。

（3）路线中线上有障碍物无法排除，交点无法直接得到。

（4）路线转角较大，切线长度过长，获得交点对工作不利，没有意义。

在实际工作中遇到虚交时，通常可以采用的测设方法有以下几种。

1. 圆外基线法

如图 16-13 所示，由于路线的交点落入河流中间，无法在交点设桩而形成虚交。这时可以在曲线的两切线上分别选择一个便于安置仪器的辅助点如图中的 A、B 点，将经纬仪分别安置在 A、B 点，测量出两点连线与切线的交角 α_a 和 α_b，同时用钢尺往返丈量 A、B 点间的水平距离，应注意测量角度和距离应分别满足规定的限差要求。

在图中可以发现，辅助点 A、B 与虚交点 JD 构成一个三角形，根据几何关系，利用正弦定律可以得到

$$
\left.
\begin{aligned}
\alpha &= \alpha_a + \alpha_b \\
a &= AB \times \frac{\sin\alpha_b}{\sin(180°-\alpha)} = AB \times \frac{\sin\alpha_b}{\sin\alpha} \\
b &= AB \times \frac{\sin\alpha_a}{\sin(180°-\alpha)} = AB \times \frac{\sin\alpha_a}{\sin\alpha}
\end{aligned}
\right\}
\tag{16-20}
$$

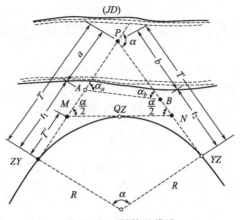

图 16-13 圆外基线法

根据已知的偏角 α 和选定的半径 R，就可以按式(16-1) 或式 (16-12)计算出切线长 T 和弧线长 L，再结合 a、b、T，计算出辅助点到圆曲线的 ZY、YZ 点之间的距离 t_1、t_2。

$$t_1 = T - a, \quad t_2 = T - b \tag{16-21}$$

根据计算出的 t_1、t_2，就能定出圆曲线的 ZY 点和 YZ 点。如果计算出的 t_1、t_2 值出现负值，说明辅助点定在曲线内侧，而圆曲线的 ZY、YZ 点位于辅助点与虚交点之间。A 点的里程确定以后，对应圆曲线主点的里程也可以推算出来。

测设时，在切线方向上分别量取（根据计算的正负可以确定在切线上的方向）t_1、t_2，即可测设出圆曲线的 ZY 点和 YZ 点。曲中点 QZ 的测设可以采用"中点切线法"，如果过曲中点 QZ 的切线与过虚交点的两条切线的交点分别为 M、N 点，可以发现，$\angle PMN = \angle PNM = \alpha/2$，显然

$$T' = R \tan \frac{\alpha}{4} \tag{16-22}$$

在确定了 ZY 点和 YZ 点后，沿着过该点的切线方向量取长度 T' 后就能定出 M、N 两点，从 M 或 N 点出发沿着 MN 量取长度 T' 就得到 QZ 点。该点同时也是 MN 的中点。

在圆曲线的主点确定后，就可以根据具体情况采用前述三种方法的一种进行圆曲线详细测设。

【例 16-10】　如图 16-13 所示，测出 $\alpha_a = 15°18'$，$\alpha_b = 18°22'$，选定圆曲线的半径 $R = 150$m，$AB = 54.68$m，已知 A 点的里程桩号为 k3+123.22。试计算测设主点的数据和主点的里程桩号。

解：根据 $\alpha_a = 15°18'$，$\alpha_b = 18°22'$，有

$$\alpha = \alpha_a + \alpha_b = 15°18'' + 18°22' = 33°40'$$

根据 $\alpha = 33°40'$，$R = 150$m，参考式（16-12），计算切线长 T 和弧线长为

切线长　$T = R\tan\dfrac{\alpha}{2} = 150 \times \tan\dfrac{33°40'}{2} = 45.383(\text{m})$

曲线长　$L = R\alpha\dfrac{\pi}{180°} = 150 \times 33°40' \times \dfrac{\pi}{180°} = 88.139(\text{m})$

又　$a = AB\dfrac{\sin\alpha_b}{\sin\alpha} = 54.68 \times \dfrac{\sin18°22'}{\sin33°40'} = 31.080(\text{m})$

$b = AB\dfrac{\sin\alpha_a}{\sin\alpha} = 54.68 \times \dfrac{\sin15°18'}{\sin33°40'} = 26.027(\text{m})$

因此

$$t_1 = T - a = 45.383\text{m} - 31.080\text{m} = 14.303(\text{m})$$
$$t_2 = T - b = 45.383\text{m} - 26.027\text{m} = 19.356(\text{m})$$

同时

$$T' = R\tan\dfrac{\alpha}{4} = 150 \times \tan\dfrac{33°40'}{4} = 22.195(\text{m})$$

计算出主点的里程如下。

A 点	k3+123.22
$-)t_1$	14.30
ZY	k3+108.92
$+)L$	88.14
YZ	k3+197.06
$-)L/2$	44.07
QZ	k3+152.99

在确定圆曲线的主点后，还应该按照前面所述，进行圆曲线的详细测设。

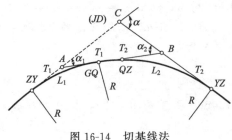

图 16-14　切基线法

2. 切基线法

如图 16-14 所示，由于受地形限制曲线出现虚交后，同时曲线通过 GQ（公切点）点，这样圆曲线被分为两个同半径的圆曲线 L_1、L_2，其切线的长度分别为 T_1、T_2，通过 GQ 点的切线 AB 是切基线。

在现场进行实际测设时，根据现场实际，在两通过虚交点的切线上选择点 A、B，形成切基线 AB，用往返丈量方法测量出其长度，并观测该两点连线与切线的交角 α_1、α_2，有

$$T_1 = R\tan\frac{\alpha_1}{2} \qquad\qquad T_2 = R\tan\frac{\alpha_2}{2}$$

同时有 $AB = T_1 + T_2$，代入上式整理后有

$$R = \frac{AB}{\tan\dfrac{\alpha_1}{2} + \tan\dfrac{\alpha_2}{2}} = \frac{T_1 + T_2}{\tan\dfrac{\alpha_1}{2} + \tan\dfrac{\alpha_2}{2}} \qquad (16\text{-}23)$$

在求得 R 后，根据 R、α_1 和 α_2，代入式(16-1)，可分别求得 L_1、L_2 和 T_1、T_2，将 L_1、L_2 相加就得到曲线的总长 L。

实际测设时，先在 A 点安置仪器，沿着切线方向分别丈量长度 T_1，就定出圆曲线的 ZY 点和 GQ 点；在 B 点安置仪器，沿着切线方向分别丈量长度 T_2，就定出圆曲线的 YZ 点和 GQ 点；其中 GQ 点可用作校核。

在选择用切基线法时，如果计算出的半径 R 不能满足规定的最小半径或不能适应地形变化时，应将选定的参考点 A、B 进行调整，使切基线的位置合适。

在测定圆曲线的主点后，应该按照前述方法进行圆曲线的详细测设。

3. 弦基线法

连接圆曲线的起点与终点的弦线，称为弦基线。该方法是当已

经确定圆曲线的起点（或终点）时，运用"弦线两端的圆切角相等"，来确定曲线的终点（或起点）。

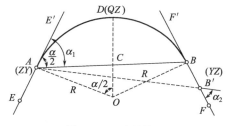

图 16-15 弦基线法

如图 16-15 所示，如果 A 点是圆曲线的起点位置，而 E 点是其后视点，假设另一条直线的方向已知并且有初步确定的 B' 和前视点 F，具体测设步骤如下。

（1）首先分别在 A、B' 点安置仪器，测量弦线 AB' 与切线的夹角 $\angle E'AB'$、$\angle F'B'A$，显然两个角度一般不相等，但是两者之和就是偏角 α。

（2）根据测量结果计算出偏角 α，同时测站点的弦切角为偏角 α 的一半。

（3）在 A 点安置经纬仪，以 AE' 为起始方向，拨角 $\alpha/2$，这时经纬仪的视线与直线 FB' 的交点就是 B 点的正确位置。

（4）用往返丈量取平均值的方法测量改正后的 AB 长度。

（5）计算圆曲线的曲率半径 R，有

$$R = \frac{AB}{2\sin\dfrac{\alpha}{2}} \tag{16-24}$$

（6）确定曲中点 QZ 的位置，可以先计算图中 CD 的长度，再确定 QZ 点的位置。

$$CD = R\left(1 - \cos\frac{\alpha}{2}\right) = 2R\sin^2\frac{\alpha}{4} \tag{16-25}$$

二、曲线起点或终点不能安置仪器

当曲线起点或终点不能到达时，可采用极坐标法测设曲线点。如图 16-16 所示，i 点为欲测设的曲线点，在 JD 点安置仪器，以外矢距方向定向，拨 β_i 角，沿此方向量距 d_i，即得 i 点。

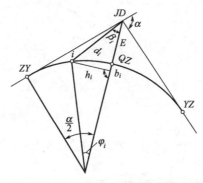

图 16-16　曲线起点或终点不能安置仪器的测设方法

由图中可见

$$\left.\begin{array}{l}
h_i = R\sin\varphi_i \\[4pt]
b_i = R(1-\cos\varphi_i) \\[4pt]
\tan\beta_i = \dfrac{h_i}{b_i+E} = \dfrac{\sin\varphi_i}{\left(\dfrac{E}{R}+1\right)-\cos\varphi_i} \\[12pt]
d_i = \dfrac{h_i}{\sin\beta_i} = R \times \dfrac{\sin\varphi_i}{\sin\beta_i}
\end{array}\right\} \tag{16-26}$$

β_i 和 d_i 值还可用坐标反算求得。

在测设时，为了避免以 QZ 点为后视时视线太短所带来的影响，可以在测设 QZ 点的同时，再沿外矢距较远处定一点作为后视点。或者以切线方向定向，使度盘读数为 $\alpha/2$，转动照准部使度盘读数为零时即为外矢距方向。

三、视线受阻时用偏角法测设圆曲线

如图 16-17 所示，由于在圆曲线的起点测设点 P_4 时视线受阻挡，可采用以下方法测设。

（1）由于在同一圆弧两端的偏角相等。如果在 P_4 点受阻，在 P_3 点测设完成后，可改为短弦偏角法，将测站迁移到 P_3，后视起点 A 并将度盘读数置零，纵转望远镜并顺时针转动照准部，当度盘读数为原先计算的 P_4 点的偏角时, 该方向就是 $P_3 P_4$ 的方向, 在该方向上丈量弦长 c_0, 就能够得到 P_4 点, 然后可以继续测设余下各点。

（2）可以应用同一圆弧段的弦切角与圆周角相等的原理。将仪器架设在中点 QZ, 度盘置零后先后视 A 点, 然后转动照准部到度盘读数为原先计算出 P_4 点的偏角, 确定 $P_4 QZ$ 方向, 从

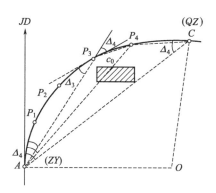

图 16-17　视线受阻时用偏角法测设圆曲线

P_3 点出发丈量相应弦长 c_0 与视线相交, 交点就是 P_4 点。同时可以确定其他各点。这种方法适用于在 P_3 点不利安置仪器的情况, 但是对测距影响不大。

四、遇障碍物时用偏角法测设缓和曲线

如图 16-18 所示, H、C 两点为已知测设的缓和曲线点, Q 为欲测设的缓和曲线点, i_H 为后视偏角, i_Q 为前视偏角, β_C 为过 C 点的切线与 x 轴的夹角, l_H、l_C、l_Q 分别为 H、C、Q 点至起点的曲线长。

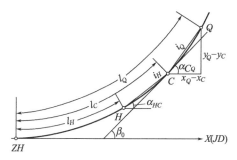

图 16-18　遇障碍物时用偏角法测设缓和曲线

由图 16-18 可知, 前视偏角应按下式计算。

$$i_Q = \alpha_{CQ} - \beta_C \tag{16-27}$$

由式 $\beta = \dfrac{l_i^2}{2Rl_0}$ 可得，

$$\beta_C = \frac{l_C{}^2}{2Rl_0} \times \rho \qquad (16\text{-}28)$$

而

$$\alpha_{CQ} = \frac{y_Q - y_C}{x_Q - x_C}$$

再结合式(16-9)，可得

$$\alpha_{CQ} = \frac{\dfrac{l_Q^3}{6Rl_0} - \dfrac{l_C^3}{6Rl_0}}{l_Q - l_C} \times \rho = \frac{l_Q^2 + l_Q l_C + l_C^2}{6Rl_0} \times \rho \qquad (16\text{-}29)$$

将式(16-28) 和式(16-29) 代入式(16-27)，则得

$$i_Q = \frac{l_Q^2 + l_Q l_C + l_C^2}{6Rl_0} - \frac{l_C^2}{2Rl_0} = \frac{(l_Q - l_C)(l_Q + 2l_C)}{6Rl_0} \times \rho$$

顾及 $\rho = \dfrac{180°}{\pi}$，则前视偏角为

$$i_Q = \frac{30°}{\pi R l_0} \times (l_Q - l_C) \times (l_Q + 2l_C) \qquad (16\text{-}30)$$

同理，可证明后视偏角为

$$i_H = \beta_C - \alpha_{HC}$$

$$i_H = \frac{30°}{\pi R l_0} \times (l_C - l_H) \times (l_H + 2l_C) \qquad (16\text{-}31)$$

若缓和曲线各点间弧长相等，且为 l_1，设 C、H、Q 为点的序号，则有 $l_C = Cl_1$、$l_H = Hl_1$、$l_Q = Ql_1$，此时，式(16-30) 和式(16-31) 可简化为

$$\left.\begin{array}{l} i_Q = \delta_1(Q-C)(Q+2C) \\ i_H = \delta_1(C-H)(H+2C) \end{array}\right\} \qquad (16\text{-}32)$$

式中，δ_1 为仪器安置在缓和曲线起点时，测设第一点的偏角，$\delta_1 = \dfrac{l_1^2}{6Rl_0} \times \dfrac{180°}{\pi}$。

在实际工作中，测设各点的偏角，可以 R 和 l_0 为引数从《铁路曲线测设用表》中查取，或编制电算程序直接计算。

五、全站仪任意设站测设曲线

全站仪任意设站法是利用全站仪的优越性能在任何可架设仪器的地方设站进行直线段、曲线段的中线测量的方法。该方法适用于高等级公路的中线测量。因为高等级公路的中线位置大都用坐标表示。当设计单位提供的逐桩坐标或是控制桩（交点桩）的坐标经施工单位复测后，就可推算其他中线桩（里程桩、加桩）的坐标。

全站仪任意设站测设曲线，必须首先计算出曲线上各拟测设点坐标，然后就可以利用全站仪在无任何障碍的地方安置仪器，用极坐标法测设曲线或直接根据细部点坐标进行测设。因此，该方法主要用于已计算曲线细部点坐标的情况下。

1. 直线段中线桩的坐标计算

设直线段的方位角为 α_0。α_0 可用该直线段两端点交点桩 JD 的坐标求得，设 i 交点坐标为 (x_i, y_i)，交点 JD 的坐标为 (x_j, y_j)，如图 16-19 所示。

$$\alpha_0 = \arctan \frac{y_j - y_i}{x_j - x_i}$$

则 D 点的坐标为

$$\left. \begin{array}{l} x_D = x_{JD_i} + L\cos\alpha_0 \\ y_D = y_{JD_i} + L\sin\alpha_0 \end{array} \right\} \tag{16-33}$$

式中，L 为 D 点桩的桩号与交点桩 JD_i 的桩号的里程之差。

2. 只有圆曲线段的坐标计算

如图 16-20 所示。以直圆点（ZY）或圆直点（YZ）为原点，以切线方向为 x 轴，以通过原点的圆曲线半径方向为 y 轴，建立的独立坐标系，D 点为圆曲线上的任意一点，在该坐标系中，圆曲线的参数方程为

$$\left. \begin{array}{l} x_i = l_i - \dfrac{l_i^3}{6R} + \dfrac{l_i^5}{120R^4} \\[3mm] y_i = \dfrac{l_i^2}{2R} - \dfrac{l_i^4}{24R^3} + \dfrac{l_i^6}{720R^5} \end{array} \right\} \tag{16-34}$$

式中　l_i——圆曲线上的点到 ZY（或 YZ）点里程。

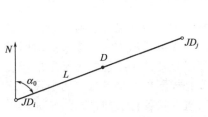

图 16-19 直线段坐标计算

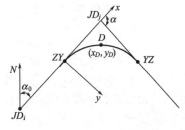

图 16-20 圆曲线坐标计算

设 JD_i 到 JD_j 的方位角为 α_0，在已经求出 ZY 点坐标（x_{ZY}，y_{ZY}）的情况下，通过坐标轴的旋转平移公式，即可将上式独立坐标系中的参数方程转化为测量坐标系下的坐标公式。则 D 点的坐标为

$$\left.\begin{aligned}
x_D &= x_{ZY} + \left(l_i - \frac{l_i^3}{6R} + \frac{l_i^5}{120R^4}\right)\cos\alpha_0 - \left(\frac{l_i^2}{2R} - \frac{l_i^4}{24R^3} + \frac{l_i^6}{720R^5}\right)\sin\alpha_0 \\
y_D &= y_{ZY} + \left(l_i - \frac{l_i^3}{6R} + \frac{l_i^5}{120R^4}\right)\sin\alpha_0 + \left(\frac{l_i^2}{2R} - \frac{l_i^4}{24R^3} + \frac{l_i^3}{720R^5}\right)\cos\alpha_0
\end{aligned}\right\}$$

$$(16\text{-}35)$$

式中 x_{ZY}，y_{ZY}——直圆点坐标，可按直线段坐标的计算方法

算出；

l_i——圆曲线上的 D 点的中桩桩号与直圆点中桩

桩号的里程之差；

R——圆曲线的半径。

3. 带有缓和曲线的圆曲线段的坐标计算

根据本章第三节介绍，图 16-11 中，带有缓和曲线的圆曲线段的坐标计算。

（1）第一段缓和曲线部分   坐标计算公式为

$$\left.\begin{aligned}
x_i &= x_{ZY} + \left(l_i - \frac{l_i^5}{40R^2 l_0^2}\right)\cos\alpha_0 - \left(\frac{l_i^3}{6Rl_0}\right)\sin\alpha_0 \\
y_i &= y_{ZY} + \left(l_i - \frac{l_i^5}{40R^2 l_0^2}\right)\sin\alpha_0 + \left(\frac{l_i^3}{6Rl_0}\right)\cos\alpha_0
\end{aligned}\right\}$$

式中 l_i——缓和曲线上某一点的桩号与直缓点（ZH）的桩号的

里程之差；

l_0——缓和曲线的长度；

R——圆曲线半径；

α_0——缓和曲线切线的方位角。

（2）圆曲线部分　测量坐标系下的坐标公式为

$$\left.\begin{array}{l}x_i = x_{ZH} + (R\sin\varphi_i + m)\cos(\alpha_0 + \beta_0) - [R(1-\cos\varphi_i) + P]\sin(\alpha_0 + \beta_0)\\ y_i = x_{ZH} + (R\sin\varphi_i + m)\sin(\alpha_0 + \beta_0) + [R(1-\cos\varphi_i) + P]\cos(\alpha_0 + \beta_0)\end{array}\right\}$$

$$\varphi_i = \frac{180^\circ}{\pi R}(l_i - l_0) + \beta_0$$

式中　β_0, P, m——分别为前述的缓和曲线常数；

l_i——细部点到 ZH 或 HZ 的曲线长；

l_0——缓和曲线全长；

R——圆曲线半径。

（3）第二段缓和曲线上的中桩坐标计算　首先，根据交点桩 JD 的坐标计算出缓直点 HZ 的坐标。然后，以 HZ 为原点计算第二段缓和曲线内各点坐标。方法同第一段缓和曲线上的中桩计算方法。但是，坐标轴旋转的转角不再是 α_0，而是 $\alpha_0 \pm \alpha$。α_0 为直缓点 ZH 至交点桩 JD 的方位角；α 为公路的转向角。

【**例 16-11**】　如图 16-21 所示，已知 A 点的坐标为：$x_b = 32410.185$；$y_b = 29612.102$；ZY 桩至交点 JD_5 的距离为 $s_0 = 1250.480\mathrm{m}$，方位角（A 至 JD_5）$\alpha_0 = 68°02'48''$，交点桩 JD_5 的偏转角（转折角）$\alpha = 28°18'22''$；圆曲线半径 $R = 600\mathrm{m}$，已知导线点 N_1 的坐标为（32 482.610，29 611.476），N_2 点的坐标为：

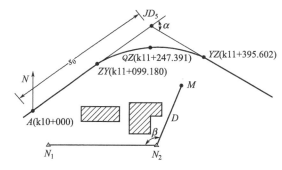

图 16-21　全站仪任意设站测设公路中线

(32 182.786，30 652.220)，观测角 $\beta=118°12'24''$，N_2 至 M 点的距离 $D=128.500$m。（注：M 点即为全站仪所架设的任意点）问：如何用极坐标法测设公路中线？

解：（1）计算曲线元素

切线长 $\quad T=R\tan\dfrac{\alpha}{2}=600\times\tan\dfrac{28°18'22''}{2}=151.300(\text{m})$

曲线长 $\quad L=R\alpha\times\dfrac{\pi}{180°}=600\times28°18'22''\times\dfrac{\pi}{180°}=296.421(\text{m})$

外矢距 $\quad E=\dfrac{R}{\cos\alpha/2}-R=R\left(\sec\dfrac{\alpha}{2}-1\right)=18.783(\text{m})$

（2）计算主点桩里程

交点桩 $JD_5=$k10+000+$s_0=$k10+000+1250.480

$\qquad\qquad=$k11+250.480

直圆点 $ZY=JD_5$ 里程$-T=$k11+250.480$-$151.300

$\qquad\qquad=$k11+099.180

曲中点 $QZ=ZY$ 里程$+0.5L=$k11+099.180$+0.5\times$296.421

$\qquad\qquad=$k11+247.391

圆直点 $YZ=QZ$ 里程$+0.5L=$k11+247.391$+0.5\times$296.421

$\qquad\qquad=$k11+395.602

直线段的里程及曲线细部点的里程计算略。

（3）计算中桩坐标

① 直线段坐标计算：A 点至 ZY 点直线段的方位角 $\alpha_0=68°02'48''$

例如求直线上里程为 k10+020 的桩的坐标。

$x=x_b+L_0\cos\alpha_0=32410.185+20\times\cos68°02'48''=32417.662(\text{m})$

$y=y_b+L_0\sin\alpha_0=29612.102+20\times\sin68°02'48''=29630.652(\text{m})$

式中，L_0 为待求里程桩坐标的桩号与具有已知点坐标的里程桩桩号之差。

② 圆曲线段主点及细部点的计算（ZY 点至 YZ 点）

计算曲线段的坐标可用公式为

$$\left.\begin{array}{l}X_D=X_{JD_i}+L\cos\alpha_0\\Y_D=Y_{JD_i}+L\sin\alpha_0\end{array}\right\}$$

例如求曲段上里程为 k11+100 的桩的坐标。

已知 $\alpha_0 = 68°02'48''$；$l_i = $k11$+100-$k11$+099.180=0.82$（m）。

将 α_0、l_i 代入上式，得

$$x_D = 32821.422(\text{m})$$
$$y_D = 30632.340(\text{m})$$

③ 另一直线段的坐标计算（YZ 点至 JD_6 段）

设另一直线段的方位角为 A，则 $A = \alpha_0 + \alpha = 68°02'48'' + 28°18'22'' = 96°21'11''$

例如求里程为 k11+400 的桩的坐标。

由坐标正算公式

$$x = x_0 + s\cos A$$
$$y = y_0 + s\sin A$$

式中，x_0、y_0 为已知点坐标；s 为待求点的距离，即待求点的桩号与已知点桩号之差。

则有：$s = $k11$+400-$k11$+395.602=4.398$m（已知点为圆直点 YZ）

$$x = x_0 + s\cos A = 32994.011 + 4.398 \times \cos 96°21'11'' = 32993.524(\text{m})$$
$$y = y_0 + s\sin A = 30922.282 + 4.398 \times \sin 96°21'11'' = 30926.653(\text{m})$$

（4）放样元素计算

导线点 N_1、N_2 由于障碍物而无法进行中线测量，故需选一点 M（M 点既能看到 N_2，又能放样出该段公路的中线），通过观测水平角 β 和距离 D 可以计算出 M 点的坐标。

N_1N_2 的方位角　　$\alpha_{N_1N_2} = \arctan \dfrac{y_{N_2} - y_{N_1}}{x_{N_2} - x_{N_1}} = 94°14'37''$

N_2M 的方位角　　$\alpha_{N_2M} = \alpha_{N_1N_2} + \beta - 180° = 32°27''01''$

M 点的坐标　　$x_M = x_{N_2} + D\cos A = 32291.223(\text{m})$

$$y_M = y_{N_2} + D\sin A = 30721.170(\text{m})$$

将全站仪架设在 M 点上，后视导线点 N_2，则后视方位角为

$$\alpha_{MN_2} = \alpha_{N_2M} + 180° = 212°27'01''$$

若放样中桩 ZY 即直圆点的平面位置，需计算

① 前视方位角　　$\alpha_{前} = \arctan \dfrac{y_{ZY} - y_M}{x_{ZY} - x_M} = 350°24'07''$

② 放样角 θ $\theta = \alpha_{前} - \alpha_{MN_2} = 137°57'06''$

③ 放样距离 D $D = \sqrt{(x_{ZY} - x_M)^2 + (y_{ZY} - y_M)^2} = 537.412$ （m）

在实际工作中，通常是先编好顺序，然后用计算机进行计算。将结果编制成放样元素表（如表16-8所示），以便放样时不发生错误，使放样工作有序进行。

表 16-8   中桩坐标与测设元素放样表

里程桩号	坐标/m		测设元素	
	x	y	$\theta/(°\ '\ '')$	D/m
k10+000	32 410.185	29 612.102	63 40 19	1 115.430
k10+020	32 417.662	29 630.652	64 09 48	1 097.823
k10+040	32 425.139	29 649.202	64 40 14	1 080.300
k10+060	32 432.616	29 667.751	65 11 40	1 062.866
k10+080	32 440.093	29 686.300	65 44 09	1 045.522
⋮	⋮	⋮	⋮	⋮

第五节   复曲线的测设

用两个或两个以上的不同半径的同向曲线相连而成的曲线为复曲线。按其连接方式不同分为三种：单纯由圆曲线直接相连组成的；两端由缓和曲线中间用圆曲线直接相连组成的；两端有缓和曲线中间也由缓和曲线连接组成的。下面以由两个圆曲线组成的复曲线为例，重点介绍切基线法测设复曲线。

简单复曲线是由两个或两个以上不同半径的同向圆曲线组成的圆曲线。在测设时，应该先选定其中一个圆曲线的曲率半径，称为主曲线，其余的曲线称为副曲线。副曲线的曲率半径可以通过主曲线的半径以及测量相关数据求得。常用的测设方法有切基线法和弦基线法两种。

如图16-22所示，两个不同曲率半径的圆曲线同向相交，主、副曲线的交点分别为 A、B 点，两曲线相接于公切点 GQ。该点上的切线是两个圆曲线共同的切线，该切线就称为切基线。

首先在交点 A、B 分别安置经纬仪，测出两个圆曲线的转角 α_1、α_2，然后用钢尺进行往返丈量，得到 A、B 两点之间的水平

距离 AB ，显然它是两个圆曲线的切线长度之和。如果先行选定主曲线的曲率半径 R_1 以后，就可以通过计算得到副曲线的半径 R_2 以及其他测设元素，其具体步骤如下。

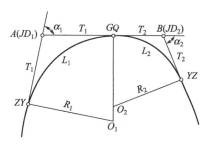

图 16-22 切基线法测设复曲线

（1）根据前述测定主曲线的转角和选定主曲线的曲率半径，按式（16-1），可以计算出主曲线的测设元素切线长 T_1、弧线长 L_1、外矢距 E_1 和切曲差 D_1。

（2）根据前述测量 AB 的水平距离以及主曲线的切线长度 T_1，可以按下式计算副曲线的切线长 T_2。

$$T_2 = AB - T_1 \tag{16-36}$$

（3）根据副曲线的转角 α_2 和副曲线的切线长度 T_2，可以用下式计算副曲线的曲率半径 R_2。

$$R_2 = \frac{T_2}{\tan \dfrac{\alpha_2}{2}} \tag{16-37}$$

（4）根据副曲线的转角 α_2 和副曲线的曲率半径 R_2，参照式（16-1），可以分别计算副曲线的测设元素切线长 T_2、弧线长 L_2、外矢距 E_2 和切曲差 D_2。

（5）在完成对应圆曲线主点的测设数据计算后，可以继续计算各对应圆曲线的详细测设数据，计算方法可以选用前述三种方法之一。

（6）在测设如图 16-22 的复曲线时，首先在交点 A 点处架设仪器，沿着直线 AB 的方向逆时针拨出转角 α_1 并倒转望远镜定出指向起点的切线方向，然后在该方向线上测量切线长度 T_1 确定主曲线的起点 ZY；同时从 A 点出发沿公切线 AB 方向向 B 点丈量 T_1 得到 GQ 点；再在 A 点测设主曲线的分角线，在该线方向上丈量外矢距 E_1，得到主曲线的 QZ 点。同样在 B 点架设仪器，拨出转角 α_2 指向副曲线终点的切线方向，再丈量水平距离 T_2 得到 YZ 点，同时在 B 点测设副曲线的分角线方向上丈量外矢距 E_2，得到副曲线的 QZ 点。在测设完成复曲线的主点后，应在前述圆曲线详细测设的方法中选择合适的方法进行详细测设。

第六节　回头曲线的测设

对于山区低等级公路，当路线跨越山岭时，为了克服越岭高差、减缓路面纵坡而设置的一种半径小、转角大、线形标准较低的曲线，称为回头曲线。回头曲线一般由主曲线和两个副曲线组成。主曲线为圆曲线，其转角可以小于、等于或大于 180°；副曲线分布在主曲线两侧各一个，为一般圆曲线，在主、副曲线之间主要用直线段连接，以下分别介绍主要的两种回头曲线测设的方法。

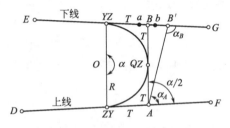

图 16-23　切基线法测设回头曲线

一、切基线法

如图 16-23 所示，路线的转角接近 180°，设曲线的上下线分别为 DF、EG，其中点 D、E 分别为副曲线的交点，当主曲线的交点很远无法获得时，如果可以获得直线段的方向点 F、G，就可以采用切基线的方法先确定主曲线的 QZ 和切线，具体测设方法如下。

（1）首先根据现场的具体情况，在方向线 DF、EG 上确定切基线 AB 的初步位置 AB′，A 点为确定点，而 B′ 点为初步假定点。

（2）安置仪器在 B′ 点上，观测出转折角 α_B，同时在 B 点概略位置沿直线 EG 定出骑马桩 a、b。

（3）安置仪器在 A 点，观测出转折角 α_A，路线的转角 $\alpha = \alpha_B + \alpha_A$，通过 QZ 点的切基线平分转折角，即切基线两边的转折角相等。可以后视方向点 F，逆时针拨角 $\alpha/2$，该视线与骑马桩 a、b 连线的交点就是 B 点。

（4）丈量切基线 AB 的长度，切线长 T＝AB/2。从 A 点分别沿 AD、AB 丈量直线长度 T，定出 ZY 点与 QZ 点，同时从 B 点沿 BE 方向丈量长度 T 确定 YZ 点。

（5）计算出主曲线的半径 $R = T/\tan(\alpha/4)$，同时根据 R 和转角 α 计算出曲线的长度 L，以 A 点的里程为基准，计算出主曲线的主点的里程。

（6）在主点测设完成后，可以用相同的方法进行曲线的详细测设。

二、弦基线法

如图 16-24 所示，设 EF、GH 分别为主曲线的上、下线，E、H 分别是主曲线与副曲线的交点，而 F、G 为确定点，四点已经在选线时确定。如果主曲线的 ZY、YZ 点的连接 AB 也能确定，就能解决问题。具体的方法如下。

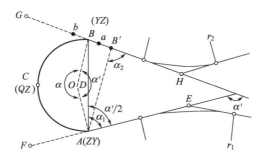

图 16-24　弦基线法测设回头曲线

（1）首先根据现场的具体情况，在方向线 EF、GH 上确定弦基线 AB 的初步位置 AB'，A 点为确定点，而 B' 点为初步假定点。

（2）安置仪器在 B' 点上，观测出转折角 α_2，同时在 B 点概略位置沿直线 GH 定出骑马桩 a、b。

（3）安置仪器在 A 点，观测出转折角 α_1，路线的转角 $\alpha' = \alpha_1 + \alpha_2$，通过 QZ 点的切基线平分转折角，可以后视方向点 F，拨角 $\alpha'/2$，该视线与骑马桩 a、b 连接的交点就是 B 点。

（4）丈量弦基线 AB 的长度，根据式（16-37）计算主曲线的半径 R。

$$R = \frac{T}{\tan\dfrac{\alpha}{2}}$$

（5）主曲线对应的圆心角 $\alpha = 360° - \alpha'$，同时根据 R 和圆心角 α 计算出曲线的长度 L，以 A 点的里程为基准，计算出主曲线的主点的里程。

（6）曲线的 QZ 可以按弦线支距法设置，在主点测设完成后，可以用相同的方法进行曲线的详细测设。

【例 16-12】 以下曲线中属于回头曲线的是（　　）。　　（C）

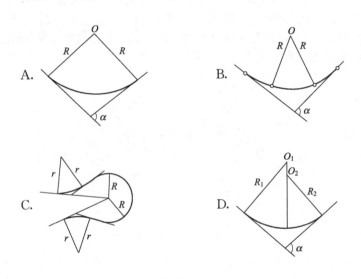

第七节　竖曲线的测设

线路纵断面是由许多不同坡度的坡段连接成的。当相邻不同坡度的坡段相交时，就出现了变坡点。为了缓和坡度在变坡点处的急剧变化，保证车辆安全、平稳地通过变坡点，可在两相邻坡度段以竖向曲线连接，称之为竖曲线。当变坡点在曲线的上方时，称为凸形竖曲线；反之，称为凹形竖曲线。竖曲线可以用圆曲线或二次抛物线。目前，在我国公路建设中一般采用圆曲线型的竖曲线，这是因为圆曲线的计算和测设比较简单方便。

一、竖曲线要素计算

1. 变坡角 δ 的计算

如图 16-25 所示，相邻的两纵坡 i_1、i_2，由于公路纵坡的允许值不大，故可认为变坡角 δ 为

$$\delta = \Delta i = i_1 - i_2 \quad (16\text{-}38)$$

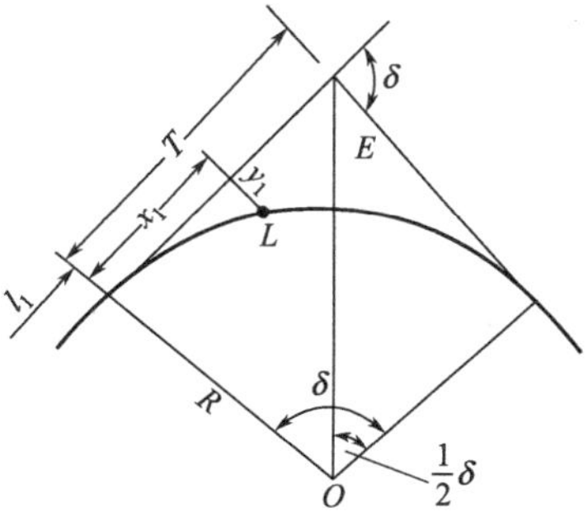

2. 竖曲线半径

竖曲线半径与路线等级有关，各等级公路竖曲线半径和最小半径长度见表 16-9。

图 16-25　竖曲线要素计算

表 16-9　各等级公路竖曲线半径和最小半径长度　　单位：m

公　路　等　级		一		二		三		四	
地形		平原微丘	山岭重丘	平原微丘	山岭重丘	平原微丘	山岭重丘	平原微丘	山岭重丘
凹形竖曲线半径	一般最小值	10000	2000	4500	1000	2000	700	700	200
	极限最小值	6500	1400	3000	450	1400	250	450	100
凸形竖曲线半径	一般最小值	4500	1500	3000	700	1500	400	700	200
	极限最小值	3000	1000	2000	450	1000	250	450	100
竖曲线最小长度		85	50	70	35	50	25	35	20

选用竖曲线半径的原则：在不过分增加工程量的情况下，宜选用较大的竖曲线半径，前后两纵坡的代数差小时，竖曲线半径更应选用大半径，只有当地形限制或其他特殊困难时，才能选用极小半径。选用竖曲线半径时应以获得最佳的视觉效果为标准。

3. 切线长 T 的计算

由图 16-25 可知，切线长 T 为

$$T = R \tan \frac{\alpha}{2}$$

由于 δ 很小，可认为

$$\tan\frac{\delta}{2}=\frac{\delta}{2}=\frac{1}{2}(i_1-i_2)$$

故
$$T=\frac{1}{2}R(i_1-i_2) \tag{16-39}$$

4. 曲线长 L 的计算

由于变坡角 δ 很小，可认为

$$L=2T \tag{16-40}$$

5. 外矢距 E 的计算

由于变坡角 δ 很小，可认为 y 坐标与半径方向一致，它是切线上与曲线上的高程差。从而得

$$(R+y)^2=R^2+x^2$$

展开得
$$2Ry=x^2-y^2$$

又因 y^2 与 x^2 相比较，y^2 的值很小，略去 y^2，则

$$2Ry=x^2$$

即
$$y=\frac{x^2}{2R} \tag{16-41}$$

当 $x=T$ 时，y 值最大，约等于外矢距 E，所以

$$E=\frac{T^2}{2R} \tag{16-42}$$

二、竖曲线的测设

竖曲线的测设就是根据纵断面图上标注的里程及高程，以附近已放样出的整桩为依据，向前或向后测设各点的水平距离 x 值，并设置竖曲线桩。然后测设各个竖曲线桩的高程。其测设步骤如下。

（1）计算竖曲线元素 T、L 和 E。

（2）推算竖曲线上各点的桩号。

曲线起点桩号＝变坡点桩号－竖曲线的切线长

曲线终点桩号＝曲线起点桩号＋竖曲线长

（3）根据竖曲线上细部点距曲线起点（或终点）的弧长，求相应的 y 值，然后，按下式求得各点高程。

$$H_i = H_坡 \pm y_i \qquad (16\text{-}43)$$

式中　H_i——竖曲线细部点 i 的高程；

　　　$H_坡$——细部点 i 的坡段高程。

当竖曲线为凹形时，式中取"＋"；竖曲线为凸形时，式中取"－"。

（4）从变坡点沿路线方向向前或向后丈量切线长 T，分别得竖曲线的起点和终点。

（5）由竖曲线起点（或终点）起，沿切线方向每隔 5m 在地面上标定一木桩（竖曲线上一般每隔 5m 测设一个点）。

（6）测设各个细部点的高程，在细部点的木桩上标明地面高程与竖曲线设计高程之差（即挖或填的高度）。

【例 16-13】　设竖曲线半径 $R = 3000\text{m}$，相邻坡段的坡度 $i_1 = +3.1\%$，$i_2 = +1.1\%$，变坡点的里程为 k16＋770，其高程为 396.67m。如果曲线上每隔 10m 设置一桩，试计算竖曲线上各桩点的高程。

解：（1）计算竖曲线测设元素

按式(16-39)、式(16-40) 和式(16-42) 计算可得

$$T = \frac{1}{2}R(i_1 - i_2) = \frac{1}{2} \times 3000 \times (3.1 - 1.1) \times \frac{1}{100} = 30(\text{m})$$

$$L = 2T = 2 \times 30 = 60(\text{m})$$

$$E = \frac{T^2}{2R} = \frac{30^2}{2 \times 3000} = 0.15\ (\text{m})$$

（2）计算竖曲线起、终点号及坡道高程

起点桩号　　　k16＋(770－30)＝k16＋740

起点高程　　　396.67－30×3.1％＝395.74(m)

终点桩号　　　k16＋(770＋30)＝k16＋800

终点高程　　　396.67＋30×1.1％＝397.00(m)

（3）计算各桩竖曲线高程

由于两坡道的坡度均为正值，且 $i_1 > i_2$，故为凸形竖曲线，y 取"－"号，计算结果见表 16-10。

计算出竖曲线各桩的高程后，即可在实地进行竖曲线的测设。

表 16-10　竖曲线各桩高程计算

桩　号	至竖曲线起点或终点的平距 x/m	高程改正值 y/m	坡道高程 /m	竖曲线高程 /m	备　注
起点 k16+740	0	0.00	395.74	395.74	
+750	10	−0.02	396.05	396.03	
+760	20	−0.07	396.36	396.29	
变坡点 k16+770	30	−0.15	396.67	396.52	
+780	20	−0.07	396.78	396.71	
+790	10	−0.02	396.89	396.87	
终点 k16+800	0	0.00	397.00	397.00	

总结提高

　　本章主要介绍了圆曲线的测设、综合曲线的测设、困难地段的曲线测设、复曲线的测设、回头曲线的测设和竖曲线的测设。

　　圆曲线是最常用的曲线形式。圆曲线的测设一般分两步进行：首先是圆曲线主点的测设，即圆曲线的起点（ZY）、中点（QZ）和终点（YZ）的测设；然后在各主点之间进行加密，按照规定桩距测设曲线的其他各桩点，称为圆曲线的详细测设。

　　圆曲线详细测设的方法比较多，本章介绍了常用的偏角法、切线支距法和弦线支距法。

　　缓和曲线是在直线段与圆曲线之间、两个半径不同的圆曲线之间插入一条起过渡作用的曲线。起过渡作用的曲线是在直线段与圆曲线、圆曲线与圆曲线之间设置的曲率半径连续渐变的曲线。综合曲线的基本线型是在圆曲线与直线之间加入缓和曲线，成为具有缓和曲线的圆曲线。

　　具有缓和曲线的圆曲线主点包括直缓点（ZH）、缓圆点（HY）、曲中点（QZ）、圆缓点（YH）、缓直点（HZ）。

　　当地形变化比较小且综合曲线的长度小于 40m 时，测设几个主点就能够满足设计与施工的需要，不需要进行详细测设。如果综合曲线较长，或地形变化比较大时，则在完成测定曲线的主点以后还需要进行曲线的详细测设。

综合曲线详细测设的方法比较多，有切线支距法、偏角法和极坐标法几种。

其中用极坐标法测设综合曲线的细部点是用全站仪进行路线测量的最合适的方法。仪器可以安置在任何控制点上，包括路线上的交点、转点等已知坐标的点，测设的速度快、精度高。

在进行曲线的测设时，由于受到地物或地貌等条件的限制，经常会遇到各种各样的障碍，导致不能按照前述的方法进行曲线的测设，这时可以根据具体情况提出具体的解决方法。

路线交点不能安置仪器时，通常可以采用的测设方法有圆外基线法、切基线和弦基线法；曲线起点或终点不能安置仪器时可采用极坐标法测设曲线点；视线受阻时可用偏角法测设圆曲线；遇障碍物时用偏角法测设缓和曲线；也可用全站仪任意设站法测设曲线。

全站仪任意设站法是利用全站仪的优越性能在任何可架设仪器的地方设站进行直线段、曲线段的中线测量的方法。该方法适用于高等级公路的中线测量。

用两个或两个以上的不同半径的同向曲线相连而成的曲线为复曲线。因其连接方式不同，分为三种：单纯由圆曲线直接相连组成的；两端由缓和曲线中间用圆曲线直接相连组成的；两端由缓和曲线中间也由缓和曲线连接组成的。常用的测设方法有切基线法和弦基线法两种。

对于山区低等级公路，当路线跨越山岭时，为了克服越岭高差、减缓路面纵坡而设置的一种半径小、转角大、线形标准较低的曲线，称为回头曲线。也可用切基线法和弦基线法测设。

线路纵断面是由许多不同坡度的坡段连接成的。当相邻不同坡度的坡段相交时，就出现了变坡点。为了缓和坡度在变坡点处的急剧变化，保证车辆安全、平稳地通过变坡点，可在两相邻坡度段以竖向曲线连接，称之为竖曲线。当变坡点在曲线的上方时，称为凸形竖曲线；反之，称为凹形竖曲线。目前，在我国公路建设中一般采用圆曲线型的竖曲线。

思考题与习题

1. 什么是圆曲线主点？曲线元素如何计算？什么是点的桩号？

2. 某条公路穿越山谷处采用圆曲线，设计半径 $R = 800\text{m}$，转向角 $\alpha_{右} = 11°26'$，曲线转折点 JD 的里程为 k11+295。试求：(1) 该圆曲线元素；(2) 曲线各主点里程桩号；(3) 当采用桩距 10m 的整桩号时，试选用合适的测设方法，计算测设数据，并说明测设步骤。

3. 常见综合曲线由哪些曲线组成？主点有哪些？

4. 什么是缓和曲线？在圆曲线与直线之间加入缓和曲线应涉及缓和曲线特征参数有哪些？

5. 圆曲线主点的测设与缓和曲线主点的测设有何不同？

6. 某综合曲线为两端附有等长缓和曲线的圆曲线，JD 的转向角为 $\alpha_{左} = 41°36'$，圆曲线半径为 $R = 600\text{m}$，缓和曲线长 $l_0 = 120\text{m}$，整桩间距 $l = 20\text{m}$，JD 桩号 k50+512.57。试求：(1) 综合曲线参数；(2) 综合曲线元素；(3) 曲线主点里程；(4) 列表计算切线支距法测设该曲线的测设数据，并说明测设步骤。

7. 在第 4 题中，若直缓点 ZH 点坐标为（6354.618，5211.539），ZH 到 JD 坐标方位角为 $\alpha_0 = 64°52'34''$。附近另有两控制点 M、N，坐标 M 为（6263.880，5198.221）、N 为（6437.712，5321.998）。试求：在 M 点设站、后视 N 点时该综合曲线的测设数据，并说明测设步骤。

8. 什么是复曲线？常见复曲线有哪些形式？有哪些测设方法？

9. 什么是回头曲线？有什么特点？测设方法有哪些？

10. 设竖曲线半径 $R = 1600\text{m}$，相邻坡段的坡度 $i_1 = -2.1\%$，$i_2 = +1.1\%$，变坡点的里程桩号为 k10+780，其高程为 456.67m。试求：(1) 竖曲线元素；(2) 竖曲线起点和终点的桩号；(3) 曲线上每隔 10m 设置一桩时，竖曲线上各桩点的高程。

11. 全站仪在曲线测设中有哪些应用？有什么特点？

第十七章

桥梁隧道施工测量

导读

- **了解** 桥梁施工控制网的布设形式，用 GPS 全球卫星定位系统测量大型和特大型的桥梁施工平面控制网。
- **理解** 国家坐标系、抵偿坐标系、桥轴坐标系之间的联系和区别，平面控制网应首先选用国家统一坐标系统；在大型桥梁施工中，当不具备使用国家统一坐标系时，通常采用抵偿坐标系；在特大型桥梁的主桥施工中，定位精度要求一般小于 5mm，通常选用高斯正形投影任意带(桥轴线的经度作为中央子午线)平面直角坐标系，称为桥轴坐标系。
- **掌握** 隧道贯通后，应及时地进行贯通测量，测定实际的横向、纵向和竖向贯通误差。并采用适当的方法将贯通误差加以调整。

第一节　桥梁施工测量

道路通过河流或跨越山谷时需要架设桥梁，城市交通的立体化也需要建造桥梁，如立交桥、高架桥等。桥梁按其主跨距长度大小通常可分为四类，如表 17-1 所示。

表 17-1　桥梁涵洞按跨径分类

桥涵分类	多孔跨径总长 L/m	单孔跨径 L_k/m
特大桥	$L \geqslant 1000$	$L_k \geqslant 150$
大桥	$100 \leqslant L \leqslant 1000$	$40 \leqslant L_k \leqslant 100$
中桥	$30 < L < 100$	$20 \leqslant L_k < 40$
小桥	$8 \leqslant L \leqslant 30$	$5 \leqslant L_k < 20$
涵洞	—	$L_k < 5$

不同类型的桥梁其施工测量的方法和精度要求不相同，但总体而言，其内容大同小异，主要有以下几方面。

（1）对设计单位交付的所有桩位和水准点及其测量资料进行检查、核对；

（2）建立满足精度与密度要求的施工控制网，并进行平差计算，已建好施工控制网的要复测检查；

（3）定期复测控制网，并根据施工的需要加密或补充控制点；

（4）测定墩（台）基础桩的位置；

（5）进行构造物的平面和高程放样，将设计标高及几何尺寸测设于实地；

（6）对有关构造物进行必要的施工变形观测和施工控制观测，尤其在大型和特大型桥梁施工中，塔柱和梁悬拼（浇）的中轴线及标高的施工控制是确保成桥线形的关键；

（7）测定并检查施工结构物的位置和标高，为工程质量的评定提供依据；

（8）对已完工程进行竣工测量。

桥梁施工测量的目的是把图上所设计的结构物的位置、形状、大小和高低，在实地标定出来，作为施工的依据。施工测量将贯穿整个桥梁施工全过程，是保证施工质量的一项重要工作。

一、桥梁施工控制网的技术要求

桥梁施工开始前，必须在桥址区建立统一的施工控制基准，布设施工控制网。桥梁施工控制网的作用主要用于桥墩基础定位放样的主梁架设，因此，必须结合桥梁的桥长、桥型、跨度，以及工程的结构、形状和施工精度要求布设合理的施工控制网。

桥梁施工控制网分为施工平面控制网和施工高程控制网两部分。

在建立控制网时，既要考虑三角网本身的精度（即图形强度），又要考虑以后施工的需要。所以在布网之前应对桥梁的设计方案、施工方法、施工机具及场地布置、桥址地形及周围的环境条件、精度要求等方面进行研究，然后在桥址地形图上拟定布网方案，再现场选定点位。点位不能位于淹没或土质松软的地区，且应选在施工范围以外。

控制网应力求满足下列要求。

(1) 控制网的图形应具有足够的强度，使测得的桥轴线长度的精度能满足施工要求，能方便地增设插点。在满足精度和施工要求的前提下，图形应力求简单。

(2) 为使控制网与桥轴线连接起来，在河流两岸的桥轴线上应各设一个控制点，控制点距桥台的设计位置也不应太远，以保证桥台的放样精度。

(3) 控制网的边长一般在 0.5～1.5 倍河宽的范围内变动。由于控制网的边长较短，可直接丈量控制网的一条边作为基线。基线长度不宜小于桥轴线长度的 0.7 倍，一般应在两岸各设一条，以提高三条网的精度及增加检核条件。通常丈量两条基线边、两岸各一条。

(4) 控制点均应选在地势较高、土质坚实稳定、便于长期保存的地方。通视条件要好。

(5) 桥梁施工的高程控制点即水准点，每岸至少埋设三个，并与国家水准点联测。水准点应采用永久性的固定标石，也可利用平面控制点的标石。同岸的三个水准点，两个应埋设在施工范围以外，以免受到破坏，另一个应埋设在施工区内，以便直接将高程传递到所需要的地方。同时还应在每一个桥台、桥墩附近设立一个临时施工水准点。

二、桥梁施工平面控制网

1. 桥梁施工平面控制网的基本要求

(1) 平面控制网的布设形式　随着测量仪器的更新，测量方法的改进，特别是高精度全站仪和 GPS 的普及，给桥梁平面控制网的布设带来了很大的灵活性，也使网形趋于简单化。

桥梁三角网的基本图形为大地四边形和三角形，并以控制跨越河流的正桥部分为主。图 17-1 为桥梁三角网最为常见的图形。图 (a) 图形适用于桥长较短而需要交会的水中墩、台数量不多的一般桥梁的施工放样；图 (b)、(c)、(d) 三种图形的控制点数多、图形强、精度高，适用于大型、特大桥。图 (e) 为利用江河中的沙

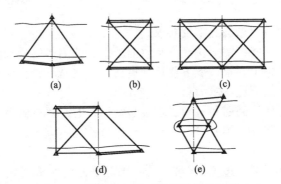

图 17-1　桥梁施工平面控制网的基本形式

洲建立控制网的情况。

特大桥通常有较长的引桥，一般是将桥梁施工平面控制网再向两侧延伸，增加几个点构成多个大地四边形网，或者从桥轴线点引测敷设一条光电测距精密导线，导线宜采用闭合环。

对于大型和特大型的桥梁施工平面控制网，自 20 世纪 80 年代以来已广泛采用边角网或测边网的形式，并按自由网严密平差。全站仪普及后，施工通常采用坐标放样和检测，在桥轴线上设有控制点的优势已不明显，因此，在首级控制网设计中，可以不在桥轴线上设置控制点。在 20 世纪 90 年代至今，由于 GPS 全球卫星定位系统的出现，用 GPS 测量大型和特大型的桥梁施工平面控制网已成为现实。如南京长江三桥首级平面控制网作为跨江斜拉桥的专用控制网，既要为勘察设计阶段服务，又要为工程施工期的放样和运营期的变形监测服务，桥位跨江宽度约 1.8km，共计布设 12 点，江南、江北各 6 点，见图 17-2，主要采用 5 台 GPS 接收机、DI2002 测距仪观测。基线处理软件采用美国麻省理工学院和 Scripps 研究所共同研制的 GAMIT（Ver 10.05）软件。该软件是采用双差观测值解算，在利用精密星历的情况下，基线解的相对精度能够达到 10^{-9} 左右。该控制网的处理，采用 IGS 精密星历，其轨道精度达到 0.05m。如控制网中的边长为 100km，根据上式计算可得星历对基线解算在最不利的情况下影响也不超过 0.2mm。基线处理采用的框架与历元为观测期间 IGS 事后精密星历所对应

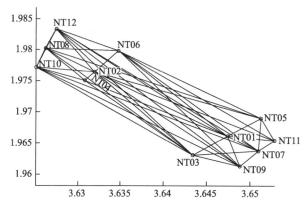

图 17-2 南京长江三桥 GPS 首级平面控制网

的框架，瞬时历元，选取的全球站为 WUHN（武汉）、BJFS（北京）、SHAO（上海）。平差结果显示，相对于 WUHN（武汉）、SHAO（上海）站的平面精度大约在 ±7mm，高程精度大约在 ±10mm。由此可见，南京长江三桥整网的平差精度，各点的地心坐标精度均较高。南京长江三桥首级 GPS 平面控制测量，首次真正实现了在高精度工程控制网中将多种常规测量数据与 GPS 数据联合平差计算，在平差软件中加入方差检验、合理定出不同观测值的权，克服了 GPS 数据与常规测量数据互不兼容性，并取得了预期的效果。

（2）桥梁控制网的精度确定　桥梁施工控制网是放样桥台、桥墩的依据。若将控制网的精度定得过高，虽能满足施工的要求，但控制网施测困难，既费时又费工；控制网的精度过低，很难满足施工的要求。目前常用确定控制网精度有两种：按桥式、桥长（上部结构）来设计；按桥墩中心点位误差（下部结构）来设计。

① 按桥式确定控制网的精度　按桥式确定控制网精度的方法是根据跨越结构的架设误差（它与桥长、跨度大小及桥式有关）来确定桥梁施工控制网的精度。桥梁跨越结构的形式一般分为简支梁和连续梁。

表 17-2 是根据《公路桥涵施工技术规范》列举出的以桥长为主来确定控制网测设的精度要求。在实际应用中，尤其是对特大型

公路桥，应结合工程需要确定其首级网的等级和精度。

表 17-2　控制网测设的精度要求

等级	桥轴线桩间距离/m	测角中误差/(″)	桥轴线相对中误差	基线相对中误差	三角形最大闭合差/(″)	方向观测法测回数		
						J1	J2	J6
二	＞5000	±1.0	1/130 000	1/260 000	±3.5	12	—	—
三	2000～5000	±1.8	1/70 000	1/140 000	±7.0	9	12	—
四	1000～2000	±2.5	1/40 000	1/80 000	±9.0	6	9	12
五	500～1000	±5.0	1/20 000	1/40 000	±15.0	4	6	9
六	200～500	±10.0	1/10 000	1/20 000	±30.0	2	4	6
七	≤200	±20.0	1/5 000	1/10 000	±60.0	—	2	4

② 按桥墩放样的容许误差确定平面控制网的精度　在桥墩的施工中，从基础至墩台顶部的中心位置要根据施工进度随时放样确定，由于放样的误差使得实际位置与设计位置存在着一定的偏差。

在桥墩的施工放样过程中，引起桥墩点位误差的因素包括两部分：一部分是控制测量误差的影响；另一部分是放样测量过程中的误差。它们可用下式表示。

$$\Delta^2 = m_{控}^2 + m_{放}^2 \tag{17-1}$$

式中　$m_{控}$——控制点误差对放样点处产生的影响；

　　　$m_{放}$——放样误差。

进行控制网的精度设计，就是根据桥墩点位误差的实际施工条件，按一定的误差分配原则，先确定 $m_{控}$ 和 $m_{放}$ 的关系，再确定具体的数值要求。

（3）平面控制网的坐标系统

① 国家坐标系　桥梁建设中都要考虑与周边道路的衔接，因此，平面控制网应首先选用国家统一坐标系统。但在大型和特大型桥梁建设中，选用国家统一坐标系统时应具备的条件是：桥轴线位于高斯正形投影统一 3°带中央子午线附近；桥址平均高程面应接近于国家参考椭球面或平均海水面。

② 抵偿坐标系　由计算可知，当桥址区的平均高程大于 160m

或其桥轴线平面位置离开统一的 3°带中央子午线东西方向的距离（横坐标）大于 45km 时，其长度投影变形值将会超过 25mm/km（1/4 万）。此时，对于大型或特大型桥梁施工来说，仍采用国家统一坐标系统就不适宜了。通常的做法是人为地改变归化高程，使距离的高程归化值与高斯投影的长度改化值相抵偿，但不改变统一的 3°带中央子午线进行的高斯投影计算的平面直角坐标系统，这种坐标系称为抵偿坐标系。所以，在大型桥梁施工中，当不具备使用国家统一坐标系时，通常采用抵偿坐标系。

③ 桥轴坐标系 在特大型桥梁的主桥施工中，尤其是桥面钢构件的施工，定位精度要求很高，一般小于 5mm，此时选用国家统一坐标系和抵偿坐标系都不适宜，通常选用高斯正形投影任意带（桥轴线的经度作为中央子午线）平面直角坐标系，称为桥轴坐标系，其高程归化投影面为桥面高程面，桥轴线作为 x 轴。

2. 桥梁三角网

(1) 桥梁三角网的外业 桥梁三角网布设好后，就可进行外业观测与内业计算。桥梁三角网的外业主要包括角度测量和边长测量。

由于桥轴线长度不同，对桥轴线长度的精度要求也不同。因此三角网的测角和测边精度也有所不同。在《公路桥位勘测规程》中，按照桥轴线的长度，将三角网的精度等级分为六个等级，角度观测一般采用方向观测法。观测时应选择距离适中、通视良好、成像清晰稳定、竖直角俯仰小、折光影响小的方向作为零方向。角度观测的测回数由三角网的等级和仪器的类型而定。具体规定见表 17-3。

表 17-3 《公路桥位勘测规程》规定的桥位三角网精度要求

等级	桥轴线桩间距离/m	测角中误差/(″)	桥轴线相对中误差	基线相对中误差	丈量测回数		三角形最大闭合差/(″)	方向观测法测回数		
					轴线	基线		J1	J2	J6
二	>5000	±1.0	1/130 000	1/260 000	3	4	±3.5	12	—	—
三	2000~5000	±1.8	1/70 000	1/140 000	2	3	±7.0	9	12	—
四	1000~2000	±2.5	1/40 000	1/80 000	1(3)	2(4)	±9.0	6	9	12
五	500~1000	±5.0	1/20 000	1/40 000	(2)	(3)	±15.0	4	6	9
六	200~500	±10.0	1/10 000	1/20 000	(1)	(2)	±30.0	2	4	6
七	<200	±20.0	1/5 000	1/10 000	(1)	(1)	±60.0	—	2	4

目前已有高精度的基线光电测距仪可用于二、三等网基线测量，为测距工作带来诸多方便。三等以下则可用一般光电测距仪测定，也可用钢尺精密量距的方法。直接丈量的测回数为1～4。

（2）桥梁三角网平差与坐标计算　桥梁控制网通常都是独立的自由网。由于对网本身点的相对位置的精度要求很高，所以即使与国家网或城市网进行联测，也只是取得坐标间的联系，平差时仍按独立的自由网处理。

桥梁三角网的平差方法通常采用条件观测平差。对于二、三等三角网可采用方向平差，三等以下一般采用角度平差，视情况还可采用近似平差方法。

对于边角网的边长，一般采用光电测距仪测定。因此，边长中误差可根据仪器给出的标称误差得到。

即

$$m_s = \pm(a + b \times 10^{-6} \times D)\mathrm{mm} \tag{17-2}$$

式中　a——固定误差；

　　　b——比例误差系数；

　　　D——所测边长。

由于在一般情况下，角度观测的精度是相同的，通常取角度的权为1，此时单位权中误差 $\mu = m_\beta$，因此各边长的权可由下式确定。

$$P_{S_i} = \frac{m_\beta^2}{m_{s_i}^2} \tag{17-3}$$

桥梁控制网通常采用独立的平面直角坐标系，以桥轴线方向作为纵坐标 x 轴，而以桥轴线始端控制点的里程作为该点的 x 值。这样桥梁墩、台的设计里程即是其 x 坐标值，给以后的放样交计算带来方便。

【**例 17-1**】　在大型桥梁施工中，当不具备使用国家统一坐标系时，通常采用（　　）。　　　　　　　　　　（抵偿坐标系）

【**例 17-2**】　按桥式确定控制网精度的方法是根据（　　）的架设误差来确定桥梁施工控制网的精度。　　　　　（跨越结构）

三、桥梁施工高程控制

1. 桥梁施工高程控制网的布设

（1）高程控制网的精度　桥梁高程控制网的起算高程数据是由桥址附近的国家水准点或其他已知水准点引入。这只是取得统一的高程系统，而桥梁高程控制网仍是一个自由网，不受已知高程点的约束，以保证网本身的精度。

由于放样桥墩、台高程的精度除受施工放样误差的影响，控制点间高差的误差亦是一个重要的影响因素。因此高程控制网必须要有足够高的精度。对于水准网，水准点之间的联测及起算高程的引测一般采用三等。跨河水准测量中当跨河距离小于 800m 时采用三等，大于 800m 则应采用二等。

（2）水准点的布设　水准点的选点与埋设工作一般都与平面控制网的选点与埋石工作同步进行，水准点应包括水准基点和工作点。水准基点是整个桥梁施工过程中的高程基准，因此，在选择水准点时应注意其隐蔽性、稳定性和方便性。在布设水准点时，对于桥长在 200m 以内的大、中桥，可在河两岸各设置一个。当桥长超过 200m 时，由于两岸联测起来比较困难，而且水准点高程发生变化时不易复查，因此每岸至少应设置两个水准点。

在桥梁施工过程中，单靠水准基点难以满足施工放样的需要，因此，在靠近桥墩附近再设置水准点，通常称为工作基点。这些点一般不单独埋石，而是利用平面控制网的导线点或三角网点的标志作为水准点。

2. 跨河水准测量

为了确保两岸水准点之间高程的相对精度，跨河水准测量的精度至关重要，所以它在桥梁高程控制测量中精度要求最高。根据跨河水面宽度的不同，采用单线过河或双线过河。一般说来，跨河水面宽度在 300m 以下时，可采用单线过河；超过 300m 则必须采用双线过河，且应构成水准闭合环。

跨河水准测量的具体要求，在国家水准测量规范中有明确的规定，见表 17-4。

表 17-4   跨河水准测量的技术要求

序号	方法	等级	最大视线长度 D/km	单测回数	半测回观测组数	测绘高差互差限差/mm
1	直接读尺法	三	0.3	2	—	8
		四	0.3	2	—	16
2	微动觇板法	三	0.5	4	—	30D
		四	1.0	4	—	50D
3	经纬仪倾角法或测距三角高程法	三	2.0	8	3	$24\sqrt{D}$
		四	2.0	8	3	$40\sqrt{D}$

水准测量开始作业之前，应按照国家水准测量规范的规定，对用于作业的水准仪和水准尺进行检验与校正。水准测量的实施方法及限差要求亦要按规范规定进行。

3. 水准测量及联测

桥梁高程控制网应与路线采用同一个高程系统，因而要与路线水准点进行联测，但联测的精度可略低于施测桥梁高程控制网的精度。因为它不会影响到桥梁各部高程放样的相对精度。

在进行跨河水准测量前，应对两岸高程控制网，按设计精度进行测量，并联测将用于跨河水准测量的临时（或永久）水准点。同时将两岸国家水准点或部门水准点的高程引测到桥梁施工高程控制网的水准点上来，并比较其两岸已知水准点高程是否存在问题，以确定是否需要联测到其他已知高程的水准点上。但最后均采用由一岸引测的高程来推算全桥水准点的高程。

【例 17-3】 桥梁高程控制网仍是一个自由网，不受（　　）的约束，以保证网本身的精度。　　　　　　　　　　（已知高程点）

【例 17-4】 跨河水面宽度在 300m 以下时，可采用单线过河；超过 300m 则须采用双线过河，且应构成（　　）。　　（水准闭合环）

【例 17-5】 跨河水准测量当跨河距离小于 800m 时采用三等，大于 800m 则应采用（　　）。　　　　　　　　　　　（二等）

【例 17-6】 水准点的选点与埋设工作一般都与平面控制网的选点与埋石工作（　　）。　　　　　　　　　　　　（同步进行）

第二节　直线桥梁施工测量

一、桥轴线测定

1. 直接丈量法

在桥梁位于干涸或浅水或河面较窄的河段，有良好的丈量条件，宜采用直接丈量法测量桥轴线长度。这种方法设备简单，精度可靠、直观。由于桥轴线长度的精度要求较高，一般采用精密丈量的方法。具体步骤如下。

（1）清理桥轴线范围内场地。

（2）经纬仪置于桥轴线一控制桩上，定出轴线方向，每隔一整尺距离钉设一木桩，木桩要钉牢，不能有丝毫晃动。

（3）用水准仪测出相邻桩顶间的高差，据此计算倾斜改正。为了检核，一般应测量两次。第二次可放在丈量结束后进行，以检查丈量过程中木桩是否有变动。

（4）应使用检定过的钢尺。丈量时用弹簧秤施以标准拉力。每一尺段可连续测量三次，每次读数时应稍为变更钢尺的位置。读数读至0.1mm。三次测量的结果，其较差不得大于限差要求，取其平均值。

（5）在丈量距离的同时应测量温度一次。

（6）计算每一尺段的尺长、温度及倾斜改正，求得改正后的尺段长度。然后将各尺段长度求和，得到桥轴线测量一次的长度。

（7）一般应往返丈量至少各一次，称为一测回。根据丈量精度要求，可测数测回。桥轴线长度取数测回的平均值。

（8）计算桥轴线长度中误差。

$$m = \pm \sqrt{\frac{[vv]}{n(n-1)}} \qquad (17\text{-}4)$$

相对中误差

$$K = \frac{m}{L} = \frac{1}{L/m} \qquad (17\text{-}5)$$

式中　v——桥轴线平均长度与每次丈量结果之差；

n——丈量次数；

L——桥轴线平均长度。

2. 光电测距法

光电测距具有作业精度高、速度快、操作和计算简便等优点，且不受地形条件限制。目前公路工程多使用中、短程红外测距仪。测程可达 3km。测距精度一般优于 $\pm(3+2\times10^{-6}D)$mm。

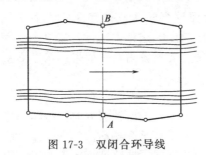

图 17-3　双闭合环导线

使用红外测距仪能直接测定桥轴线长度。但若桥墩的施工要采用交会法定位，则可将桥轴线长度作为一条边，布设成双闭合环导线，如图 17-3 所示。

在布设导线时，应考虑导线点的位置尽可能选在高处，以便于对桥墩进行交会定位及减少水面折光对测距的影响。而且使交会角尽可能接近 90°。

3. 三角网或边角网法

特大桥桥轴线的测定一般采用三角测量的方法。选点时将桥轴线作为三角网的一条边长，在精确测定三角网的 1～2 条边长（称为基线），观测所有角度后，即可解算桥轴线长度。近年来由于光电测距仪的广泛应用，精密测定边长已不困难，因此可在三角网的基础上加测若干边长，称为边角网，其精度一般优于三角网，但外业工作量及平差工作的难度都比三角网大。

二、直线桥梁的墩、台定位

在桥梁施工测量中，测设墩、台中心位置的工作称为桥梁墩、台定位。

直线桥梁的墩、台定位所依据的原始资料为桥轴线控制桩的里程和桥梁墩、台的设计里程。根据里程可以算出它们之间的距离，并由此距离定出墩、台的中心位置。

如图 17-4 所示，直线桥梁的墩、台中心都位于桥轴线的方向上，已经知道了桥轴线控制桩 A、B 及各墩、台中心的里程，由相

邻两点的里程相减，即可求
得其间的距离。墩、台定位
的方法，可视河宽、河深及
墩、台位置等具体情况而
定。根据条件可采用直接丈
量、光电测距及交会法。

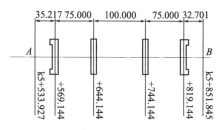

图 17-4　直线桥梁墩、台布置图

1. 直接丈量

当桥梁墩、台位于无
水河滩上，或水面较窄，用钢尺可以跨越丈量时，可采用钢尺直接
丈量。丈量所使用的钢尺必须经过检定，丈量的方法与测定桥轴线
的方法相同，但由于距离测设则是根据给定的水平距离，结合现场
情况，先进行尺长和温度等各项改正，算出测设时的尺面长度，然
后按这一长度从起点开始，沿已知方向定出终点位置。因此，测设
时各项改正数的符号与丈量时恰好相反。

【例 17-7】　如图 17-4 所示，桥轴线控制桩 A 至桥台的距离为
35.217m，在现场概量距离后，用水准测量测得两点间高差为 0.672m，
测设时的温度为 30℃。所用钢尺已经过检定，其尺长方程式为

$$l = 50\text{m} - 0.007\text{mm} + 0.000012 \times (t - 20℃)(\text{m})$$

三项改正数为

尺长改正　$\Delta l = -\dfrac{-0.007}{50} \times 35.217 = +0.0049(\text{m})$

温度改正　$\Delta l_t = -0.000012 \times (30 - 20) \times 35.217 = -0.0042\ (\text{m})$

倾斜改正　$\Delta h = \dfrac{0.672^2}{2 \times 35.217} = 0.0064\ (\text{m})$

则测设时的尺面读数应为

$$35.217 + 0.0049 - 0.0042 + 0.0064 = 35.2241(\text{m})$$

2. 光电测距

光电测距目前一般采用全站仪，用全站仪进行直线桥梁墩、台
定位，简便、快速、精确，只要墩、台中心处可以安置反射棱镜，
而且仪器与棱镜能够通视，即使其间有水流障碍亦可采用。

测设时最好将仪器置于桥轴线的一个控制桩上，瞄准另一控制桩，此时望远镜所指方向为桥轴线方向。在此方向上移动棱镜，通过测距以定出各墩、台中心。这样测设可有效地控制横向误差。为确保测设点位的准确，测后应将仪器迁至另一控制点上再测设一次进行校核。

三、直线桥梁墩、台纵横轴线测设

在设出墩、台中心位置后，尚需测设墩、台的纵横轴线，作为放样墩、台细部的依据。所谓墩、台的纵轴线，是指过墩、台中心，垂直于路线方向的轴线；墩、台的横轴线，是指过墩、台中心与路线方向相一致的轴线。

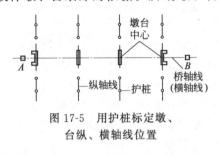

图 17-5 用护桩标定墩、台纵、横轴线位置

在直线桥上，墩、台的横轴线与桥轴线相重合，且各墩、台一致，因而就利用桥轴线两端的控制桩来标志横轴线的方向，一般不再另行测设。

如图 17-5 所示，墩、台的纵轴线与横轴线垂直，在测设纵轴线时，在墩、台中心点上安置经纬仪，以桥轴线方向为准测设 90°角，即为纵轴线方向。由于在施工过程中经常需要恢复墩、台的纵横轴线的位置，因此需要用标志桩将其准确标定在地面上，这些标志桩称为护桩。

为了消除仪器轴系误差的影响，应该用盘左、盘右测设两次而取其平均位置。当采用光电测距仪进行测设时，亦可采用极坐标法进行定位。

【例 17-8】 在直线桥上，墩、台的横轴线与桥轴线相重合，且各墩、台一致，因而就利用桥轴线两端的控制桩来标志横轴线的方向，一般不再另行（ ）。 （测设）

第三节　普通桥梁施工测量

一、普通桥梁施工测量的主要内容

目前最常见的桥梁结构形式，是采用小跨距等截面的混凝土连续梁或简支梁（板），如大型桥梁的引桥段、普通中小型桥梁等。普通型桥梁结构，仅由桥墩和等截面的平板梁或变截面的拱梁构成，其施工测量的主要工作内容如下。

（1）基坑开挖及墩台扩大基础的放样；

（2）桩基础的桩位放样；

（3）承台及墩身结构尺寸、位置放样；

（4）墩帽及支座垫石的结构尺寸、位置放样；

（5）各种桥型的上部结构中线及细部尺寸放样；

（6）桥面系结构的位置、尺寸放样；

（7）各阶段的高程放样。

在现代普通桥梁建设中，过去传统的施工测量方法已较少采用，常用的方法是全站仪二维或三维直角坐标法和极坐标法。

用全站仪施工放样前，可以在室内将控制点及放样点坐标储存在全站仪文件中，实地放样时，只要定位点能够安置反光棱镜，仪器可以设在施工控制网的任意控制点上，且与反光棱镜通视，即可实施放样。在桥梁施工测量中，控制点坐标是要反复使用的，应利用全站仪的存储功能，在全站仪中建立控制点文件，便于测量中控制点坐标的反复调用，这样既可以减少大量的输入工作，更可以避免差错。

二、桥梁下部构造的施工测量

桥梁下部构造是指墩台基础及墩身、墩帽，其施工放样是在实地标定好墩位中心的基础上，根据施工的需要，按照设计图，自下而上分阶段地将桥墩各部位尺寸放样到施工作业面上，属施工过程中的细部放样。下面将其各主要部分的放样介绍如下。

1. 水中钢平台的搭设

水中建桥墩，首先要搭设钢平台来支撑灌注桩钻孔机械的安置。

（1）平台钢管支撑桩的施工定位　平台支撑桩的施工方法一般是利用打桩船进行水上沉桩。测量定位的方法是全站仪极坐标法。施工时仪器架设在控制点上进行三维控制。一般沉桩精度控制为：平面位置±10cm，高程位置±5cm，倾斜度1/100。

（2）平台的安装测量　支撑桩施打完毕后，用水准仪抄出桩顶标高供桩帽安装，用全站仪在桩帽上放出平台的纵横轴线进行平台安装。

2. 桩基础钻孔定位放样

根据施工设计图计算出每个桩基中心的放样数据，设计图纸中已给出的数据也应经过复核后方可使用，施工放样采用全站仪极坐标法进行。

（1）水上钢护筒的沉放　用极坐标法放出钢护筒的纵横轴线，在定位导向架的引导下进行钢护筒的沉放。沉放时，在两个互相垂直的测站上布设两台经纬仪，控制钢护筒的垂直度，并监控其下沉过程，发现偏差随时校正。高程利用布设在平台上的水准点进行控制。护筒沉放完毕后，用制作的十字架测出护筒的实际中心位置。精度控制为：平面位置±5cm；高程±5cm；倾斜度1/150。

（2）陆地钢护筒的埋设　用极坐标法直接放出桩基中心，进行护筒埋设，不能及时护筒埋设的要用护桩固定。护筒埋设精度为：平面位置偏差±5cm；高程±5cm；倾斜度1/150。

3. 钻机定位及成孔检测

用全站仪直接测出钻机中心的实际位置，如有偏差，通过调节装置进行调整，直至满足规范要求。然后用水准仪进行钻机抄平，同时测出钻盘高程。桩基成孔后，灌注水下混凝土前，在桩附近要重新抄测标高，以便正确掌握桩顶标高。必要时还应检测成孔垂直度及孔径。

4. 承台施工放样

用全站仪极坐标法放出承台轮廓线特征点，供安装模板用，通过吊线法和水平靠尺进行模板安装，安装完毕后，用全站仪测定模板四角顶口坐标，直至符合规范和设计要求。用水准仪进行承台顶面的高程放样，其精度应达到四等水准要求，用红油漆标示出高程相应位置。

5. 墩身放样

桥墩墩身形式多样，大型桥梁一般采用分离式矩形薄壁墩。墩身放样时，先在已浇筑承台的顶面上放出墩身轮廓线的特征点，供支设模板用（首节模板要严格控制其平整度），用全站仪测出模板顶面特征点的三维坐标，并与设计值相比较，直到差值满足规范和设计要求为止。

6. 支座垫石施工放样和支座安装

用全站仪极坐标法放出支座垫石轮廓线的特征点，供模板安装。安装完毕后，用全站仪进行模板四角顶口的坐标测量，直至符合规范和设计要求。用水准仪以吊钢尺法进行支座垫石的高程放样，并用红漆标示出相应位置。待支座垫石施工完毕后，用全站仪极坐标法放出支座安装线供支座定位。

7. 墩台竣工测量

全桥或标段内的桥墩竣工后，为了查明墩台各主要部分的平面位置及高程是否符合设计要求，需要进行竣工测量。竣工测量的主要内容如下。

通过控制点用全站仪极坐标法来测定各桥墩台中心的实际坐标，并计算桥墩台中心间距。用带尺丈量拱座或垫石的尺寸和位置以及拱顶的长和宽。这些尺寸与设计数据的偏差不应超过 2cm。

用水准仪进行检查性的水准测量，应自一岸的永久水准点经过桥墩闭合到对岸的永久水准点，其高程闭合差应不超过 $\pm 4\sqrt{n}$ mm（n 为测站数）。在进行该项水准测量时，应测定墩顶水准点、拱座或垫石顶面的高程，以及墩顶其他各点的高程。

最后根据上述竣工测量的资料编绘墩台竣工图、墩台中心距离一览表、墩顶水准点高程一览表等，为下阶段桥梁上部构造的安装和架设提供可靠的原始数据。

三、涵洞施工测量

涵洞属小型公路构造物，进行涵洞施工测量时，利用路线勘测时建立的控制点就可进行，不需另建施工控制网。

涵洞施工测量时要首先放出涵洞的轴线位置，即根据设计图纸上涵洞的里程，放出涵洞轴线与路线中线的交点，并根据涵洞轴线与路线中线的夹角，放出涵洞的轴线方向。

放样直线上的涵洞时，依涵洞的里程，自附近测设的里程桩沿路线方向量出相应的距离，即得涵洞轴线与路线中线的交点。若涵

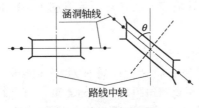

图 17-6　涵洞轴线测设

洞位于曲线上，则采用曲线测设的方法定出涵洞与路线中线的交点。依地形条件，涵洞轴线与路线有正交的，也有斜交的。将全站仪安置在涵洞轴线与路线中线的交点处，测设出已知的夹角，即得涵洞轴线的方向，如图 17-6 所示。

在路线两侧涵洞的施工范围以外，将涵洞轴线用大木桩标志在地面上，每侧两个。自涵洞轴线与路线中线的交点处沿涵洞轴线方向量出上、下游的涵长，即得涵洞口的位置，涵洞口要用小木桩标志出来。

涵洞细部的高程放样，一般是利用附近的水准点用水准测量的方法进行。

涵洞施工测量的精度要比桥梁施工测量的精度低，在平面放样时，应控制涵洞的长度，保证涵洞轴线与公路轴线保持设计的角度；在高程控制放样时，要控制洞底与上、下游的衔接，保证水流顺畅。对人行通道或机动车通道，保证洞底纵坡与设计图纸一致，不积水即可。

【例 17-9】　平台支撑桩的施工方法一般是利用打桩船进行水上沉桩。测量定位的方法是（　　）。　　　　（全站仪极坐标法）

【例 17-10】　涵洞细部的高程放样，一般是利用（　　）用水准测量的方法进行。　　　　　　　　　　（附近的水准点）

第四节　隧道施工测量

地下建筑工程主要有隧道工程（包括铁路和公路隧道以及水利工程的输水隧洞）、城市地铁工程、人防工程、地下厂房仓库、地下车场、机场、地下环形粒子加速器工程以及地下矿山的井巷工程等。由于工程性质和地质条件的不同，地下工程的施工方法和精度也不相同。例如，浅埋的隧道可以采用明挖法，对于软土地层的浅埋地下工程多采用盾构法开挖；而硬质地层则采用矿山法（凿岩爆破）或使用联合掘进机开挖（TBM）等。不同的施工方法，对其施工测量方法亦不相同。

一、地面控制测量

隧道地面的控制测量，应在隧道开挖以前完成，它包括平面控制测量和高程控制测量，它的任务是测定地面各洞口控制点的平面位置和高程，作为向洞内引测坐标、方向及高程的依据，并使地面和地下在同一控制系统内，从而保证隧道的准确贯通。

平面控制网一般布设成独立网形式，根据隧道长度、地形及现场和精度要求，采用不同的布设方法，例如三角锁（网）法、边角网法、精密导线法以及 GPS 定位技术等；而高程控制网一般采用水准测量、三角高程测量等。

1. 地面导线测量

在隧道施工中，地面导线测量可以作为独立的地面控制，也可用以进行三角网的加密，将三角点的坐标传递到隧道的入口处。这里讨论的是第一种情况。

在直线隧道，为了减少导线量距对隧道横向贯通的影响，应尽可能将导线沿着隧道中线敷设，导线点数不宜过多，以减少测角误差对横向贯通的影响。在有横洞、斜井和竖井的情况下，导线应经过这些洞口，以利于洞口投点。

为了增加检核条件，提高导线测量精度，一般导线应使其构成闭合环线，可采用主、副导线闭合环，如图 17-7 所示。其中副导线只观测水平角不测距，导线边不宜短于 300m，相邻边长之比不应超过 1∶3。如表 17-5 所示为地面导线测量主要技术要求。

图 17-7　主、副导线闭合环

2. 地面 GPS 测量

采用 GPS 定位技术建立隧道地面平面控制网已普遍应用，它只需在洞口布出点。对于直线隧道，洞口点应选在隧道中线上。另

表 17-5　地面导线测量主要技术要求（公路隧道）

两开挖洞口间长度/km		测角中误差/(″)	边长相对中误差		导线边最小边长/m	
直线隧道	曲线隧道		直线隧道	曲线隧道	直线隧道	曲线隧道
4～6	2.5～4.0	±2.0	1/5000	1/15000	500	150
3～4	1.5～2.5	±2.5	1/3500	1/10000	400	150
2～3	1.0～1.5	±4.0	1/3500	1/10000	300	150
<2	<1.0	±10.0	1/2500	1/10000	200	150

外，再在洞口附近布设至少 2 个定向点，并要求洞口点与定向点间通视，以便于全站仪观测，而定向点间不要求通视。对于曲线隧道，除洞口点外，还应把曲线上的主要控制点（如曲线的起、终点）包括在网中。GPS 选点和埋石与常规方法相同，但应注意使所选的点位的周围环境适宜 GPS 接收机测量。

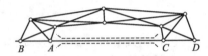

图 17-8　地面 GPS 隧道平面控制网

图 17-8 为采用 GPS 定位技术布设的隧道地面平面控制网方案。该方案每个点均有三条独立基线相连，可靠性较好。GPS 定位技术是近代先进方法，在平面精度方面高于常规方法，由于不需要点位间通视，经济节省，速度快，自动化程度高，故已被广泛采用。

3. 地面水准测量

隧道地面高程控制测量主要采用水准测量的方法，利用线路定测时的已知水准点作为高程起算数据，沿着拟定的水准路线在每个洞口至少埋设两个水准点，水准路线应构成闭合环线或者两条独立的水准路线，由已知水准点从一端测至另一端洞口。

水准测量的等级，不单取决于隧道的长度，还取决于隧道地段的地形情况，即决定于两洞口之间的水准路线的长度。见表 17-6。

目前，光电测距三角高程测量方法已广泛应用，用全站仪进行精密导线三维测量，其所求的高程可以代替三、四等水准测量。

二、地下控制测量

地下洞内的施工控制测量包括地下导线测量和地下水准测量，

表 17-6　水准测量的等级及两洞口之间水准路线的长度

测量等级	两洞口间水准路线长度/km	水准仪型号	水准尺类型	备　　注
二	＞36	S05、S1	线条式因瓦水准尺	按二等水准测量要求
三	13～36	S1	线条式因瓦水准尺	按二等水准测量要求
		S3	区格式木质水准尺	按三、四等水准测量要求
四	5～13	S3	区格式木质水准尺	按三、四等水准测量要求

其目的是以必要的精度，按照与地面控制测量统一的坐标系统，建立地下平面与高程控制，用以指示隧道开挖方向，并作为洞内施工放样的依据，保证相向开挖隧道在精度要求范围内贯通。

1. 地下导线测量

隧道洞内平面控制测量，通常有两种形式：

① 当直线隧道长度小于 1000m，曲线隧道长度小于 500m 时，可不作洞内平面控制测量，而是直接以洞口控制桩为依据，向洞内直接引测隧道中线，作为平面控制。

② 当隧道长度较长时，必须建立洞内精密地下导线作为洞内平面控制。

地下导线的起始点通常设在隧道的洞口、平坑口、斜井口，而这些点的坐标是通过联系测量或直接由地面控制测量确定的。地下导线的等级的确定取决于隧道的长度和形状，如表 17-7 所示。

表 17-7　地下导线的等级的确定

等级	两开挖洞口间长度/km		测角中误差/(″)	边长相对中误差	
	直线隧道	曲线隧道		直线隧道	曲线隧道
二	7～20	3.5～20	±1.0	1/10000	1/10000
三	3.5～7	2.5～3.5	±1.8	1/10000	1/10000
四	2.5～3.5	1.5～2.5	±2.5	1/10000	1/10000
五	＜2.5	＜1.5	±4.0	1/10000	1/10000

（1）地下导线的特点和布设

① 地下导线由隧道洞口等处定向点开始，按坑道开挖形状布

设，在隧道施工期间，只能布设成支导线形式，随隧道的开挖而逐渐向前延伸。

② 地下导线一般采用分级布设的方法：先布设精度较低、边长较短（边长为 25～50m）的施工导线；当隧道开挖到一定距离后，布设边长为 50～100m 的基本导线；随着隧道开挖延伸，还可布设边长为 150～800m 的主要导线。如图 17-9 所示。三种导线的点位可以重合，有时基本导线这一级可以根据情况舍去，即直接在施工导线的基础上布设长边主要导线。长边主要导线的边长在直线段不宜短于 200m，曲线段不短于 70m，导线点力求沿隧道中线方向布设。对于大断面的长隧道，可布设成多边形闭合导线或主副导线环，如图 17-10 所示。有平行导坑时，应将平行导坑单导线与正洞导线联测，以资检核。

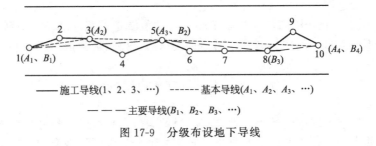

图 17-9　分级布设地下导线

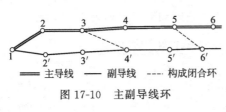

图 17-10　主副导线环

③ 洞内地下导线点应选在顶板或底板岩石等坚固、安全、测设方便与便于保存的地方。控制导线（主要导线）的最后一点应尽量靠近贯通面，以便于实测贯通误差。对于地下坑道的相交处，也应埋设控制导线点。

④ 洞内地下导线应采用往返观测，由于地下导线测量的间歇时间较长且又取决于开挖面进展速度，故洞内导线（支导线）采取重复观测的方法进行检核。

（2）地下导线观测及注意事项

① 每次建立新导线点时，都必须检测前一个"旧点"，确认没有发生位移后，才能发展新点。

② 有条件的地段，主要导线点应埋设带有强制对中装置的观测墩或内外架式的金属吊篮，并配有灯光照明，以减少对中与照准误差的影响，这有利于提高观测精度。

③ 使用 2″全站仪观测角度，施工导线观测 1～2 测回，测角中误差为±6″以内；控制长边导线观测左、右角两测回，测角中误差为±5″以内，圆周角闭合差±6″以内。边长往返两测回，往返测平均值小于 7mm。

④ 对于布设如图 17-10 所示的主副导线环，一般副导线仅测角度，不测边长。对于螺旋形隧道，由于难以布设长边导线，每次施工导线向前引伸时，都应从洞外复测。对于长边导线（主要导线）的测量宜与竖井定向测量同步进行，重复点的重复测量坐标与原坐标较差应小于 10mm，并取加权平均值作为长边导线引伸的起算值。

2. 地下水准测量

地下水准测量应以通过水平坑道、斜井或竖井传递到地下洞内水准点作为起算依据，然后随隧道向前延伸，测定布设在隧道内的各水准点高程，作为隧道施工放样的依据，并保证隧道在高程（竖向）准确贯通。

地下水准测量的等级和使用仪器主要根据两开挖洞口间洞外水准路线长度确定，参见表 17-8 有关规定。

表 17-8　地下水准测量主要技术要求

测量等级	两洞口间水准路线长度/km	水准仪型号	水准尺类型	备　注
二	＞32	S05、S1	线条式因瓦水准尺	按精密二等水准测量要求
三	11～32	S3	区格式木质水准尺	按三等水准测量要求
四	5～11	S3	区格式木质水准尺	按四等水准测量要求
五	＜5	S3	区格式木质水准尺	按五等水准测量要求

（1）地下水准测量的特点和布设

① 地下洞内水准路线与地下导线线路相同，在隧道贯通前，

其水准路线均为水准支线，因而需往返或多次观测进行检核。

② 在隧道施工过程中，地下支水准路线随开挖面的进展向前延伸，一般先测定精度较低的临时水准点（可设在施工导线上），然后每隔 200～500m 测定精度较高的永久水准点。

③ 地下水准点可利用地下导线点位，也可以埋设在隧道顶板、底板或边墙上，点位应稳固、便于保存。为了施工方便，应在导坑内拱部边墙至少每隔 100m 埋设一个临时水准点。

（2）观测与注意事项

① 地下水准测量的作业方法与地面水准测量相同。由于洞内通视条件差，视距不宜大于 50m，并用目估法保持前、后视距相等；水准仪可安置在三脚架上或安置在悬臂的支架上，水准尺可直接立在洞内底板水准点（导线点）上，有时也可用倒尺法顶立在洞顶水准点标志上，如图 17-11 所示。

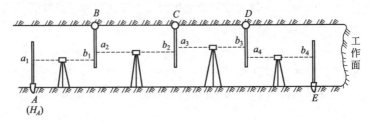

图 17-11　地下水准测量的作业方法

此时，每一测站高差计算仍为 $h=a-b$，但对于倒尺法，其读数应作为负值计算，图 17-11 中各测站高差分别为

$$h_{AB}=a_1-(-b_1)$$
$$h_{BC}=(-a_2)-(-b_2)$$
$$h_{CD}=(-a_3)-(-b_3)$$
$$h_{DE}=(-a_4)-b_4$$

则　　　　　　　　$h_{AE}=h_{AB}+h_{BC}+h_{CD}+h_{DE}$

② 在开挖工作面向前推进的过程中，对布设的支水准路线，要进行往返观测，其往返测不符值应在限差以内，取平均值作为最后成果，用于推算各洞内水准点高程。

③ 为检查地下水准点的稳定性，还应定期根据地面近井水准

点进行重复水准测量，将所得高差成果进行分析比较。若水准标志无变动，则取所有高差平均值作为高差成果；若发现水准标志变动，则应取最后一次的测量成果。

④ 当隧道贯通后，应根据相向洞内布设的支水准路线，测定贯通面处高程（竖向）贯通误差，并将两支水准路线联成附合于两洞口水准点的附合水准路线。要求对隧道未衬砌地段的高程进行调整。高程调整后，所有开挖、衬砌工程均应以调整后高程指导施工。

【例 17-11】　放样洞顶高程时，将尺子倒立，使视线对准放样点上水准尺的读数，此时尺子零点的高程即为（　　）的高程。

（放样点）

三、竖井联系测量

为了加快隧道的工程进度，除了在线路上开挖横洞斜井增加工作面外，还可以用开挖竖井的方法增加工作面，此时为了保证相向开挖隧道能准确贯通，就必须将地面洞外控制网的坐标、方向及高程，经过竖井传递至地下洞内，使地面和地下有统一的坐标与高程系统，作为地下控制测量的依据，这项工作称为竖井联系测量。其中将地面控制网坐标、方向传递至地下洞内，称为竖井定向测量。

1. 竖井定向测量(一井定向)

如图 17-12 所示。对于山岭隧道或过江隧道以及矿山坑道，由于隧道竖井较深，一井定向大多采用联系三角形法进行定向测量。

图 17-12 中，地面控制点 C 为连接点，D 为近井点，它与地

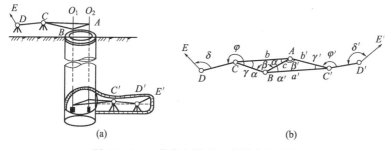

图 17-12　一井定向联系三角形法示意图

面其他控制点通视（图中 E 方向），实际工作中至少有两个控制点通视。C' 为地下连接点，D' 为地下近井点，它与地下其他控制点通视（图中 E' 方向）。O_1、O_2 为悬吊在井口支架上的两根细钢丝，钢丝下端挂上重锤，并将重锤置于机油桶中，使之稳定。

（1）联系三角形布设　按照规范规定，对联系三角形的形状要求是：联系三角形应是伸展形状，三角形内角 $\alpha(\alpha')$ 及 $\beta(\beta')$ 应尽可能小，在任何情况下，$\alpha(\alpha')$ 角都不能大于 3°；联系三角形边长 $\dfrac{b}{a}\left(\dfrac{b'}{a'}\right)$ 的比值应小于1.5；两吊锤线的间距（O_1 至 O_2）应尽可能选择最大的数值。

（2）投点　所谓投点，就是在井筒中悬挂重锤线至定向水平，然后利用悬挂的两钢丝将地面的点位坐标和方位角传递到井下。

（3）联系三角形测量　一般使用 J2 级经纬仪或全站仪观测地面和地下联系三角形角度 $\alpha(\alpha')$、$\delta(\delta')$、$\varphi(\varphi')$ 各 4～6 个测回；测角精度：地面联系三角形控制在 ±4″ 以内，地下联系三角形应在 ±6″ 以内；使用经检定的具有毫米刻画的钢尺在施加一定拉力悬空水平丈量地面、地下联系三角形边长 a、b、c 和 a'、b'、c'，每边往返丈量 4 次，估读至 0.1mm；边长丈量精度为 $m_s = \pm 0.8$mm；地面与地下实量两吊锤间距离 a 与 a' 之差不得超过 ±2mm，同时实量值 a 与由余弦定理计算值之差也应该小于 2mm。

（4）内业计算

① 解算三角形　在图 17-12（b）中，在三角形 ABC 和三角形 $A'B'C'$ 中，可按正弦定理求 α'、β' 和 α、β 角，即

$$\sin\alpha = \frac{a\sin\alpha}{c} \qquad \sin\beta = \frac{b\sin\gamma}{c} \qquad (17\text{-}6)$$

$$\sin\alpha' = \frac{a'\sin\alpha'}{c'} \qquad \sin\beta' = \frac{b'\sin\gamma'}{c'} \qquad (17\text{-}7)$$

② 检查测量和计算成果　连接三角形的三个内角 α、β、γ 和 α'、β'、γ' 的和均应为 180°，一般均能闭合，若有少量残差，可平均分配到 α、β 和 α'、β' 上。

其次，井上丈量所得的两钢丝间的距离 $C_丈$ 与按余弦定理计算的距离 $C_计$，两者的差值 d，井上不大于 2mm、井下不大于 4mm

时，可在丈量的边长上加上改正数。

$$v_a = -\frac{d}{3}, \quad v_b = +\frac{d}{3}, \quad v_c = -\frac{d}{3} \qquad (17\text{-}8)$$

根据上述方法求得的水平角和边长，将井上、井下看成一条导线，按照导线的计算方法求出井下起始点 C' 的坐标及井下起始边 $C'D'$ 的方位角。

2. 通过竖井传递高程

通过洞口或横洞传递高程时，可由洞口外已知高程点，用水准测量的方法进行传递与引测。当地上与地下用斜井联系时，按照斜井的坡度和长度的大小，可采用水准测量或三角高程测量的方法进行传递高程。在传递高程之前，必须对地面上起始水准点的高程进行检核。

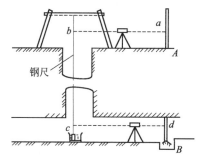

图 17-13 竖井高程传递（一）

（1）水准测量方法 在传递高程时，应该在竖井内悬挂长钢尺或钢丝（用钢丝时井上需有比长器）与水准仪配合进行测量，如图 17-13 所示。

首先将经检定的长钢尺悬挂在竖井内，钢尺零端朝下，下端挂重锤，并置于油桶里，使之稳定。在井上、井下各安置一台水准仪，精平后同时读取钢尺上读数 b、c，然后再读取井上、井下水准尺读数 a、d，测量时用温度计量井上和井下的温度。由此可求取井下水准点 B 的高程 H_B 为

$$H_B = H_A + a - (b - c + \sum \Delta l) - d$$

$$\sum \Delta l = \Delta l_d + \Delta l_t + \Delta l_p + \Delta l_c$$

$$\Delta l_d = \frac{\Delta l}{L_0} \times (b - c)$$

$$\Delta l_t = 1.25 \times 10^{-5} \times (b - c) \times (t - t_0) \qquad (17\text{-}9)$$

$$\Delta l_p = \frac{L(P - P_0)}{EF}$$

$$\Delta l_c = \frac{\gamma}{E} \times l \left(L - \frac{l}{2} \right)$$

式中　H_A——地面近井水准点的已知高程；

　　　Δl_d——尺长改正数；

　　　Δl_t——温度改正数；

　　　Δl_p——拉力改正数；

　　　Δl_c——重力改正数；

　　　Δl——钢尺经检定后的一整尺的尺长改正数；

　　　L_0——钢尺名义长度；

　　　t——井上、井下温度平均值，t_0 为检定时温度（一般为 20℃）；

　　　γ——钢的单位体积质量，即 7.8g/cm³；

　　　E——钢的弹性系数，等于 2×10^6 kg/cm²；

　　　F——钢尺的横断面积；

　　　l——$(b-c)$。

【注意】　如果悬挂是钢丝，则 $(b-c)$ 值应在地面上设置的比长器上求取；同时，地下洞内一般宜埋设 2～3 个水准点，并应埋在便于保存、不受干扰的位置；地面上应通过 2～3 个水准点将高程传递到地下洞内，传递时应用不同仪器高，求得地下洞内同一水准点高程互差不超过 5mm。

（2）光电测距仪与水准仪联合测量法　当竖井较深或由于其他原因不便悬挂钢尺（或钢丝）时，可用光电测距仪代替钢尺的办法，既方便又可准确地将地面高程传递到井下洞内。当竖井深度超过 50 米以上时，尤其显示出此方法的优越性。

如图 17-14 所示，在地上井架内架中心上安置精密光电测距仪，装配一托架，使仪器照准头直接瞄准井底的棱镜，测出井深 D，然后在井上、井下分别同使用 1 台水

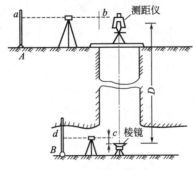

图 17-14　竖井高程传递（二）

准仪，测定井上水准点 A 与测距仪照准头中心的高差（$a-b$），井下水准点 B 于棱镜面中心的高差（$c-d$）。由此可得井下水准点 B 的高程 H_B 为

$$H_B=H_A+a-b-D+c-d \qquad (17\text{-}10)$$

式中　H_A——地面井上水准点已知高程；

　　a，b——井上水准仪瞄准水准尺上的读数；

　　c，d——井下水准仪瞄准水准尺上的读数；

　　D——井深（由光电测距仪直接测得）。

【注意】　水准仪读取 b、c 读数时，由于 b、c 值很小，也可用钢卷尺竖立代替水准尺。本法也可以用激光干涉仪（采用衍射光栅测量）来确定地上至地下垂距 D。这些都可以作为高精度传递高程的有效手段。

【例 17-12】　将地面控制网坐标、方向传递至地下洞内，称为（　　）。　　　　　　　　　　　　　　　　（竖井定向测量）

3. 隧道贯通误差的测定与调整

隧道贯通后，应及时地进行贯通测量，测定实际的横向、纵向和竖向贯通误差。若贯通误差在允许范围之内，就认为测量工作达到了预期目的。但是，由于贯通误差将影响隧道断面扩大及衬砌工作的进行，因此应该采用适当的方法将贯通误差加以调整，从而获得一个对行车没有不良影响的隧道中线，作为扩大断面、修筑衬砌以及铺设钢轨的依据。

（1）测定贯通误差的方法

① 延伸中线法　采用中线法测量的隧道，贯通后，应从相向测量的两个方向各纵向贯通面延伸中线，并各钉一临时桩 A、B，如图 17-15 所示。

丈量 A、B 之间的距离，即得到隧道实际的横向贯通误差。A、B 两临时桩的里程之差，即为隧道的实际纵向贯通误差。

② 坐标法　如图 17-16 所示。采用洞内地下导线作

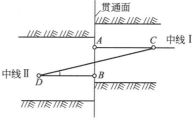

图 17-15　延伸中线法调整贯通误差

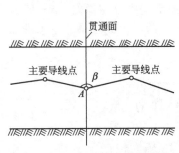

图 17-16　坐标法测定贯通误差

为隧道控制时，可由进测的任一方向，在贯通面附近钉设临时桩 A，然后由相向开挖的两个方向，分别测定临时桩 A 的坐标，这样可以得到两组不同的坐标值 (x'_A, y'_A)、(x''_A, y''_A)，则实际贯通误差为 $(y'_A - y''_A)$，实际纵向贯通误差为 $(x'_A - x''_A)$。

在临时桩点 A 上安置经纬仪测出夹角 β，以便计算导线的角度闭合差，即方位角贯通误差。

③ 水准测量法　由隧道两端口附近水准点向洞内各自进行水准测量，分别测出贯通面附近的同一水准点的高程，其高程差即为实际的高程贯通误差。

（2）贯通误差的调整　隧道中线贯通后，应将相向量方向测设的中线各自向前延伸一段适当的距离。如贯通面附近有曲线始点（或终点）时，则应延伸至曲线以外的直线上一段距离，以便调整中线。

调整贯通误差的工作，原则上应在隧道未衬砌地段上进行，不再牵动已衬砌地段的中线，以防减少限界而影响行车。对于曲线隧道还应注意不改变曲线半径和缓和曲线长度，否则需上级批准。在中线调整以后，所有未衬砌的工程，均应以调整后的中线指导施工。

直线隧道中线调整可采用折线法调整，如图 17-17 所示。如果由于调整贯通误差而产生的转折角在 $5'$ 以内时，可作为直线线路考虑。当转折角在 $5' \sim 25'$ 时，可不加设曲线，但应以转角 α 的顶

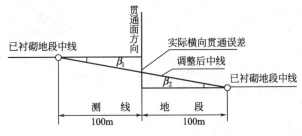

图 17-17　折线法调整贯通误差

点 C、D 内移一个外矢距 E 值，得到中线位置。

各种转折角的内移量如表 17-9 所示。当转折角大于 25′ 时，则以半径为 4000m 的圆曲线加设反向曲线。

表 17-9　各种转折角 α 的内移外矢距 E 值

转折角 α/(′)	5	10	15	20	25
内移外矢距 E 值/mm	1	4	10	17	26

【**例 17-13**】　隧道贯通误差分横向、纵向和竖向贯通误差，其中（　　）贯通误差应引起足够的重视。　　　　　（横向）

本章主要介绍了桥梁施工测量、直线桥梁施工测量、普通桥梁施工测量和隧道施工测量的方法和手段。

道路通过河流或跨越山谷时需要架设桥梁，城市交通的立体化也需要建造桥梁，如立交桥、高架桥等。桥梁按其主跨距长度大小通常可分为特大桥、大桥、中桥和小桥。

桥梁施工开始前，必须在桥址区建立统一的施工控制基准，布设施工控制网。桥梁施工控制网的作用主要用于桥墩基础定位放样的主梁架设，因此，必须结合桥梁的桥长、桥型、跨度，以及工程的结构、形状和施工精度要求布设合理的施工控制网。桥梁施工控制网分为施工平面控制网和施工高程控制网两部分。

随着测量仪器的更新，测量方法的改进，特别是高精度全站仪和 GPS 的普及，给桥梁平面控制网的布设带来了很大的灵活性，也使网形趋于简单化。

对于大型和特大型的桥梁施工平面控制网，自 20 世纪 80 年代以来已广泛采用边角网或测边网的形式，并按自由网严密平差。全站仪普及后，施工通常采用坐标放样和检测，在桥轴线上设有控制点的优势已不明显，因此，在首级控制网设计中，可以不在桥轴线上设置控制点。在 20 世纪 90 年代至今，由于 GPS 全球卫星定位系统的出现，用 GPS 测量大型和特大型的桥梁施工平面控制网已成为现实。

平面控制网应首先选用国家统一坐标系统。但在大型和特大型桥梁建设中，选用国家统一坐标系统时应具备的条件是：桥轴线位于高斯正形投影统一 3°带中央子午线附近；桥址平均高程面应接近于国家参考椭球面或平均海水面。

当桥址区的平均高程大于 160m 或其桥轴线平面位置离开统一的 3°带中央子午线东西方向的距离（横坐标）大于 45km 时，其长度投影变形值将会超过 25mm/km（1/4 万）。此时，对于大型或特大型桥梁施工来说，仍采用国家统一坐标系统就不适宜了。通常的做法是人为地改变归化高程，使距离的高程归化值与高斯投影的长度改化值相抵偿，但不改变统一的 3°带中央子午线进行的高斯投影计算的平面直角坐标系统，这种坐标系称为抵偿坐标系。所以，在大型桥梁施工中，当不具备使用国家统一坐标系时，通常采用抵偿坐标系。

在特大型桥梁的主桥施工中，定位精度要求一般小于 5mm，此时选用国家统一坐标系和抵偿坐标系都不适宜，通常选用高斯正形投影任意带（桥轴线的经度作为中央子午线）平面直角坐标系，称为桥轴坐标系，其高程归化投影面为桥面高程面，桥轴线作为 X 轴。

桥梁高程控制网的起算高程数据是由桥址附近的国家水准点或其他已知水准点引入。这只是取得统一的高程系统，而桥梁高程控制网仍是一个自由网，不受已知高程点的约束，以保证网本身的精度。

水准点的选点与埋设工作一般都与平面控制网的选点与埋石工作同步进行，水准点应包括水准基点和工作点。水准基点是整个桥梁施工过程中的高程基准，因此，在选择水准点时应注意其隐蔽性、稳定性和方便性。

在桥梁位于干涸或浅水或河面较窄的河段，有良好的丈量条件，宜采用直接丈量法测量桥轴线长度。

直线桥梁的墩、台定位所依据的原始资料为桥轴线控制桩的里程和桥梁墩、台的设计里程。根据里程可以算出它们之间的距离，并由此距离定出墩、台的中心位置。

在设出墩、台中心位置后，尚需测设墩、台的纵横轴线，作为放样墩、台细部的依据。目前最常见的桥梁结构形式，是采用小跨距等截面的混凝土连续梁或简支梁（板），如大型桥梁的引桥段、普通中小型桥梁等。

涵洞施工测量时要首先放出涵洞的轴线位置，即根据设计图纸上涵洞的里程，放出涵洞轴线与路线中线的交点，并根据涵洞轴线与路线中线的夹角，放出涵洞的轴线方向。

地下建筑工程主要有隧道工程（包括铁路和公路隧道以及水利工程的输水隧洞）、城市地铁工程、人防工程、地下厂房仓库、地下车场、机场、地下环形粒子加速器工程以及地下矿山的井巷工程等。

地下洞内的施工控制测量包括地下导线测量和地下水准测量，其目的是以必要的精度，按照与地面控制测量统一的坐标系统，建立地下平面与高程控制，用以指示隧道开挖方向，并作为洞内施工放样的依据，保证相向开挖隧道在精度要求范围内贯通。

为了加快隧道的工程进度，除了在线路上开挖横洞斜井增加工作面外，还可以用开挖竖井的方法增加工作面，此时为了保证相向开挖隧道能准确贯通，就必须将地面洞外控制网的坐标、方向及高程，经过竖井传递至地下洞内，使地面和地下有统一的坐标与高程系统，作为地下控制测量的依据，这项工作称为竖井联系测量。其中将地面控制网坐标、方向传递至地下洞内，称为竖井定向测量。

隧道贯通后，应及时地进行贯通测量，测定实际的横向、纵向和竖向贯通误差。若贯通误差在允许范围之内，就认为测量工作达到了预期目的。但是，由于存在贯通误差，它将影响隧道断面扩大及衬砌工作的进行。因此，应该采用适当的方法将贯通误差加以调整。

思考题与习题

1. 简述桥梁施工测量的主要内容。
2. 桥梁施工控制网的技术要求有哪些?
3. 如何确定桥梁控制网的精度要求?
4. 桥梁平面控制网的布设有哪些形式?
5. 普通桥梁施工测量的主要内容有哪些?
6. 坑道施工测量的内容是什么? 其作用是什么?
7. 地面控制网常用的方法是什么?
8. 地下导线的特点是什么? 地下水准测量的特点又是什么?
9. 什么是一井定向?
10. 什么是贯通误差?

参 考 文 献

[1]　GB 50026—2007 工程测量规范.
[2]　GB/T 12898—2009 国家三、四等水准测量规范.
[3]　GB/T 20257.1—2007　1:500,1:1000,1:2000 地形图图式.
[4]　GB/T 18314—2009 全球定位系统（GPS）测量规范.
[5]　CJJ/T 73—2010 卫星定位城市测量技术规范.
[6]　CJJ/T 8—2011 城市测量规范.
[7]　JTG C10—2007 公路勘测规范.
[8]　TB 10054—2010 铁路工程卫星定位测量规范.
[9]　中华人民共和国劳动与社会保障部.《中华人民共和国职业技能鉴定规范》,1999.
[10]　武汉测绘科技大学《测量学》编写组.测量学.第 3 版.北京:测绘出版社,2002.
[11]　靳祥升.测量学.郑州:黄河水利出版社,2001.
[12]　周建郑.建筑工程测量.第 3 版.北京:化学工业出版社,2015.
[13]　周建郑.GPS 测量定位技术.北京:化学工业出版社,2004.
[14]　覃辉.建筑工程测量.北京:中国建筑工业出版社,2007.
[15]　周建郑.GPS 定位测量.第 2 版.郑州:黄河水利出版社,2010.
[16]　刘基余.GPS 卫星导航定位原理与方法.北京:科学出版社,2003.
[17]　李征航,黄劲松.GPS 测量与数据处理.武汉:武汉大学出版社,2005.
[18]　魏二虎,黄劲松.GPS 测量操作与数据处理.武汉:武汉大学出版社,2005.
[19]　周建郑.工程测量.第 2 版.郑州:黄河水利出版社,2010.